江苏省哲学重点学科基金项目
南京师范大学公管院研究资金项目

身体美学

SOMAESTHETICS

张之沧 张禹 / 著

上海三联书店

内容简介

本书主要研究身体美学的审美价值;解析作为审美主体的身体美学意义;表述渴求身体之美和美化身体是全人类的追求。从自然美到结构美、观念美、主观美、客观美、生命美和身体美等层面来探求美的本质、美的异化和美学派别走马灯似的不断更迭;分析当代美学向身体美的回归;论述有关身体美论,身体乃美之最,身体之力乃美之源,美即身体,美即身体的快感,外化和创造,性与美,美与生殖意志和生存需要之间的辩证法。进而探讨的主题有:美化身体,美化人格,身体对生态美的觉识、维护和创造,身体美与艺术创作和美的设计,身体美学与技术发明,身体美学与绿色社会,解放美学和艺术革命,审美乌托邦的构建,从女性身体看女性智慧,从神话看身体美的对象化,神话虚构中身体美及其对象化的认知机理,以及从身体美的对象化到身体美的概念的形成等美学问题。

目 录

导　论

身体美学的价值分析

为什么要研究“身体美学”(body aesthetics)? 理由诸多,具体而论不外乎:

1. 美是人类文明、人类意识和人类精神的最高体现和追求。与追求真理和至善相比,能够给人类感觉、意识和精神带来美感和愉悦的美丽或审美,往往更带有普遍性、现实性和本质性,即便在日常生活中,人们可以忍受各种磨难,但是不能没有美的陪伴和需求。美一如自由是人类最基本的生理、心理和精神食粮。如果说,真理只存在于人的认知中,善良只存在于人的行为中,那么美则存在于人的全部器官、身体、生存环境和整个人类社会中。

2. 全部身体美学都源自身体之美和“身体主体”的觉醒、觉识和崛起。人类长期以来都将美和生物性或肉体性的身体对立起来,好像美只属于人类的高尚精神和主观意识,认为正是人类的七情六欲所欲求的各种美感、快感和刺激污染和腐蚀了人类精神。为此,连中国的庄子都主张:人要想摆脱各种欲望的束缚和毒害,必须做到“耳不欲声,目不欲色,鼻不欲香,口不欲味”;拒绝美对身体的纠缠,认为美或“至乐活身”只应限于纯粹的精神领域,就像“天无为以之清,地无为以之宁”一样,人也只有无为无乐,才有可能至乐化情。

3. 身体才真正是感受美、呈现美、产生美与创造美的基础和源泉。没有将审美主体和审美对象集于一身的人的身体就没有美。在这个意义上,动物乃至一切生命之物都拥有能够满足其生理、心理、意识和精神需要的美感和快感。因此,一切美归根结底是一种生命之美、身体之美和感觉之美。没有生命就没有美。只是在不同的生命形式那里,具有不同的美感和形式。在植物那里,美就是一种生理需要的满足感;在动物那里,美就是动物的身体、性及五种或更多种的感官的需要和满足。

4. 救赎和呵护身体、修养和美化身体是全人类的基本要务。因为今天的人类已经意识和认识到：人的身体就是一切，与伟大的、健康的和美丽的身体相比，不只是权力、财富和荣誉地位等外在于身体的东西都不能给人类生活带来更多的幸福与欢乐，而且连同所谓的“客观的和实在的”自然宇宙和人类社会本身都不会具有任何审美价值和人间的意义。因为一切真善美的价值和意义，本质上都取决于和来源于人的身体。

5. 身体美学的实践价值渗透到人类社会的各个领域，类似时装模特、人体艺术、体育运动、杂技表演、舞蹈、音乐、绘画、雕塑、影视艺术、建筑造型、美容、整形、整容、日常生活之美、生态环境之美、广告设计等只要属于人造物，都必然是身体美学的研究和实践对象。离开身体美学，人类社会中的任何文化和文明领域都将失去其美学性质和持久的生命力。

6. 身体美学的认识价值和实践价值，将会使人类身体在感知、思维、实践、行善、设身处地、将心比心，在审美、感知、体验、外化和延伸，在游戏、行乐和享受生活的过程中，总是位于核心位置，并经常地起着决定性作用。为此，人类在不久的将来，必将会以身体和身体之美为出发点来安排自己的学习、工作和生活。

一、美是人类文明的最高体现和追求

现实中，为什么说“爱美之心”人皆有之，这显然因为美或美感属于人类的固有属性和基本需要。也正因为如此，古希腊哲学家柏拉图在论述人性的构成时指出，“人的本质是理、情、意三者的统一”；与之相对应的人格就是被人认为最珍贵、最伟大和最具本质性的“智慧、健康和美丽”。为此，美丽不仅构成人的最本质要素和人类文明的最高体现，也是全部人类渴望、憧憬和追求的最重要的对象和目标。由此，使得人类所创造的全部文化艺术都是围绕美的本质进行描述、雕琢、建构、创作、发现和展示。在这里，美不仅表现为自然美、生活美和形形色色的艺术美，更包括人本身觉识和创生的各种身心美或身体美。

这种身体美既关涉到人的容貌美、形体美，更关涉到人的心灵美和行为美。只是由于美主要是源自人的一种感觉、经验、记忆、领悟和判断力，以至在人的成长发育过程中也就必然涉及对审美主体的培养和教育问题。换句话说，美作为一种升华了的感觉、主观意识概念化和对象化的结果，不仅需要后天的培养和教育，也需要审美活动、审美实践的发明、创造、欣赏和觉识。尽管人们通常说美是内在情感的自然流泻，其客观性和实在性可以为人的感官所感知、看见、品味和触摸，然而这却是对美的误解。为此，在人类的审美历史上，至少从柏拉图开始就非常注重审美主体的培养、塑造和教育，也即有关音乐、戏剧、诗词歌赋、绘画、舞蹈、雕塑、建筑等艺术形式的教育。这些艺术教育不仅能够培养和展示人的形体美、语言美、声音美、情感美、形象美、形式美，还能够塑造各种美好的德行和人格。比如音乐可以教人以高雅；绘画能够陶冶人的性情；而舞蹈则能使人形体优美和充满青春活力。另外，人也只有懂得美丑，才能懂得善恶。希腊人所谓的"美德"讲的就是"美即是德，德即是美"，没有美丽就没有美德。人类中存在许多丑陋和罪恶，如果不进行美德教育，就不能去除邪恶，净化心灵，提升精神，美化境界，使人变得温文尔雅、高贵文明。一个国家如果缺少公理、正义和美德，就不能强大兴盛。美德和公正无私不仅能够使人变得宽容、仁慈、友爱，能够安慰人的痛苦心灵，激起人的理想、希望、热情和自我牺牲的精神，也能够控制人的情欲、贪欲，树立不朽的信仰，增强人的勇气，鼓舞严阵以待的灵魂，使人类社会变得和谐而完美。

所以，艺术和审美不仅是人类全部生活和生存的必需品，更是对于整个人类粗野本性的改造、洗练和升华。由此艺术哲学家丹纳说，人类要想生存和发展，就必须张罗衣食住行，传宗接代，抵抗别人的强暴，组织家庭，建立国家，设立法官、公务员，组建军队。但所有这些行为都没有使人类越出动物范围，仅仅比别的动物供应更充足，保护更周密而已，此时他还只想到自己和同类。只有发展到达一个高级阶段，他才能够静观默想现实生活，关心人类所依赖的永久原因，力图发明能够控制万物的机制。而要达到这个目的，有两条路：一条路是科学，依靠它找出整个生存世界的基本原因和规律；一条路是艺术，"人在艺术上表现基本原因和基本规律的时候，不用大众无法了解而只有专家懂得的枯燥的定义，而是用易于感受的方式，不但诉之于理智，而且诉之于最普通的人的感官与感情。艺术就有这样一个特点，艺术是'又高级又通俗的东西'，它能够把最高级的内容传达给大众。"①

由此使得从来的艺术家，尤其是伟大的艺术家，大多都同时是伟大的思想家、革命家和创造美、雕刻美的发明家。古希腊时代的荷马史诗，是被征服者撰

① [法]丹纳，《艺术哲学》，傅雷译，安徽文艺出版社 1991 年版，第 74—75 页。

写的亡国的回音；是从黑暗的底层升起的瑞兆之光；是被安放在太阳神战车上的希腊灵魂的冉冉升起；是沉睡着的古希腊的苏醒。伟大的维纳斯像表现出人性中超凡脱俗的美丽和宁静，令整个希腊民族心往神驰、情欲亢奋。它体现着古希腊民族的希望，反映着人类对真善美的完满追求。尤其是她那丰盈的脖颈、成熟的乳房、柔软的腰肢、美丽的眼睛、自信的神态充满着生机勃勃的生命活力，既把温暖和光辉撒满人间，也象征着万物和生命的无限和永恒。

在上述艺术发展的基础上，中世纪的基督教艺术，在3—4个世纪的时间里就赋予欧洲以集体创造特征的奇迹。天主教堂的建筑与艺术的审美价值和社会价值完美地融合为一体。从巴黎圣母院、夏尔特尔大教堂的热情奔放、朴实无华、严密的逻辑性、统一性、和谐性，以及无处不在的明快和力量，到兰斯大教堂的辉煌壮丽，充溢着生命的激情和感官的愉悦，再到卢昂大教堂的轻盈精巧与光艳夺目，到处都表现着艺术美与人性之间的紧密关系。证明一切艺术本质上都是人性的流泻、体现和外化。所以，发展艺术就是解放人性；人性的最终体现就在于它的持之以恒的艺术性活动。到了那时，人类从事的一切活动，包括科学技术活动都不再是人们之外的非本质的东西，不再是外部力量强加给人们的包袱和负担，而是如同游戏和艺术活动一样成为自由的生命表现；成为解放人的手段；成为获取欢乐和满足的活动方式。正如马克思所言，这时候“社会全体成员的劳动就变成体力和智力的游戏。”①

这一时期的意大利艺术使人的个性解放和科学的浮现成为可能。尤其在中世纪的极盛时期，许多艺术家都开始重视个人权利。建筑师经常在他们的设计中署名；雕刻家也经常把自己的大名刻写在作品中，以流芳百世。中世纪最伟大的诗人但丁和画家乔托集中地代表了那个时期人性中的两副面孔。一个代表地狱，一个代表天堂；一个是爱意盎然，有如阳光灿烂的海湾妩媚动人，完全沉浸在两性自然美的相互欣赏和享受之中。（图导-1）一个是狂暴不羁、豁达奔放、恣意豪爽，有如坚强的岩峰、汹涌波涛，蛮性实足。在乔托的许多堪称奇迹的构图中，那些或跪、或起、或半斜、或直立的身躯，那些逐层迭现的人物形象，那些绝望、乞求、崇拜、祈祷的一切外部表象，全都感人至深地进入了他的思想的统一中。而锡耶纳的画家杜乔(Duccio)则以一种高尚的拜占庭传统和悲壮的意大利灵魂，破天荒地以人性的方法描绘了耶稣受难的悲剧性场面，以此表达个人的种

① [俄]M. C. 卡岗：《美学和系统方法》，凌继尧译，中国文联出版公司1985年版，第40页。

种情素和心境，既反映了一种完全成熟的世界观、人生观、价值观和审美观，也反映了这一时代的艺术家都把艺术汇合于某种精神，激励人们去寻找自己的踪迹和价值，用强有力的手去挽救或扶起摔倒在地的人，并支持他和鼓励他勇敢地直面人生，拥抱生活，投身社会和拯救日益堕落的人性。

图导-1　中世纪基督教艺术：文艺复兴运动给欧洲带来的最重要成就，就是对人性的发现及对身体美的表达，并由此孕育了启蒙运动的自由、民主和平等思想，改变了中世纪神权至上的思想观念。将中世纪绘画僵直、内容严肃且毫无生气的神圣形象转向现实生活中的身体美。此时的艺术不但把圣母变成人间妇女，把使徒化为对人体的歌颂，而且开始对真人的直接描写、解剖与透视。由此也揭露了天主教会的腐朽与罪恶。特别是达·芬奇等艺术大师的艺术作品都着力传播真、善、美与爱。

文艺复兴时期的艺术，充满了人文精神和新教改革思想。意大利人借助艺术的全部感觉，向世人揭示了艺术与人性之间的各种联系，通过佛罗伦萨和罗马描绘的智慧的曲线，通过威尼斯发现的亢奋的情欲，他们甚至向整个欧洲都提供了其自身需要所执意谋取的一切。达·芬奇的不朽名作《最后的晚餐》，成为绘画艺术史上最上乘的人性和心理学之作。作品中所刻画的人物的内心悲剧令生命有起有伏；将人物形象和活动心理扭曲有如飓风刮过的树木一般鲜明无比。他能穿透每一个人物的表层，深入到他的内心世界，体察其悲剧性心理。他能将所有平静和反抗、猛进和倒退、保留和放弃的动作都融合在唯一的精神运动中。

佛兰德的勃鲁盖尔也同达·芬奇一样，是一位心地善良的伟大画家，他目不忍睹人世间的野蛮、悲哀和冷酷无情。面对丧心病狂的刽子手们以肢解、吊死、烧死和烫死可怜人为乐的场景，他心痛如绞。出于身体感受激发出来的正义和对人性中善的弘扬、恶的控诉，他创制了著名画作《屠杀幼婴》。在这幅画中，他把背景放在一处穷困村落的雪地中。广场上一队身着铁甲的骑兵用长矛封锁住出口，士兵们抡起血腥的大刀，母亲们痛不欲生、呼天抢地，苦苦哀求的穷苦农民围着无动于衷、冷酷无情的骑兵长官，悲痛欲绝地看着遍地鲜血和躺在雪地上的幼小躯体。他创作这幅画的目的既是对人性中阴暗面的无情抨击，也企图唤醒人性中的怜悯和良知，让觉醒的人们在理智的指引下迈出命运的黑暗，迎接人世的光明。

艺术抵达近代，更加显示了它强大的生命底蕴。从为意大利艺术拉开序幕的达·芬奇、拉斐尔到英法等国的数以百计的艺术家或文艺大师蒙田、塞万提斯、莎士比亚、帕斯卡尔、伏尔泰、狄德罗、卢梭等人无不为近代的社会文明做出永垂千古的贡献。近代艺术不仅带来意大利的科学、英国的资产阶级革命的胜利，同时在整个欧洲都引发类似法国大革命这般彻底的社会大变更。比如在人类历史上堪与最惊人的奇迹相媲美的法国绘画，就是诞生于大革命向整个欧洲蔓延之际。它为人类寂寞的心灵提供了解放的力量；它为共和国的军队输送了英勇作战的激情。与此同时，德国人也正是在反抗拿破仑入侵的战斗中才产生了德国独具魅力的音乐。比如由理查德·瓦格纳完成的英雄的乐章就是德国人的一种久被压抑的感情的宣泄。在这一革命浪潮汹涌澎湃的社会大变革时期，由反叛精神孕育的艺术家，并不是每日每时都在注视着明媚的天空和潺潺的流水，而是极度关注社会上空的乌云和不断倾泻着的密雨，或是尽情地抨击封建统治者的残酷暴虐，王公贵族的荒淫糜烂，或是无情揭露资产者的穷奢极欲和虚伪的本性，或是诅咒暴力、抢劫、酷刑、焚烧和令人痛心疾首的战争。比如法国画家雅克·卡诺就热衷于描绘士兵的形象，许多画面表现的都是拦路抢劫的大兵、褴褛不堪的军服、弯曲钝卷的矛尖、破烂塌陷的皮靴、残缺不整的军帽，以及一切象征战争的标记与痕迹，或是像荷兰的绘画家那样全力描绘国家的经济发展和民族奋起所激发出来的各种力量。

当然，也有许多艺术家不是以满腔热情投入腥风血雨的阶级斗争的强悍风暴，只是希图把周围的人和事物描绘得怡然自得、井然有序和称心如意。然而即便如此，那些表面上好像死气沉沉的东西，诸如一只旧酒桶、一个残破不堪的水罐、一所作坊、一爿铺棚，在他们的笔下也“全都变得生机盎然，仿佛这些物品不是在忙碌、喧闹，就是在寂静中歇息，它们完全和当时的生活融为一体”。① 处处表现出艺术的人化和人化的艺术。

在音乐领域，德国的音乐大师们一方面以饱满的政治热情去拥抱生活，另一方面从贵族化的法国所建造起来的巍峨壮丽的智慧大厦中受到启迪，于是至少从亨德尔和巴赫开始，在德国就出现了一大批举世闻名的音乐家，像海顿、莫扎特、贝多芬、舒柏特等都是这一充满生命活力的辉煌时代产生的艺术骄子。他们源自身体的音乐几乎全都为自己的国家、民族和大众提供了英雄主义的支持和那最富有怜悯的心灵的呼唤。

艺术进入 19 世纪，与人性的关系更加密切。无论是 19 世纪早期的浪漫主义、梦幻主义、现实主义，还是 19 世纪末期的象征主义，20 世纪初期的表现主义、超现实主义或抽象主义，都是从一种更新的角度来表达人性。浪漫主义主要是将人的情感置于理性之上。印象主义则力图表现自己所实际感受到的世界。现实主义试图在现实世界和艺术世界之间建构起一座相互联系的桥梁，以有效地消除多愁善感的理想主义的幻想。凡·高的表现主义充满了天真的热情、深沉的爱以及对广大劳苦大众的真挚同情，比如他的著名画作《加歇医生》，作于他自杀前一个月，即 1890 年 6 月。画这幅肖像时，他说：“我希望画一位艺术家友人的肖像。我希望把我对这个人的感觉和爱慕之心画进作品里。后人也许会长久地凝视它，甚至在 100 年后，带着渴念追忆它。”事实被他言中，一百年后，1990 年 5 月 15 日另一幅《加歇医生》在纽约克里斯蒂拍卖行以 8250 万美元成交，创下当时艺术品拍卖价格的世界纪录。罗丹的雕塑则极为鲜明地刻画了人物的身体形态、个性特征和心理结构。象征主义艺术力求使作品亲切、脱俗、富有色彩感以及对于无限佳境的向往。野兽画派试图以鲜明的色彩和潇洒随意的笔调来表现现实生活和人的内心世界。立体主义旨在全方位地反映人的情绪、个性、视觉、记忆以及复杂的对象和性质。未来主义反对一代人中的麻木不仁状态，赞颂革命之美、战争之美、科学技术的速度和动力之美，宣传人性中的狂热、骚动、快乐和放荡的野性。

至于法国的马塞尔·杜桑（1887—1968 年）在《处女》、《新娘》等画卷中，也是立足于人性、身体、情爱和身体之美，采用了数学的、生物学的和力学的表现手法使其画作充满了性爱的情调。超现实主义突出了人性中的纯精神的无意识作

① ［法］艾黎·福尔：《世界艺术史》，张延封等译，长江文艺出版社 1995 年版，第 699 页。

用，确信梦幻万能，思想不受任何支配而自由活动。比如1919年他在巴黎买了一幅《蒙娜丽莎》印刷品，用笔在她的嘴上画了山羊胡子，并题上《I·H·O·O·Q》几个字母。这种作法当然是对传统艺术的否定。1965年他又买了一幅《蒙娜丽莎》印刷品，并在画中题上“她的胡子剃掉了”的字样。杜桑一直梦想使自己的艺术直接与人民接触，可悲的是当人们看了他的艺术品之后却是毫无触动，甚至是有些反感，最后他承认自己错了，错就错在自己没有认识到身体才是万美之源；身体之美在任何时代都具有公众性，都是吸引大众审美的基础性对象。离开人的身体之美、性爱之美，万物之美都要失去其光彩和被审美对象化的根基和条件。

二、身体主体性解析

为什么全部身体美学都源自“身体主体性”的觉识和“主体地位”的崛起？概括地说，身体并非纯粹的生物性肉体，而是身体即我，身体即人，身体才是最真实的认知、审美和实践主体，因此身体也即思想和世界的一切。平日是身体在运动、观察、观赏、说话和认知。没有人的身体，就没有真善美的判断，就没有被感知、觉识和改造的社会及宇宙，也不会有附属于身体的灵魂和意识。身体才真正是人类创生欲望、精神和文化的最能动、伟大的主体。

至于为什么自古以来，身体似乎都是处于被否定、被奴役和被惩罚的地位，原因就是：自从人类利用理性思维将具有反思和对象化能力的个人抽象为“我”、“人”和“主体”之后，身体就日益失去其主体地位。由此，在日常生活与社会实践的表达、赞美和称谓中，总是把“我或主体”与“权力地位、官职头衔、荣誉称号、功名利禄、正义美德、文明高雅”等概念相关联。而身体常常被当作生物性躯体或“臭皮囊”一般看待，及至眼下，在一些乃至全部的“我”看来，“名片”、“称号”就是“我”的一切，完全无视那已经被符号化了的身体的存在。除非违法犯罪，才想到处罚身体；除非战场打仗，才想到利用身体。为此，即便是一位凭借身体荣膺“世界小姐、杂技金奖或奥运冠军”头衔的人，在他们眼里，也不过是个花瓶或四肢发达、头脑简单的人。反过来，将列宁、尼采或鲁迅这些短寿者的伟业全都归功于他们的天才智慧，认识不到其伟大成就实际上都是来自他们勤奋身体的过度劳作和损耗。这种主体对身体的否定和傲慢只能证明数千年来高高在上的“我或精神”对“鞠躬尽瘁”之身体的无知。实际上，不是抽象的“我或人”是主体，而是活生生的身体是认识和改造世界的主体。今天从“美化生命、娱悦身体”的高度，回复和抬升身体的主体地位，让身体和生命超越以往陈旧的身体观、人生观、文化观和价值观，将有着颠倒乾坤的价值。为此，下面我想主要从“身体即我、身体即人、身体即主体”等方面深入剖析身体的主体性问题。

1. 身体即我，我即身体

众所周知，“我”形式上只是一个人称代词，然而自从它作为一个抽象概念与承载它的身体脱离后，“我”就日益凌驾于整个人类之上，就像希特勒的法西斯主义和纳粹主义之“我”凌驾于几百万人的身体之上一样，不再指谓身体，而是逐渐远离身体，并一跃成为认知、言语、思想、观念、宗教、意识、实践行为和审美活动的主体。从此，“我”或“自我意识”（self-consciousness）就与主体具有一种直接关系。而主体（subject）作为客体（object）的对立面，不可避免地要被主观化、意识化和精神化。这样，与之相应的“我”也就自然具有主观精神的身份，即如一些哲学家所言：“我”就是我思，“我思故我在”。“我”就是我心，“万物皆备于我”，或“人心以真我和良知为本体”。由此，弗洛伊德也指出，人即人的心理，而人的心理结构是由本我、自我和超我（the id, ego, andsuperego）三部分构成。所谓本我是指原始的自己，包含生存所需的本能、欲望、冲动和生命力。自我，是本我的现实，职能是执行思考、感觉、判断或记忆，机能是满足本我的欲求。超我，是个体在成长过程中通过内化道德规范，内化社会及文化环境的价值观念形成的理想化人格。然而不论是本我、自我还是超我，突出的都是精神和心理层面的“我”，把身体放在客体位置，使得“我”成为一切知识绝对在先的、无条件的根据，成为不依赖于他物而独立自存的东西。致使哲学史上，突出“我”的哲学，诸如唯心论、先验论、主观论或唯我论等，至今仍拥有巨大影响力。及至20世纪的维特根斯坦形成认识论上的“唯我论”，认为人的一切认识及描述全部对象世界的语言，无疑都是从“我”开始。“我”是一切事物和事件的逻辑起点，因此“我就是我的世界”。[①] 那么“我”和身体究竟有何关系呢？是否“身体”只是“我”的宾语？

其实，我并不高于身体。我，作为一个代词仅是自我意识的发明和创造，目

---

① ［奥］维特根斯坦：《逻辑哲学论》，韩林合译，商务印书馆1964年版，第85页。

的只是想将我的身体和他人的身体做区分。身体作为宇宙天地经过几十亿年造化的一种自为存在，其深藏的奥秘和伟大的潜能绝不是“我”能够认识的给定物。“灵魂和身体的统一也不是两个完全不同的实体的偶然结合，而是相反，身体必然来自作为身体的自为的本性。”[①]它表现的是偶然性和对世界介入的个体化和具体性。在这里，我和身体的统一就是心灵和肉体的统一；就是身体自身的统一，没有一个外在于身体的我。正基于此，从古至今的许多哲学家都十分看重人的身体，而不是抽象的我。比如柏拉图在论述人性的基本规定时，就把健康的身体、美丽的身姿、智慧的大脑放在人生目标和完美人格的最高位置。指出，健康的身体既是一切人存在和求生的资本，也是一切人获得事业成功的前提；既是人生谋求幸福和快乐的根据，也是感知美、觉识美和创造美的主体。因此，身体既是我的全部，也是世界的全部；正是我的健康身体容纳和涵盖了万事万物，也构成、实践和创造了整个社会。所以，这个世界上没有什么能够比人的身体更伟大。尤其是要想“建成一个理想国家必须开始于人的健康身体”。

也正基于“身体即我”的认识，才使得美国教育家杜威坚决反对现行教育中那种僵死知识的教育。主张教育作为培养人的身体和生存能力的主要形式，要特别注重身心培养；学生和教师都要经常进行最有益的体育运动、户外运动、游戏活动。它们不仅有助于人的身体发育、脑智锻炼，培养人的敏捷感觉、活泼禀性，以及吃苦耐劳的品格，也有利于开发和培养人类天生的好奇心、求知欲、勇取心、自信心、意志力及创造精神。只有如此，才能激发人们“从事对自我认识和自我创造的追求，从事对美貌、力量和欢乐的追求，从事将直接经验重构为改善生命的追求。”[②]给人类生活带来美好向上和富有朝气；通过对美的感悟去完善人性、教化文明，解放久被禁锢的主体，释放久被束缚的激情；丰富长期单调的灵魂。

然而长期以来，身体在以我为代表的理智精神、政治经济、伦理道德、宗教信仰等外力作用下，被迫向其对立面转化和堕落，导致人类精神对身体的否定和轻蔑，使身体处于被奴役、压迫、排斥、打击、折磨、虐待，以及被杀戮的地位，蜕变为低于动物肉体的工具及至物的奴隶。身体作为人的本质，原本每个人是其所是的根据，没有身体，就没有人的一切，包括人的思维和审美。正是人的身体创造

① [法]萨特：《存在与虚无》，陈宣良等译，生活·读书·新知三联书店 1987 年版，第 405 页。
② [美]L. 舒斯特曼：《哲学实践》，彭锋译，北京大学出版社 2002 年版，第 203 页。

了全部的物质和精神文明，在作用、认知、实践和拥有着整个世界，在体验和感受着人世间的美丑善恶、痛苦欢愉。为此，古希腊哲学家普罗泰哥拉在肯定身体和各种情感、欲望、本能与意志力相统一的基础上，还提出"人是万物尺度"的思想。但这并没有能够阻止由精神和意识导致的身体的异化。

特别是自近代以来，精神对身体的否定，完全被大肆鼓噪的"我"所代替。在这里，"我"已经变成虚假的精神煞费苦心虚构出来的空洞概念，已经成为仇视生命者编制出的一副铁笼对血肉之躯的禁闭。此时，人的身体因受到一种高尚主体的钳制和幽禁而丧尽生机。尤其是一些神学家或经院哲学家，不仅将所有谎言都神圣化，且利用干瘪的理性否定人类对感官的信仰；用概念、总体性、秩序、纪律和逻辑来宰杀生命，摧残肉体，压抑蓬勃的本能，熄灭蒸腾的欲望，高扬一个概念的木乃伊，制造虚假人格。在虚假的主体中，肉体、感性、欲望和迷狂统统被拥有强权的虚假主体绳之以法，以确保理性的权威、秩序的严谨。结果本真的人性不仅沉沦为被各种繁忙所支配，而且在虚假主体刺激起来的各种欲望的支配下，堕落为一种彻头彻尾的消费机器、专制机器、生产机器、理性机器，使人本身完全处在一种"不在家的异化状态"，一种精神奴役肉体、主体支配身体的对立状态。

尤其是靠身体吃饭的劳力者，由于深受各种国家机器及意识形态的管制，使其隐藏在体内的潜能被耗费，欲望被压制，粗糙的肉体深受精神的蛮横鞭笞，由此失去真正人的含义。突出表现就是：长期以来，国家法律对囚犯往往施以惨不忍睹的酷刑和极端残暴的处决，诸如肢解、车裂、火烧、绞刑、砍头和四马分尸。这些对身体的毁灭形式既过分地暴露人类精神的专横、暴虐和残忍，也证明人类没有认识到被惩罚的身体的无辜。以致法国思想家马布利曾为身体大声疾呼：人类犯罪，"如果由我来施加惩罚的话，我一定打击的是诡计多端的灵魂而非朴实直白的肉体。"[①]因为肉体只做它需要做和应该做的事。即便是现实中由于意识作用，引导人之肉体犯下"罪过"，也要从社会、历史和实践的高度，从感性和理性、精神和肉体辩证统一的角度，立足人的情欲、情感、本能、疾病、失控、环境和遗传等多种因素，进行综合地审视与裁决，而且裁决的结果总是那自认为拥有理性的社会统治者或"我"拥有罪责或过错。因为理性或"我"作为对身体的超越，

---

① [法]米歇尔·福柯：《规训与处罚》，刘北成、杨远婴译，生活·读书·新知三联书店 2003 年版，第 17 页。

自身包含着对身体的专断性驾驭和否定。

换句话说，这些自视为理性的人往往是既没有认识到肉体和灵魂之间的统一性和整体性，也没有认识到正是身体决定本性。以致在社会实践中，人们常常是无视身体；除非在生老病死的情况下，才会关注身体。为此，美国学者理查德·桑内特曾经描绘说：在现实的场景中，“每个主要人物都只看到自己”。他们的肉体已经失去感觉；“他们感觉不到别人的存在，甚至也感觉不到楼梯、板凳以及街上的建筑物。”①“对于现代大众来说，他人身体出现在自己面前所带来的只是威胁感。”②造成这种状况的原因，显然都是来自“精神或智慧”对身体的伤害；都是起因于把身体看作粗鲁、野蛮、肮脏和笨伯。实际上，人类文明就是源自身体的文明。“我就是身体的存在”。否定人的身体，就是对人缺乏本质性认识。只有将我回归身体，这才是真实、鲜活的自我。我才可能将他人体验为有心灵的身体(minded bodies)，并在这种理解中，“包含一种对我们如何体验自己为具身的心灵(embodied minds)的正确评价。”③从而将我和身体永远结合。由此，当代哲学家丹·扎哈维试图重建自我，回复我的肉身。凭借身体自身的感觉和悟性，坚信“我”不过是身体的附属物。把人看作神圣的理性话语，完全是对人性的误解。一如庞蒂言：“我在我的身体中，更确切地说，我就是我的身体。”④或者说，任何意义上的“我”都是躯壳和灵魂的统一，都是身心的统一或形神的统一。

2. 身体即人，人即身体

现实中，不仅“我”早已脱离身体这个唯一的实体，就是人们对“人”的理解也早已弃绝身体而言他。许多人完全无视柏拉图的有关“人是能够直立行走的、无毛的两足动物”的理念和界定，而大谈“人”是社会动物、政治动物、理性动物、精神动物、道德动物，以及达尔文的“人是唯一知道爱别人的动物”。由此，也使“人”的概念高高在上。

其实，人并不是由人生观、价值观、伦理观、道德观和意识形态架构的观念形态。当福柯说，“现代人已死”时，意指的就是：现代人完全成了人类精神和意识

① [美]理查德·桑内特：《肉体与石头》，黄煜文译，上海译文出版社 2006 年版，第 69 页。
② [美]理查德·桑内特：《肉体与石头》，黄煜文译，上海译文出版社 2006 年版，第 8 页。
③ [丹]丹·扎哈维：《主体性和自身性》，蔡文菁译，上海译文出版社 2008 年版，第 11 页。
④ [法]梅洛-庞蒂：《知觉现象学》，姜志辉译，商务印书馆 2001 年版，第 198，137 页。

的奴隶。根本原因就是：长期以来，人们不仅把我超越于身体，也没有把身体和人放在同一个层面。认为身体只具有生物学的价值和意义，而大写的“人”则是社会、文化的产物；不只具有精神、理性和智慧的本性，也具有政治性、道德性和阶级性。为此，至少自奴隶社会开始，由于身体和人性的异化，就使得精神超越肉体，观念超越需要，抽象超越具体，整体化的场域作为一种无生命的客体控制着身体的实际要求。在这种情况下，身体不只是变成一种异己的、为他的惰性存在，且完全失去自己的主体地位，被一切已定型之物，也即外来力量所控制和支配。此时，靠身体生存的劳动者受制于工具；失去身体自由的知识分子也几乎完全丧失自己的人格，在他所生存于其中的异化结构中，由于自身和周围场域的内在统一性，根本就不能够想和说出其本真的思想与心境。此时，他已经不是由身体所标示的自我，而是由一种普遍的行为来确定的他物。他的身体及行为完全具有属他性质。就像一个拥有铮铮铁骨的士兵，只能被动地服从命令，而不可能使自己的行为进入个体和群体辩证统一的整体运动。

在这种关系中，每个人的身体行为几乎反映的都是他人的精神、意志和欲求，都是通过某种社会力量和社会权力与自身发生关系。在这里，不仅使身体变成纯粹的客体，甚至是变成客体的客体。结果不仅剥夺了自己生命的可能性、能动性和创造性，也使自己和他人、他物，以及赖以生存的整个场域一起融合在一种共同的变异中。这样一来，个人身体的自由就由于事物和他人的选择而被搞垮。因此不论是在一个专制社会还是民主社会，类似契约、合同、雇佣等一类反映整体场域的东西通常都体现某种强权或强力。通过这种契约那些“孤立无援、忍饥挨饿、一贫如洗的劳动者把自己的劳动力出卖给一个硬性规定他的价格的有势力的雇主。”[①]使其任凭理性、意识或观念的欺骗，任凭统治阶级或剥削阶级的宰治。

当然不是说，在一个身体异化的时代，只有部分人的身体异化。而是说，在同一异化场域中，每个人的身体都发生异化，都成为精神的奴隶。在这里，尽管主人和奴隶有很大差异，“但也设定了一种异化的相互制约”。[②] 因此要想恢复身体的地位和人的本性，首先必须承认每个人的身体都是独一无二的，而且“只有身体才是人的最高存在”。身体无论在什么时候，都是世界万物的出发点和历

① [法]萨特：《辩证理性批判》，林骧华等，安徽文艺出版社 1998 年版，第 484 页。
② [法]萨特：《辩证理性批判》，林骧华等，安徽文艺出版社 1998 年版，第 491 页。

史的创造者。绝不能够把身体当作一种外在物,要认识到身体即人,人即身体。它既不是神的创造,也不是观念的虚构。身体就是身体,它决定着一切。

遗憾的是,有史以来,多少充满生机的人都是生活在僵死呆板的观念的浓云密雾中,造成精神对身体的奴役、道德对肉体的压制;一切外在于人的东西,包括政治、经济、文化、军事结成一张密集的死网,一直在残害和窒息着人类自身。为此,萨特竭力主张要扭转乾坤,要把由身体所承载的人当作人,而不能当作物;要去除人性的异化和身体的异化,回复人的个性和肉身。他基于自己的亲身经历和由此产生的对各种错综复杂的社会现实与人性异化现象的考察,痛斥了人性的堕落;对人为编造的庞大观念对人性和身体的压抑和剥夺表示了深恶痛绝;揭示了人世间存在的各种荒谬和罪恶;深刻地指出,现实中的一切华丽和高贵,都只是语言的编造和精神的粉饰。只要融化这种虚饰,剩下的就是“一堆赤裸裸的、可怕的和令人厌恶的怪异物”,而不是一个个令人怜爱、同情乃至崇敬的躯体。

所以,人就是身体的存在。没有抽象的人性,只有生机勃勃的身体。为什么一个新生儿是那样的可爱?就是因为他天真、无邪和纯粹。为什么希特勒会令世人所不齿?因为他完全被邪恶的灵魂、权欲和贪欲所征服。正基于此,哲学家罗素告诫人们,要想成为一个真正的人,必须终生保持其童稚气。因为在理性的语境下,一个概念的人与一个真正的人相比,还相差整整一个纯真身体的厚度。通常由理性建构的人只有一种不在场的意义。只有人的身体才能够昭示人的真实;揭露各种导致混乱、拒斥、贬低身体的谎言。在这里,“我们的身体不仅是人们长期称谓的‘五种感官的所在地’;也是我们行动的工具和目的。”[①]然而现实中,身体不只是精神的奴役对象,且常常是虚假意识的牺牲品。这就要求传统道德要摈弃从利益着眼的心理学,摈弃对人的行为的功利主义;抛弃以牺牲身体为目的意识形态与伦理道德。人的存在揭示:身体才真正是“各种价值赖以存在的那个存在”,才真正是意识从中发现自己价值的唯一源泉。因此现实的道德应尊重身体,保护每个人的生存权。身体才是人的最根本的存在。以身体的存在为前提的人道主义才真正是对一切人类个体的解放和保护,才真正是旨在让每个人都能够挣脱原有的、高高在上的观念枷锁,“体现自己真正是人”。[②]

---

① [法]萨特:《存在与虚无》,陈宣良等译,生活·读书·新知三联书店1987年版,第417页。
② [法]萨特:《存在主义是一种人道主义》,周煦良等译,上海译文出版社1988年版,第8页。

3. 身体既是主体也是对象

身体即我，身体即人，身体也即真正的认知主体、审美主体和实践主体。然而由于过去几千年，“身体一直都是被包括语言在内的政治经济、意识形态以及荣誉地位等外在于生命的强力所俘虏与监禁的囚徒”，因此今天解构往日那虚妄的主体，解放身体，一切从身体出发，以身体为准绳，重新确立身体的主体地位，进到生命之心，“才真正是身体本能发出的令人惊异的呼喊及思想”。比如长期以来，几乎所有人都把认知能力归功于大脑，无视“包括本能、欲望、意志、情感、无意识等诸多生命要素在内的身体”的认知价值。其实，正是人类特有的身体结构和身体功能决定着其特有的生理结构和生理功能、心理结构和心理功能、大脑结构和大脑思维，以及人所特有的认知结构和认知功能。因此身体才是用“各种符号，包括表情、神态、形态、感应、声音、心情等各种身体要素和生命表征”，书写和表达的一架最精致巧妙的“智能机”。身体既是感觉、经验、认知、真理、美德、至善和审美等各种认知和智慧的源泉，也是积累和储存人类认知和智慧的信息库与知识库。人类的一切认识都要依赖于身体的经验和经历，都要取决于身体的意识、记忆，以及身体的反应、感知和概括能力。

进一步说，人之认知就是以身体为基础的身体场和知觉场的综合；是身体固有的认知能力或知觉图式“在感觉间的世界中对我的身体姿态的整体觉悟”。① 正是类似交感活动、统觉作用以及身体化行为等因素一起决定人类特有的认知功能。没有这诸多的感觉、知觉、欲求、渴望、经验和意向，就不会有语言和形象的产生，当然也不会有概念和理论的生成。因为一切概念本质上都是来自身体的生存实践和认知上的高度聚集与整合作用，以及概念化与范畴化作用。因此大脑并非认知的唯一器官，类似“聪明的手指、多情的面部、舒展的肢体和富有弹性的歌喉等”都是人的认知工具和源泉。特别是，作为人类本质的理性思维，不只是大脑的功能，更是源自整个身体；“是我们的神经系统和认知机器一起使得我们能够察觉、领悟、向周围运动，并创造了我们的概念体系和理性模式。”②比如正是我们的视觉系统借助地形图和定位感光细胞，为我们的概念化

---

① [法]梅洛-庞蒂：《知觉现象学》，姜志辉译，商务印书馆 2001 年版，第 198，137 页。

② George Lakoff & Mark Johnson, *Philosophy in the Flesh*. New York: Basic Books, 1999, p. 4.

空间关系的能力提供了某种特定的结构。我们依照某种方式运动和追踪其他事物的运动能力使得“运动”在我们的概念系统中起到非常重要的作用。也正是由于我们拥有肌肉，并以某种方式利用它产生的力量才形成我们的因果关系的概念系统。因此，理性绝不是空洞无物的东西，它是无意识的、充满热情、激情和想象力的，即如梅洛-庞蒂所言，“这是因为身体自身及其器官始终是我的意向的支撑点和载体。”[①]在这里，“只要我不是特意地思考世界，我对我的身体的意识就能直接说明在我周围的某种景象；我对我的手指的意识就能直接说明物体的某种纤维状的或粒状的特征。”当然，也是“我的身体能使我保持与世界的关系。”[②]也正是基于人的身体的结构、行为和感受，才产生以其为标尺和立意的诸多界定世界万物的概念和范畴，以及作为人之整体而存在的自我。

所以，身体完全可以只根据自身的力量竞技去从各个角度对世界做出解释、估价和透视；完全能够在它的生死盛衰中带着对全部真理和错误的确证和认同，霸道地主宰着道德、知识和审美领域。因为正是身体在生产、评估和创造现实文明世界的一切。特别是身体中永远流动的欲望，常常激发出惊人的强力，推动着积极的生产活动。因此是欲望创造了世界，是力生产了现实。力和欲望正是通过身体达成连接和互动关系，使身体成为一股活跃的、升腾的生产力和一部永不停息的机器。为此，用身体驱走思想迷信，赶走传统道德，抬高欲望机器和快感的力量，拒绝脱离大地和肉体的主体哲学，有着至高无上的价值。

身体不只是认知、审美和实践的主体，也是认知、审美和实践的对象。因为人总是一定社会关系中的人。不论在是阶级社会，萨特发出的“他人就是地狱”的感叹，或海德格尔发出的“他人就是独裁者”的怨言，还是在未来无阶级社会，人际间的相互交往和联系，都将必然反映为一切人都是一种对象化存在。任何人都不可能只是“主体”或“主人”。即便是一位总统，也不可能永远都扮演权倾天下的角色，他也要时时接受审查和监督。反过来，即便现实中那些属于规训对象的学生或士兵，也都必然同时是一个学习和作战的主体。更何况在人类社会这个大舞台上，任何人都同时是一位集表演和观赏于一身的演员。在这里，没有纯粹的主体，也没有纯粹的对象。“我为人人，人人为我”是最好地体现了主客体之间的对立统一关系。

---

① [法]梅洛-庞蒂：《行为的结构》，杨大椿等译，商务印书馆 2005 年版，第 278 页。

② [法]梅洛-庞蒂：《符号》，姜志辉译，商务印书馆 2003 年版，第 109 页。

也正基于人即演员的这一双重角色，尼采才由衷地认为，身体既是认知和审美的主体，也是认知和审美的对象；既是创造美的源泉，也是创造美的动力。固然在日常的审美实践中，人们可以使低于人的客体变得楚楚动人和赏心悦目，但这并非在客观上它真的就是美艳无比，而全在于古往今来的审美主体对它的发现、描绘、想象、构造和讴歌。一句话，一切客观美都是属人之美。就像音乐旋律犹若“身体的着陆”，演员登场有如睡眠的身体“醒来的一动”。所以，美就是身体的认知、觉识、快感和展现。由此，尼采才认为“人之身体乃美之最”，不只身体是最具魅力的艺术品，而且其中“最优秀的公众性的身体，乃是世界的尺度”。①

既然如此，任何人都需要从身体的体态、体格、力量、意志、耐力、激情、协调性、柔韧性、整体性、平衡性、对称性、精湛的技巧和令人惊艳叫绝的艺术表现力等方面来展示、创造、延伸和塑造身体美与人类美。此时，身体作为主体要不断提升自身的认知和实践能力、创造和革新能力；作为规训对象要不断地提升自身的技艺；不断地变被动为主动，挖掘和发挥身体的潜力；作为审美主体要不断地提升和培养自身的审美能力，积累审美经验，提升审美水准；作为审美对象要不断地塑造、完善和美化自身，推动自身走向极致和完美。同时要使更多的人认识到“身体已经变得比我们的灵魂还重要——比我们的生命还重要。”②身体就是人类的全部和未来。也正基于此，福柯才说，一个人只有“用他的肉体、他的行为、他的感觉和热情以及他的整个存在，才能制成一件艺术品。”③也只有立足身体这个充满野性的“无人之乡”，才能真正期待身体的全面解放，最终实现“我们的身体属于我们自己”。④

三、身体是呈现美的源泉和基础

正是由于身体与艺术审美之间存在紧密关系，所以人类从事的艺术创造和审美活动并非只来自于精神的凝思或思想的建构，而主要是决定于人的内在情感、身体感觉、生命冲动以及性的热忱与激情。正是人生经历和身体感觉的具体

---

① [美]彼德·布鲁克斯：《身体活》，朱生坚译，新星出版社 2005 年版，第 21 页。
② [法]雅克·库尔第纳：《身体的历史》，孙圣英等译，华东师范大学出版社 2014 年版，第 338 页。
③ [美]理查德·桑内特：《肉体与石头》，黄煜文译，上海译文出版社 2006 年版，第 19 页。
④ [法]雅克·库尔第纳：《身体的历史》，孙圣英等译，华东师范大学出版社 2014 年版，第 2 页。

性、生动性、变化性和多样性体现和实践了艺术形式的多样性和内容的丰富性。正是身体经验和身体整体的生成运动、存在状态构成各类艺术审美的对象、形象和过程;变成技艺发明和艺术创造的潜能。特别是发生在身体感觉层次上的各类行为实践,尤其是各类体育竞技、体育活动,作为各种感觉间的联系和综合总是偾张着一股永恒的生机和创造力。这种引发身体感觉的身体之力无疑是普遍作用于人类行为的最深层动因。因为正是这种身体之力所体现的人的自由意志、生命本能促成“人类心灵的自由向往、欲求和创造”,实现人的审美活动,而且直接把艺术审美与人的身体行为和内在情感、爱欲、潜意识和想象力等联系起来,使得许多艺术作品都镶饰着本能和欲望,渴望着心醉神迷;并经常用以性爱和情爱为代表的梦境象征来蕴含某种潜意识;用一些令人心驰神往的审美形式来表达某种无言的情感;用一种无效的逻辑结构、脆弱的美、不确定的扭曲的幽默,在极度兴奋或痛苦的情绪中,创造、寻找或表现某种发自内心的愉悦性响应。这种响应往往能在一种转瞬即逝的身体感觉中“捕捉到对象叩击我们的眼睛和撞击我们的感官的方式”。因此艺术创造或审美诉求实质上就是身体感觉的强力运动,而非精神的“内省”关照。其创作状态往往表现为一种由力制造的“瞬间的紧张和激动”。此时,一种构成身体的力与力的现有关系和结构通过相互间的作用引发的“突变”,使得整个身体都被一种强烈的运动穿过,其结果产生的身体感觉便构成艺术创作的源泉。艺术家创作的宗旨就是把涌现出的身体感觉诉诸艺术的感性表现形式。在这个意义上,可以说“一切感知性只是力的生成”。①

这种艺术创作状况正如尼采所言:是人类心灵、意志和感觉的极端灵活性,从中发展出一种高度的表现和传达能力,激发出某种能给出符号的事物或画作的愿望,并试图通过各种语言符号和表情姿势将其表现出来,由此便形成一种爆发状态。对于这种状态,我们“必须把其设想为通过各种肌肉劳作和活动而从极度的内在紧张中摆脱出来的驱迫和冲动,……设想为整个肌肉组织在从内发挥作用的强烈刺激推动下的一种自动作用。”②因此一个伟大的艺术家之所以伟大并不在于他对色彩或声音的敏感性,而在于他能够从身体感觉中爆发出有生命形式的力量。这种力量主要包含两方面:一是“外在的力”穿越身体的不同层次

---

① Gilles Deleuze, *Nietzsche and Philosophy*. translated by Hugh Tomlinson, London: The Athlone Press, 1983. p. 63.

② [德]尼采:《悲剧的诞生——尼采美学文选》,周国平译,生活·读书·新知三联书店 1986 年版,第 359 页。

形成一种“震动”;震动形成一种“简单的感觉”。二是在各种力的作用下,感觉穿越不同的领域和层面形成的“共振”。但这两方面是交互作用的,因为“感觉”的生成就是力穿越不同的层次而形成的。不同的感觉之间本身就是内在关联的,“即使是在一个唯一的身体或一种简单的感觉的情况下,这一感觉也肯定会穿越各个层面,从而构成感觉的交合。”①为此,德勒兹说真正的艺术审美不是“识别”而是“相遇”(encounter)。所谓“相遇”就是指一种始于感官的直接遭遇和猝不及防的震惊。此时,作用于我们思想的东西更像是一种“外在的冲力”,一种不能被同化于任何认识模式和记忆中的问题。因此伟大的艺术创作总是一场开天辟地的创造活动。它“源于一场充满与几近暴力的相遇,在此,逻辑噤口,理性止步”。② 而在感觉中经历的肉体也将不再是肉体,而是感觉借其而得以通过的场域,它消失于感觉审美的整体中。此时,艺术作为身体感觉相遇的珍品将把永恒的感觉交付给未来的感官。出色的艺术作品就在于它表现的感觉能够一直与我们的生命存在相延续。正如德勒兹所言:一切艺术品都是“一个感觉的聚块,也就是说,一个感知物和感受的组合体”。③ 从中我们既可以领会身体感觉的复杂性,也可以领略让身体感觉畅其所快的创造性。

由此,也可以结论:“无论绘画、雕塑还是写作都离不开感觉。”④全部艺术审美都不过是艺术家在利用颜色、线条、阴影、光线、音符、节奏、音律描绘、书写和叙述着感觉。为此,我们说,一切真正的艺术作品都具有其个性、特殊性和多样性;都决定于审美主体和实践主体在风格、学识、见解、目的、动机和审美品位等多种要素之间存在的巨大差异。因此“不论一位艺术家对科学怀有多么强烈的兴趣,感觉的组合体永远都不会混同于科学在事态中规定的材料的‘混合物’。”⑤这一点不仅决定任何人都不可能使得达·芬奇的原作“蒙娜丽莎”再现于现实和历史,而且也被今天流行的印象派艺术家的“光感混合物”予以证明。这就是所有的艺术形式都遵循着“感觉的逻辑”;都试图“把一个感觉的聚块,一个感觉的纯粹的生存物抽离出来”。在这里,感觉是艺术审美的原料,而艺术品

---

① [法]吉尔·德勒兹:《弗兰西斯·培根:感觉的逻辑》,董强译,广西师范大学出版社 2007 年版,第 79 页。

② [法]吉尔·德勒兹:《德勒兹论福柯:译序》,杨凯麟译,江苏教育出版社 2006 年版,第 9—10 页。

③ [法]吉尔·德勒兹:《什么是哲学?》,张祖建译,湖南文艺出版社 2007 年版,第 434 页。

④ [法]吉尔·德勒兹:《什么是哲学?》,张祖建译,湖南文艺出版社 2007 年版,第 437 页。

⑤ [德]尼采:《悲剧的诞生——尼采美学文选》,周国平译,生活·读书·新知三联书店 1986 年版,第 359 页。

则是感觉的外化物。正如梅洛-庞蒂所言:“正是从最微弱的知觉开始的身体的表达活动,被扩展为绘画和艺术。”①

这种现象既说明人本身就是一个永远不甘寂寞、时刻试图逾越现实事物的特殊生命体。它拥有的好奇和爱欲使人产生无止境的审美追求和审美能力;也说明人类从事的任何发明创造都不是单纯的谋生活动,也是一种生活艺术与审美、一种追求最高自由境界的生活艺术、自身技巧和审美实践。其目的不只是为了存活或延续后代,更是为了陶冶和塑造自身,满足自身的感受和审美要求,释放过剩的生命力燃烧的激情,使自己能够将日常生活和社会实践都提升到审美高度。为此,许多人坚信没有审美和爱美之心就没有人生。审美才是人对他物的最高超越,才是将生命引向充满快感的自由创造境界的永不枯竭的动力和源泉。

比如图导-2《土耳其浴女》,就是作者自然地呈现了众多形态各异、性感生动、光润无瑕、丰满美艳、魅力无限的女性裸体。这种风光敞亮的性爱场景、身体之美不仅充满了异国情调、俏皮和纯洁,也让世人一饱眼福、叹为观止,真好像天设地造,仙女下凡,美不胜收。其完备之美几乎完全颠覆了传统的“人猿同祖论”。也正是基于对身体审美的人生价值的高度评价,当代新尼采主义者福柯批判了以往的各种传统对人性的欺凌,各种权力对人性的压抑,各种语言对人性的歪曲;批判了摧残和遏制人之生命力的社会制度和单调乏味的生活方式;极大地深化了对身体和性的认识。他“利用自己的肉体、行为、感觉、热情,以及整个存在制成的精美别致的艺术品”对生命和人性的深层挖掘,超越和“发明了自身”;并深刻领悟:一切生命都是产生美的源泉、动力和对象。因此我们决不可把情感和性欲等看作有害人的身体成长的消极因素或破坏力量。特别是性作为生命的源泉和动力,“既是我们的行为的组成部分,也是我们在这个世界上享受自由的一个方面。性是我们借以创造我们自己的某种事物。”②如果人们不能逃出传统的伦理道德和政治权力对性设置的牢狱,只是满足于理性魔鬼设置的循规蹈矩的生活,那么人类就永远不会有所创造和发现。我们要坚信一切爱恋和性欲都是来自一种“神爱之心”和身体内部的生命冲动。美不仅表现出经验性、具体性以及审美形式的超越性和无限性,而且许多艺术的风格和品性也都是人类在精

① Merleau-Ponty. *Signs*. Trans. Richard C. McCleary, Northwestern University Press, 1964. p. 70.
② 高宣扬:《福柯的生存美学》,台北五南图书出版公司 2004 年版,第 59 页。

神和肉体的辛勤奋斗中实现的自身关怀的结果。美不只构成人的最高级属性和价值,而且美学的主要范畴也将发生革命性变更。其中生命、生存、身体、性、欲望、快感和死亡等将构成最基本的美学范畴。因此世界上,“没有别的东西是美的,只有人是美的。”①只有永远处于激情四射中的人的身体审美才不会导致生活的干涸、贫乏以及对人的内心情感和身体经验的窒息。因为源自身体的情感、意志、欲望与活力才是精神的真正动力,才是艺术的真正源泉,才是审美对象化的真正主体,才是评判审美的真正尺度和标准。

图导-2　法国画家让·奥古斯特·多米尼克·安格尔(Jean Auguste Dominique Ingres)的《土耳其浴女》创作于1862年,是继他最著名的《泉》之后的又一新探索。如果说《瓦平松的浴女》是安格尔借助女人体的整体感和细腻感来表现人体单纯、洁净、洗练的美感的话,那么《土耳其浴女》则是安格尔借助众多的“洁净”、“洗练”优美的女性人体来表现一种单纯与丰富、动态与静态的完美结合。这冷静、幽雅精于用线和微妙的明暗色调来体现具象人体的表达方式,是来自古典主义的传统;但这种真切而又超越真实,单纯而又变化丰富,柔美而又不柔弱甜媚的抽象意味以及浓郁的东方情调,又是对传统古典艺术的超越。

比如《蒙娜丽莎》作为一幅享有盛誉的绘画杰作(图导-3),代表着达·芬奇的最高艺术。据记载,蒙娜丽莎原是佛罗伦萨一位皮货商的妻子,是一位典型的有产阶级的妇女形象。她当时虽年仅24岁,却表情内敛,深邃高尚,坐姿优雅,

① 高宣扬:《福柯的生存美学》,台北五南图书出版公司2004年版,第402页。

图导-3 达·芬奇的《蒙娜丽莎》

笑容微妙，眉宇间透出内心的欢愉、镇定和高傲。朦胧的背景山水幽深茫茫，淋漓尽致地表达了人物的丰富情感和美丽外形的巧妙结合。至于面容中眼角唇边等表露感情的关键部位的精确与含蓄的描绘几乎达到神韵之境，从而使蒙娜丽莎的微笑既大方得体又意味深长，具有一种神秘莫测的千古奇韵。特别是微翘的嘴角，舒展的笑肌，如烟似梦的妩媚微笑，恰到好处地表现了古代意大利有教养女性的特有平静和矜持。为此，被许多美术史家称为"神秘的微笑"；导致500年来，引发出人们的无限冥思遐想。由此，荷兰阿姆斯特丹的一所大学甚至应用"情感识别软件"分析出蒙娜丽莎的微笑包含83％的高兴、9％的厌恶、6％的恐惧和2％的愤怒。

这说明达·芬奇在人文思想影响下，不仅着力表现人的情感，也在构图上改变了以往肖像画侧面半身或截至胸部的习惯，代之以正面的胸像构图。透视点的上升使蒙娜丽莎显得更加妩媚迷人。至于她的一双柔嫩、丰满的玉手，既展示了她的温柔高贵，也显示出画家的精湛画技和敏锐观察。尤其是蒙娜丽莎右手的不自然弯曲，可能体现了她的自信和对上帝的轻视。

说不尽的蒙娜丽莎，表明人们喜爱她：喜爱她难以觉察、转瞬即逝而又亘古不变的微笑；着迷她洞察和包容一切的眼神、端庄沉稳的姿态、高贵朴素的装束、以及无懈可击的完美。人们惊叹唯有列奥纳多上帝般的智慧，才能将众多美好合为一体，使得美丽、智慧和永恒三位一体，使人们既愿意栖身她的庇荫，吸取滋润的营养；又渴望走出她的阴影，呼吸自由的空气。如今，蒙娜丽莎端坐卢浮宫一处，每天都以熟知、神秘的微笑迎候万千来客。这些朝圣般的观众渴望通过她温柔娴静的脸庞解答心中各种疑问，而离开时却带走更多问题：蒙娜丽莎究竟是画中人的名字，还是微笑的别称？是确有真人，还是凭想象画成？无眉毛的画中人是当年的审美时尚，还是妊娠反应？整幅画的晦暗背景是否暗示画中人刚经历流产的伤痛？蒙娜丽莎那令人迷惑的表情是真的微笑，还是面部麻痹症造成？当然本质的问题还是：蒙娜丽莎为什么美到世人着迷？为什么是永恒美、普遍美、整体美和完美？为什么是形态美和心灵美、理性美和感性美的统一？对此，世界已出版专著数百部，也有近百名学者将此画作为终身研究课题，但问题还是有增无减。故本文想从身体美学的高度对蒙娜丽莎之美给予新的解读。

这就是蒙娜丽莎的美和魅力，毫无疑问都是源自她是一个人：一个情感丰富、面容娇美、姿态高雅的女人，一个体态圆润、肤色白皙、性感十足、沁人心脾、夺人魂魄的女性身体。没有人的身体，就没有人类及至整个世界。"身体是我们拥有世界的普遍载体。"[①]尤其是女性的身体，不只是万物之源，更是美的存在、美的化身和美的代表。"她作为一个不固定的现实，是始终处在塑造自我和美的过程中"。这种不间断地塑造和建构既体现在作为思维主体、实践主体和审美主体的能动性上，也体现在作为审美对象的具身化和将美不断地向外扩展的普遍化上。《蒙娜丽莎》之所以能够激动或搅动着近乎全人类的心脾和灵魂，就在于她是完美女性身体的代表和化身。女性的身体和灵魂的全部在哪里？就存在于人的脸上和胸部。蒙娜丽莎作为一个成熟的女性、一只美艳的花朵，其娇美的面容、丰满的胸脯、性感的双手、勾人的眼神、聪明的前额、漂亮的鼻骨、含蓄的嘴唇、诱人的微笑、披肩的长发、令人想入非非而又无可挑剔的脖颈、那深不可测的神情饱含的不可摆脱的深情厚谊，及至她的身躯所展露的每一部分，必然让人痴迷、爱不释手和难以忘怀。

也正是人们对这一审美个体化的痴迷，使得凡是关涉蒙娜丽莎的美的要素、形体、容貌、肌肤、情绪、微笑，及至一招一式、一言一行、一举一动，都被审美主体们与日俱增地美化、概念化、观念化和标准化。结果是：大凡蒙娜丽莎身上的东西都是美的和永恒的。久而久之，她不只是达·芬奇的美人和宠儿，也日渐成为全人类的美人和观赏对象。因此，《蒙娜丽莎》在问世 5 个多世纪以来，不仅是魅力不减当年，相反是越发引起整个地球人的关注和惊奇。原因并不在于她的美有多么地客观和实在，而在于整个人类的审美也是审美主体、审美对象，以及长期形成的审美观念和审美实践相互作用的过程和结果。

当然一切美都离不开人的身体出自本能和欲望、生理和心理、意识和精神的感觉、感受、体验和调节。为此，叔本华将美理解为是一种生命意志和生殖意识，是一种强大生命力的展示和体现。正是人的器官感受到的快乐领会了审美价值；正是人的审美器官感知到外部世界的各种事实，形成了审美对象和所谓的审美事实。然而"在体验审美价值的过程中，人们根本不可能用其他人的快乐来代替他们自己的快乐。任何一个个人都只不过是他自己而已。他就是他自己对一

---

① ［美］托莉·莫娃：《何为女性》，王琳尼译，华东师范大学出版社 2012 年版，第 50 页。

个艺术作品的审美价值进行判断。他可能信任那些权威关于但丁是一个伟大诗人的观点,也可能把这些权威的判断当作普通的观点来传播。"[①]因此一切美都属于个人的感觉、体验和判断。那么为什么《蒙娜丽莎》会在世界范围产生美的感受、愉悦和判断呢?

回答这个问题,归根结底还要还原到人的身体,还原到性别差异,还原到本能、欲望和生理需求和精神需要。这就是虽然每个人的身体千差万别,但毕竟都是人的身体,具有人的身体结构、身体功能和身体需求。最终导致"世上每个男人都喜欢看女人,每个女人也都喜欢看男人"。眼睛作为人的主要审美器官总是时时刻刻都被异性的身体所吸引。哪怕在进行你死我活的战争,异性也常常具有超越于一切的魅力。这种论述当然能够解释世界上的男人为什么喜欢《蒙娜丽莎》。那又如何解释全世界的女性中也有许多人喜欢《蒙娜丽莎》呢?以至迄今为止,蒙娜丽莎的披肩长发依然为今天的女性所热衷。这就是审美观念的作用。这就是美的"形式价值、模仿价值和积极内容价值"。当然,美的本质还是身体感知带来的快乐价值,即如德国美学家盖格尔所言,"对于审美世界来说,与感知的功能相应的功能则是由快乐来执行的;每一个关于审美价值的判断,都必须得到一个使人们获得快乐的事实的证明。"[②]只是这个事实既可能是真实的审美对象,例如美食、美服和美色,也可能是一些深不可测的存在,诸如那存在于史诗、雕塑和绘画中的诸神的裸体、美貌以及神情的宁静安详。

而在《蒙娜丽莎》这幅画作中,智慧的达·芬奇利用整体性的构思和精妙的笔法将"个别的主体、美艳的身体抬高到那存在于抒情诗中或广大审美主体或审美对象中的超个人的形象和处境"。此时,"对于自我来说,它改变了那可以赋予秩序的东西,使之从一堆异己的、混乱的东西,变成了某种可以被自我把握的东西。"[③]也即变成感知上可以领会以及审美概念或审美观念上可以理解、认知和感受的东西。由此可见,画作蒙娜丽莎身体上的每一部位既是美的个别和具体,也是美的一般和抽象。正是她的个别体现了审美对象的真实性、客观性和特殊性,也正是她的抽象性体现了审美对象的普遍性、形式性和观念性。为此,也赋予人们无限的联想。那就是一个"虚假的"蒙娜丽莎引发了不同的审美主体创造了不同的审美意象。固然,绝大多数人都会偏爱想象或臆造或联想那些自然美、

① [德]莫里茨·盖格尔:《艺术的意味》,艾彦译,译林出版社 2012 年版,第 122 页。
② [德]莫里茨·盖格尔:《艺术的意味》,艾彦译,译林出版社 2012 年版,第 121 页。
③ [德]莫里茨·盖格尔:《艺术的意味》,艾彦译,译林出版社 2012 年版,第 149 页。

生命美、身体美或神圣美的对象，但毕竟还会有一些拥有特殊偏好或特殊认知能力和审美能力的人，会把那同一幅《蒙娜丽莎》想象为“孕妇、道士、两性人或是达尔文本人”。但无论如何，今天卢浮宫中的蒙娜丽莎所拥有的丰富内容和含义都是来自观赏者的无限联想。

它作为一幅艺术品早已超越达·芬奇本人赋予它的含义。这也正应了德里达的解构主义和非本质主义，即“创作”不仅存在于作者那里，也同样存在于读者或观者那里。在作者一方，“不同的艺术家有可能把同一个人、把具体精神内容和至关重要的生命内容的同一个形体描绘得大相径庭。艺术家可以把它塑造得时而庄严、高贵、卓越，时而琐屑、无足轻重、普普通通，时而直爽、诚恳，时而矫揉造作。”[①]总之，是作者或画家自身的感受和认知；是发自内心的情感宣泄和精神凝聚。而在读者一方，即便欣赏同一幅作品，由于一切个人作为独一无二的存在，都有自己特有的知识基础、文化传统、时代背景、思维方式、认知能力，以及不同的兴趣、情感、偏好、修养和境界，也会赋予不同的感受、理解、认知和内容。另外，即便同一个观者在不同的时空，也会有不同的感知和印象：有时觉得她笑得舒畅温柔，有时又觉得她有点拘谨严肃；有时看上去略含哀伤，有时甚至显示出讥嘲和揶揄。为此，人们在观赏《蒙娜丽莎》时，其感知和评价也会千差万别、褒贬不一。但总的来说，《蒙娜丽莎》赋予人类的美和正能量，不仅有目共睹，也为世人普遍肯定。原因就是《蒙娜丽莎》作为“灵魂的文字和肉体的文字、内在的文字和外在的文字、良知的文字和情感的文字，反映的都是灵魂的声音和肉体的声音、灵魂的美丽和肉体的魅力。”

正因如此，在人类的全部审美活动和艺术创作中，对身体的欣赏、描绘、讴歌、展现和塑造远远高于其他的物质对象或生命对象。也正基于此，不只是尼采认为，世界上只有人的身体最美，而且基尔凯郭尔也认为：“美就是一位 16 岁少女的身体、容貌和青春年华”。与人的身体美相比，不论是桂林山水、黄山的始信峰，还是莫高窟的佛像或是莫斯科的红场，后者不仅不具有美的客观性和实在性，而且其美根本不可能与人体美相比。因为在这个世界上只有光芒四射的人体美才能够无限地激发出人的情感、欲求、爱慕、激情以及无限的想象与活力。尤其是那些年轻貌美之女性的身体，她们的光洁滑润的肤色，玲珑剔透、灵动迷人的眼睛，温柔妩媚的笑容，秀丽端庄、亭亭玉立之身姿，婀娜多姿、轻盈窈窕之

---

① [德]莫里茨·盖格尔：《艺术的意味》，艾彦译，译林出版社 2012 年版，第 176 页。

体态，以及那柔情似水、仪态万方之气质，好像万能之宇宙特地为地球上的男人天设地造的精灵。将人类美、身体美推到美之极致、美之巅峰，以至宇宙间除了人类之美，再无美的存在和美的源泉可言。一切美都是身体美的渲染和渗透，都是由身体美形成的美的观念的外化。

四、美化身体是全人类的要务

人类精神对身体的长期压制和导致的人性异化，不仅在19世纪唤起已经千疮百孔、倍受凌辱的身体的觉醒和反抗，而且随着人类对身体的日益关注，已经有愈来愈多的人认为信仰实在的身体比信仰虚幻的精神或虚假意识更具有根本意义。为此，今天“解构主体、解放身体，一切从身体出发，以身体为准绳，进到生命之心，已经成为身体本能发出的、比陈旧灵魂的主观性编造更令人惊异的思想”。这种主张“身体至上”的观念的实践价值，就是在二战结束后，引发许多深受战争迫害的国家和人民发出了“反对战争、反对暴力、反对屠杀、珍惜生命、呵护身体、捍卫和平、维护安定”的呼声。特别是近些年来鉴于世界性恐怖活动的猖獗，联合国已经形成决议，号召世界各国政府和人民联合起来反对和打击各种恐怖组织和恐怖活动；号召各国裁减军队，限制核武器、生物武器、化学武器、毒素武器，以及大规模的杀伤性武器的试验、使用和发展，以避免对人类生命的血腥践踏，对人类身体的无辜杀戮。在这同时，许多国家针对战争对身体伤害的不可避免性，也在积极地发明制造各种“机器人战士”、“新型男兵”、“电子人”，以及较之以前更为可怕的21世纪“伟大身体”的神话。

也正是在践行捍卫人类身体的基础上，现代国际上各种人权组织、慈善组织、经济组织都在积极介入和关注，以解除世界上仍然普遍存在的饥饿、疾病、战乱，以及各类天灾人祸对人类生命及身体的伤害，以最大限度地减少生命死亡，保证人的身体的正常发育。特别是世界卫生组织、国际红十字会、世界医护人员联盟等也都在竭尽全力支持各国政府发展现代医学，在全球推广和应用骨髓移植、器官移植、根细胞移植、基因治疗、细胞克隆、癌症等疑难病症的防治等先进的医疗技术，以拯救更多的生命。与此同时，各个国家也都在开发养生学、营养学、药物学、人体工程学和运动卫生学，倡导新卫生主义、新卫生观念，强化劳动医疗服务，加强劳动卫生管理，以强身健体，延长人的寿命。

为了提高人的生命质量，美化身体，当今世界还在人的成长过程中强化了具有内在情感力量和审美能力的美育。认为美育不仅能够培养和展示人的形体美、语言美、声音美、情感美、形象美，还能够塑造各种美好的德行，及至愉悦身体，美化人生。从审美高度，关注那能够享受快感的身体，以及那使人常常具有崇高境界和超凡魅力的身体美学；重视那对常人具有极强说服力的"情感之爱"与热情洋溢的身体语言，可以解放人类久被禁锢的身体，释放久被束缚的激情，丰富长期单调的灵魂，让生命尽情享受宇宙赋予的自由；使人类生活日益变得温馨、美丽及合乎本性。为此，随着当代信息、网络和虚拟技术的兴起以及后人类社会的到来，人们开始普遍地关注自己的容貌、形象、体魄、健康和生存的质量，以至在世界范围内兴起各种身体技术，如护肤术、整容术、整形术；举行各种造美运动，如时装秀、模特业、文身、刺青、日光浴、自然美、古铜色革命等，以美化身体；也促使那些前卫人群提倡性的享乐主义，主张性爱与婚姻、生育和家庭的分离，使同居成为婚姻生活的正常方式；使更多的人在根据需要和兴趣来设计和包装自己；使精神成为肉体的一种流露和外溢。

再就是，世界休闲组织、民俗组织、国际音乐理事会等各种文艺组织，还大力提倡和开展情人节、音乐节、狂欢节，以及各种节日中的亲情活动，以推动世界各国、各民族大兴文艺活动，发展影视艺术，倡导身心合一。与之相应，"感觉与想象在此展开无尽的、优雅的交谈，激发出各种表演和诸多关于感觉的传奇故事，从而造就了一大批充满诗意的身体。"①使长期隐蔽、羞涩、怯懦的身体一反常态朝着光明正大的方向勇敢前进，使其日益变得更天真烂漫；使"活生生的肉体变得更美妙、更动人、更真实和更具肯定性"。

至于各种国际性的体育组织，如国际足联、网联、排联、篮联、国际奥委会、国际军体理事会和各国奥委会等，为了提升全人类的身体素质，建立和谐、健康的全球大家庭，在当代承担的最繁重任务就是积极倡导和组织各种形式的体育运动，深入发展体育竞技，普及身体教育，繁荣体育事业，培养体育人才，奖励体育英雄。迄今为止，这些国际组织除了普遍开展夏季奥林匹克运动会倡导的 28 个大项目与 302 小项目，冬季奥运会倡导的 15 个大项目和 86 个小项目的竞技运动外，就是鼓励世界各国广泛兴起的攀岩、登山、蹦极、健美训练、体操、瑜伽、坐禅、锐舞、街舞、摇摆舞、广场舞，以及各个民族自身所特有的各种体育运动形式。

---

① [法]雅克·库尔第纳：《身体的历史》，孙圣英等译，华东师范大学出版社 2014 年版，第 307 页。

另外，在世界范围开展的全民健身运动的形式也是多种多样，类似旅游、踏青、郊游、散步、采风、科考、探险，以及各类游戏活动、环境运动都已经广泛展开，以至今天"家庭百科、家庭用书以及实用生活词典上突然出现了不计其数的体育活动种类。它们的方法也前所未有的细碎，而且号称能够给你'一个更加柔软、更加和谐、更加漂亮的身体'。"①

伴随体育运动的蓬勃发展，诸多国家、各级政府不仅数十倍地增加各种体育运动场所、身体锻炼器材和体育运动设备，而且也都普遍地开设了身体锻炼课及体育培训课。而所有这些丰富多彩的体育活动，都是为了人类身体的健壮和完美。此外，为了增加人们的身体锻炼时间，世界各国也都在尽可能地以立法形式缩短人们的工作和劳动时间，增加节假日，延长节假日时间，减少工作量，减轻劳动强度，减少体力消耗，改善劳动环境和工作条件，杜绝使用童工，发展劳动保护事业，减少职业风险，杜绝工伤事故。掀起厨房革命、家居革命和厕所革命，将妇女从繁重琐碎的家务劳动中解放出来，从生活、生理、婚姻、家庭、生育、优生等方面，关注身体的生长发育，加强身体保养，提升身体素养，保障身心的宁静与和谐。

基于人类普遍追求身体享乐主义及其自主行为，既使人体在极短时间内经历了前所未有的巨变，也使得今天的人类"身体已经成为日益明显的彰显个人身份的筹码"。并由此带来个人锻炼目标的转向，即人们锻炼身体"不仅仅是为了卫生或者精神，而且是为了一种自我确认；不仅仅是追求力量，而且是经过精心设计的锻炼追求发展和坚韧的精神"。② 特别是"身体真实性的感觉，这需要持久的、力量和运动方面的主动活动。"为此，人们不仅关注内部身体，也关注外部身体，认为只有美好的自然环境、新鲜的空气、清洁的用水和美丽的动植物生命才能让人拥有"春天般的身体"，享受乡野粗犷的快乐，使身体变得美不胜收。

人们由关注外部身体，进到外表的保养：保持体重适中、皮肤光洁、头发亮丽、姿态美观、走路姿势大方；进而进到关注内部的身体：注重呼吸匀称、肌肉有力、动作轻盈、行动敏捷，一心想使自己成为"身材雕塑师"；并在观念上确信"美丽、力量与命运是一回事"；坚信"整洁、坚强、勇敢和有风度的外表可以后天培养"；认为任何人都可以通过训练获得身体的强壮和快乐；并由此产生"运动文化

---

① [法]雅克·库尔第纳：《身体的历史》，孙圣英等译，华东师范大学出版社 2014 年版，第 112 页。
② [法]雅克·库尔第纳：《身体的历史》，孙圣英等译，华东师范大学出版社 2014 年版，第 121 页。

趋向于成为最高程度的身体文化展示”。

眼下人们对身体的关注和地位的抬升，也使他们在追求时尚身体的过程中，导致感觉发生革命，那就是过去人们引为自荣的通常是“权力地位、功名利禄”，今天人们引为自豪的是健康的身体、美丽的身姿、高质量的生活，以及生命的长寿。由此也形成一种对“深层身体的信仰”，即“通过关注于身体来解放精神，回归自我”。这不仅使得养生、美容成为新的圣经，也推动社会上相关职业的繁盛和兴隆，此时，不仅审美业、设计业、服装业、美容业、整形业等如雨后春笋般地发展起来，类似追求身体舒适、快乐的“健康俱乐部”、“健身俱乐部”、“腿部轻捷疗养”、“海洋护理中心”、“活力洋溢培训班”、“柔软体操”、“身体记忆”训练等职业也得到蓬勃发展，致使人的身体在今天已经成为内在体验的中心。

上述所有努力不仅继续提升和改变着人们的身体观、运动观、生活观、价值观和人生观，使愈来愈多的人参与体育锻炼，投身体育运动，献身体育事业，仰慕体育英雄，确立体育理想，践行体育人生，也在现实上引起 20 世纪以来人类身体发生重大改观：带来人口出生率的降低，婴儿成活率的提高，人的健康指数迅速提升，总体寿命延长，生活质量改善，人类普遍变得更俊美、更高雅、更文明。一些国家取消死刑，妇女生育完全自由。对于许多女性来说，“我的身体完全属于我自己”。如此，不仅使得男权社会中的女性地位普遍得到提升，也使得长期受压制的同性恋行为日益变得合法化，在许多国家都得到法律上的认可。

也正基于二战后人类对身体的高扬，使得一些后现代主义者在人的界定中用身体取代理性，认为身体不仅可以远离意识的支配，完全自我做主，还可以只根据自身的力量竞技去从各个角度对世界做出解释。因为“意识除了是身体外不是任何别的什么，剩下的是虚无和寂静。身体的意识可以与姿势（signe）的意识相比较。此外，姿势是在身体方面存在的，是身体的本质结构之一。”[①]因此他们认为，用身体驱走思想迷信，赶走传统道德，抬高欲望机器和快感的力量，击碎稳固的主体，具有至高无上的价值。他们说，以往是理性蔑视和压制身体，今天将是反其道行之。因为从来的文化和物质生产者都不是知识和理性，而是欲望和身体。正像乳房是产生乳汁的机器一样，身体也是产生整个人类文明的机器。身体中永远流动的欲望常常激发出惊人的强力，推动着积极的生产活动。因此是欲望创造了世界，是力生产了现实；是力和欲望的连接和互动，使身体成为一

---

① ［法］萨特：《存在与虚无》，陈宣良等译，生活・读书・新知三联书店 2012 年版，第 408 页。

图导-4 《慈善》是布格罗创作于1859年的一幅油画。他作为19世纪法国学院派最著名的画家，具有唯美情怀和理想化的境界。他创作的一幅幅色彩瑰丽、赏心悦目，且往往以神话、寓言、天使、女性美和身心美为题材的诗歌般的绘画，以女性那特有的优美沉稳、温柔婉约、善良慈爱、高贵典雅的气质，或天真活泼、聪慧可爱的孩童形象吸引了大批追随者。为此，他一生获得多种殊荣。

股活跃的、升腾的生产力和一部永不停息地创造美和生产美的机器。（图导-4）这种生产并不仅在于纯粹的传宗接代，还在于传宗接代的过程中同时生产出合乎生命自身目的性的快乐和美爱。一如福柯所言：美，尤其是生命之美、身体之美，就是由人这个特殊的审美主体所展现出来的身体，所表述出来的情感、思想、美善，以及人们所可能体验到的欲望和冲动，而且人们"总是试图在自我深处寻找所有被隐藏起来的感受、灵魂的运动，以及被虚幻的形式所伪装起来的欲望。"①因此人类史就是身体和欲望创造的历史。人之身体不仅处处都铭记着历史的痕迹，更是人类创造美、建构美的结果。它凝聚着全部美的精华、美的理念和美的历史。在这里，正是人之身体展示和体现了真、善、美的统一，将迄今人类文明所创造的最伟大的人格——健康、美丽、智慧、纯真、慈善、爱心和修养融为一体，使人之身体成为美的唯一典范和化身。当然，人世间也有丑陋不堪的身体，但那只代表了身体和人性的衰败与死亡；构成了身体和人性的辩证法，从而从人性和身体的高度体现了真善美和假丑恶的对立与统一。

① [法]米歇尔·福柯：《福柯读本》，汪民安主编，北京大学出版社2010年版，第239页。

第1章

美的本质

迄今在全人类的价值体系中，最珍贵的三个词：真理、善良和美丽，显然是属于表征人类文明和人类行为的三种不同属性，即真理源自人类的认知，善良源自人类的行动，而美丽则源自人类的感觉。没有人类的认知，就没有表征认知的真理；没有人类的行动，就没有表征行动的善良；没有人类的感觉就没有感受感觉的美丽。因此在这个世界上，美或美丽归根结底是源自人类的感官产生的感觉，而且是有什么样的感觉，就有什么样的美感。只是美主要来自人类感觉产生的快感和愉悦，而丑则主要是来自人类感觉产生的痛楚和不适。

那么为什么人类会对一些事物产生快感或美感(图 1－1)，而对另一些事物则产生厌恶或丑感呢？(图 1－2)比如为什么人们会普遍地认为那些存在于人类周围及历史长河中的审美对象，如天下奇秀、良辰美景，或所谓客观存在的湖光山色、奇观异景、雄峰怪石，或雪白的羊群、广阔的草原、气势磅礴的瀑布、袅袅升起的云雾，或从古至今的美男靓女是美不胜收？具体说，为什么人们会认为“桂林山水甲天下，万里长城蜿蜒妖娆，迤逦黄山超五岳”，甚至用最美的诗句来形容黄山的秀美？特别是在一些成熟的审美主体那里，黄山不只是跌宕延绵，千峰万壑，松石交错，苍翠浓密，干曲枝虬，百态千姿，或是倚岸挺拔，独立峰巅，倒悬绝壁，尖削似剑，或是穿罅穴缝，破石而出，循崖度壑，更如李白的诗句：“黄山四千仞，三十二莲峰。丹崖夹石柱，菡萏金芙蓉。伊昔升绝顶，下窥天目松。仙人炼玉处，羽化留馀踪。回溪十六度，碧嶂尽晴空。”如此一来，美是否只指谓人类感官产生的一种感觉，或是作为审美主体的人类的赋予、觉识、认知、创造和概念的建构？难道日常生活中人们感觉到的各种美的事物或个体不是自然的、客观的、实在的和普遍的？或者这个世界上根本不存在美丑对象，美丑只是人的主观规定，或只是一种社会历史范畴，而且根本不存在于其他的感知主体（比如动物）的审美之中？美丑是否拥有绝对的界限而不可相互转化？是否美永远是美，丑永远是丑，也即是否“艳若桃花”永远是美的对象，而“行若狗彘”则永远就是丑陋不堪？一株桃花若没有人去欣赏，不能将其变为审美对象，其美又存在何处？一只形态可人、性情温和，或生性活泼的宠物狗或宠物猪，又何难成为人的一个审美对象？是否美和丑这两个概念或两种感觉仅仅具有一种相对的意义，一如中国的老子所言，“天下皆知美之为美而思丑矣，天下皆知善之为善而思不善矣”？既然如此，是否就是说，即便是同一事物，在不同的审美主体那里，或在同一审美主体的不同审美阶段、审美背景、审美时间、审美场合，或在不同的生存状态、心理情绪中，也完全会有不同的审美结果？若如是，那么这种审美结果上的差异，即同一事物有人认为美、有人认为丑的差异究竟是怎样形成的？

图 1－1　法国画家布格罗的油画《清晨》

图 1－2　美丑的观念化、相对性和辩证法

对此，显而易见，从古至今关于美的本质，一直是仁者见仁、智者见智，即人们或是持有自然美、客观美和身体美等美学观，或是持有主观美、观念美、感觉美、形式美、情感美等美学观，而且迄今为止，依然没有一种有关“美的本质”的权威性理论能够被大多数人接受或信服。正基于此，本作试图立足身体这个唯一

的审美主体和最主要的审美对象，从哲学概念和潜意识、无意识以及身体之本能和感觉的层面，对美的本质予以深入地分析和表述。以期让人类的审美活动、艺术实践和对美的普遍追求，从盲目追求达及理论自觉，并在此基础上不断推动人类对美的认识、延伸、创造和构建。

一、自然美和客观美

在日常生活中，几乎在每个人的心目中都有无数的审美对象，包括美的景色、美的声音、美的味道、美的建筑、美的器物、美的人物和美的服饰。而且在多数人眼里，这些审美对象之所以美是因为它们天生的美。美属于它们的固有属性，即如李白诗句"清水出芙蓉，天然去雕饰。五色云间鹊，飞鸣天上来"。美不是审美主体创造的审美概念的外化，更不是审美主体的主观强加和赋予。在这里不仅美的对象永远美丽，就像美的白云蓝天、美的草地羊群、美的山川河流、美的童声合唱，等等，而且人们在不知不觉中所感知的这种朦胧性的"美"的概念和意识也是永恒不变的。也就是说，无需对诸如此类的事物所包含的"美"进行界定，从古至今的人们也会普遍认为上述事物自在地处于"美"之中。也即它们的美是自然的、客观的及合目的、合人性的，以至是任何人也否定不了的。即如《庄子・知北游》中所言："天地有大美而不言，四时有明法而不议，万物有成理而不说。圣人者，原天地之美而达万物之理，是故至人无为，大圣不作，观于天地之谓也。"[①]在庄子这里，质朴混沌的大自然本身就是最为完善、最为完整和具有最高境界之大美。

为此，在美学中有关美的本质，在持有自然美的观点的学者看来，在现实的审美对象或事物美中，基本上可以分为两类：一类是经人类加工改造过的自然对象的美，如园林田地、城镇村落、楼台亭阁等；另一类是未经人类加工改造过的自然对象的美，如江河湖海、日月星辰等。它以自然的感性形式直接进入人的感官，唤起人的快感和美感。因此所谓自然美，就是各种自然事物呈现的美，它是社会性与自然性的统一。其社会性主要指自然美的根源在于社会实践；其自然性主要指自然事物的某些属性和特征是形成自然美的必要条件。之所以说，自

---

① 龙汉宸主编：《庄子》，北京燕山出版社 1995 年版，第 218 页。

然美的根源在于人类的社会实践，因为从自然美的发生发展过程来看，自然美的产生及自然美的逐渐扩大是和人类实践的发展进程密切相关的。在人类实践中，一方面，人改造自然，使自然成为和人有密切关系的“人化”的自然。另一方面，人自身也得到改造，经过数百万年的进化发展，人类逐渐锻炼出灵巧的双手和高度发达的大脑，形成人所特有的感官和感觉能力，以及人所独具的道德感和美感等高级情感。这时，自然便开始成为审美对象。自然美的领域也便随着人类实践的逐渐扩大和改造自然能力的不断增强，而不断得到扩展。

具体来说，自然美主要具有以下几个特点：一是构成自然美的先决条件是自然事物本身的质料、色彩、形状、声音等自然特征。没有这些自然属性，就没有自然美。二是自然美偏重于形式，而非朦胧的和不确定的内容。因为自然美的形式是具体的和直接引发美感的，因此形式在自然美中占据突出显要的地位。三是自然物之所以给人美感，往往与人们由此产生的联想有关，而且联想越丰富、越奇妙，这种美感就越浓烈。四是自然美具有变易性。因为许多自然物的形态是可变的，人们对自然物的观赏角度也是可变的，这就必然产生自然美的变易性。正基于上述特点，自然美被分为两类，即纯粹的自然美和被改造的自然美。

但总的来说，自然美的主要特性是体现了美的客观性，并由此构成美的基本属性。这种客观性主要指谓审美对象具有不以主体意志为转移的美的属性，包括美的自然属性和社会属性。对美的客观性理解，唯物主义的客观美论认为，美的客观性是事物本身所固有的，它不依赖于主体的意识活动却可以被意识活动所反映，美的客观性通过美的事物的自然属性和社会属性来展示。自然属性是美的物质载体和形式因素，主要是指美的事物的物理属性及其外部特征。社会属性是美的内容所在，主要是指美的事物在特定社会关系和社会活动中的地位及作用，它体现了美的事物与人类实践的内在联系。只是以往的唯物主义或客观论的美学家割裂了自然属性和社会属性的联系，孤立地考察它们，以至他们不能够解释，为什么在不同的国家、不同的民族、不同的人群或个体中，对同一事物或审美对象会有不同的审美判断，即有的人认为是美，有的人认为是丑，而有的人则可能认为既不美也不丑?

对此，黑格尔曾经站在艺术美的高度给予非常辩证的解答。他说，“在日常生活中，我们固然常说美的颜色，美的天空，美的河流，以及美的花卉，美的动物，尤其常说的是美的人。”我们在这里姑且不去争辩在什么程度上可以把美的性质加到这些对象上去，以及自然美是否可以和艺术美相提并论，不过我们可以肯定地说,艺术美高于自然美。因为艺术美是由心灵产生和再生的美。心灵和它的产品比自然和它的现象高多少,艺术美也就比自然美高多少。"[①]也就是说,在黑格尔看来,美归根结底是人类心灵创造的结果。所以,直到马克思的美学问世,才真正把握了美的客观性。马克思主义美学认为,无论艺术美还是现实美都体现为自然属性与社会属性有机统一于美的事物之中。对此,马克思在《1844 年经济学—哲学手稿》中,至少从三个方面论述了他的辩证唯物主义的美学观:

一是,明确论述了美和审美本质的属人性质。指出,美属于人类社会的特有现象,即美和审美不存在于动物界,只属于人,只对人和人类社会有意义。美的性质和规律只有人类能够感觉、发现、认识、掌握和应用。其作用范围只能是人类社会。这是因为"无论是客观意义的自然界或主观意义的自然界,都不是现成地直接呈现在属人的存在物面前的。"[②]换句话说,无论是自然美还是客观美都是与人类的社会实践或审美活动相互作用的结果;都是人类在日常生活中通过审美活动长期的耳濡目染、同化浸透、调节适应,久而久之,便使得自己的身心形成一种舒服、谐和、兴奋、或某种刺激性的感觉,及至最终形成给身心带来某种愉悦的美感,并最终在审美主体中形成有关美的意识和观念。

二是,辩证地指出,人和自然都是通过人的实践活动,即人化的自然双向地历史生成的。因为"整个世界历史不外是通过人的劳动而诞生的过程,是自然界对人类来说的生成"。为此,人与自然的审美关系也是在实践中生成和建构起来的而不是从来就有和固定不变的。审美的主体和客体都是人类实践的历史产物,都是在具体的审美实践,即审美关系的现实展开过程中相互生成的,即如马克思所言:"只有音乐才能激起人的音乐感;对于不辨音律的耳朵说来,最美的音乐也毫无意义,音乐对它说来不是对象,……因为任何一个对象的意义都以我的感觉所能感知的程度为限。所以社会人的感觉不同于非社会人的感觉。只是由于属人的本质的客观地展开的丰富性,主体的、属人的感性的丰富性,即感受音乐的耳朵、感受形式美的眼睛,简言之,那些能感受人的快乐和确证自己是属人的本质力量的感觉,才或者发展起来,或者产生出来。因为不仅是五官感觉,而且所谓的精神感觉、实践感觉(意志、爱等等),总之,人的感觉、感觉的人类性,都只是由于相应的对象的存在,由于存在着人化了的自然界,才产生出来。五官感

① [德]黑格尔:《美学》第 1 卷,朱光潜译,商务印书馆 2017 年版,第 4 页。
② [德]马克思:《1844 年经济学—哲学手稿》,刘丕坤译,人民出版社 1979 年版,第 122 页。

觉的形成是以往全部世界史的产物。囿于粗陋的实际需要的感觉只具有有限的意义。对于一个饥肠辘辘的人来说并不存在着食物的属人的形式，而只存在着它作为食物的抽象的存在。……忧心忡忡的穷人甚至对最美丽的景色都无动于衷，贩卖矿物的商人只看到矿物的商业价值，而看不到矿物的美和属性，他没有矿物学的感觉。因此，一方面为了使人之感觉变成人的感觉，而另一方面为了创造与人的本质和自然本质的全部丰富性相适应的人的感觉，无论在理论上还是实践上，人的本质的对象化都是必要的。"①

三是，首次阐述了"美的规律"。突出了人创造对象世界的社会实践的四大特点：全面性，超越性，创造性和自由性；体现了人对自然的能动性。指出，美的规律不但同客体对象的尺度有关，而且更同主体人的内在尺度有关，是主客体两种尺度的辩证统一。这种统一是合目的性与合规律性、自由和必然、人和自然的统一。也正是这种统一，才证明不只是美的本质与人的本质不可分割，而且美的本质也根源于人的审美实践。没有人的审美实践就不会有所谓客观存在的自然美、社会美、艺术美，更无所谓的崇高美和真善美。

关于马克思的这种主观和客观、感性和理性、自然和实践相统一的美学观，只要浏览一下人类的神话史，就不难发现：一切神话思维、神话创作，乃至神话虚构、神话故事、神话作品等都不是无中生有或无源之作，而都是源自客观实在或现实原型。没有客观存在的自然美或实在美，就没有古代各国的神话传说或神话艺术。也正基于美和实体之间的如此关系，使得古代人塑造的各种美艳无比的神灵几乎无一不具有人的形体、相貌、行为和人格品性，而且几乎都以自然人或生物人的赤裸裸的身体形态来表现万神的身体特征。可以说神话故事中的各路神灵的形象、体格、体态、情感、心绪、思维、表现和神性都是对现实人的仿照、模拟、延伸和神化。他们与现实人相比，只是力量更大，智慧更高，能力更强，爱心更广，善举更多，形象更美，行动更奇特、迅速和高效。特别是那些神话创作者通过其身体感知和大脑思维，使得美神、爱神和智慧之神等各类天神无一不体现了现实人类中的那些美貌、情爱和智慧。比如，正是基于古希腊神话构造的美神阿佛洛狄忒那美若天仙、光洁如玉般的身体之美，那深沉柔媚、温暖祥和的双眼，那如瀑布般撒在她优美的颈项及白皙的胸脯上的长发，以及那纤巧的手指和玫瑰般白嫩的双足为她的美艳所增添的迷人的高贵和典雅，才使得后来的尼采由

① [德]马克思：《1844年经济学—哲学手稿》，刘丕坤译，人民出版社1979年版，第79—80页。

衷感叹:“世界上只有人的身体才最美”;才使得卡西尔断言:全部神话艺术都是来自人的生命冲动、求生本能、好奇心、求知欲、想象力,以及整体交感作用。而且正是“生命的本能创造了神话创作的本能。”①也正是古代人的这种将身体审美化的认知与实践,极大地刺激了现代人在文学艺术、影视传媒和社会现实领域对人类身体的狂热与爱恋。

人类不仅通过身体审美化和对象化认识了人的身体美、自然美以及有关美的理念和标准,也通过“爱心、情感和美丽”相统一的意识,塑造和描绘了爱神维纳斯这样一位亭亭玉立、如花似玉、潇洒飘逸的天神形象(图1-3)。拥有一个如出水芙蓉般美妙身体的维纳斯,怀着一丝羞怯幽怨的哀怨和情愫从如诗如画般的爱琴海海面缓缓升起。她那光彩夺目的身躯、光艳照人的肤色、妙曼轻盈的体态、秀美清纯的表情,全都是人世间一位美少女的化身。只是她作为一个超越现实肉身的十全十美的少女会永葆青春靓丽,成为审美的永恒主题。其原因就是她不仅源自人类中最优秀、最美丽的身体,而且证明:正是如此明艳无比的身体才真正是爱美之人的希求和渴望,才真正是大自然赐给人类的一颗璀璨、光芒四射的珍珠。她的柔美窈窕的身姿洋溢着生命的无穷魅力;她的天真无邪和充满稚气的面容焕发着自然光彩。她作为艺术史上最优雅平静、最华丽丰艳的裸

图1-3 波提切利1485年创作的油画《维纳斯的诞生》

① [德]恩斯特·卡西尔:《人论》,甘阳译,上海译文出版社1985年版,第131页。

体不仅是美和爱的体现，也是站在自然审美观的高度向禁欲主义的挑战和展示，既体现了美的客观性，又展现了美的普遍性和实在性，使得一幅维纳斯的神像完全具有严肃而又现实的审美意义和认识价值。换句话说，即便是古希腊的各种美神，也都是人世间身体美、身心美、道德美的外化和升华，而非绝对的虚构和编造。美于自然宇宙和人类社会中无处不在，它自在地构成自然宇宙的一个不可分割的部分或属性。

二、数字美和理念美

马克思的实践美学观，虽然将客观美和主观美统一起来，使得人类实践成为审美主体和审美对象相统一的途径和中介，但还是没有从逻辑上解决人类为什么通过实践就可以拥有美感或美的意识、美的理念。就像我们虽然熟悉老子的审美论和善恶观，即如他所言："天下皆知美之为美而思丑矣，天下皆知善之为善而思不善矣"。这固然解释了美丑善恶的辩证关系，说明了美丑善恶的对立统一性。然而他并没有解决一个根本问题，那就是人们为什么会认为或者会感知一些东西是美的，而另一些东西是丑的本质问题。当然，他更没有解决为什么不同的人即便有类似的人生经历和社会实践，也会对美丑善恶有不同的感觉、知觉、界定和认识。为了回答这个问题，我们当然可以通过回顾哲学史或美学史的方法和途径，来看看人类的先哲圣贤们是怎样看待和解答这个美学上最棘手和最基础的问题的。

在哲学史上最早试图解释审美问题的人，应首推古希腊早期哲学家毕达哥拉斯。正是他创立了宇宙美学，认为宇宙之美都是源自宇宙内各个天体在距离、体积和大小上所拥有的数量上的比例、和谐、秩序，以及在数量关系上所体现的黄金分割率。即在毕达哥拉斯派看来，正是宇宙中普遍存在的能够给人类的身体感官带来舒服感、温柔感、愉悦感、兴奋感、刺激感、完整感的那种宇宙的秩序与谐音构成宇宙中的最高美。从此，不只是对宇宙美的关照成为希腊美学的一个重要特点，而且古希腊人也开始将能够给人类带来美感的和谐性、秩序性、整体性、完美性、确当的比例、黄金分割率等普遍地应用于人类的物质生活、精神生活，以及艺术创作中的各种审美活动、认知活动和实践活动，并由此形成希腊美学所突出的结构性、形式性、造型性、节奏性、韵律性，以及周期性等美的本质和特征。换句话说，至少从古希腊时代开始，人类就自觉或不自觉地将客观存在的事物在结构、形式和造型上所表现出的和谐、对称、平衡、节奏、秩序、比例和韵律成为其审美的缘由、标准和根据。比如正是从那个时代开始，希腊人就认为，“在颂神歌里，美是宇宙的和谐；在诗篇中，美是世人欢愉的魅力；在雕刻中，美是作品成分的知觉配置与平衡；而在修辞中，美是恰当的声音节奏。”①

这种美学观，显然极大地影响了其后的古希腊哲学家，使他们对美的本质有了更深层次的认识。比如柏拉图就是在这种数源论的审美观基础上，形成了他的理念论的审美观。即在他看来，美绝不表现为个别或具体，也即不管它是一块石头、一块木头、一个人、一个神、一个动作，还是一门学问，都不是美本身，而是在其之上有一种抽象的美的概念、理念才使得那些事物和事件拥有美。比如雅典卫城供奉雅典娜女神的最大神殿帕特农神庙遗址，之所以迄今仍然能够吸引全世界参观者的眼球，根本原因不仅在于它有宏大壮观的造型、坚固有力的圆形立柱、宽阔美观的大厅、合理紧凑、精细无比的结构、柔和的色调、优美的线条、高耸而立的空间外观，关键还在于它的全部要素构成都显示了毕达哥拉斯派的美学理念和黄金分割法，使其功能结构既具简单性、对称性、平衡性又具节奏性、韵律性与和谐性。由于该神殿的主体建筑是为歌颂雅典战胜波斯侵略者而建，故此庙规模宏伟，坐落在卫城中央最高处，庙内存放一尊黄金象牙镶嵌的全希腊最高大的雅典娜女神像。该殿始建于公元前447年，15年后完成。1687年为战争毁坏。该神庙呈长方形，基座面积2300平方英尺，46根高达34英尺的大理石柱撑起神庙。它采取八柱的多立克式，东西两面各8根柱子，南北两侧各17根柱子，东西宽31米，南北长70米。立面高与宽的比为19:31，接近黄金分割比，柱高10.5米，柱底直径近2米，高宽比超过5，柱身颀长秀挺，充分显示出该神殿的气宇轩昂和高大雄伟。从而充分显示出，只有“这种美才是永恒的、无始无终、不生不灭、不增不减的……，一切美的事物都以它为源泉，有了它那一切美的事物才成其为美。”②

那么在人们的心目中，这种理念美究竟具有怎样的本质，才使得一切事物具有美的属性和特征？在柏拉图看来，理念的美必须具有永恒性、绝对性、真实性和完善性，也即必须具有真善美的统一性。否则即便在自然、社会和艺术中存在

① 齐志家：《时尚与身体美学》，人民出版社2015年版，第103页。
② ［希腊］柏拉图：《文艺对话集》，朱光潜译，人民文学出版社1980年版，第272—273页。

可供观赏的美，然而有如观赏那些变化不居、瞬息万变和生灭不定的感性美，倒不如观赏那些“永恒绝对、不生不灭和至真至善的理性美、概念美或精神美”。因为只有这种体现普遍性和一般性的美才会超越具体和个别，而成为全部人类感觉美、体验美、认知美、觉识美和创作美的标尺和基准。

自此之后，柏拉图的理念美学至少在如下三方面作用于人类对美的界定和观赏。一是柏拉图的美学成为中世纪和文艺复兴美学的哲学基础之一。二是在柏拉图之后约 6 个世纪产生的新柏拉图主义逐渐将柏拉图的美学理论融入犹太教、基督教和伊斯兰教，促进了宗教美学和精神美学的发生和发展。比如，这既使得古罗马宗教哲学家奥古斯丁在其《论秩序》中明确指出：“理性因美得到愉悦，美则因形态悦目，形态因比例悦目，比例因数而悦目。”①使得中世纪宗教美学家阿奎那在其《神学大全》中，认为美应具备三个条件：“第一是整一或者说完善，因为不完善的东西就是丑的。其次是比例或者说和谐。此外还有明晰，因为我们称色彩鲜明的东西是美的。”②也在中世纪掀起一场加洛林文化复兴，带来建筑、绘画和雕塑的空间繁荣。尤其是哥特式教堂在中世纪基督教艺术全盛时期的这类建筑中，找到最合宜的表现形式：“外观上，哥特式教堂以其整体呈现向上腾飞的超越动势。教堂巨大的内在空间和神秘的光照设计，具有庄严崇高的神圣气派。……教徒们的灵魂仿佛也在这非自然的光照中融化进虚幻奇妙的天国之中。”③三是柏拉图的美学被 17、18 世纪兴起的浪漫主义美学奉为宗师，从而将他的审美理念转变为浪漫主义美学理论的思想基础。在这一浪漫主义运动时期，许多美学家都在不同程度上成为柏拉图主义或新柏拉图主义者。

只是在这之后，受到柏拉图主义影响最大的美学理论乃是黑格尔的理念主义美学。即在黑格尔看来，美是理念的感性显现；美的本质是理念的感性形象化与感性形式的心灵化的双向运动的结果。它体现着美所包含的深刻、丰富的辩证法。表明美既不是单纯的客观存在，也不是单纯的主观感觉，而是主观和客观的统一，理性与感性的统一，内容和形式的统一，一般和特殊的统一；是人类在审美实践中的自我实现和对周围环境的人化。美及其主要的表现形式艺术起源于心灵自由的需要；起源于自由心灵的能动性和创造性。他能通过自身的对象化而在对象世界中实现自己，复现自己，观照自己，认识自己；在按照自己的意志创

① 朱立元主编：《西方美学史》，高等教育出版社 2015 年版，第 93 页。
② 朱立元主编：《西方美学史》，高等教育出版社 2015 年版，第 98 页。
③ 朱立元主编：《西方美学史》，高等教育出版社 2015 年版，第 95 页。

造对象世界的同时，也创造了人自身，发展了人的本质力量，从而将人的实践、人的本质对象化自觉地同人的审美需要以及美和艺术的生产联系起来。

所以，在黑格尔那里，离开人的审美实践和认识，在单纯的自然界、人类社会、日常生活和艺术作品中，是没有美的存在和生成的。换句话说在不拥有审美的概念和理念的主体那里，是不存在美的感觉和认识的。美的本质就是审美主体依据审美概念对象化、客观化或建构外化的结果。就像一个不具审美能力的婴儿，不论他面对怎样妙不可言、美不胜收的良辰美景、绘画名作、人体艺术或是世界名模，他也丝毫不会有美的感觉或愉悦。这就有如现实中许多人无力欣赏优美动听的交响乐、身姿迷人的芭蕾舞或是美轮美奂的现代剧一样，美作为人的一种感觉、感受、感悟、情感上的满足、满意、兴奋和激动，属于审美主体在其审美概念、理念，以及世界观、人生观、价值观、伦理观和道德观基础上产生的美感和快感。

只是这些美的概念、理念、理论和观点，至少在黑格尔那里需要符合真理和至善；需要符合客观事物的本质和规律。因为只有当真理取得了外在感性存在的形式，即当真理体现于个别具体事物之中时，它才具备审美的可能性，而且也只有当这种包含着真实性的个别事物的外在现象或感性显现同它所体现的本质、理念或真理完全统一时，它才是美的；也只有当这种美的事物和理念以感性形式直接呈现于作为审美主体的人的感官和意识之中，它才具有审美的意义和成为审美对象。为此，在审美实践和艺术创作中，黑格尔特别强调艺术和审美表现的客观性，认为一切艺术美都无非是对客观世界提供的材料进行加工、提炼、想象、虚构和再创造的结果。在这里艺术家虽然有徘徊于虚构和真实之间的权利，但是绝没有离开客观世界和现实内容进行纯粹主观编造或臆造的权利。若是那样，艺术家虽然会使得他的艺术作品具有“独创性”，却不具有经久的审美力和审美性。美必须具有美的理念所体现的真实性与客观性。而且这些真实性和客观性主要是来自我们用来审美和观察世界的眼睛、耳朵等感觉器官。因为在这个审美实践中，这些身体器官“不仅仅是一个生理器官，还是一种被拥有者的传统习俗所驯化的感知方式。”①而且正是这些审美器官才能够真正地将其感知对象变成审美对象，并进而通过人脑思维或身体思维将审美对象逐渐积淀为或上升为审美概念。

---

① ［美］列纳德·蒙洛迪诺：《潜意识》，赵崧惠译，中国青年出版社2013年版，第33页。

三、感性美和形式美

毕达哥拉斯将美归结为各事物间所处数量关系的和谐性、对称性、适中的比例和黄金分割率，以及由此升华出来的美的理念所体现的永恒性、绝对性、完善性，以及真善美的统一性，这当然不无合理性，因为事物所拥有的这些特征的确能够给人以美感、快感、舒适感、安全感、整体感和完美感，但是很快一些智者派的哲学家就发现，美并不都是源自那井然有序、恒常稳定的宇宙的和谐与宏伟，它更多地是来自那变幻莫测、五光十色和晶莹剔透的日常生活之美。这些美不光是来自人的感觉，而且几乎完全是取决于人的感觉、感受和认识。由此，古希腊哲学家普罗泰哥拉提出脍炙人口的一句至理名言“人是万物的尺度”。也就是说在普罗泰哥拉看来，人是“存在的事物存在的尺度，也是不存在的事物不存在的尺度”。人是一切自然事物和社会万象的核心、主宰和标准，所以自然界或人世间的一切美丑善恶都是人的认识和判断，都是人的意志和欲求。在人这里没有永恒不变的美和丑。更何况，每一个人都是个别的和具体的，也即每一个人都有不同的爱好、情趣、偏爱和禀性，特别是其审美主体往往都是在不同的文化背景、习俗传统和艺术环境中生成的，这也就决定：在一些人看来是美的东西，而在另一些人看来则很可能为丑；在此一时被认为是美的事物，而在彼一时则很可能被认为是丑的东西。所以美既不能脱离人的感觉，也不能脱离感觉的个体。离开个体和日常生活，一切事物和现象都无所谓美和丑。所以在人类社会之前，并不存在为人所感知的美的自然和事物。美不是自然事物的固有属性，它只存在于人的感受中和对人的关系中。

基于古希腊哲学家的感性美，英国哲学家休谟提出了他的“情感优先论”的美学观，即在他看来，美就是由某些对象或观念引起的情感、美感和快感；审美判断就是依赖于审美主体的兴趣或感觉产生的情感或做出的判断，而非理性的计算或僵死的数字结构。比如我在欧洲旅行时，非常喜欢位于奥地利疆域的那段莱茵河，原因就是基于我对那段莱茵河产生的一种情感。这种情感的产生，当然与我们的奥地利朋友、教授赖纳·费尔德巴赫尔/Rainer Feldbacher 特邀我和我的同事一行三人游览奥地利维也纳的那段莱茵河风景有关。这不只因为正是朋友间的深厚友谊和真情实意加深了我对莱茵河美景的好感，还因为我所熟悉的历史名人，包括马克思、恩格斯，以及许多诗人、艺术家对美丽的莱茵河的描绘和讴歌。可以说正是在这些名人的诗句中，使得莱茵河流淌着各种彩色斑斓的童话；让眩漪的梦境、无数的灯火和一波清流勃勃盎然，熠熠生辉。尤其是当你信步莱茵河岸上时，真可谓是，一步一首诗，一步一幅画。正是其巨大的魅力倾倒了伟大的音乐家舒曼，使其为她写下了传世经典《莱茵交响曲》；使它在伟大的海涅的笔下，莱茵河神话传说中的女妖——罗蕾莱的美貌是那么的摄人心魄，她的歌声又是那么的甜美迷人。至于德国文学家克莱门斯·冯·布伦塔诺和阿希姆·冯·阿尔尼姆进行的一次浪漫的莱茵文学之旅，更是让莱茵河成为一个美丽的童话世界，充满了神奇色彩。特别是莱茵河两岸至今仍保留着的许多城堡和宫殿的遗址，都记载着历史上许多可歌可泣的历史故事，诉说着英雄们创造历史的辉煌，倾诉着英雄们幽幽的儿女恋情。就连那整洁、碧绿的葡萄园，也是一个神奇！处处散发着晶莹剔透的葡萄和葡萄酒的芳香。这是一幅流动的山水画，一首优美的抒情诗。我们一路走来，就像走在画中，行在诗里，美丽而宁静，感到自己与莱茵河两岸的迤逦景观融为一体。至于道德美则主要取决于行为主体的性格、表情、动作与善良的目的行为给予我们的美的快乐和情感。

英国哲学家休谟虽然突出情感在审美上的优先性，但他也不否认形式美的重要性，甚至多次表述美的本质就在于形式上的对称性与和谐性，即如他所言，美决定于人的感受或情感，以及由此产生的美的建构，但是“美更是各部分之间的一种秩序和结构；由于人性的本来的构造，由于习俗，或是由于偶然的心情，这种秩序和结构适宜于使心灵感到快乐和满足。”①而快感和满足就是美，就是美的最高境界和追求。正基于这种美学史上长期流行的情感论，使得18世纪，许多人都是从具体的生活情趣与身体感受的角度来理解美和评判美，并导致日常生活中人们的审美标准发生变化，使它变得更实际、更通俗；变得更生活化与常识化。

对于古希腊开始形成的这种感觉主义、个体主义和相对主义的美学观，古希腊智者派的代表人物苏格拉底虽然力图从理性和逻辑的高度给予批判和否定，试图阐述和追求审美概念的普遍性和绝对性，但他还是不得不承认那些所谓美的事物的相对性和变化性。及至到了亚里士多德时代，他在他的《论诗人》、《论美》、《论音乐》等篇章中依然论及感觉经验在人类审美实践中的重要性。只是他

① ［英］休谟：《人性论》，关文运译，商务印书馆1983年版，第334页。

超越了普罗泰哥拉的感觉论和苏格拉底的理性论，接受了毕达哥拉斯的数源论，在《形而上学》一书中，陈述“美的最高形式是秩序、对称和确定性”。特别是“那些由于自然和根据自然的事物绝不会是无秩序的，因为自然是一切秩序的原因。”[①]并以美的概念为中心，表达了一个折衷主义美学观，指出：“从艺术中产出来的事物，其形式因乃是存在于艺术家的心灵之中”，而“其动力因在其作者而不在其自身之中”。也就是说在亚里士多德看来，一切艺术都是审美主体对象化和形式化的结果，就像“一幅画乃是绘画的作品，一座雕像乃是雕刻的作品”一样，一切艺术唯有当“制作是有意的并且是建立在知识之上”的时候，艺术才能够成为艺术，美才能够成为美。

为此，关于美的本质，亚里士多德除了根据其“四因说”来阐述美的理论外，还主张“美是由于其自身而为人所向往并且值得赞颂的事物，或是善并且因为善而令人愉快的事物”。[②] 比如那些优美动听的歌曲之所以被认为是美的艺术，就是因为其对人类灵魂所具有的净化作用能够产生一种无害的快感。换句话说，这种音乐或艺术的净化作用就是通过那些美的作品，以抒发、疏导和宣泄强烈的情绪，平复和保持心理的平衡，从而产生某种愉悦和美感。如此一来，亚里士多德就将美善的本质和对真理的认识结合起来，统一了真、善、美的内在关系。

关于亚里士多德的这种只有真的才是美的、只有善的才是美的，以及只有中庸和适中的行为和比例才是美的美学观，在古罗马奥古斯丁的美学中得到继承和发展。他不仅在《论美与适宜》一书中，将“数和秩序”看作美的最基本特质，而且通过《上帝之城》，描绘了人体之美，认为“所有身体之美在于身体各部分的恰当排列，再加上某种令人愉悦的颜色。凡是身体部分的排列有不恰当之处，要么是缺了某些部分，要么是太大或太小，那就很难看。”[③]

这种基于适中与和谐的审美观到了近代的英国，被剑桥柏拉图学派的代表人物夏夫兹博里(The Earl of Shaftesbury，1671—1713)所推崇和发展，并在其基础上具体地提出他的“三种形式的美学观”。也就是说在他看来，自然是一个富有秩序的系统，其中的各种事物都是相互依存、环环相扣、层层递进，构成一个和谐的整体。同理，人类社会也是一个相互联系、相互作用的有机整体，每一个个体都不是孤立的存在，而是自身包含着整体的目的。也正基于这种统一性和

① [希腊]亚里士多德：《亚里士多德全集》第2卷，徐开来译，中国人民大学出版社1997年版，第241页。
② [希腊]亚里士多德：《亚里士多德全集》第9卷，颜一等译，中国人民大学出版社1997年版，第371页。
③ [意]奥古斯丁：《上帝之城》，王晓朝译，人民出版社2006年版，第1127页。

整体性，夏夫兹博里指出，事物形式本身并没有独立的意义，只是自然界中的精神或生命力的表现；是这种精神造就了外在形式的和谐之美。因此美既是外在的形式，也是内在的精神，而艺术就是创造性的精神活动，其目的就是赋予物质以和谐的形式。所以，只有艺术是美的，"美、漂亮、标致，从来不会在事物本身中，只会在艺术和意匠中，从来不在物质中，而是在形式或形成力中。"①由此，他将构成美的本质的形式划分为三种，即事物的外在形式，赋予外在形式以美的内在心灵形式，以及创造心灵形式美的精神和理性，后者是创造形式美的最高层次的形式美。实际上，从古至今的各种文学、艺术、建筑和实物的造型与设计，都是源自人类精神的创造和理性思维的建构。

这种形式主义的美学在当下得到普遍的认可与推崇，及至许多人认为：艺术就是一种美的形式；艺术创作就是美的形式的无限变换和创生。这就是现实中，为什么一部小说，可以改编成影视、戏剧、歌剧、音乐、舞蹈等多种艺术形式，使得同一个内容可以被赋予无限多的审美形式；使得艺术既具有现实性，又具有浪漫性，既具有客观性，又具有主观性。从此开始，在人类的美学史上，有关美的本质，既出现了康德的主观论、黑格尔的概念论，也出现了唯物主义和客观主义的审美观，将人类对美的本质的认识推到不断深入的高度。

四、主体美和身体美

在美学史上，康德可谓是最著名的美学家，正是他在1763年问世的首部美学著作《对美感和崇高感的观察》中，陈述了他的基本美学观，主张审美快感的根源在于主体人的感受力，即在于人的心灵状态和精神素质；认为一个人要想获得某种审美快感，审美主体必须首先具有相应的情感，包括美的情感，即美感和崇高的情感，即崇高感。也正是在他的美学名著《判断力批判》中，从质、量、关系、情状四个方面对审美判断进行了深入的分析和论证。

首先，从质的方面，提出审美判断无利害感的观点，指出："那规定鉴赏判断的愉快是不带任何利害的。"②尽管能够给人带来愉悦的快感可分为三类，即感

① 朱立元主编：《西方美学史》，高等教育出版社2015年版，第144页。
② [德]康德：《康德三大批判合集》下卷，邓晓芒译，人民出版社2009年版，第250页。

官快感、道德快感和审美快感。但“在所有这三种愉悦方式中唯有对美的鉴赏的愉悦才是一种无利害的和自由的愉悦，因为没有任何利害、既没有感官的利害也没有理性的利害来对赞许加以强迫。”①所以，美感只是审美者在主观上获得的满足，它可以超越审美对象，不受对象的客观性限制。

其次，从量的方面，对审美判断进行了分析，指出：“凡是那没有概念而普遍令人喜欢的东西就是美的。”②因为审美判断是一种单称判断，这种单称判断就是对于具体个别的现象或事物所做的判断。如果我们要求这种判断具有普遍性，那么它就更多地属于知识性判断。

第三，从关系的方面，康德认为鉴赏判断是没有目的的判断，但却又是符合我们的审美主体的合目的性的判断。比如在我们欣赏某个审美对象时，显然是不带有任何客观目的的，但是若从主观方面上讲还是有目的。这个目的就是审美对象纯粹以它的形式来满足审美主体的主观的审美目的。或者说审美主体的审美目的就是试图从审美对象中获得快感，从而将其转化为审美对象。为此，在康德看来，主观的合目的性主要是形式的合目的性，与概念无关。

第四，从情状的方面，康德指出，“美是那没有概念而被认作一个必然愉悦的对象的东西。”③换句话说，美感就是一种必然性的快感。它是一种范式的必然性，是一些人对一个判断共同会赞同的必然性。这种必然性通常来自一种主观性的共通感。

康德从上述四个方面对审美判断的分析，不仅揭示了审美活动中的复杂性和矛盾性，也给后代的美学家带来很大的启示，从审美主体的共通感，人们逐渐从社会联系的角度发展出一种“美是德性—善的象征”的美学观，从而进一步加强了康德开创的主体性的美学理论。

只是要搞清楚，康德的审美判断不是认识判断，它并非要赋予审美对象一种客观规定性（即便是认识判断，判断力也只是在自己的主观考虑中为了反思自然而给它自己颁定规律，而不是给自然界颁定规律），而是要求在审美对象上求得诸认识能力的协调一致的心意状态。这就要求审美对象的表象方式于诸认识能力而言是合目的的，也就是说该审美对象具有自然的合目的性。这就是康德所

---

① [德]康德:《康德三大批判合集》下卷，邓晓芒译，人民出版社 2009 年版，第 255 页。
② [德]康德:《康德三大批判合集》下卷，邓晓芒译，人民出版社 2009 年版，第 264 页。
③ [德]康德:《康德三大批判合集》下卷，邓晓芒译，人民出版社 2009 年版，第 284 页。

谓的，“对于自然的美我们必须寻求我们之外的根据。”[①]然而这个根据，即自然的合目的性，归根结底还是为主观形式的合目的性。因此，审美判断的先天原则的根据同样也在主体之中。换句话说，审美只对审美主体而言才有意义。“大自然本身是无所谓美与不美，以及崇高与否的。此种审美意义的加持，只有具备知性思维和理性思维能力的人类主体才能赋予。”所以在康德这里，审美之学就是主体之学。

至于审美主体为什么将此审美对象判断为“美”的，而将彼审美对象判断为“崇高”的根据，这显然是出于两种审美对象的表象方式所合之主观之目的的不同所致。美的对象的表象方式，经过审美主体的反思判断，恰好符合知性与想象力协调一致的要求；而在崇高的表象中，其表象方式所诉诸的是想象力与理性的自由和谐。这是有违主观形式的合目的性的，因此我们不能将之判断为美的，但这种审美对象同样会带来审美愉悦，也应属于审美反思判断，所以崇高判断，也是一种理性层面上的审美判断。由此，康德也就将人类审美推到伦理道德领域，从自然美、形式美过渡到精神美、心灵美、道德美和英雄美。

所谓道德美就是指道德行为、道德品质和道德境界的美；就是指一个人具有崇高的思想境界和进步的人生价值观。道德美的核心是善。凡符合大多数人的利益、符合社会历史发展规律、推动人类文明的道德行为就是善，而善就是美。因此具有道德美的人总是能够自觉选择有利于他人的幸福和社会进步的行为，而且常常具有创造精神、坚韧的意志和震撼人心的力量，表现为天下为公的理想美，先人后已的奉献美，忠心耿耿的气节美，不屈不挠的毅力美，严于律己的品行美，与人为善的气度美。也正基于美与德的这种内在关系，早在古希腊时代，柏拉图非常重视审美教育的德化作用，指出，“美即是德，德即是美”，没有美丽就没有美德。人类中存在许多丑陋和罪恶，如果不进行美德教育，就不能去除邪恶，净化心灵，提升精神，美化境界，使人变得温文尔雅、高贵文明。

康德的主体美学，以及所包含的知性美和理性美的美学思想和理念，可以说一直统治到今天，但这种美学毕竟在 19 世纪遇到尼采的主体消解论的美学观的挑战。比如尼采在《偶像的黄昏》中指出，“为了能够有艺术，为了能够有任何一种审美活动和审美直观，一种生理前提必不可少：陶醉。醉必须首先提高整个肌

---

① ［德］康德：《康德三大批判合集》下卷，邓晓芒译，人民出版社 2009 年版，第 84 页。

体的兴奋度，在此之前任何艺术都不会出现。”①由此，海德格尔也认为在尼采的美学理论中，“陶醉完完全全是审美的基本状态”。②

这在中国诗与酒的关联中最紧密地体现了陶醉与审美之间的内在关系。比如杜甫在《饮中八仙歌》中就写下了有关诗仙酒圣李白的如下诗句：“李白斗酒诗百篇，长安市上酒家眠，天子呼来不上船，自称臣是酒中仙。”至于杨万里也在《重九后二月登万花川谷月下传觞》中留下“一杯未尽诗已成，涌诗向天天亦惊”的著名诗句，描绘了醉酒和诗成之间的直接关系。

不仅为诗如是，在绘画和中国文化特有的艺术书法中，酒神的精灵也是活泼万端。画家中，郑板桥的字画不能轻易得到，于是求者拿狗肉与美酒款待，在郑板桥的醉意中求字画者即可如愿。郑板桥也知道求画者的把戏，但他耐不住美酒狗肉的诱惑，只好写诗自嘲：“看月不妨人去尽，对月只恨酒来迟。笑他缣素求书辈，又要先生烂醉时。”“吴带当风”的画圣吴道子，作画前必酣饮大醉方可动笔，醉后为画，挥毫立就。“元四家”中的黄公望也是“酒不醉，不能画”。“书圣”王羲之醉时挥毫而作《兰亭序》，“遒媚劲健，绝代所无”，而至酒醒时“更书数十本，终不能及之”。李白写醉僧怀素：“吾师醉后依胡床，须臾扫尽数千张。飘飞骤雨惊飒飒，落花飞雪何茫茫。”怀素酒醉泼墨，方留其神鬼皆惊的《自叙帖》。草圣张旭“每大醉，呼叫狂走，乃下笔”，于是有其“挥毫落纸如云烟”的《古诗四帖》。

至于引发陶醉状态的背后机制，尼采认为，这主要是因为“在狄奥尼索斯的陶醉中有性欲和情欲，在阿波罗的方式中也不乏这些。”③纵观酒神宙斯之子狄奥尼索斯，一生有过四次婚恋，情路坎坷，其婚恋对象有爱与美之神阿佛洛狄忒、克里特岛公主阿丽亚德、美少年安普罗斯，以及糟老头子普罗辛诺斯，真可谓男女老少通吃，然而均以悲剧收场。这就是性和爱的矛盾，也即酒神和日神的矛盾。正基于此，尼采认为，狄奥尼索斯式的艺术——音乐，成为世界意志的心房，径直就是意志本身的映像，表现的是世界中一切物理因素的形而上学性质，是一切现象的物自体。④ 至于抒情诗作为酒神力量形塑的一种艺术，抒情诗人只有突破自我，弃置自身，方能化入太一与大同，从而成为酒神的化身，替酒神立言。

---

① [德]尼采：《偶像的黄昏》，李超杰译，商务印书馆 2009 年版，第 75 页。

② [德]海德格尔：《尼采》，孙周兴译，商务印书馆 2010 年版，第 114 页。

③ [德]尼采：《悲剧的诞生——尼采美学文选》，周国平译，上海人民出版社 2009 年版，第 438 页。

④ [德]尼采：《悲剧的诞生》，孙周兴译，商务印书馆 2012 年版，第 116 页。

并认为我们必须始终把抒情诗视为民歌的根基和前提。因为抒情诗人的自我是从存在的深渊中发出来的声音。在这里，相对于存在的澄明，主体只构成了一种遮蔽，因此对于“主体”这层遮蔽的去除，对自我的突破与消解恰恰成为进入真正的存在世界的先决条件。这也就是说，尼采早在其《悲剧的诞生》一书中，就意识到“主体的虚构本质”，认为“现代美学家所讲的抒情诗人的‘主观性’，则是一种虚幻的想象。”①尼采之所以会持有这种反主体的姿态，完全是出于生命力的充盈与过剩，而不肖居于“主体”这样一种虚构中自我意淫，而更愿意超越自身进入真正的存在与统一状态，使审美主体处于一种消解状态。此时此刻，受到酒神强力支配的狄奥尼索斯信徒激情洋溢，放纵恣肆，飘然于陶醉状态。他们忘却自身，凌空起舞。他们的力量使自身在自己眼前发生转变；使得陶醉的本质在尼采的眼里乃是力的提升与充沛之感。因为现实中我们总是以肉身的存在而生活着。（图 1 - 4）为此在海德格尔看来，“陶醉必须被理解为超出自身的能力，必须被理解为一种与存在者的关系。在这种关系中，存在者本身更具存在特性地，更丰富地，更明确地，更本质地经验了。”②“在此，陶醉的情调乃是最高的和最适度的规定性意义上的一种心情。”③

此时，无论是创作主体还是审美主体，都超越了自身，冲破了自身主体的立体型。“也就是说，它不再是主观的，不再是一个主体了。”④所以，任何艺术或美的形式都不可能是一种客观之物。相反，它是一个通往审美基本状态的指示。为此，海德格尔认为，陶醉与美的形式这两个尼采美学的基本词语都超越了主体形而上学的局限，达乎现象学意义上的存在之域。它们指示着整个审美状态，以及在审美状态中开启自身并且贯通审美状态的东西。

也正基于审美能力对审美主体的解构和超越，尼采在《作为权力意志的艺术》一文中论述道：“逻辑和几何的简洁是权力意志高涨的结果，反过来这种简洁的感觉又提高了意志感，其发展的顶点就是伟大的风格。”⑤由于权力意志为艺术的本质与整体的奠基，作为审美状态的陶醉与形式才不至于隔阂并具有密切关联。形式与陶醉之间的显与隐的关系，使得它们能够共存一体，并将艺术作为

---

① [德]尼采：《悲剧的诞生》，孙周兴译，商务印书馆 2012 年版，第 44 页。
② [德]海德格尔：《尼采》，孙周兴译，商务印书馆 2010 年版，第 118 页。
③ [德]海德格尔：《尼采》，孙周兴译，商务印书馆 2010 年版，第 188 页。
④ [德]海德格尔：《林中路》，孙周兴译，上海译文出版社 2004 年版，第 146 页。
⑤ [德]尼采：《悲剧的诞生——尼采美学文选》，周国平译，上海人民出版社 2009 年版，第 438 页。

图 1－4 布格罗 1879 年创作的油画《维纳斯的诞生》：作为爱与美的女神维纳斯从海中升起，受到众多海神和生龙活虎般的小爱神的欢呼雀跃。画面中身体呈 S 形曲线变化的维纳斯立于众神之中，裸露着全身，画家以流动的曲线、起伏的节奏、细腻而多情的笔触描绘了美神的骄人姿色，从而表现了纯洁的人体美。

一个整体呈现出来。所以伟大的风格绝不是一种“主体”意义上的自我高扬与激情的显现。相反，主体在此必须将自身冲破才能置于“存在”状态中，置于艺术之本质领域。因此伟大风格并不是对主体自身的持守与肯定，恰恰相反，是对主体的否定，并且在此种否定中，伟大的风格才能赢获自身。所以在尼采的权力意志的视觉下，主体只是一种虚构，是为了使这个世界变得称手及可理解的一种必要设定而已。也正基于此种观点，尼采才说，迄今为止的美学都是从接受者的角度来阐发的，以至在美学领域起主导作用的是“女性美学”。只有艺术接受者在表述他们“关于什么是美的”经验，使得时至今日，全部哲学都缺乏艺术家。对于美的沉思往往是许多哲学家沉思的内容之一。比如康德，就将审美问题与反思判断力这一认识能力相联系，并认为，审美状态表征的是主体内在心意状态的和谐。“优美与崇高”这两种审美范畴的根据都在主体之中。为此，在尼采看来，以往所有阐释“何谓美”的经验的人，都只是审美主体，而非艺术家。实际上，只有表现出反主体倾向的艺术家才真正创作了美或给予了美。由此，尼采又将美推到艺术层面。

如果说古希腊阿波罗的日神原则讲求的是实事求是、理性和秩序，那么狄奥尼索斯的酒神原则与狂热、过度和不稳定联系在一起。这种酒神原则在诸多的戏剧与合唱表演中，所起作用至关重要，因为它能够使得孤立的阿波罗式的个人，成为整个欢乐的酒神群体的一部分。这个群体赞美生活，能够坦然地接受生命的反复无常和各种突如其来的遭遇。希腊悲剧达到上述两种气质的平衡。通过这种调和作用，希腊悲剧使得希腊人和希腊文明格外地与众不同。尼采往往用这个典范来评判和衡量后来文明的不充分成就。

五、后现代美学对美的本质的解构

兴起于上世纪60年代的后现代美学针对传统美学面临的各种问题和困境，力图解构美学领域中的一切既有的理论、观点、概念，尤其是思想和理念上的权威和霸权。在后现代美学看来，传统美学为美学奠定的特权地位，以及它与非美学之间的严格界限，是不合法的，也是无意义的，应被颠覆。因此后现代美学不仅怀疑和否定传统美学对总体、一致、秩序和理性的追求与肯定，而且在后现代美学的语境中，也抛弃了一般美学对美的本质的规定，否认存在统一的美、统一的审美标准和美的本质，主张任何形式的美学及其观点对美的规定都要予以解构；认为根本不存在一个具有统一结构体系的美学。为此，后现代美学既反对将美学与日常生活相隔离，也反对美学形式的自主意义，并力主将美从形式和象牙塔的束缚中解放出来，强调日常生活的艺术化、审美化，以及艺术与美的生活化。在审美中追求不确定性，以及这种不确定性所体现的多元性、模糊性、断裂性等各种性状，并以此颠覆传统美学中的确定性与等级秩序。当然后现代美学也在提出“主体死亡，人亦死亡”的口号中，否定脱离现实生活和真实肉体的抽象的审美主体和人。由此，后现代美学对现代哲学和现代美学突出的超越性、抽象的精神、统一的价值，以及终极关怀、真善美等一类大字眼不再感兴趣。恰如后现代主义哲学家利奥塔所言，“我们一方面可以将后现代美学看作一种破坏美学，但同时，后现代美学也为美学自身的新发展提供了可能性。”①

事实上，现代美学发展到上世纪60年代，各种非传统的美学学派便如雨后春笋般发展起来。其中最具挑战性的后现代艺术派别，当如上世纪下半叶兴起的荒诞派。比如60年代，卢卡斯·萨马拉斯（Lucas Samaras）主要探讨的就是人的亲昵行为和暴力强奸。他的作品中弥漫着炽热的性欲和色情主义。似乎全部作品都被梦魇困扰着，镶饰着欲望，渴望着心醉神迷。经常用以性器官为代表的梦境象征以蕴含某种潜意识。在《温床》（手淫）、《皮西亚》（子宫幻想）、《骗子》（肛门幻想）、《屠夫》（食欲幻想）、《侦探》（男性生殖器的幻想）等作品中，他都颠覆了传统美学的美的本质概念和艺术程式。其作品中最具代表性的就是他的一首诗中，实际上就是由一个印了数百个“他妈的”方块所组成，并以一个孤伶伶的“你”字结束。而伊娃·赫斯（Eva Hesse）的作品则是经常地包含一些令人厌恶的东西，诸如肢体和内脏、外科手术的切除物、带有导火索的炸弹、原始的陷阱、虫蛀的挤压品、蜡质的管子和托盘、橡胶管麻线、木头薄片、胶化的干酪包布、乳胶和玻璃纤维。她想利用这些实在的东西表达一种无言的情感；用一种无效的逻辑结构、脆弱的美、不确定的扭曲的幽默，在极度痛苦的情绪中，创造、寻找或表现某种发自内心的本能性响应。

古典艺术以逼真为美。在现代潮流中，昔日艺术的真实与完美则完全不见踪迹。比如现代主义者杜桑（Marcel Duchamp）的最后一幅绘画《图姆》，使用的只是一张撕破的电话簿封面，中央被捅破一个口子，然后用安全别针重新连缀起来。简直就像一块破布，毫无美感。至于威廉·韦格曼（William Wegman）的电视录像片更是漫无目标，随心所欲。其中《肚皮之歌》将肚脐变成嘴。在《一本书和一条死鱼》中，他在极具喜剧性地暴露人的固有缺点、怪僻、不足、失败，以及许多荒诞不经的现象和事件的同时，主要是使其作品显得十分幽默、诙谐和滑稽。至于美国艺术哲学家吉姆·莱文说：他的创作“是无中心的、歌舞杂耍式的、古怪离奇而非措辞巧妙、情趣横溢的，它的基础是笨嘴拙舌而不是妙语连珠”。他说，“我们现在能目睹的是整个现代主义遗产的全部灭亡。”“在我们的艺术和文化中弥漫着破落崩溃之感，与之相随，最近还有一种超然和失落的意识。在许许多多这类的作品之中，无目的的不妥协——拒绝表明意义——伴随着对豪华、壮观的无法满足的欲望。形式和意向经常毫无意义、虚幻迷惘、不可言传——从而转化

① 张贤根：《20世纪的西方美学》，武汉大学出版社2009年版，第252页。

为虚假的表现、低级的夸张、极度的不虔诚、毫无创新的拙劣摹仿。”而克莱门特·格林伯格甚至在1980年冬天就骂道：“后现代主义1978年诞生，1979年夭折。”格林伯格的这个说法尽管带有某种极端或玩笑性质，但它也的确反映了一个问题：后现代美学的突出特征就是解构现代美学，解构美的本质，否定美的统一标准和体系结构，倡导多元主义、相对主义、虚无主义和解构主义的美学观。

其中美国艺术家伊娃·赫斯的绘画作品，在上世纪60年代兴起的极简主义运动中就极具后现代主义的艺术特征。赫斯的作品中不仅带有一丝冷静的残忍，而且经常用胶漆、化纤玻璃等工业原料来表达她所谓的“荒谬生活”，传递她对日常生活的恐惧和对人类命运的担忧。原因是她作为一个犹太人的后裔，还在年仅三岁时为了躲避纳粹党的迫害，就跟随父母辗转到美国。然而躲过纳粹的迫害却没有躲过家庭的变故，在纽约定居不久她的父母就离婚，而母亲又在1946年抑郁自杀。为此，自年幼起对人生命运产生的抗争、哀伤、无助、绝望及特殊的生活经历，便让伊娃在自己的艺术中不断地表现着自己的形象，奠定了她以个人的悲情生活为中心的创作基调和艺术生涯。比如她于1965年创作、现藏于美国底特律艺术学院、用丙烯酸漆创作的《伊什塔尔》，将20个近乎女性胸部的半球体用线粘贴，通过穿孔方式，固定在石膏板上，并说，正是“这些石膏板让我看到了纳粹的刑场”，以表达她对人性恶的憎恶。至于另一幅于1969—1970年用乳胶和绳子制作的《绳子片段》既演绎了她对这件作品的诉求，而且其“缠绕绳结上部的结实有力和绳结下部的柔软坚韧，就像她本人一样，在一次次的变化中，塑造出专属的柔性力量，以表现来自她生命最后的直观、抽象、脆弱、自由和柔软等生命现象。将绘画艺术完全与自己的身体、心理、情感和对人性的看法与理解结合在一起，使得今天的人类对美的理解，并不只是指谓那些能够给人们带来愉悦的东西，它也同样指谓人世间那些可以给人的心灵和震颤带来刺激与想象的东西。美并不只是表现和传达正能量或肯定性的东西，它也表现和传达人类社会中那些阴暗和丑陋的事件与对象。由此，也就产生了多元化的审美观，使美更加具有个性、主观性、多样性与丰富性。

第 2 章

福柯的生命美学

法国著名后现代主义哲学家米歇尔·福柯(Michel Foucault),虽然一生涉及的学术领域很多,但万变不离人的哲学,且主要是围绕人之身体、性、欲望、认知,以及权力等生命属性进行了广泛的探讨和身体力行的体验与实践。其中,生命美学是他对数千年来已经异化了的人性(诸如权力、金钱、地位、荣誉、压抑、阉割、掩盖、占有、奴役、小脚女人、面纱、化妆、装饰、宽带群等对人性的阉割)的最深入的研究。它不仅对于传统的文化观、人生观、价值观、生命观、美学观和伦理道德具有颠覆性和破坏性的冲击与批判,而且给已经迷失方向的现代文化、艺术、美学、哲学和科学,指出新的光明之路,展示了拯救人类之死的美好前景。因此生命美学才真正是福柯全部人学思想的精华。不理解他的生命美学,就无法真正把握福柯的哲学理论。在这里,只有把人类的生存实践、日常生活和语言、权力等诸多问题,都放在他的真理游戏、权力游戏、艺术游戏和生命美学的广阔视野中加以考察,我们才能够最终得出结论:福柯毕生关切的重点始终是人的生命,尤其是人的身体。而且其中,只有重视对生命之美和身体之美的弘扬与挖掘,才能真正引导人类走出现在深陷于异化泥沼中的困境,创造真实美好的生活,最终达到彻底解放人类、拯救人性的目标。至于究竟何谓生命美学,这需要从人的生命之美和人生的审美能力和审美价值说起(图 2-1)。

一、人生的审美价值

爱美之心是人类特有的审美能力、认知功能和感受属性。因为只有人类才

图2-1　弗朗斯·克萨维尔·温特哈尔特1852年创作的《芙林达》。这是一幅抒情优美充满神秘意境的浪漫主义作品。一群天生丽质、婀娜多姿、美若天仙的少女在幽暗静谧的森林中嬉戏、玩耍、交谈和欢聚。她们围坐溪边，有的半裸，有的欲脱衣下水洗浴，有的尽显女性肉体的美感。她们个个身体修长窈窕，体态柔美丰满。其优雅的气质韵味构成对生命的礼赞，对青春的咏叹；其无约无束的身体行为充分地体现了生命之美、女性之美和身体之美，彰显出反禁欲精神及人类自然天性的回归。

能够冲破自身与实在之间的帷幕，使活生生的实在以更为直接和赏心悦目的形式呈现在自己面前；只有人类才能够创造出一种"主要用来捕捉和掌握自己经过组织的情感想象、生命节奏、感情形式的符号；从而使得这个世界上的每一个物件都可以成为艺术和审美对象；并进而使人们通过美感来判定什么能够引起情感的愉悦和精神的振奋，什么能够通过人类生活和人类历史所凝聚和塑造的特殊感官的作用，激发起心灵的妙不可言的情绪反映，以及进一步来评判和认定人世间的美丑善恶、真假虚实"。由此，也说明人类创造文化艺术的目的，就在于寻求和满足生命之美、发现和创造生命之美，以愉悦生命，享受生活，感受人生，提升人的审美能力、审美水准，营造超越实在世界的精神境界、艺术作品和审美对象，同时也为了使得人之生命不断地朝着更复杂、更多样、更高级和更加富有魅力的高层次有机系统发展进化。

遗憾的是，几千年来，人类精神的异化似乎已经遗忘了生命之美的神圣和光彩，往往把它当作原始、粗野、肤浅、丑陋和充满动物野性的东西而拒绝和抛弃，代之以观念压制、道德包装、虚假和隐藏来掩饰、压制和篡改人的自然本性和肉欲需求，以致几乎完全剥夺了真实的生命之美，让干瘪、枯燥和抽象乏味的美学概念、美学理论，以及日益远离人的生存目的和存在价值的人生观和价值观来统治人的精神和审美领域；让人的血肉之躯，唯一真实的审美主体和审美对象，被阉割、肢解，变成被思想意识随便曲解和意识形态化的对象；使其数千年来不敢在光天化日之下露面、展示，只能在黑夜和遮掩中羞羞答答、窃窃私语，把许多真实之美的意识和实践看作是难于启齿和见不得人的丑事。相反，最经常暴露与合法展现的东西尽是一些虚假、伪装或造作出来的表面之美，甚至是真正的丑陋不堪，而非实质之美。比如情爱，在人类这里变得是如此的复杂、艰难、漫长和坎坷，在爱欲和情欲之中夹杂了许多政治经济、权力地位、物质财富，以及门当户对等外在因素，以至几乎完全背离了情爱的本质和本色，失去了恋爱、婚姻和家庭的原有的生命本能和自然属性。

对于这种脱离人的生命本性，导致的黑白颠倒、是非不分、善恶难辨、美丑混淆的现状，福柯坚信，人之生命的特殊性和最高价值就在于经历了长期的社会实践，基于它自身的感受性或五种感官所产生的审美性。在福柯看来，打从婴儿的第一声啼哭和所展露的第一次微笑开始，就包含着人类最初的、也即最原始的审美意境。正是在这个意义上，福柯才说，没有审美就没有人生或人类特有的生命。审美才是人对他物或世界的最高超越，才是将生命引向充满快感的自由创造境界的永不枯竭的动力和源泉。人类生存的真正目的和本质，并不是去寻求那时时处处旨在约束我们自身的真理、权力、道德、荣誉或地位，也不是盲目地依据传统的主体论而将自身改造成为知识、权力和道德的主体；而是使自己成为自身命运，也即生命的自然要求或自在目标的真正主人，成为具有绝对的独立意志，敢于和善于满足自身的审美愉悦和生命快感，使自己的言语能够熟练地运用自如、文风优雅，从而培养出具有创造性的、独具自由个性的个人。换句话说，人生的真正目标，并不在于它能够进行穿越无限宇宙、远离社会现实和肉体生命的理性思维、抽象思维或概念思维，而在于它能够将吃、喝、玩、乐等生命活动都提升到艺术高度，使其成为人类特有的审美实践和审美属性。

事实上，人世间也唯有这类审美活动，才能够使得日复一日的平淡无奇的生存过程和抽象的语词符号，或有形的图像线条变为具有感性魅力和诗性意境、并充满创造性的奇妙无比的艺术形式和艺术力量。这种来自肉体和心灵的审美力量，不仅能够带领人类永不满足地追求、超越、鉴赏和回味人生及其历史的审美意涵，将历史从过去的沉寂、虚无和牢笼中解脱出来，使它在顷刻间展现出五彩缤纷的时空长虹，架起沟通历史与现实、过去与未来的桥梁，穿梭于日常生活世界和广泛的社会实践，引导人类飞腾于人类文化与自然界相互交错所构成的自由天地，而且能够在生命与死亡相互交接的混沌地带，达致尼采所向往的向生命和肉体“永恒回归”的最高境界；“使短暂的人生，一再地获得重生，重叠成富有伸缩性的多维空间，开拓与各种可能性相对话和相遭遇的新视域。”①

由此也说明，美既是具有实践智慧的人自身，在其艺术般的生活技巧和特殊风格中造就和展现出来的感性形式或知觉属性，又是人类在关怀自身的延绵不断的历程中一再更新的自由生活和生命特征。以至于美的真正价值及其提供审美快感的主要根基，就在于它既是创造人类自身与人类生活的动力，又是人类自身所创造的产物。人类正是在不断地突破过时传统和陈旧事物的创造活动中，获得自身不断更新的快感和满足创造欲的愉悦。这既说明人本身就是一个永远不甘寂寞、时刻试图逾越现实事物的特殊生命体；在这里，不只是生活环境的复杂性，而且包括人类的求知本能、发明创造和渴求满足好奇心的本性，使世人产生无止境的审美欲望；同时也说明人类所从事的任何创造性活动，包括理论创造和思维活动都不是单纯的谋生活动，而是把生命自身的任何活动都当成一种生活艺术、生命审美，当成关怀自身和进行自身完善化的过程，当成追求最高自由境界的一种“自身技巧”或“自身实践”。其目的不是像一般的动物那样是单纯地为了“存活”或延续后代，而是为了关怀和陶冶自身，塑造和提升生命，满足自身的感受欲望和审美要求，释放过剩的生命力所燃烧的激情。

所以，人类的日常生活或更广泛的生命活动，都可谓是一种艺术形式或审美实践。它既是一种对于自身美或外在美或升华了的艺术美的感受、享受和鉴赏过程，也是每个人的自身美或外在美的创造及展示的见证。人生就是在生命美的历程中度过的。生活的最高目的，就是寻求和创造生存世界中不断变幻的美。这也恰好说明，生命的本质就在于它时刻面临着各种不确定性和可能性，时刻与各种“过度、极限、冒险和逾越相遭遇”。人生之美恰恰就在这种对于各种可能性、模糊性、想象性的逾越中或虚构中闪烁着它的耀眼光辉和美的特性。

也正是基于对美的人生价值的高度评价和认识，致使福柯不仅批判了以往的各种传统、理性和现代性对人性的欺凌；批判了以往的各种知识、权力和道德对人

---

① 高宣扬：《福柯的生存美学》，五南图书出版公司 2004 年版，序言 1。

性的压抑;批判了以往的各种语言及其表述方式对人性的歪曲和误解;同时也继承和灵活地运用了尼采的思维方式和方法,揭示了现代西方人文主义的虚伪和各种理性所玩弄的阴谋诡计;批判了哲学家们主观臆造或人为编织的主体性概念;批判了摧残和遏制人之生命力的西方社会制度和权力机构;批判了西方人的单调乏味的生活方式。特别是,他通过对"医院、疯人院和监狱等一类机构的研究",将生活于其中的那些被列为"疯子、病人或罪犯"的主体客观化为知识的客体和统治的客体,从而极大地深化了人们对于生命、身体和性的新认识。他"利用他的肉体、他的行为、他的感觉和热情,以及他的整个存在制成的一件精美别致的艺术品",超越了他自身,"发明了他自身"。① 他通过突出人类日常行为和社会实践的审美重要性,建立了一种关怀自身和美化自身的生命美学、身体美学和生存美学。

在福柯看来,凡属于生命的东西,都是产生美的源泉、动力和对象。因此我们决不可把情感、欲望或性欲和色情方面的因素,看作是有害于人的生命的健康成长的消极因素或破坏力量。特别是性作为生命的源泉和创造性动力,"既是我们的行为的组成部分,也是我们在这个世界上享受自由的一个方面。性是我们借以创造我们自己的某种事物。"②如图 2-2 所示:该幅油画所描绘的正在半睡

图 2-2　19 世纪法国学院派画家亚历山大·卡巴内尔的油画《维纳斯的诞生》。身体颀长、体态娇美、肤色光艳、妩媚慵懒的维纳斯平静地睡在海面上的姿态是画家的创造;而五位色彩明亮、神态各异、活泼可爱的小爱神的自由飞舞和欢欣雀跃,以及两位小天使吹着海螺试图唤醒天神的画面更给人以无限的遐想。

① [美]詹姆斯·米勒:《福柯的生死爱欲》,高毅译,上海人民出版社 2003 年版,第 459 页。
② 高宣扬:《福柯的生存美学》,五南图书出版公司 2004 年版,第 59 页。

半醒的裸体女性，其躯体优美温柔，形体匀称舒展，体态苗条，腰肢纤细，皮肤白皙，胸部丰满，线条起伏有致。画家的这种艺术处理不仅能给人以肉感的官能刺激，而且表现了女性那具有强烈魅力的肉体和纯洁心灵之间相互融合的身体美的统一。

这种充满人文精神的美的创造，既符合现实"美"的理念，也是人世间最美身体的典范。作品中裸体女子侧卧于榻上，头微微斜倾，放在两臂之间，自然真实，细腻亲和，其淋漓尽致的女性清纯美的自然显示，不仅将审美者带入无限遐想的空间和思绪，也自然而然地成为创造人类全部存在、全部文明，乃至全部爱的基础和前提。如果人们平日不能逃出传统的伦理道德和政治权力对性所设置的牢笼和监狱，而只是满足于理性魔鬼所设置的循规蹈矩的生活，那么人类就永远不会有所创造、有所发现、有所进步。从古代母系社会到父系社会的转变；从大家族形式到四世同堂、原子核时的家庭结构和同居、单身等解构性的性关系和性行为的发展和演化，都证明人类文明和人类的性行为之间具有直接的作用和关系。因此，现实中约束人类性行为的一切所谓界限、规则、法律条文和标准都是异化了的人类通过理性、逻辑和权力主观制定的；都是社会统治者根据自己的统治利益编造出来的。我们要坚信：一切爱恋、欲望和性欲，都是来自一种"神爱之心"、一种生殖意志，一种来自身体内部的生命激情和生命冲动。然而遗憾的是，迄今人们并没有实现有关生命之爱和生命之美的永恒回归，并没有使生命的最高存在——性得到彻底解放。它依然被限制在各种意识形态中、统治阶级强制推行的各类法律中，以及各种道听途说和别有用心的语言中，使得人类社会中的许多性活动不是遵循的生命本能而是服从于权力地位、物质财富等外在的强力。

比如封建社会，人类之正常性爱完全被熄灭在旧的封建礼教当中，成为三纲五常、三从四德、多子多福、养儿防老和重男轻女等旧道德的牺牲品。在私有制度占据统治地位的今天，性爱或正常的男女之爱往往又因人性的异化、物化和商品化，而受到剥夺或压抑。好在人的生命在不断地觉醒，人的身体在不断地抗争，终于将生命之美提到复苏人性的高度和日程。当然福柯也承认，的确从古希腊时期起，人们就试图在真理游戏中展现生命美的风格。甚至可以说当时人类寻求真理首先就是为了创建生命之美。因为当时在多数人眼里，所谓真理就是指它能够为人们的美好生活带来健康、快乐、高尚和幸福。所以在那个时候，真理就等同于完美、坦诚和无所掩，并没有和错误、说谎或荒谬对立起来。此时，所谓的思想无非就是依照一定规则进行真与假的游戏活动。思想创造原本就是和生活一样，通过各种各样的可能性，寻求刺激、完美和奇妙的游戏活动。但是自古希腊后不久，至少从中世纪开始，传统理论所说的真理游戏，便逐渐演变为与事物的实在性相联系的真与假的辨认活动，由此真理便演变成为引导人们陷入人为的普遍化标准陷阱的权力游戏的附属物。

在这个意义上说，今天所谓的真理游戏实质上只是权力游戏的变种。反过来说，权力游戏也是真理游戏的变种，因为世界上没有一种权力游戏可以脱离真理游戏而独立进行。结果就使得知识和真理日益远离人类认知的游戏本性或艺术本性。然而在福柯的哲学思想和生活风格中，则认为真理游戏与人的生命之美始终是合二而一的，其间存在着不可分割的内在联系。因为在福柯看来，美的对象都是有生命力的和认知能力的，而且都是具有特殊的个性和风格的。正是具有非常个性化特征的个人风格，使得一个人具有不可替代性、无可争辩性和排他性，表现了历史性、经验性、生命性、技巧性和实践性、具体性、个别性、唯一性，呈现了审美的无限性和超越性。当然许多风格和品性都是人类在精神和肉体的辛勤奋斗中所实现的自身关怀的结果，即一切生命强力和身体的外在显现都同人生的经历、经验、实践、智慧，以及语言文字运用的艺术之间有着极为紧密的关系。然而就其本质而言，人之风格和生命之美却密不可分，是生命美的内在凝聚力的升扬和外在艺术形式的表现。

也正是基于此种认识，福柯才说，“一切美都是人的生存超越活动与世界相遭遇而形成的。美之产生及其对人的魅力，决定于与其世界的遭遇的状况以及人自身的审美超越需要。”①由此，福柯才赞成尼采的美学观：世界上，“没有别的东西是美的，只有人是美的。”②这不仅是说，只有人才能够感受美，而且是说只有人才是真正的美。就像休谟曾经针对美的本性所表述的：“在雌蛤蟆眼里，美的对象总是雄蛤蟆”。所以，美不只构成人的最高级属性和最高生活价值，而且美学的主要范畴也发生了革命性的变更。其中，生命、生存、身体、性、欲望、快感、愉悦、死亡、创造和叛逆应该是几个最基本的美学范畴。也正是基于尼采的这种美学革命，才使得自古希腊以来就流传的有关真善美、审美教育、审美主体、审美对象、审美标准、描摹主义、现实主义、浪漫主义等艺术和美学概念，在今天被有关生命美学、生存美学、自身的艺术和实践、自身的技术和回归、自身同他人

① 高宣扬：《福柯的生存美学》，五南图书出版公司 2004 年版，第 59 页。
② 高宣扬：《福柯的生存美学》，五南图书出版公司 2004 年版，第 402 页。

的关系等范畴和理念所替代。

二、生命之美的意识和实践

在福柯看来,所谓生命美学就是人之生存美学,也即关于人类自身或有关做人和作为人的艺术。这种艺术绝不同于现在大多数具有商品性质或外在于生命和身体之外的那些所谓艺术家的认识、行为和产品。它往往是生命哲学家或美学家的认知和实践。它与传统哲学,尤其是经院哲学和传统美学有很大的不同。它的目标和任务不是为了建构某种包含正确认识的理论体系,而是旨在探索和总结人之生命和日常生活的艺术;旨在寻求生存美学的各种实践技艺,确立健康、美丽和自由的个人在生存美学理论和实践中的核心地位。人之所以为人,不是他物,不是为某种外在于自身的原则所界定的不变对象,就在于它并不是外在于生命的精神所编造的主体性之所为,而仅是因为它体现着某种特殊的生命力或生命活动。因此生命美学就是一种有关人类生活艺术实践的新型美学。福柯在创造性地提出它的基本概念和理论时,就试图有意识地跳出传统美学、哲学和伦理学的基础理论的原有范围,以它自身的生活和创作实践经验为基础,参照古希腊、古罗马时期原有的生存美学理论和实践原则,反复强调一种非格式化和非系统化的生命展现风格。这也正是生命美学之所以具有诱人的魅力并能够成为人类生存本身的推动力之原因所在。换句话说,就是由于它具有一种待创造和待实现的生存形式,它才能够以各种从未显示的潜在形式,以可能引起惊异和新鲜感的存在模式,将人的生存,不断地引入一种新的可能的审美境界,使审美不断超越的无穷多的好奇本性,在其本身的不断变换的实践中,得到不断的丰富和完善。

正是基于上述认识,福柯毕生都把思想、创作和生活,当成无止境的艺术创造和审美的游戏活动,把创造等同于革命,等同于生命的发扬光大;等同于超人的自我扩张及其对世界和现实的宣战。他一如尼采,认为理智的发展只能导致生活的干涸和自身的贫乏;只能导致对人的内心情感和身体经验的窒息,和使人本身变得无能为力;并最终变成盲目服从理性的奴隶。而实际上,情感、意志和身体经验才是真正精神的动力。为此,福柯总是试图在其自身的思想活动和理论实践中,不停地寻求生存美的最高自由境界,不断地向生命的极限挑战,自觉而积极地去与毒品接触、吸毒，尝试自杀，拥有20多年的同性恋经历，甚至是有意识地通过染患艾滋病的形式，来体验生命的功能和肉体的极限。

福柯通过亲身实践、体会和了解，坚持认为人之生命，特别是人之身体的快感应该超出饮料、食物和性，达到毒品和致命性疾病的层面，以实现他在生存之路上自觉地为整个人类进行探险所获得的深层的感受、经验和观念。他说，审美实践是一种自我专注的艺术，"它强调了发展所有实践和训练手段的重要性，通过这些，个人可以维护自治并最终达到一种纯粹的快乐状态。"[①]事实上，福柯的思想和理论的珍贵性就在于为人们树立了在对传统的文化、观念和伦理道德的叛逆中不断创造和从事审美实践的典范。他几乎是每时每刻都在进行创造，在创造中度日，随时改变自己的身份，随时转化自己的主体性，改变自己的思想，使自身永远都处在重生的婴儿状态中。这既说明美本身具有创造和叛逆的本性，创造和叛逆是艺术得以产生和发展的动力与产物，也说明只有自由掌握创造和叛逆的艺术的人，才能真正显示其艺术性和风格美，才能达到生存美的自由境界。

为了实现最自由的创造，以便发现人类从未体验、认识或从未认可的美感，福柯宁愿忍受或品尝一般人所不愿意尝试的孤独和痛苦，宁愿冒着生命危险走到那些荒无人烟的思想和肉身领域，在别人无法达及的悬崖峭壁，在荆棘丛生和最可能引起致命性伤害的地域，以完全开放、坦荡和舒展的心情，随心所欲地干着自己所感兴趣的一切事情；自由自在地同语言论述中的他人对话，选择自己最满意，而又是最带有挑战性的问题，进行着冒险式的思想创造游戏。如果说，维特根斯坦的一生完全是以从事哲学研究和理论创新为最大快乐，那么福柯就不仅以理论创新作为人生最美的差事，而且每时每刻都在拿生命作为赌注，以身体作为生命试验的主体和场所，以期获得生命的最高价值和最大快乐。

在福柯看来，思想、理论、技术和实践上的发明与创新，作为人类所特有的、内在性地包含着怀疑、批判、否定、破坏和叛逆等行为能力的生命功能，不仅是生存美学的动力和属性，也是生存美学的基本实践。这不只是因为怀疑和叛逆本身就是一种艺术；它的贯彻和实践必须伴随和表现为复杂而机智的生活记忆；这种怀疑既同颠覆旧有的文化相联系，也同促使自身生活艺术化及自我熏陶相结

① [澳]J. 丹纳森等:《理解福柯》，刘瑾译，百花文艺出版社2002年版，第187页。

合；还因为美的生活决不应该平静如水、平淡无奇、枯燥乏味和无任何热情与刺激性，而应如同江河大海那样波涛汹涌、奔流不息，并时时涌现惊涛骇浪、险象环生。因此任何人都不应该迷恋一种平庸、典雅或养尊处优的生活方式，而应该时时刻刻想到去发明创造，去革新变法，去推翻颠覆，去撕裂摧毁。诸如此类的大胆冒险和尝试，不仅会不断地改变自身和使自身获得新生，也会使自身从摧毁和新的创造物中寻求到乐趣，并将其变成探索自由和实现快乐的方式，从而使得创作本身就是乐趣，就是一种审美或美的享受。所以作品并不是留在我们身后的遗产，而是将美与乐趣融于其中的我们的生活和生命本身，即在创作过程中和作品中实践和贯彻生存美学或身体美学。

而审美能力的培养或艺术创作的完美程度，决定于肉体和精神欲望本能地无限扩张，决定于冲破一切障碍使自身的内在生命强力无限地膨胀起来。其中，又只有通过情欲和性欲的扩张和彻底暴露，才能达到生命的高涨和艺术的最高成就。为此尼采认为："艺术家如果要有所作为，就一定要在禀性和肉体方面强健，要达到精力过剩，像野兽一般充满情欲。""艺术家按其本性来说，恐怕难免是好色之徒"。只有疯狂的凝聚欲望和发泄欲望，进入癫狂的酒醉状态，才能够创作出好的和具有诱人魅力的艺术作品。

也正是在创作活动才真正是最美丽、最具刺激性的生活的意义上，福柯才多次强调：真理绝不是约束人的知识，而是能够给人带来快乐的知识游戏。真理就是旨在关怀生命审美的自身技术；它集中体现了寻求自身快乐的实践智慧。福柯把获致真理和实现审美生存巧妙地结合在一起，使得他所谓的"美学真理只有首先将主体自身的存在纳入游戏之中，才可能成为主体的真理。"[①]现实中流行的所谓认知和拥有真理的主体性的人，那是由近代人文社会科学通过其论述策略杜撰出来的。它实际上是没有生命的人，是已经死去的人。福柯所追求的生存美学就是要建构一个充分自由的自身，真正地实现对个人自身的关怀，不再考虑任何法律、规范或约束，抛弃传统道德，在同时考虑他人快乐的情况下，实现自身的幸福快乐。他说，这是一种生存的艺术，是一种反思的、出自内心意愿的、并充满实践智慧的生活风格。生活和生存本身就是艺术。在人类的生活之外或身体之外去寻找真理，其结果只能像尼采所言："真理诞生的那一天就是人类历史

① 高宣扬：《福柯的生存美学》，五南图书出版公司 2004 年版，第 95 页。

上最带欺骗性的时刻。”①

因为不只是这个世界不是真理和虚假的主体所创造的，而且现实的一切，尤其是属于人类情感和形象领域的艺术与审美更不是真理和主体之所为，因为只有在人的身体的欲望、感情和观念等生命要素遭遇挫折的过程中，人们才能够形象地看到人类史或身体史的运作过程及其效果。人的现实身体就是不折不扣的历史事件的烙印。具体地说，正是贯穿于人类生命活动中的“说话、劳动和生活”三大方面，才真正地建构和训练了新型的和真实的主体。特别是语言艺术与生活审美具有直接的内在关系。人类文化史上，许多文人墨客都是以诗性生存的方式在实现着审美游戏。所以近代以来，表面上看是充满了理性、法治、自由、民主和科学的气氛，而实际的结果是导致知识、道德和权力相互勾结使人类变成为在沙滩上消失的虚构的人；使历史变成虚假主体对于身体的自我观察、分析、撕裂、分割、摧残、约束，及自我管制的历史。正是在这种历史中，生命之美在一点点地丧失，不是使人类变得更文明、更高贵和更温文尔雅，而是变得更诡计多端、更虚伪、更凶残和更野蛮。

在这里，生命的主要征象，性一方面成为统治者驾驭社会大众的宰制力量，另一方面又成为知识、权力和道德塑造人的主体性的有效中介因素。而一切权力都是人们根据权力斗争的需要虚构出来的，根本不具有任何真理性和正义性。相反，真理和正义都必须紧密地依靠权力和法律。其结果权力作为社会生活中的一种现实力量，一种活生生的力的关系网络，同人的身体、包括欲望、意志、情感、旨趣、爱好和心理等因素就只能处在一种对立关系中。而福柯的生命美学就是要推翻这种权力游戏和真理游戏，“只允许情欲赤裸裸地谈话、发泄、流露和以自然状态展现，让传统道德保持缄默。”②为此，他通过《知识考古学》、《规训与惩罚》和三卷《性经验史》对真理、权力和道德的深入探讨，做出结论：不能把有关我们自身的本体论当作一种具有绝对真理性的理论、学说或知识体系，而只能当作一种态度、心态和艺术与哲学活动。其中美感或审美活动无时无刻不渗透于人的生命活动中（图 2－3）。

这不只是因为知识游戏、权力游戏和道德游戏本身就具有游戏整体的无意识性、盲目性和不确定性，还因为知识和真理本身就是在贯穿于认知、权力和欲

---

① 高宣扬：《福柯的生存美学》，五南图书出版公司 2004 年版，第 109 页。
② 高宣扬：《福柯的生存美学》，五南图书出版公司 2004 年版，第 131 页。

图 2－3　雷昂·高梅尔(Leon Commerre)的《达娜伊》。描绘的是古希腊神话中阿克里西俄斯的女儿达娜伊的爱情故事。图中达娜伊正在恬静地等待宙斯化作黄金碎片前来约会的情景。画面优美明快，纯洁甜美。达娜伊娇嫩白皙的皮肤，羞涩绯红的面颊，香艳撩人的身姿，透露出强烈的性感和情欲。正如黄金画家古斯塔夫·克里姆特所言："所有的艺术都是色情的"。当然只有赤裸裸的肉体和性欲才最是艺术审美的本质。

望三大场所的身体、性欲和快感遭受权力和道德的双重控制的条件下产生的。因此在这里完全可以说，性既是身体的生命基础，是人种和种族的生命基础，更是知识、真理、权力和道德的基础。因为身体和性的美是自然界长期发展的珍贵产物。人体作为世界上最完美和最崇高的艺术品，是自然界赋予人类的无价之宝和最高尚的礼物。人的任何审美意识与创造，都离不开身体的美感和性感。当然身体、性和感官的愉悦是与精神、思想和生活风格等超身体因素密切相关的。因为身体是整体，是文化历史和生活经验的积累与结晶。身体不只是一切文化创造的基础，也深受社会和文化的摧残与折磨。特别是两性间的爱与审美超越，常常是男女两性灵与肉的交融，身体和神态的契合，情与欲的共用，身与心的同乐。正因为如此，英国诗人拜伦才说："一个人要成为诗人，要么坠入情河，要么悲苦不堪。"因为男女之间的关系既是人与人之间所形成的最直接、最自然的关系，因而也是一种必然关系，同时也是最复杂、最纠缠不清、最难理喻的关系。因为它作为一种社会存在，要时时受到理性、文化、习俗，以及其他一切社会要素的污染与辖制，以致它又不可避免地具有对肉体生命的超越与虚无的性质。

三、生命之美的生活化

生命美学的生活化也就是生存美学的生活化和大众化。这是因为美和人们的日常生活之间存在着相互渗透、相互依赖和相互促进的密切关系。人类生活正是由于有了美的知觉、美的情感、美的感受和体验，以及由此产生的对于美的强烈渴望与无限追求，才变得更加美丽和可爱。反过来，美本身也由于生活的强大生命力及其不断改善和提升，而不断变换其内容和形式，使美本身不断地向深度和广度扩展，产生出绚丽多彩和具有无穷生命力的美的形象和感受能力。美不断地在抽象和具体、理论和实践的双重领域中穿梭展现，使人类生活迤逦伸展，在新的时空结构中，连连开拓新的境界，一再地花样翻新，妙趣横生，婀娜多姿。比如阿道夫·约旦的油画《母性之爱》可谓是描绘了人世间最美的生活场景。画中母亲怀里的孩子甜蜜入睡，非常可爱，小姐姐亲吻着弟弟。熟睡的孩子卷曲着两只手臂，肥肥的小脚丫和鼓鼓的小肚皮占据了画面中心，温柔的母爱布满整个画卷。这种生命美的生活化说明艺术家从来都在把性爱、生育和身体之美，看作生命的自然韵律和人类行为的最高本质。美绝不是一种抽象概念，它就是生机勃勃的生命之美。

这种生存美学实质上也就是自由的实践，即一种实践智慧。它就是美好的生活本身，因为自由就意味着自身成为自身生存的主人，自身能够自由地掌控自身的欲望和审美。人生就好像在漫漫长途中驾船远航一样，既要一往无前、乘风破浪，又要不断地转向，寻求新的海域，扩展新的视野，同时还需要不断地回归到一定的方向。在生存美学中，生存的航向是指向自身的自由。自由就是对自身的认识，就是认清自己的真实本性或真正本质。这其中既包括对自身精神的修炼，与他人建立纯洁高尚的友谊和关系，即有关自身的伦理学，也包括对自身的关怀和拯救。这种拯救和关怀，一是意味着通过自己的社会实践使自己得到无忧无虑、恬静自如的生活。二是通过掌握一定的生活技巧和技能，完全依靠自己的能力，不诉诸外界，实现自己的快乐幸福；实现自身的自由驾驭，包括拥有一个健康的身体、和谐的关系、幸福的家庭，以及对于妻子和子女的付出与关爱。三是加强自我修养，审美地关照自身，从美学的角度去处理各种人际关系，并对自己的日常生活行为实施适当的节制。

在美学的生活化过程中，当然离不开性生活和性关系。这不只是因为美和魅力是性对象的最原始和最根本的特性，还因为“性快感是所有快感中最激烈的一种；性行为比其他大多数的肉体活动都更加珍贵；正是性活动处于人之生与死的相互作用之中。”[①]所以美和性具有不可分割的统一性。在日常生活中，人们要首先贯彻和实践尼采的酒神美学，打破男女禁忌，回归自然本性，解放自身的肉体、性欲和情欲；使其尽可能地进入生命所固有的那种痛苦和狂喜相互交织的疯狂状态；恢复那被审慎、尊严和伦理道德所摧毁了的强烈的真实感情；让人们觉得世界上充满了真正属于生命自身的欢愉和美丽；使得人们能够享受到从日常焦虑的监狱中，以及各种无形的枷锁中解放出来的兴奋和快乐。就像钱锺书的《围城》描述的现代社会的男女爱情和家庭，就好像一座被各种复杂的社会关系和人际纠纷所构筑的固若金汤的围城，没进来的想进城，进来的想出城。没结婚的想结婚，结婚的又想离婚。那里没有珍爱，只有委屈、迁就、决裂或容忍。就像书中的主人公孙柔嘉和方鸿渐二人的结合，犹如冤家相逢，几乎时时处处都把对方当作出气筒。结果是经常发生冲突和争吵。有时是为了择职吵，为了亲戚吵，为了朋友吵，为了公婆吵，有时甚至是无缘无故，为了随便一句话也要吵得不可开交。最终是矛盾激化，使得双方都逐渐失去生活的希望，直至家庭解体，婚姻破碎。

究竟怎样才能解决这个似乎永远存在的矛盾？依照福柯的生命美学，就是情爱对象之间要善于将矛盾、冲突、情爱、妒忌，乃至变态和疯狂升华为生命之美，变成艺术审美的主体、对象和作品，而不要将情爱变成政治地位、金钱财富和功名利禄的牺牲品。要确识：人就是他的人性、他的人格，也即他的健康、美丽和智慧，也即他的生物性、肉体性、社会性、平等性、公正性、自由性及相互尊重的崇高性。一切性选择和性行为都应该建立相互欣赏和相互爱慕，以及心甘情愿的基础之上，拒绝任何形式的强迫和暴力。强迫行为绝不是性爱和爱所应该拥有的行为。关于性爱活动即便在一些高级动物那里，也是非常少见异性之间的暴力行为和强迫性倾向的。他们几乎完全遵循性活动的自身欲求和规律。当然在同性之间常常是争斗得你死我活。性争夺，这也是经常引发人类战争的主要因素。

---

① ［法］福柯：《性经验史》，佘碧平译，上海人民出版社2002年版，第236页。

在各种类型的陶醉或沉醉中，自由的性冲动所达到的快感满足及其高潮的实现，才是最自然、最典型和最具美感的状态。它最典型地将人的肉体和精神生命所需要的快感结合在一起，使人在性快感的满足中达到审美的最高境界。而在这种性爱过程中，实现性爱形式的多样化尤为重要，这不仅充分体现达到性爱快感的自由；达到个人性欲快感的满足纯属隐私；说明任何性爱形式都具有审美意义；同时也有助于整个社会和文化开创多元化与多样化的审美园地；有利于满足不同个人的性爱要求；说明各种性爱形式的出现就是人类审美超越的表现。它们是人在性爱方面呈现不满足感的表现和结果。任何对于性爱形式的控制和规定都是来自社会统治利益的需要。实行多种性爱形式也是对当代社会各种限制与束缚的反抗。

论及美学的生活化，当然不能离开人们对待死亡的态度，因为死亡不仅是生命的一部分，而且也只有人才能预见死亡。不言而喻，死对于一般人来说，都是令人畏惧和可怕的，以致从古至今几乎是所有人都难以摆脱的痛苦。然而福柯有与常人不同的感受，他另有高见。他说，“生命是靠死亡而不断开辟其新生的道路的。生命是在同死亡的不断搏斗中成长和更新的。真正的生命是对死亡无所畏惧的。相反，应该积极地面对它，并在主动走向死亡的实际过程中，创造新的生命，扩大生命的力量。”①这是因为死亡是通向可能世界的唯一具有创造精神的通道。死亡是一种非常奇妙的荒谬。在死亡中所隐含的可能性比一切现实性要珍贵无比。可能性的珍贵之处，就在于能够为人的自由开阔道路。

在现实生活中，人们之所以都非常地注重历史，并能够从中感受到或解读到人类的壮举和生命的伟大，原因就是一切历史都是生命的遗迹、生命的死亡，都是人及其共同体的太平间。在历史中储存和陈列着无数死去的个人、民族和群体，只是它们并没有停止或窒息生命，而是通过生死之交替，将生命延伸到更广阔的虚空中，并随时有可能再返回人间。重复生命的先前阶段就意味着重返死亡。一切生命都来自非生命、来自死亡，来源于已经不存在的历史。生命只有返回死亡，回到它的源泉，才能获得重生。死亡作为生命的起源和归宿，比生命更接近历史。原因是，死亡一般都是位于生命的最成熟阶段，位于生命的制高点，然后才是盛极而衰，向相反方向转化，使得人的生存在现实和虚空、生命与死亡所构成的双重时空中连续地转换和进化，并通过死亡去真正地认识自己和自己

① 高宣扬：《福柯的生存美学》，五南图书出版公司 2004 年版，第 61 页。

的生活。所以，人就是从自己的不存在和死亡出发而走向存在和拥有生活的。人的存在的基础就是虚无和死亡。通常所谓的主体或“自我”不过是不存在的虚幻形象，它随时随地都有可能破灭和死亡。

然而正是这种虚幻的镜像作为促动产生审美欲望的温床，激起人的游戏兴趣和审美乐趣，促使人们进一步去认识自己和探索世界。因为最美的事物莫过于在虚空中呼喊和寻求虚空。虚空才是最自由、最具各种可能性、最具开发性和开放性、最踏实和坦然自在的。因此人是要靠他的无生命和死亡的镜像化的虚假躯壳来生存、讨生活和慰藉经常遭受折磨和宰割的痛苦的心灵的。也正是在这个意义上，我们才说“唯有人才能真正理解死亡的意义”。唯有人才能够在自身审美生存的每时每刻实现与死亡的游戏，在语言艺术的褶皱中与死亡对话，在语言的褶皱中消亡，在历史的荒野中与死亡共舞，在自身的作品的文本中筑起自身的坟墓，在虚无中试探死亡的无限性，为了追求爱，在死亡中达到最高的审美境界。凡是沉思美的人，都难免要同死亡达成默契。最美的死亡就是在审美中死去。美会产生强大无比的生命力，置死亡与其他一切于不顾。事实上，死亡也总是试图透过历史、艺术、语言、文字和符号等文化生命体，同生存对话，并成为不朽的灵魂摆脱肉体牢笼的必由之路。

所以与死亡靠得最近的年老并不是一种行将就木的坏事，相反，年老和死亡是人生最幸福、最快乐和最有意义的时刻。人活着就是为了使自身成为年老。为此，罗素曾对年老倍加赞美：“人生就像一条河，历经曲折婉转而最终汇成辽阔的江水，才有可能在年老时，极其平稳地流入大海。历练人生艰苦的经验之后，饱经风霜的老年人，熟练地掌握了一切生存的技巧，才有资格平静下来。”[①]也正是为了一个完美的结局，一般人通常也都会在整个一生都严格地要求自身。通常都保持着自我节制的品质，忠诚的态度，既关怀着自身的肉体，又关照着自己的心灵，恰到好处地处理着各种关系，并经常在自己的日常生活中，通过不断地体味，去发现、选择、试验和创新生活中的价值与审美，将日常生活中的诸多技艺和技巧，诸如骑马、旅游、走路、各种体操、竞技和体育锻炼都提升到美学高度。在这里，语言、文字本身就是一种艺术，比如仅就日常交往中的说话而言，就要求讲话者要讲究语调的委婉、动听，说话方式的彬彬有礼，还要力求说话有根有据、富有说服力。此外，在福柯看来，就是平时的呼吸和沉默，也常常可能是一种令

---

① 高宣扬：《福柯的生存美学》，五南图书出版公司 2004 年版，第 540 页。

人回味无穷的艺术。

另外，就死亡是一种艺术而言，真正具有艺术美的作品无疑都是同死亡相关的作品。换句话说，美之所以美，不是由于它的永恒和不朽，而是由于它的必死性，由于它是永远缺席和难以起死回生。死亡和缺席不但使美成为唯一可贵的存在，而且也使美成为可能性的范畴，使美成为自身具有不断更新能力的创作生命体。在人的生命中，唯一可以和死亡相媲美的就是梦幻。梦幻是在生存中理解死亡的可能途径。梦幻让我们接近死亡，同死亡对话，从而使我们有可能跨越物理世界中的生存的界限，而达到生命的永恒和无限的丰富性。通过梦，人才有可能穿越其虚空性而飞入无约无束的世界，从事在现实世界无法进行的创造活动。

而在人生中，性同死亡又是互为条件、互相渗透的。性既带来了生命，也同时带来了死亡，而且其本身就是生和死相互统一和相互叠加的过程。因此在这里，身体和性的审美实践尤为具有决定性意义。它不只是涉及性爱、饮食、环境、心境、纯粹、宁静、净化等生理、心理和环境审美问题，同时也需要不断地塑造、改善、转变、积累和更新，其中距离艺术和间隔技巧，对激发性爱和刺激浓烈的情感特别地有效。它会使得人在身体和性的方面的任何审美实践都闪烁着心灵之光和情感的流露。它会使得性爱变成人生中最崇高的艺术及美学的精髓，因为人本来就是一种有情有欲、有体有态、有形有神、有灵有思想、风情万种的生命体。为此也只有由性所造成的各种人间悲剧才是真正的爱情的原型和理想。真正的爱情是一种迷失的力量。它也是人类生活上、情感上和思想上处于不断流动的力量。

为此，福柯在其《性经验史》中，详细论证了人类的性爱、性行为、性意识、性观念、性道德、性追求、性态度、性认识、性科学、性真理、性政治和性艺术等方面的现状和问题；指出，性与话语、知识、意志、审美和艺术之间有一个发生发展的过程；不能够把性、性经验和性爱看成是一成不变的东西；不能够把人的欲望和欲望主体置于历史领域之外；而应该很清楚地认识到：在人类早期，人们对待性爱、性艺术和身体之美的态度是自然的、朴实的、本真的、袒露的和真诚的；只是随着社会的发展，才日益增长出一种占有性和放纵性的强烈欲望。特别是经过文艺复兴的洗礼，人们不仅认为对性需要坦诚，性生活不需要隐秘，而且认为其言谈和行事也无需顾忌和掩饰。虽然自 17 世纪之后，面对维多利亚时代，一本正经的女王制定的种种严肃、矜持和虚伪的生活规范，使得人们谈论性要比过去困难，然而事实上，几个世纪以来有关性的话语在一种压抑的氛围中反而大量滋生，甚至发生性知识的大爆炸。

有关性俗、肉欲、艳遇和快感等话语的触角渗透到性活动的每一个角落和细节。以研究性话语为职能的话语机构如雨后春笋般涌现出来。医学、心理学、犯罪学、伦理学、经济学、遗传学、美学、艺术和哲学等都把性纳入量化的研究范围。因此现代人类的性意识非但没有淡漠，反而被有组织、有计划的刺激大大强化，使人类进入一个各种性活动、性伎俩、性交易的启蒙时代（图 2-4）。各种鲜为人知的性现象以堂而皇之的姿态走上前台，许多人公开“违背法律，解除禁忌，口无遮拦，重新享受现实的快感”。[①] 以至今天人们都被了解性的好奇心所折磨，执着地调查性、渴求性、诉说性、描述性、表现性、表演性；特别是强烈的求知意志就像一股强大的推动力驱使人们企图透过性，从性自然、性历史、性意义和性言说等形式中来认识人自身，致使性被升格为万物之源。人们疯狂地追求着性的

图 2-4　布格罗的油画《风神和花神》，表明正是人的身体美推动人的情感、性爱和审美。为此，从古至今，一切艺术作品以及与之相关的“生死爱欲、抒情内核、生命顶点、肉体黑箱、性意识、性观念、性话语、性道德、性权力”等，都与人的身体美和性紧密相关，并由此形成性政治、性经济、性文艺、性科学和性认知。

---

① ［法］米歇尔·福柯：《性经验史》，佘碧平译，上海人民出版社 2002 年版，第 53 页。

真实和美艳，似乎只要破译了性的密码，人类就可以一劳永逸地解决自身的全部问题。也正是在这种对于性的大胆和锲而不舍的追求中，人们才发现：眼下的性实践、性话语、性艺术、性审美几乎都与传统决裂，将裸浴海滩和裸体小镇等直接置于光天化日之下，使性解放近乎达到自由泛滥的地步。

总之，生命就是一种美，生活本身就是一种艺术。它是人们在高度发展的文化基础上，将生活、工作、思想、行动和创作等诸多生命活动融为一体的桥梁。即便是现实生活中被人们疏远和惧怕的“疯癫”，在福柯那里，也被赋予艺术性质。在他看来，“疯癫常常是与艺术作品共始终的，因为正是疯癫使艺术作品的真实性开始出现。”①由此，通过对诸如此类的生命要素、生命活动的艺术升华，才产生今天的生命美学、身体美学及体育美学；才使得当代人的审美观发生革命性裂变。在他们那里，把变形、分裂、解体、折叠、删节、省略、夸张、内外结构双重性、矛盾百出、不确定、潜在性、象征性、梦和醉，以及痛极生乐，都变成生命自身的艺术或生活本身的无规则的审美游戏，而由此极大地丰富了人生的内容和意义。正是“疯子”往往要比一般人更早地消除死亡的威胁；更少拥有正常人的胆怯、软弱、贪婪、衰老和出言不逊；也不像一般人那样烦心和繁忙，而是更早地就从生存的繁忙和道德的图解中，以及各种清规戒律中解放出来，获得真正属人的自由和愉悦；并将从疯癫的想象中产生的非现实的兽性变成人的秘密本质。因此，具有如此赤裸裸的本真性质的疯子往往更容易统治世界上一切轻松愉快乃至轻浮的事情；更容易使人变得好动而欢乐，“正如它曾使保护神、美神、酒神、森林之神和文雅的花园护神去寻欢作乐一样”，它的一切都显露在外表，毫无高深莫测之处。疯人和理性者的区别就是不像理性者那样老谋深算、长于谋划和善于弄虚作假。所以疯子更易于获得真理性知识，更能够控制知识的奥秘，更容易想象美好的事物，而惩罚那些杂乱无用的科学。相反，迄今人类凭借理性和逻辑所获得的知识大多都是虚假的话语；大多都陷于旧纸堆和无益争论的迷津之中。只有疯癫才是人类生命在兽性领域的界限。“正如基督的死使死亡变得圣洁，最充分体现兽性的疯癫也同样因此而变得圣洁。”②

所以日常生活中或社会现实中，我们决不能屈从于传统习惯或理性权力的独断和专横，完全把兽性、动物性或生命性从人性中分离出去；相反，要将疯癫者

① [法]福柯：《疯癫与文明》，刘北成等译，生活·读书·新知三联书店 2003 年版，第 269 页。
② [法]福柯：《疯癫与文明》，刘北成等译，生活·读书·新知三联书店 2003 年版，第 73 页。

表现出的真实的自然性、生命性或动物性提高到人性；要认识到正是疯癫者揭露了人性中潜藏着的生命之美或兽性的秘密，揭露了动物性或兽性就是或者至少也是人性的真相。现在，疯癫者所遭受的种种暴力、轻视、诬蔑、侮辱、惩罚和非人待遇，只能说明社会或现代医学对疯癫还缺乏正确的认识。在精神病院中，他们被剥夺去非理性的性质和真理，被推到犯罪和疾病的领域，被打入另册。这不是疯癫者的兽性被压制下去，而是消灭了真实的人性；不是疯癫者被治愈了，而是这种治疗行为本身作为一种权力行为，就包含着抹杀疯癫真相和实质的异化作用。在这种意义上，治疗也可谓之为迫害和镇压，治疗者们看不到疯癫对于人性回归和文明建构以及艺术发展起到的积极作用，或者根本无知恩格斯有关人性的论述，即在恩格斯看来，“由于我们人类是刚刚脱离动物界不久，因此它不可避免地同时带有兽性和人性，而人类社会就是一个不断地从兽性向人性，也即是不断地从必然王国向自由王国发展进化的过程。”这也就是说，即便是兽性，也是人性得以进化发展的基础，而非绝对的恶或否定性。对于人性的成长和塑造，它具有不可否定的肯定性作用。相反，如果人类完全否定自身存在的兽性、肉体性或生物性的价值和作用，那倒是真正地走向对自身虚假人格或人性的否定，从而真正验证了荀子所言，“性起而伪生”，即在人类这里，“人性”产生了，虚伪也就接踵而至。看看图 2－4 中的男欢女爱，我们就会深刻地懂得，真正的人性只不过是已经升华了的兽性；真正的爱情或性爱只不过是那先于人类之爱而存在的动物式的性欲、性吸引、性行为的沉淀和提升。

第3章

当代美学向身体美的回归

如果说，心情的愉悦和感受的快乐是美的最高境界，理所当然，美属于一切具有感知能力的人和动物。然而究竟是什么对象、作用或力量才能够给知觉主体带来愉悦呢？对此，至少古希腊的哲学家已经觉识到美或者艺术的主要特点：就是能够给知觉主体、实践主体或审美主体带来甘甜、舒适、和谐、恬静、对称、有序、韵律、节奏感和规律性等美的感觉和感受。当然，与之类似的美味佳肴、鲜艳的色彩、和谐的线条、优美的音乐都可能给一些高等动物带来美感和快感，然而所有这些对象和存在似乎只有直接作用于动物的感官，这些感官通过某种感应性才能够产生类似"垂涎三尺"的本能性反应。而人则不然，所有上述由概念表达的美的对象不仅本身已经通过人的思维超越具体而达到抽象，就是就这些概念的指谓对象而言，也都是以某种一般性和普遍性的形象或指谓对象在作用于人的感官。从而使得人的审美能力、审美标准、审美实践、审美对象和艺术创作不断地在抽象与具体、个别和普遍、理论和实践的相互作用、相互促动和相互提升中穿梭般地变换、创生和扩展。当然，这种变换和扩展既需要后天的审美教育和艺术教育，也需要后天的审美实践和审美经验的熏陶与锤炼。在这一过程中，由于文化艺术、科学技术、政治经济和生产力的发展，人们日益从对外部世界的专注与忙碌日益转回内心，返顾自身，在审美领域也就自然而然地逐渐从古代有关审美的对象化转向审美的主体化；将发现、欣赏、建构、塑造和创作外部美或艺术美转向发现、欣赏、感受、体验和塑造内在美和身体美。而当代美学就正在面临着向身体美的回归。

那么，人类为什么会由自然美、客观美、精神美、道德美或艺术美开始向身体美和心灵美的转向和回归呢？显然，这是由于人类文明发展到今天，因精神枷锁的日益解构和人类身体的日益觉醒所致。同时也说明，身体美不只是世界上最美的存在，也是世界上最持久、最基础、最富激情和最具吸引力的审美主体和审美对象。身体美既是万美之源，也是众美所归。

一、人类对身体历史的反思

虽然身体就是一切，就是人类的当下和未来，也只有健康、幸福和快乐的身体才是人生的终极关怀，才是人类至真、至善和至美的载体，才真正是超越人类社会和宇宙万物之上的存在。换句话说，没有健康、活泼和积极能动的身体，就没有人的存在，当然也就不会有人的感知、语言、思想和整个世界。然而回忆今天一部分觉醒的人类对身体的本质和至上性的肯定，却经历了一个炼狱般的进程。现在反思身体所经历的坎坷曲折的历史，必将对认识人的本性、人的理想目的，驱逐往日那由暴虐的精神对身体的惩罚和加害，消除杀戮身体的战争和时时发生的各类恐怖活动，促进社会和谐、世界和平，彻底解放身体，美化身体，找回真人，实现人性的复归和完美，构建新文明，开辟人类全新的历史，必将有着颠倒乾坤的价值。

1. 被压迫的身体

身体原本为大自然所赐，代表着人的全部，也是评判万物的尺度，为此，古希腊的柏拉图才将延续至今的奥林匹克精神突出的“健康、美丽和智慧”的身体观置于首位。坚信“身体健康就是至上之善。……它本身就是一种终极的和内在的价值。”[①]以至在如何实现完美人格的途径上，他不仅把人的健康身体作为最高目的，而且认为要想“建成一个理想国家和强大的民族必须始于人的健康身体”。然而正是在哲学家标榜“人之身体是任何高贵的身份与显赫地位都不能代替”的时候，身体在精神理智、政治权力、经济地位、荣誉名声、伦理道德、宗教信仰等外力作用下，被迫向对立面转化，导致人类精神对身体的否定，使身体长期处于被奴役、压迫、排斥、打击、折磨及杀戮的地位，使其沦落为精神施暴的对象，

① ［美］杜威：《哲学的改造》，许崇清译，商务印书馆1989年版，第94页。

蜕变为低于动物的工具。仅在古希腊时代，占总人口80%的奴隶的身体就陷入地狱般的深渊。比如美塞尼亚战争作为古希腊奴隶反抗奴隶主的压迫、求得自身解放的一次伟大斗争，持续长达3个世纪，尽管表现出美塞尼亚人前仆后继、勇往直前的大无畏英雄气概，然而牺牲的却是几十万鲜活的肉体。从此将人的身体带进被买卖、剥削、宰杀、驯顺或伪装的历史。具体表现在：

（1）身体从原先的社会主人沦为社会奴隶。特别是处于异化状态中的奴隶阶级和劳动阶级，由于深受各种国家机器的管制，使其隐藏在体内的潜能被耗费，欲望被幽禁，粗糙的肉体深受精神的蛮横压制。现实中包括律法、监狱和话语霸权在内的各种规训机器都对活生生的身体起到摧毁性作用。特别是各类国家权力总是肆无忌惮地将人变成奴隶。最突出的表现是：长期以来，国家法律对囚犯往往施以惨不忍睹的酷刑和极端残暴的处决，诸如肢解、车裂、火烧、绞刑、砍头和四马分尸。这些对身体的毁灭形式既过分地暴露人类精神的专横、暴虐、以及用刑罚取乐的残忍，也证明人类意识没有认识到被惩罚的身体的无辜。以致法国思想家马布利曾为身体鸣冤叫屈：人类犯罪，"如果由我来施加惩罚的话，我一定打击的是诡计多端的灵魂而非朴实直白的肉体。"[①]因为肉体只做它需要和应该做的事。即便是现实中由于理智作用，引导人之肉体犯下"罪过"，也要从社会、历史和实践的高度，从感性和理性、精神和肉体辩证统一的角度，立足于人的情欲、情感、欲求、本能、变态、失控、环境和遗传等多种因素，进行综合性地审视与裁决，而且裁决结果总是那自认为拥有理性的社会统治者拥有罪责或过错。因为理性对身体的超越，总是包含着对身体的专断性驾驭和武断性否定。

（2）身体退化为纯粹的工具。特别是私有制导致的劳动异化使身体作为劳动的主体，付出的越多，得到的越少，也即"劳动者创造的商品越多，他就越是变成廉价的商品"。[②] 这样，他的身体也就不属于自己，成为他之外的存在。结果，灵魂越完美，身体越畸形；创造的物品越文明，自己越野蛮。劳动者作为身体，只是在执行其动物机能时，才觉得是人；"而在执行自己的人类机能时，却觉得自己不过是动物。"[③]最终是把人变成非人。在这里，异化劳动"把劳动者的需要归结

① [法]米歇尔·福柯：《规训与处罚》，刘北成、杨远婴译，生活·读书·新知三联书店2003年版，第17页。

② [德]马克思：《1844年政治经济学手稿》，刘丕坤译，人民出版社1979年版，第44页。

③ [德]马克思：《1844年政治经济学手稿》，刘丕坤译，人民出版社1979年版，第48页。

为维持最起码、最可怜的物质生活，而把劳动者的活动归结为最抽象的机械运动”。[①] 由此，自然界和人类社会的全部丰富性对异化、物化或工具化了的人来说都消失殆尽。在他们那里，生命之美、身体之美、人性之爱都成为可望不可即的存在或美梦。

（3）身体沦为精神的奴隶，受精神的驾驭和统治，日益失去身体的内在本质，包括身体具有的主动性、能动性、创造性、选择性、适应性以及体力、耐力和韧性。在这种异化状态下，人的日常行为不是服从身体的本性，遵循身体的规律，而是服从精神编造的各种人生观、价值观和对权力与财富的追求。比如古希腊的苏格拉底就认为，一位真正的哲学家应该时刻准备摆脱肉欲和身体的纠缠，让灵魂得以解脱和独立。因为身体对于知识、智慧、真理、正义和美德来说，常常是通向它们的障碍。充满欲望、本能、烦恼、疾病、恐惧、冲动和不安情绪的身体总是不停地在打扰灵魂的思考；战争、利益和金钱等种种贪欲也几乎每时每刻都在搅乱灵魂的纯粹探索。诸如此类，实质上都是对精神的盲目崇拜和对身体的盲目贬低。

（4）如果说在阶级社会，劳动者的身体完全沦为牛马不如的工具，那么一切剥削阶级或统治者的身体，则在各种欲望的刺激下日益变得纸醉金迷和腐败堕落。结果自然会使原本健康和充满野性的身体变得弱不禁风、百病缠身，或是变得造作虚假、外强中干。有人把这归罪于是充满欲望的身体。其实这是对身体的歪曲。身体原本只为生存而活，它固有的本能和欲求也只代表着内在的生命力。至于自私有制以来，人类滋生出来的无尽的欲望，类似物欲、财欲、淫欲、色欲、权欲、贪欲和妒忌之欲，那都是“性起而伪生”的结果；都是理性激发出来的无限欲求，使得人类变成千百种欲求的凝聚体。这种贪欲的滋生不仅导致许多有钱富人、纨绔子弟终日醉生梦死、萎靡不振，也导致一些弱者或堕落者为了谋生或为了寻求精神的刺激被迫出卖肉身，肆虐肉身，导致身体完全沉沦。

（5）自从进入禁欲主义的中世纪，身体完全被宗教神学和经院哲学大肆鼓噪的主体代替之后，精神对身体的长期奴役和否定，便使得身体完全处于被遮蔽、压抑和扭曲的状态。在这里，“人”已经变成精神主体煞费苦心虚构出来的概念木乃伊。此时，人的身体因受到一种“高尚”主体的钳制和幽禁而丧尽生机。这种被神圣化的精神主体不仅利用干瘪的神学理性否定人类对感官的一切信

① ［德］马克思：《1844 年政治经济学手稿》，刘丕坤译，人民出版社 1979 年版，第 87 页。

仰，而且用人伦道德、法规秩序、纪律逻辑来宰杀生命，摧残肉体，熄灭活生生的欲望，压抑蓬勃的本能，制造虚假的人格。因为在虚假的主体中，肉体、感性、欲望和迷狂统统被拥有强权的虚假主体绳之以法。结果本真的人性不仅被各种繁忙和烦琐所支配，而且在虚假主体刺激起来的各种外在于生命的欲望的支配下，堕落为一种彻头彻尾的消费机器、专制机器、生产机器，使人本身完全处在一种“不在家的异化状态”，一种精神奴役肉体、主体支配身体的对立状态。从此，身体陷入似乎永无出头之日的神学牢狱，任凭形形色色的宗教意识、精神枷锁和观念形态的胁迫与钳制。

2. 身体的觉醒

如果说，迄今为止的人类身体依然处于被压迫的地位和状态，即如福柯所言，今天人类精神编造的知识仍然在“不断地使人疏离自己的本质和自己的世界；使人迷恋于他人和金钱的纯粹外表，沉溺于不能自拔的感情和未满足的欲望。”[①]最终酿成现代人滋生幻觉、心乱意迷、郁郁寡欢，或是恣意妄为、颐指气使、挥霍无度，制造了混乱不堪的精神现象和社会现状。但只要追踪人类身体演变的历史还是能够从中发现身体的原始活力、狂热行为，以及各类“性禁忌下面，显现的鲜活的欲望”。[②] 换句话说，在世界范围，至少从文艺复兴时期起，长期受压迫和被奴役的身体就开始逐渐觉醒，要求摆脱宗教神学和经院哲学的束缚和压制，挣脱上帝所制造的虚假实体和抽象精神，去除原罪说，恢复“原罪”之前的身体，回归身体固有的自由意志和自然本性，讴歌“复活之身散发的光辉”，赞颂“荣耀之身的大美”，并将人的身体之源追溯到那能够散发出生命之光的圣体和圣物。由此，不仅增加了人类的存在感和凝聚力，也形成一种新的观念和意识，那就是：对于“那些身体健康、精力充沛的人而言，他们拥有的是新的身体”。[③] 这个洗心革面的身体主要靠的是自身的汗水挣取面包，也即身体力行，自食其力，并力求塑造一个公共的身体，让其做到“自由、机敏、灵活”，达及“健康、强壮，有力”，而不是往日那个“不胜娇弱、耽于声色、臣服精神”的堕落的身体。

此时的世俗之人也开始普遍地关注养生，注重身体锻炼，发展体育事业，提

① 孔子：《论语》，辽宁民族出版社 1996 年版，第 36 页。
② [法]福柯：《权力的眼睛》，严锋译，上海人民出版社 1997 年版，第 44 页。
③ [法]乔治·维嘉埃罗：《身体的历史》卷 1，张竝等译，华东师范大学出版社 2014 年版，第 79 页。

高生命质量。所以自17世纪起，在西方世界就普遍地发展起网球、槌球、台球、曲棍球、木球、游冰、滑冰、射击、舞剑，以及九柱戏、有牌戏等运动项目和锻炼形式。并有组织地开展了各种围绕力量、速度、灵巧、技艺和审美而展开的体育竞技运动。目标就是使“身体更健康，机体更强健，身心更愉悦”。“使人民的体质得到增强，……并力求在总体上完善人类的本质。”[①]让人类的心灵和肉体实现统一，进入最能动的创造状态；使得每个人的思想、行为都受到镶嵌于肉体之内的“生命强力”(bio-power)的支配；想方设法保持人民的健康、强壮、活跃、勤奋和安全；进而使得近代以来人类孜孜以求的有关“正义、自由、平等、理性、革命和启蒙”的思想、理论和话语逐渐被生命强力的程序和实践所取代。

上述身体的觉醒到了19世纪便激发出叔本华的“唯意志论”。根据这一理论，人的本质是意志。正是人的意志、欲望、本能、情绪、直觉、潜意识或动物性意识在认识世界和驾驭着人类行为。而意志当中又当数生殖意志，人的身体的活动性、能动性、创造性以及人的所有器官都是生殖意志的体现。正是人的身体内部隐藏的生殖意志在鞭策着人们去生殖和行动。由此，尼采认为：以往蔑视身体的人实质上是本末倒置地将心灵看作大理智，把身体看作小理智。实际上，身体才是有着一个心灵的大复合体。对于真正的觉醒者来说，“我全是身体，灵魂不过是指身体方面的某物罢了”。人就是身体的存在。其中“最优秀的公众性的身体，乃是世界的尺度。”[②](图3-1)摧残身体者终将导致自我毁灭。为此，人们不要只倾听精神的挽歌，宁可倾听健康身体的声音，那是更诚实、纯粹和更具有感召力的声音。健康、完美而又方正的身体更富有活力。所以，一个人只有否定以往的一切道德信条和理性法则，才能真正做到身体壮实，灵魂刚正。有史以来理性

图3-1　布格罗的《听海螺的姑娘》：身体的觉醒

① [法]乔治·维嘉埃罗：《身体的历史》卷1，张竝等译，华东师范大学出版社2014年版，第223页。

② [美]彼德·布鲁克斯：《身体活》，朱生坚译，新星出版社2005年版，第21页。

的最大错误就是扼杀了非理性的身体。与日神阿波罗相比，酒神才真正代表身体，热爱生命，希求幸福，才能成就真实人格，消灭虚假主体。

继尼采之后，存在论哲学家海德格尔和萨特对身体有着更深入的认识。在他们看来，宇宙间真正的“存在”就是“人的存在”或“我的存在”，而“我就是我的‘此在、我的人为性、我的身体’”，也即我的“身体的存在”。① 因为一切存在者的存在皆可怀疑，而“我的身体的存在”则恬然澄明。它是万物存在的前提，周围世界说到底也是“我的身体的世界”。比如“在我注视山谷的那一时刻，我获得了一个观点，而对这一观点的那个观点，就是我的身体。”②正是它表征：现实中一切真理都同身体的存在相关联。正是身体活动指出源出的真理现象；也正是身体活动的展开才能达到源出的真理。这样一来，一切真理也都必然以身体对自身存在的领悟为转移。至此，海德格尔在真理和身体的关系上，便得出两个重要结论：“一是，在最原始的意义上，真理乃是身体的展开状态。二是，身体在同样原始地在真理和不真中。”

人类对身体的关注，当然不是只限于哲学家主张的抽象理论，科学技术和文化艺术也早已开始关注人类的身体。比如早在19世纪，诸多国家就普遍“承认公民生病的权利，而且将这一权利由国家福利加以保障。”到了20世纪则迎来人的又一项新权利——健康权。它被认为是人充分发展的一部分。由此导致整个“20世纪身体的历史就是前所未有的医学化过程。西方医学将超出从前想象范围的一些日常生活行为也囊括其中，并纳入研究领域。它已经不仅仅是人们生病时主要的求助对象，而且也变成能够与传统意识方向相抗衡的一种生活导向。它制订行为规范，审查人们的乐趣，把日常生活紧紧地束缚在医嘱之网中。”③

至于文化艺术领域，以法国绘画大师奥迪隆·雷东为代表的象征主义画派，凭借丰富的想象力将人体艺术提升到一个新高度，创造了许多离奇、梦幻、而又十分真实的形象。例如在卵中孵化出来的诗人（图3－2）、夜空中同月亮在一起的眼睛、吞噬生灵的怪蛇、展开双翼的马等，都被评论家称为是超现实主义和达达主义的先驱。当然，雷东后期的创作也开始从原来的恐怖与幽暗变成欢乐与明朗。内容多为盛开的花朵和简练的佛陀头像。此时期的雷东之所以十分喜欢

① [法]萨特：《存在与虚无》，陈宣良等译，生活·读书·新知三联书店2012年版，第399页。
② [法]萨特：《存在与虚无》，陈宣良等译，生活·读书·新知三联书店2012年版，第407页。
③ [法]雅克·库尔第纳：《身体的历史》第3卷，孙圣英等译，华东师范大学出版社2014年版，第3页。

描绘花卉题材，是因为他从花中看到人，认为“花朵和人的面孔一样，一朵花就是一个谜”，“它是灵魂的反射”。但总的来说，他早期画作表现的达达主义，作为一种无政府主义的艺术运动，确是旨在通过反美学的作品和抗议活动表达对人类战争的绝望。

图 3－2　雷东的《维纳斯的诞生》。他作为象征主义大师和超现实主义先驱，凭借丰富的想象力和现实主义将艺术之源推到人体和性器官的层面，以此表现神秘和幻想，但在绘画形式上也表现得更为生动、具体和真实，当然也更具有诗情画意。为此，波纳尔说，“他的作品表现了两种几乎相对的特色：一为非常纯粹的可见实体，另一为神秘的情感。”他在非现实的画中寻求“人之美和思想之威”。雷东既反对写实派，也反对印象派，认为写实派缺少想像力，而印象派完全是感性的。他自己要探索一种具有思想魅力的人性美。

也正基于此，面对人性的堕落、与日俱增的暴力及苦难的现实，德国哲学家马尔库塞立足身体美学，指出，人的本质是爱欲，人的解放是爱欲的解放；社会革命就是要通过艺术审美解放人的爱欲。至于解放爱欲的途径，就是符合人性的艺术革命。艺术既能使人获得力比多的满足，也能产生一种非压抑性的本能。因为艺术的最高使命就是从属快乐原则。所以从此，人类也就开辟了一个试图通过艺术革命，实现解放人性和爱欲的历史。只是这个崭新的历史，到了 20 世纪下半叶，主要是借助生物工程、人工智能，以及身体意识和身体美学而一起创造的，并由此标志着人类逐渐进入一个新的“后人类”进化时期。在这个时期，一些发达国家进入以信息社会为特征的后现代之后，便利用现代科学技术，结合最新理念和审美意识对人类个体进行部分的人工设计、人工改造、人工美化、技术的模拟和建构，从而形成的一些新社团、新群体。这些人再也不是纯粹的自然人或生物人，而是经过技术加工或电子化、信息化作用形成的“人工人”。他是一种将人造器官、人造物件、电子软件和人的自然肉体有机结合的人—机系统。特别是今天高度发展的虚拟技术、网络世界、赛博时空、机器人、电子人、基因工程、器官移植、克隆技术、试管婴儿、变性手术、激进整容术、全面整容术、相异性的人工合成等极富想象力的科技手段，不仅证明自为的身体正在与日俱增地发挥着重大作用，而且证明往日有关自然和技术势不两立的陈词滥调开始不攻自破。比如技术创造的物质财富不仅极大地丰富了人类的日常生活，还使处于相互竞争中的自然人日益变成更具竞争力、生命力以及更具智慧和能力的“机械人或电子人”。也就是说，当代高科技正在日益将人体和机器、人脑和电脑、生命和技术、生物和文化相互融合，构成新的人体，使人普遍成为自然和科技的共同产品，再也不是原先那种纯粹的自然肉体，而是对自然和机器的双重否定和超越。当然，当代及早些时期的“变性人”、“人造美女”、“人造特工”，以及替换上各种人造器官或移植器官的人都属于这类人，但典型的“后人类”将主要指谓那些能够将机械制品、电子制品、人工智能和人体融为一个有机整体，且标示着整个人类未来演变方向的人群，从而充分体现了今天“人们用社会建构论这个术语来统帅那些认为身体在一定程度上被社会形塑、约束甚至创造的观点”。①

在这个后人类社会，由于人类的肉体不再是原先纯粹的生物肉体，被镶嵌进许多高科技产品，诸如各种人造器官、人造血液、人造皮肤、人造肢体、人造基因、人造软件、人工智能；精神也不是原先纯粹的肉体精神或社会精神，而是镶嵌进许多后天的人造精神、人造大脑、人造大脑皮层、人造的记忆和思维，比如后人类的眼睛可以同时是一架照相机、摄像机，后人类的耳朵可以同时是一台收录机，后人类的大脑可以同时是一部快速和大容量的记忆与储存装置；后人类所处的社会生存环境，也将通过虚拟技术、生物技术发生地覆天翻的变化。

特别是 21 世纪有望创造出的利用脑神经线路原理与结构的生物电子计算机，以及与生物集成电路相结合发展起来的生物电子技术，将会更好地改造人类、创造人类和服务于人类。今天正在兴起的基因重组技术、细胞融合技术、生

① [英]克里斯・希林：《身体与社会理论》，李康译，北京大学出版社 2010 年版，第 68 页。

物反应堆、克隆技术，以及遗传密码的解读等，将会广泛应用于各种行业，应用于疑难病症的根治、人类质量的提高、遗传特征的改造；应用于延年益寿、器官移植、大脑嫁接。另外，新材料的发展，将会推动超电导合金和形状记忆合金的实用化变成普遍的现实。新能源的发现，也会给人类提供更多的物质和能量。至于飞速发展的空间技术，将会给后人类社会开发出更多和更新的生存空间。其中利用“硅物质、电子、DNA、语言”等复合势力制造的“超人”、“后人类”或有关人的“新形式”将会大大胜过迄今人们理解的“上帝和人”。人类作为一种“自为性身体”，在后人类社会，在理性的谋求、规划和身体的智能和意向性的牵引与指挥下，将有一个远大、美好的前景。

今天，伴随人类身体观念的巨大转变，已在世界范围掀起呵护和提升身体地位的热潮，使愈来愈多的人既激烈反对伤害身体的战争、暴力和各种恐怖活动，也积极参与体育运动，投身体育事业，仰慕体育英雄，践行体育人生，致使今日人类身体发生重大改观，也从此掀开用身体撰写和铭记人类历史的新篇章。在这里，不仅是立足身体进行审美活动，判断真理、正义和道德，而且是人类的主要精力和时间都将献身于对身体美的渴求、追寻、打造。即如德勒兹所言，用身体之美否定偏离肉体的沉思和形而上的价值，驱走思想迷信，赶走传统道德，抬高欲望和快感的力量，击碎稳固的主体，宣布作者之死，让身体活跃在阅读、学习、教育、日常生活和全部审美实践之中，以寻求自身的欢乐与趣味，将有着颠覆乾坤的价值。

二、美的异化和解构

如果说在人类的原始时代，审美对象仅仅表现为原初的外部事物，外部对象，也即自然美或人类美，所以美主要表现为人类对美的发现、欣赏和玩味。然而伴随人类文明的发展，伴随着人类游戏的升级和表现美、表达美、建构美与塑造美的艺术形式的形成，美的对象、形式和作品就开始变得日益丰富多彩和无穷多样。及至到了古埃及、古印度、古希腊或中国的春秋战国时代，就出现了一大批的艺术形式或游戏娱乐形式，可以说延续至今的许多艺术形式，诸如音乐、舞蹈、戏剧、影视、评弹、说唱、小品、相声、武术、杂技、绘画、雕塑、诗词、建筑等都是世界艺术史和民族史上最基本和最常见的几种艺术形式。当然就广义的“艺术”

概念而言，与人类的文化活动相联系的诸多方面，包括人的衣食住行、自然环境都可谓之为美、美的对象和艺术品。为此，威廉·莫里斯概括地说："对社会主义者而言，一栋房屋、一把刀、一只杯子、一台机器或者任何一件物品，都可谓是一件艺术品"，因为在他看来，"艺术就是人类在劳动中的喜悦表现。"①从此关于艺术和审美的界定就开始五花八门。比如在黑格尔看来，艺术就是理性与感性、心灵与自然的统一。在歌德看来，艺术就是人类心灵的或精神的自由创造。谢林认为：艺术是自由和必然的绝对综合或互相渗透。杜威则认为，艺术是人类经验的凝聚。在普希金看来，艺术和科学一样都是人类用来认识社会和改造社会的武器。而在桑塔亚那看来，"艺术的价值则主要在于使人愉悦，促进人的全部理想，增加人的安慰、知识和快感。"柏格森认为艺术的目的是：冲破我们和实在之间的帷幕，从而使活生生的实在以更为直接的形式呈现在我们面前。而在苏珊·朗格看来，艺术则是人们创造出来的一种"主要用来捕捉和掌握自己经过组织的情感想象、生命节奏、感情形式的符号"。② 至于法国画家杜桑在本世纪初则宣称：这个世界上的每一个物件都可以成为艺术。而约瑟夫·博伊于斯则认为：艺术也可以是世界上最平常的生活活动。这个世界上的每一个人不仅都可以成为艺术家，而且本身也都是艺术家，因为每一个人都给这个世界增添了美和艺术。

由于艺术概念、艺术形式和艺术本质的审美标准的泛化和多元化，也就使得20世纪以来，人们对美的规定和理解产生极大的混乱，甚至到了美丑不分的境界。这一点，只要看看自上世纪下半叶以来层出不穷的艺术流派，就可以管中窥豹，达及一斑。在那里，艺术被普遍地由美扩展到丑，由善扩展到恶，内涵既包括美丑善恶，也包括真假虚实。各种非传统的美学学派便如雨后春笋般发展起来。比如在上世纪60年代兴起的最具挑战性的后现代艺术派别——荒诞派艺术所创作的艺术作品，对于常人来说就很难辨别清楚那些画面究竟是美还是丑。特别是1936年出生于希腊的著名画家、雕塑家和电影制作家、并以"固执的自负"而为人们所熟知的卢卡斯·萨马拉斯(Lucas Samaras)，是早期纽约艺术界的一颗耀眼的明星。他生性孤僻，脾气古怪，以固执自负为人所知，且拥有一个既不安分的灵魂。从1969年始，他就用自己的身体作为主体制作了一系列作品Autopolarroids：裸身摆出各种姿势，甚至穿上裙子扮成女人，并用各种材料来扭

① [美]梅·所罗门：《马克思主义与艺术》，杜章智等译，文化艺术出版社1989年版，第70页。
② [美]苏珊·朗格：《情感与形式》，刘大基等译，中国社会科学出版社1986年版，第455页。

曲自身形象。这种自我表达是萨马拉斯对自身外表和内在心理的解构与重建，由此近乎自恋般地模糊了身体、肢体和心理形象的边界。（见图3－3）他一生主要探讨的就是人的亲昵行为和暴力强奸一类的场景和画面。他的作品中弥漫着炽热的性欲和色情主义。似乎全部作品都被梦魇困扰着，镶饰着欲望，渴望着心醉神迷。经常用以男性生殖器的形状为形式的物体和女性性器官为代表的梦境象征以蕴含某种潜意识；运用乳头、肚脐、胸毛、睾丸和阴茎等对象来发掘童年遗留下的色情幻想。他不仅在《温床》中，集中地表达了手淫的内涵，其中当然含有一种令人震惊的价值观念，认为人的性行为并不是令人难堪的事，它像饮食和排泄一样，是人体的一项普通机能，人没有必要感到难为情。为此，他的许多作品都反映了男人和女人，嘴与乳房、母亲和孩子的融合。反映人的拥抱、诱惑和交媾行为。在《皮西亚》中，他探索了子宫幻想；在《骗子》中他表现了肛门幻想；《屠夫》是有食人肉习性的食欲幻想的概要；《侦探》则是关于男性生殖器的幻想，充满人们所“避之不及”的性和性行为，完全颠覆了传统美学的美的本质概念和艺术程式，而且在他撰写的一些诗中也充满污秽的语词，毫无中国古诗词的优美，更无诗人歌德的诗作那般文字华丽、思维缜密、结构严谨和语言壮观。与萨马拉斯同年出生的德裔美国女雕塑家伊娃·赫斯（Eva Hesse，1936—1970）的作品则是经常地包含一些令人厌恶的东西，致使她的作品总是显得笨拙单纯、无序涣

图3－3 卢卡斯·萨马拉斯的系列作品《自动宝丽来》之一。他对人性异化的揭露，对已经异化了的人之身体的解构和碎片化，表达了一种自然本真的人性，将绘画艺术进一步身体化、肉欲化和感性化。

散，没有时代感，也没有民族性。

与伊娃·赫斯在其“美学作品”中暴露丑陋相似，德国艺术家博伊于斯(Joseph Beuys)不仅利用他的木刻版画描绘和表达了许多古老石窟绘画中的形象，以此使人想起湮灭的文化古迹和人物形象的原貌，而且利用他的许多作品以揭露人世间的罪恶，展示战争遗留下来的恐怖，创作出许多受难与死亡的形象。特别是他别出心裁创作的一些行为艺术和组装艺术，其动机往往是旨在人们的心中激发出一种“反图画”，激发出某种精神性的东西。为此有人说他的“图画”就是“反艺术和反图画”。其目的不是要塑造美的作品、美的对象，给人以美的享受，而是要从人们把自己身上的那些长期被惯性掩埋的精神和心灵力量一股脑地释放出来。比如他把野兔的心脏及头盖骨、扎着绷带的刀子、相互交叠的膝盖骨、剪下的脚趾甲、牙齿的模型、背带、烧焦的香肠、玷污的纱布等标志着战争和罪恶的物品引进艺术。既旨在为他及他的国家消除共同的罪孽，也似乎保留了一种有关善恶好坏相生相克的心理意象。

比上述艺术流派更加毫无美感的画家是现代主义画派的代表人物杜桑(Marcel Duchamp)。他的最后一幅绘画《图姆》，简直就像一块用来擦颜料的破布，上面斑斑点点带有擦拭下来的颜料残迹，不仅伤痕累累，而且还有一小块封面被撕下来不知去向。致使19世纪之前，以逼真为美的古典艺术在现代潮流中，其真实性与完美性完全不见踪迹。

至于美国摄影师威廉·韦格曼(William Wegman)的电视录像片则更是漫无目标，随心所欲。比如他曾使用100个泡沫塑料逗号在密尔沃基河中漂流，创作了一件由4个可能想到的最脏的单词组合成的文字作品，他早期的一盘磁带还录下韦格曼四肢着地倒退出屏幕的情景。此时牛奶从他的口中流出，在地板上留下一条白色的液体线。随着他的退出，曼·雷进入镜头，他一边前进一边舔着路上的牛奶，直到他的鼻子占据整个屏幕。他说，此画面反映的是“狗获取食物，人创造艺术”。《肚皮之歌》是他的另一个著名的早期录像节目。韦格曼袒胸露腹地坐着，此时乳房变成了眼睛，肚脐变成了嘴。肚脐还不时地在说话。另外，在他的《一本书和一条死鱼》中，那条鱼在背书的镜头，他“用唾沫代替黄油涂面包”、“用西红柿猛击扫帚柄”的镜头，以及那经常出现在录像中的装有螺丝起子的口袋、玻璃刀、手套、厕所塞子、破旧电视机和扮演创造者角色的一条明星狗，在极具喜剧性地暴露人的固有缺点、怪僻、不足、失败以及许多荒诞不经的现象和事件的同时，也使他的作品显得十分幽默、诙谐和滑稽。但舍此之外，他的富有创造性和个性特征的作品还有什么值得肯定的呢？美国艺术哲学家吉姆·莱文在其《超越现代主义》一书中评论说：他的创作“是无中心的、歌舞杂耍式的、古怪离奇而非措辞巧妙、情趣横溢的，它的基础是笨嘴拙舌而不是妙语连珠”。而且其目的和宗旨是倡导艺术形式和审美形式、审美活动和审美标准的多样性、艺术和美的本质的时代性、艺术评价的主观性和艺术创作的历史性。

那么究竟如何来解决何谓艺术、何谓美，这个根本性问题呢？自从上世纪70年代后现代的艺术观形成之后，一种解构主义的美学观便应运而生。其中代表人物福柯、德里达和德勒兹等人不仅解构了传统的审美观，而且为当代美学开辟了一个极具影响力和远大前景的新方向。那么这些后现代主义者究竟是怎样解构传统的美学观的呢？

不言而喻，在20世纪之前，艺术和审美活动被普遍地当作一种高尚的、揭示人类心灵的、给人类以美感享受的，并为人类所特有的事业。而在进入20世纪之后，由于政治、经济、文化，尤其是两次世界大战对人类心灵造成的巨大创伤，以及工业化所带来的各种异化作用和负面效应，使人类对光明美好的未来失去信心。加之现代西方哲学中的存在主义普遍散布一种空虚无聊的悲观主义情调，制造人性的分裂，贬低理智的价值和生命的意义。结果不仅使人类失去信仰、知识、意味、经验、标准与纯真，也普遍地培养和滋生起各种反理想、反理性、反社会、反客观性、反游乐性、反真善美、反人性和反人道主义等情绪和倾向，将艺术有意识地引向丑恶。比如朱利安·施纳贝尔的许多画都是在从垃圾里拣来的烂油布或由杂色布缝缀起来的破被面上创作的。他的《乔瑞》甚至将一个平展开的阴茎和一朵有着脸和鼻子的花放在一起。至于大卫·萨利的作品则是经常地投合人类天性的丑恶面，认为：抽象派陈腐，形式主义空洞，写实主义没出息，图案装饰性令人厌恶，只有他的作品才既具创造性又具真实性。这样一来，所谓艺术在当代就变成了个人的为所欲为和随意表现，完全趋向多元化及认知、评价和实践上的无政府主义。为此，在美国艺术哲学家阿瑟·丹托（A. C. Danto）看来，“最近艺术产品的一个特征就是关于艺术作品的理论接近无穷，而作品客体接近于零，结果在终点存在着纯粹形态的理论。如此一来，我们真的就可以说，艺术快要终结了。”①或者充其量只是像盖尔·希伊所言：现代思想、现代艺术“看来就像生存主义、信仰主义、愤世嫉俗和玩世不恭的混合体”。它们不是美而

---

① [美]吉姆·莱文：《超越现实主义》，常宁生等译，江苏美术出版社1995年版，第2页。

是丑，不是艺术而是游戏。

当然这些艺术哲学家的评论有些片面和偏激，但只要能够站在后现代主义者的角度，对于20世纪以来所兴起的各种艺术流派，诸如野兽派、立体派、构成主义、超现实主义、抽象表现主义、波普艺术、极简艺术和观念主义等，对上世纪60年代后许多画家放弃绘画创作的行为，对美国雕塑家贾德宣布绘画艺术已经死亡，绘画及其一切传统已经山穷水尽的断言，以及此后于德国出现的“激浪派”，意大利出现的“贫乏艺术”，英国出现的“事件艺术”，美国出现的“大地艺术”、“环境艺术”、“偶发艺术”等，进行深刻的反思，并能够有意识地把这些艺术流派放在艺术创造、艺术进化和艺术革命的高度去品味，去欣赏和去评价，就会发现：由于人类进入后现代之后，审美主体的内在构成和气质发生变化，作为审美对象的艺术形式，也就自然地改变了自身的意义和价值。这正像毕加索的作品，在上世纪70年代还普遍地遭到冷遇和抨击，许多欧洲评论家都认为他的晚期作品很糟糕，“匆匆画就，支离破碎，漫不经心，草草了事，枯燥乏味”，表现出对年老的恐惧和江郎才尽。然而到了80年代，由于审美主体的审美观和鉴赏力发生变化，也就使作为现代艺术化身的毕加索，很快在许多规模庞大的现代艺术馆举办的大型回顾展中倍受崇拜和尊敬。

既然人的认识和审美能力有如此大的变动性，那么究竟还有没有一种客观的审美标准，或者说艺术是否还存在某种客观的规定性呢？答案，若就常识而论，几乎无人不知，无人不晓；若从理念的角度上看，或者按照雅斯贝尔斯的说法，“艺术的本质就是对超越的存在的密码的破译”，那么要清楚地界定“艺术”的准确含义显然又绝非易事。

为此，在一些后现代主义者看来，当下的艺术家或美学家不应该再探讨有关美或艺术的本质问题，而应该关注人们的日常生活，应该将艺术向社会生活的各个领域渗透。基于人们对旧有的意识形态和价值观产生的厌倦、怀疑和嘲笑，认为自己不再对社会的发展负有责任，宁愿将个人生活置于随心所欲和纷乱无序的状态中。在这里，“中心变成多元，永恒成为变迁，绝对变成相对，整体成了碎片。”[①]传统的艺术风格被消除得一干二净。主体成了某种破碎的幻象，放弃了艺术作品本身的深度模式，不再具有思想，不再提供解释，拒绝挖掘任何意义，仅仅追求语言快感。在后现代艺术中，由于主体消失，作品失去深度和历史感，仅

① 张贤根：《20世纪的西方美学》，武汉大学出版社2009年版，第238页。

仅具有作用于人的感官的刺激性。由此，一些后现代主义者针对现代美学中存在的问题与困境，力图解构美学领域中的一切既有的理论、观点，尤其是思想上的权威和霸权。

在后现代美学看来，传统美学为美学奠定的特权地位，以及它与非美学之间的严格界限，是不合法的，也是无意义的，应被颠覆。因此后现代美学不仅怀疑和否定传统美学对总体、一致、秩序和理性的追求与肯定，而且在后现代美学的语境中，也抛弃了一般美学对美的本质的规定，否认存在统一的美、统一的审美标准和美的本质，主张任何形式的美学及其观点对美的规定都要予以解构；认为根本不存在一个具有统一结构体系的美学。为此，后现代美学"消解了艺术与非艺术、反艺术，以及美学与非美学、反美学的界限。"①既反对将美学与日常生活相隔离，也反对美学形式的自主意义，并力主将美从形式和象牙塔的束缚中解放出来，强调日常生活的艺术化、审美化以及艺术与美的生活化。在审美中追求不确定性，以及这种不确定性所体现的多元性、模糊性、断裂性等各种性状，并以此颠覆传统美学中的确定性与等级秩序，认为追求绝对确定性的理想注定破灭。

当然后现代美学中，也有部分的折中主义者试图解构统一的审美标准，倡导艺术的多元并存，而且从不轻易涉及美的本质问题。如此一来，他们也就抛弃了传统美学所给定的、具有基础性和根本性的形式美等概念，从而使得传统美学的合法地位受到彻底颠覆。由于不存在一种统一的审美标准，那些想以一种特殊的美学观或审美经验来为美学作规定的企图就被证明是不合法的。与此同时，后现代美学所竭力支持的则是一种通俗美学和大众艺术。并由此提出"主体死亡，人已死亡"的口号，否定脱离现实生活和真实肉体的抽象的审美主体和人。认为在真实的生活世界差异无处不在，即使在重复中也有差异存在，无差异的世界是苍白枯燥的世界。为此，后现代主义美学认为：没有独立自在的世界，世界是由语言构成的。如此一来，后现代美学对现代哲学和现代美学突出的超越性、抽象的精神、统一的价值，以及终极关怀、真善美等一类大字眼不再感兴趣。及至后现代主义哲学家利奥塔指出，在拒绝优美形式，排斥同一趣味，否定预设性规则的情况下，"我们一方面可以将后现代美学看作一种破坏美学，但同时，后现代美学也为美学自身的新发展提供了可能性。"②

① 张贤根：《20世纪的西方美学》，武汉大学出版社2009年版，第245页。
② 张贤根：《20世纪的西方美学》，武汉大学出版社2009年版，第252页。

三、向身体美的回归

利奥塔所讲的这种美学的新方向，就是自上世纪70年代以来，在世界美学的乱生相中，一个具有强大生命力的美学势力所推动起来的向“身体美”的回归。这里之所以运用“回归”一词，这是因为虽然人的身体长期以来被至上性的精神看作是“心灵之牢笼、令人丧志之玩物、罪恶之源、堕落之根”。然而只要一个人拥有一个健全的身体，只要他的身体拥有正常的生物功能和生理功能，他就能够感受美、享受美、拥有美、产生美、激发美，从而也就能够成为美，也即既能够成为审美主体，哪怕只是一个肤浅、简单、狭隘和蒙昧的主体，也能够成为审美对象，哪怕只是一个特别具体、鲜有、个别和乏味的对象。所以身体美、身体美学和身体艺术从来在人类的审美领域都占有一席之地。也正基于此种深厚的根基，以至美国艺术哲学家理查德·舒斯特曼才鲜明地指出，“与哲学家不同，艺术家一直深爱身体，崇拜身体，敬畏身体。他们认识到，我们的身体表达可以强烈而精确地展示心灵生活。他们已经证明：信念、欲望和感情的最精微、最细微的差别，无不可以通过我们手指的姿态或面部表情显示出来。”①为此，几千年来，可以说各种艺术和审美从来都没有离开人类的日常生活和现实生活，而且都直接反映和表达在有关婚姻爱情、家庭关系、交际往来、人生理想、价值观念、自由民主、伦理道德、真理正义、美丑善恶、战争和平、犯罪暴力等大量的艺术作品或审美对象之中。它们不仅能够激动人的心灵，撞开人的心扉，而且能够作为美的形象、美的理念、美的气质和美的风采，长久地给人带来美的享受、愉悦和动力。

因此数千年来，人们与欣赏外在性的艺术作品风景画、山水画或花鸟画相比，还是更喜欢那些与人类自身直接相关的生命美、身体美、女性美等方面的艺术品；认为类似古希腊的神话故事、莎士比亚的《哈姆雷特》、歌德的《浮士德》、雨果的《悲惨世界》、海明威的《老人和海》、莫扎特的《安魂曲》、贝多芬的《命运》交响曲、达·芬奇的《蒙娜·丽莎》、毕加索的《格尔尼加》以及罗丹的《思想者》等更能深刻地反映人类灵魂和身心之美。

至于中国人，也是创作了大量的小说戏剧、音乐诗词以表现和表达人的身体美、情感美。比如在中国文艺史创作最多的艺术审美形式——诗词歌赋，几乎无

① [美]理查德·舒斯特曼：《身体意识与身体美学》，程相占译，商务印书馆2011年版，第2页。

一例外都是把人之本能、激情和恩爱藏于字里行间。类似“人生无物比多情，江水不深山不重”，“三百六十病，唯有相思苦”，“不知魂已断，空有梦相随”，“早知潮有信，嫁与弄潮儿”，“仰头看明月，寄情千里光”，“思君如满月，夜也减清辉”，“烽火连三月，家书抵万金”等诗句，主要表达了人际间的情感、情义和友谊；而欧阳修的“人情重怀土，飞鸟思故乡”，韩愈的“云横秦岭家何在？雪拥兰关马不前”，李白的“仍怜故乡水，万里送行舟”，杜甫的“白日放歌须纵酒，青春作伴好还乡”，白居易的“共看明月应垂泪，一夜乡心五处同”等名篇，则主要讴歌了人们热恋故土和爱国如家的无上情怀。至于那些脍炙人口、扣人心弦、沁人肺腑，普遍流传于民间的婚姻爱情故事，像《牛郎织女》、《孟姜女》、《白蛇传》、《梁山伯与祝英台》，及至世界名著《红楼梦》、爱情名篇《西厢记》、《桃花扇》则主要描绘了男女之间的恩爱和柔情蜜意。

当然，最能够代表中国艺术特征的还是“悲、怨、哀、愤”四个字。像《窦娥冤》、《牡丹亭》、《杨三姐告状》、《铡美案》、《杨家将》、《岳飞传》、《雷雨》、《家春秋》、《阿Q正传》、《苦菜花》、《一江春水向东流》、《白毛女》、《屈原》、《江河水》、《收租院》、《春江花月夜》等著名戏剧、小说、影视、雕塑和乐曲，陈述的都是中国人所经受的残酷的剥削和压迫，所经历的无数的冤枉和苦难，表达的都是人类情感难以承受的悲剧事件。至于苏轼的《念奴娇·赤壁怀古》、李白的《将进酒》、《行路难》、秦韬玉的《贫女》、李清照的《声声慢》、陆游的《书愤》、白居易的《长相思》、潘岳的《寡妇赋》、李清照的《醉花阴》、杜甫的《孤雁》、高启的《悲歌》、郭嵩涛的《秋蝉》、欧阳修的《玉楼春》、孟郊的《古怨别》、温庭筠的《瑶瑟怨》等发泄的也都是人间的忧思、悲愤和哀怨，或者是人的伤感、痛恨、同情或怜悯。

在中国的艺术史上，当然也有一些乐曲如《金蛇狂舞》、《步步高》、《喜洋洋》、《梅花三弄》、《百鸟朝凤》、《雨打芭蕉》等，具有欢乐和狂喜的性质，但是它在中国艺术的主流中几乎没有任何分量。中国人几千年所经受的巨大无比的灾难和痛苦，绝不是那样几首强打精神的乐曲能够抵消和驱散的。再者从艺术造诣上讲，它们也很难与贝多芬的宏伟博大、深邃、富有个性的《第九交响曲》、巴赫的《受难曲》、约翰·施特劳斯的《圆舞曲》、《蓝色的多瑙河》、《维也纳森林的故事》或者是李斯特的《匈牙利狂想曲》、舒伯特的《天鹅之歌》、柴可夫斯基的《睡美人》和《天鹅湖》等世界名曲相提并论。根由就在于艺术的创造本性是与社会审美内容、审美形式紧密相连的一种美化行为的自我释放、自我陶醉、自我宣泄；它是内在灵魂自发的和自由的积极性表露；它需要自由自在的外部环境。正是由于艺术创作突出地表现了人类思维的自由化本质，在世界的艺术宝库中，艺术形式、艺术体裁、艺术成果才那样的丰富多彩、婀娜多姿。这正如黑格所言：艺术是艺术家利用特有的手段从事的一种自由创造；是艺术家的镇静自如的灵魂的尽情流露；是绝对精神拥有的创造才华的充分展现；是艺术家内心世界的独具特色的运作；因此真正的艺术都必然会"成为灵魂的一种自由的旋律的流转运动，灵魂在独立地发出歌声和凭自己的回翔和腾空高举之中来自得其乐。"①

从古至今，全部人类的艺术和审美活动之所以都是紧密地围绕人自身，而且主要艺术化和审美化的对象都是人的身体，主要因为人不是动物，动物只是简单地依赖和利用自然；它不认识生，也不理解死；它只被动地遵循着自然规律、随波逐流。而人则不同。他有自我意识和主观能动性；他懂得生命的价值，知道死亡的意义；他需要爱和友情，也理解爱和友情；他需要自由，也认识自由；他渴望生存，也了解什么是生存权利。所以，艺术和审美从来都不是一个单供摆设和欣赏的花瓶。"艺术是沟通主客观、个人和集体、感情和理智之间的纽带，由于对客观世界的美感而使它们变得丰富多彩。由于接触艺术，人们使失去的精神生活得到补充。"②正是由于它对人类精神生活是如此的重要，所以它从来都是人类争取自由、平等、博爱，寻求幸福、光明，捍卫和平、正义，放松肉体和精神的一种主要工具和形式。

然而遗憾的是，几千年来整个艺术史似乎都把女人和女人的身体当作艺术创作和审美实践的主要对象。"尤其是年轻貌美的女人，通常是艺术家喜爱描绘的对象。艺术家常常把女人描绘为尤物，诱惑着观赏者的淫欲。艺术总是把身体之美颂扬为令人渴求之物，这种倾向常常导致夸张性的艺术风格，把身体描绘得安闲而优雅，从而传播了欺骗性的身体意象。"③直到第二次世界大战后，基于人们对于战争中大量年轻生命的死亡的反思，才逐渐将人们的身体抬高到主体性位置，从此也开始认识到，那"充满灵性的身体不只是我们感性欣赏和创造自我的场所，也是身体美学集中关注的对象"。正是这种新生的美学批判性地研究我们体验身体的方式，探讨如何改良和培养我们的身体，因此身体美学这个新兴学科既包括美学理论问题，也包括美学实践问题。人类所固有的这种充满生命和情感、感觉灵敏的身体在审美领域通常具有四种功能，扮演四种身份：一是审

① [德]黑格尔：《美学》第3卷，朱光潜译，商务印书馆1986年版，第400页。
② [苏]苏霍金：《艺术与科学》，王仲宣译，生活·读书·新知三联书店1986年版，第162页。
③ [美]理查德·舒斯特曼：《身体意识与身体美学》，程相占译，商务印书馆2011年版，第2页。

美主体，承担的任务是感知美，体验美，感悟美，发现美，建构美和创造美。二是审美对象，即身体本身就是一种美，而且是世界上最美的对象和存在。三是审美工具，即人类要想认识美必须通过人的身体以及身体所拥有的各种工具。四是传播美的媒介，可以说正是人类的身体在创作、创造、表演、表达、陈述和表现各种艺术形式、艺术作品和审美对象，以让全人类共同欣赏和享受。

也正是基于上述身体美学的理解，舒斯特曼将现代身体美学划分为三个分支：首先，是分析的身体美学，其宗旨和任务是分析和解释身体感知与身体训练的本质及其身体在我们认识世界和建构世界中的作用。其次，是实用的身体美学，设计了大量的实用方法来改善我们的体验和身体应用，诸如各种各样的特殊食谱、整容方式，“还有舞蹈、瑜伽、按摩、有氧运动、塑身、健美操、武术、爱欲艺术，以及现代身心训练方式，如亚历山大技法与费尔登克拉斯方法等”。[①] 第三，是实践的身体美学，它追求的是身体训练实践以提升和改善身体自我。这一实践维度关心的不是说，而是做。目的是提升身体的愉悦感和欣赏度，提炼它的享乐主义。因为只有身体上的愉悦才能够使得我们的行为与活动变得充满力量；使人从不完美变得完美；而且其结果往往是“我们受到的愉悦的影响越大，我们凭借它达到的完美程度就越高。此外，愉悦带来的积极而澎湃的情感能够鼓励我们开启新的经验，能够增进我们与他者的交流”，[②]能够使一个人的身体对他者来说更加具备吸引力。所以“身体美学既意味着对于我们感觉或感官知觉的敏锐化，又意味着对我们身体形态与功能的艺术重塑。它绝不是简单地使我们变得更加强壮、对我们自身的感官满足更加敏感。同时，它也使得我们对于他人的需要更加敏感，使我们能够采用富有成效的行动来更加有力地回应他人的需要”。[③] 所以，人之身体，尤其是身体之美，不只是审美对象，更是人类生存、人类生活、人类欲求、人类尊严，以及人性本身的全部。这个世界上没有什么东西能够超过身体美更加地满足人的身心需要、视觉需要、感觉需要、生理需要和心理需要。这是个体的本能，也是类的意识和全部人类文明的塑造。为此，使得人类的身体美不仅成为宇宙中独一无二的审美对象，也是宇宙中独一无二的审美主体。如此一来，也使得人类不仅成为地球上最灿烂、最美丽的花朵，也是宇宙中最高级、最智慧和最具审美特色的存在。就像图3－4展现的女性美和身体美，

① [美]理查德·舒斯特曼：《身体意识与身体美学》，程相占译，商务印书馆2011年版，第40页。
② [美]理查德·舒斯特曼：《身体意识与身体美学》，程相占译，商务印书馆2011年版，第65页。
③ [美]理查德·舒斯特曼：《身体意识与身体美学》，程相占译，商务印书馆2011年版，第69页。

不仅证明审美意识、审美思维和审美概念是具身性的，而且本质上就是身体性的，具有通过经演化而来管理身体的神经回路所精确雕刻和巧妙塑造出来的观念形态。与此同时也证明，我们的有关审美概念的独特结构也反映了我们的身体结构的独特性。就像下图女神身体的肤色概念、体态印象、容貌美感或体现出的美学意境，显而易见都是在日常的审美实践中，“通过独特的具身耦合方式创生的。”①也即都是通过长期的身体感受、精神愉悦、情感积淀、审美塑造，以及审美主体和审美对象的相互作用而形成的。而且只有通过诸如此类的审美具身化和观念化，才有可能使得一个人的身体成为世界上最美的身体或最具魅力的审美对象。

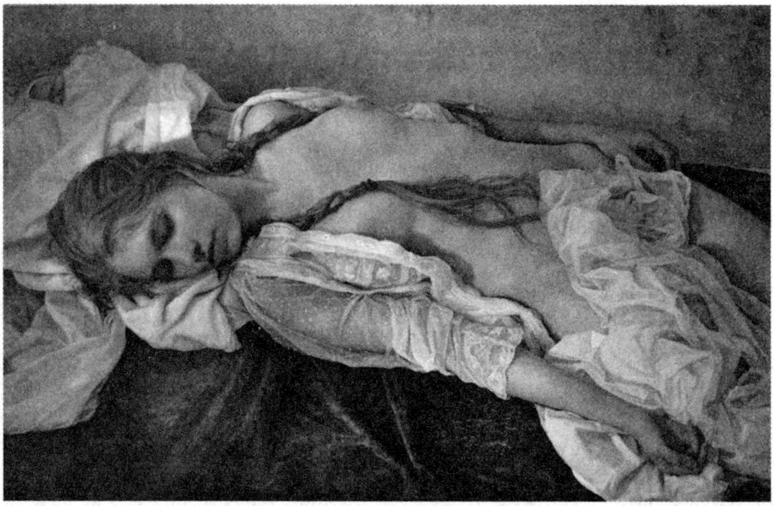

图 3－4 身体之美：希腊的裸体艺术是欧洲文明的源头；文艺复兴承袭这一人体美的兴趣；及至 18 世纪，整个欧洲便流行起这种裸体艺术。以至连大雕塑家罗丹都主张：人体是最美的艺术品，古往今来都是艺术家倾心描绘的对象。从此西方的裸体艺术便逃离美神“维纳斯”的樊篱，达及生活中的真实女性。由此艺术史上便出现大量优秀的人体油画作品，它们造型俏丽，笔触细腻，表现灵动，意境深远。比如上图俄罗斯油画中的靓丽俏女，不仅体态优美、慵懒舒展，大胆裸露的造型散发出很强的人体魅力，而且她的鲜艳亮丽的躯体，平静安和的睡姿，加上粉嫩光滑的皮肤，也给人的感官以很强的冲击。画面上，裸体的女子成了一个最有灵气、最显眼的视觉中心；其细致入微、自然微妙、质感十足的女性形象使画面美而不淫，“脱”而不俗。

① ［美］劳伦斯·夏皮罗：《具身认知》，李盼译，华夏出版社 2014 年版，第 91 页。

第 4 章

身 体 美 论

尽管青山绿水、湖光山色会令人心旷神怡；千姿万态的动物世界也会尽显身体之美和形态的可爱，令人陶醉和欢心，然而所有这些自然之美或生命之艳都不如人之身体最具魅力。这不只因为“整个世界的构成，全在于活生生的身体”，更重要的是，全部世界之美也都是源自人的身体。美是人之身体的感知和感受，是人之身体快感的升华和渴求，是人之身体的审美官能的潜移默化、模拟和建构，当然更是人性的展露及合目的性的需求。正因为如此，不同的人作为不同的审美主体，才会有人欣赏威猛的雄狮，有人喜爱戏水的鸳鸯，有人惧怕蠕动的毒蛇，有人厌恶飞舞的蝇虫。一句话，无论是动物界的美丑善恶还是植物界的香花毒草都是人的感觉、赋予、赏识和鉴别。在这里，正是人的身体一直承担和扮演着人之行为、谋生、审美和感受生活的主角，即它既是审美主体也是审美对象，既是创造艺术的主体也是创造艺术的基础、对象和源泉。不仅身体本身是最美艳、最迷人的艺术品，比如从来的人生欢愉和痛苦都是纠缠于自身和异性的身体，而且一切美也都需要通过身体去操作、运行、体会、领悟和品尝。没有身体就没有人类的审美实践和对美的欣赏。正是基于身体美和身体的审美功能，人类社会才产生和创造出丰富多彩的艺术形式；升华出生活美、身体美、欲望美和体育美等诸多审美门类，使人的审美观至少从 19 世纪就率先在一些有识之士及人本主义哲学家那里开始普遍性地发生裂变，从外部返回自身，关照自身，或是徜徉自怡于身体的家园，或是经由身体的生存状态来反思诸如真善美等抽象的哲学问题。也正是在这个意义上，尼采才立足身体一元论，发出“只有人的身体才是最美的”感叹与断言。

一、身体乃美之最

尽管“爱美之心人皆有之”,但究竟何谓美?迄今,至少在概念层面人们还是各有所论。这里既有“客观美”、“主观美”,也有“情感美”和“理念美”。然而,尼采却凭借他的身体哲学、强力意志论,以及有关美是来自人的身体的感觉、知觉和体验的身体一元论的美学观,指出,不仅只有人的身体才是真正的审美主体,而且也只有人的身体才是世界上最美的存在。尤其是当一个年轻貌美的女子处于一种醉酒状态时,一如中国京剧中的“贵妃醉酒”,此时如“酒神”一般的身体会变得既兴奋又美丽,既激动又温存,其构成身体的组织器官会变得相当精致,犹如肌肉中的一种支配感,犹如运动中的敏捷和快乐,犹如精湛的舞蹈和绝技、冒险和无畏。这时,她作为一个美的存在,不只是有着美丽的大腿,而且年轻和童贞。只是在这里,“春意、舞蹈、音乐无非是异性的互相显耀,而且还有那种浮士德式的‘春心无限’。”[①]至于克尔凯郭尔也认为:最美、最幸福的存在,就“是一个16岁少女的青春年华”。[②] 这不只因为世界之美是人的赋予,是人的感受,是人的建构和创造,是人类这种特殊的审美主体审美对象化的结果,还因为感受美的我“全是身体”,而且其中“最优秀的公众性的身体,乃是世界的尺度”。[③](图4-1)与人的身体相比,其他所有的审美主体和审美对象都可以忽略不计。因为人之身体,作为审美主体能够接收最多的审美形象;作为审美对象也能够发射最多的审美信息。固然在现实生活的审美实践中,人们可以使低于人的物质客体变得楚楚动人和赏心悦目,但这并非在客观上它真的就是如何的艳丽秀美,而全在于古往今来的审美主体、文人骚客对它的发现、体验、认识、描绘、想象、构造和讴歌。就像那妩媚奇秀的庐山虽然客观地存在着连连瀑布、莽莽云雾,但真正使文化匡卢、艺术圣地具有无比魅力者,还是那些富有人文寓意的诸多景观。换句话说,在庐山中所展现的对象和现实对于社会中的“人来说,到处成为人的本质力量的现实,成为属人的现实,因而成为人自己的本质力量的现实”。[④] 一句话,一切客观美都是属人之美。就像音乐旋律犹若“身体的着陆”,演员登场有如睡眠

① [德]尼采:《天才与灵魂》,高适编译,华中科技大学出版社2012年版,第316页。
② [德]T. W. 阿多诺:《克尔凯郭尔:审美对象的建构》,李理译,人民出版社2008年版,第175页。
③ [美]彼德·布鲁克斯:《身体活》,朱生坚译,新星出版社2005年版,第21页。
④ [德]马克思:《1844年经济学—哲学手稿》,人民出版社1979年版,第79页。

的身体“醒来的一动”[1]，而舞蹈则直接是现实生活中，人之身体所进行的生命活动显现出来的动态变化和窈窕灵动之美。它既要求严格符合解剖学的特点和新陈代谢的生理规律，其表现出来的人体之美也来自身体这个审美主体通过对身体美的艺术加工形成的诸多审美概念。至于绘画和雕塑作为静态的身体美，则是艺术家形象思维和概念思维凝固在作品中的结晶，从而作用于人的视觉感官。进而通过那“无所不知的眼睛，透过外表之美或容貌之美，参透审美对象的核心”。

以上诸多的艺术形式使得身体美有层次地贯通于生机的整体，及至可以同精神美、心灵美、行为美等概念对应使用。也正是由于身体美不是纯粹的肉体之美，而是审美概念、审美主体和审美对象的三统一，使得身体美，虽然也表现为身体表面轮廓的美，然而它的确可作为区分人同其他事物审美属性的美学概念，以区别于动植物及自然界其他物质的美。

也正因为其他万事万物或审美对象都是身体美感的附属物或作用对象，只有人对人、身体对身体才可能产生“感同身受”的愉悦和快感，所以至少自古希腊时代就产生的奥林匹克运动会，其最初的身体运动形式实质上就是青年男女裸露着身体以各种运动姿态、姿势和形式在显示、展露、塑造和表演自己的身体美。目的就是通过展示风情万种、魅力无限的身体之美来刺激和吸引广大青年男女，激励他们去锻炼身体、形塑身体、展示身体，去发现、发明创造各种艺术审美和体育运动的新形式。所以从古至今不只是文学艺术、神话故事、宗教传说，在以各种形式表现和讴歌身体美，就是体育运动的内在目的也主要是构建和展现身体美，包括训练、塑造、保养和规整身体的形态、姿势、肤色、肌肉、力量、速度、高超的技艺、技术、技能、灵活的动作、矫健的身姿和舒展的体态。

很遗憾，伴随艺术和体育运动的日益职业化，原本的艺术审美性质也发生异化。本来的体育运动是锻炼身体、增强体质、展示技艺、展露美丽、磨炼意志，目的是培养人和成就人，曾几何时，在理性精神、政治经济、权力地位、伦理道德、财富利益等外力作用下，强迫身体向其对立方面疏离、转化和堕落，导致人类精神对身体的否定、蔑视和攻击，使身体处于被奴役、压迫、排斥、折磨直至无情摧残的地位，蜕变为低于动物性肉体的社会工具及奴隶；日益失去身体的内在本质，包括身体具有的主动性、能动性、创造性和选择性。在这种异化状态下，人的日

---

① ［德］T. W. 阿多诺：《克尔凯郭尔：审美对象的建构》，李理译，人民出版社 2008 年版，第 174 页。

图4-1 英国维多利亚时代宫廷画家赫伯特·德雷伯1894年创作的油画《海洋少女》。这幅画使得一切人体油画都黯然失色。画家描绘了在海边玩耍的两个漂亮的人间少女。她们的肌肤白皙光洁、柔软透明，身体之美鲜活灿烂，可谓世界上最美的人体油画。画家立足于现实主义和浪漫主义，利用光润鲜明的色彩、冷艳柔和的线条、美丽迷人的少女身体，将人的自然本性和女性之美恰到好处地与周围的峭立山石、波澜不惊的海水融为一体，既描绘了女性身体的美妙艳丽，也是对人类心灵和人性光辉无与伦比的赞美。

常行为不是服从身体的需求和规律，而是服从精神编造的各种人生观和价值观。此时，“人”已经变成精神煞费苦心虚构的空洞概念，及它所编制的铁笼对鲜活人性的禁闭。故直至今天，还有许多职业运动员的奋斗目标就是以牺牲美丽和健康为代价，以求生存和养家糊口，或者是为了获取某种名誉、地位和权力而战。

其实，审美、创造美、塑造美和展示美应该是体育的本质。既然如此，我们就有必要“去除异化，提升体育，美化身体，娱乐人生”。特别是今天，迫切需要关注人类生活的艺术审美，关注那能够感受、享受和制造审美快感的身体，以及那使人常常具有崇高境界和超凡魅力的身体美学；重视那对常人具有极强说服力的“崇高之美”与热情洋溢的身体语言。因为身体不仅构成人之生活理想的基础，而且肉体的激情也有助于构成富有革新使命的人类灵魂。换句话说，“我们的身体不仅具有奇妙的审美能力，而且也具有创造艺术美的能力，为各种可能的美感展现广阔的时空领域。身体创造美，同时也传递着美的信息，感受着美的崇高而微妙的特质。”[1]因此在日常生活中需要将身体真正地变成人们自由的想象对象、欲望对象、审美对象和性爱对象；使活生生的

① 高宣扬：《福柯的生存美学》，台北五南图书出版公司2004年版，第369页。

肉体变得更美妙、更动人和更真实。

在人中，除了自身能量的优雅、矫健和美丽之外，就是作为不可化约的整体而应该得到赞美和珍爱的身体。特别是身体中那神圣的性爱和那炽热燃烧着的青春生活，不仅能够打破一切禁忌和束缚，载歌载舞，心醉神迷，使人们懂得什么是人世间最美好的爱和最奇妙的生理与心理体验，而且能让人洞察到宇宙中压倒一切的最深层的奥秘和完全忘我的自弃境界。正基于对人类身体的关注，维特根斯坦才结论：人的身体是人的灵魂的最好图画，"感性与思维难分难解地联在一起，往往是肉体和精神的充满激情的觉醒的表现"。因为具有某种神秘性、灵活性、奇异性和生动性的身体及其经验是无法用干瘪的语言、抽象的命题或逻辑形式说出和表达的。这就是非语言的身体经验或肢体语言的不同凡响，它在人类日常生活的交往和审美中尤为重要。因此现实生活中，表现得最为鲜明的就是英勇、神圣、苦难和世俗的身体，它代表着生命的全部意义。"它是威力、力量、控制力，是改变生活的欲望。"[①]它常常能满足人类灵魂所企盼的各种无以名状的需要。所以在现实生活中，我们需要以各种有效的文化艺术、知识修养和体育竞技，装饰、滋润、培养和展示人的形体美、语言美、声音美、情感美、形象美、心灵美，塑造各种美好的人格，不仅要强化体育活动、审美活动永葆青春靓丽，还要竭力改善和促进人的生理、心理、情感、精神的健康发展，做到"无天怨，无人非，无物累，知天乐命"；全力培养人的爱好兴趣、个性气质、理想情操和适应生存、谐和社会的能力；做到"至人无己，圣人无名，与时俱化，安时处顺"；进而做到"与天地万物相合为一"，虚心若镜，质朴纯真，全生保身，以美化身体，娱悦生命，提升精神，增加人类的幸福、乐趣，使人真正拥有健康、美好、智慧的人生。

二、美即人的身体快感

基于身体与美的紧密关系，当代美学家舒斯特曼从身体的感知主体性和目的意向性出发，认为身体就是感知和审美的中心。它作为人类福祉的关键场所和体验快乐的地方，当以某种方式脱离意识，在身体丰富的经验中隐没时，这些

---

① [美]凯特·米利特：《性政治》，宋文伟译，江苏人民出版社2000年版，第452页。

福祉就会自然地显现。[①] 因此美说到底就是人的身体在经历各种对象性刺激之后，经由各种器官产生或感受到的某种舒服、轻松、兴奋、愉快或陶醉之感。它当然也会经常伴随热辣或心猿意马等一类兴奋与冲动，但总之都是身体对审美对象产生的美感。那么身体究竟是怎样感知、感受和享受美的呢？

简单地说，人的身体天生地就具有感受美、同化美和判断美的能力。因为美实际上是最清楚明白的人类现象之一。“它没有沾染任何秘密和神秘的气息。它的品格和本性根本不需要任何复杂而难以捉摸的形而上学理论来解释。美就是人类经验的组成部分。它是明显可知而不会弄错的。”[②]因此美全在人的身体感受、感官品尝和心理体验中。当卢梭说：“沉思默想的人乃是一种堕落的动物”时，这恰好表明那超越有机生命的理性思维并非人性的极品瑰宝。因为人的本性并不存在于大脑中，而是存在于身体结构及所决定的身体行为和身体功能中。拥有理性思维的人很可能毕生都难以分清“真假善恶”，但他一出世却能感受到妈妈的微笑和温柔。稍大一些便能“身体力行”参与各类直接感受美、创造美和享受美的游戏艺术活动。此时，作为审美意识高速发长和成形的阶段，恰到好处的教育就是进行有利于儿童身心成熟和健康的艺术审美活动。因为源自身体和由身体主演的各种艺术形式：音乐、戏剧、诗歌、舞蹈、杂技、绘画、雕塑和建筑等，不仅能够培养和展示人的身体美，还能够陶冶人的柔美性情，培养人的优雅品性，直至赋予人以生命激情，进而孕育出丰富多彩的欲望和本能。

也正基于身体感受直接决定审美，使得具有不同身体和身体感受的人总是拥有不同的审美意境、审美情趣和审美标准。比如就人体美而言，印度人喜欢嘴唇肥大肿胀；秘鲁人认为双耳越大越美；墨西哥的妇女以小额头为美；几内亚人喜欢皮肤漆黑发亮；意大利人欣赏魁梧丰满；西班牙人则追求性感瘦削单薄。而在我们之中，“一些人认为白皙美，另一些人认为黝黑美；一些人爱温柔与纤细，其他人则喜欢强壮和粗放；一些人要求优雅与和蔼，别人则要求雄伟和壮观。”[③]至于来自人的个性特征的审美心理更是五花八门、各有所爱。这里不只因为作为审美的“自我首要地是身体的自我”，自我之认识最终来源于身体的感觉，正是“不同的身心活动、过程和能量为形象、符号、审美的形成提供了动力和

① [美]R. 舒斯特曼：《身体美学与乌托邦式身体》，刘检译，《世界哲学》2011年第5期，第22页。
② [美]R. 舒斯特曼：《身体美学与乌托邦式身体》，刘检译，《世界哲学》2011年第5期，第175页。
③ [美]莫蒂默·艾德勒等：《西方思想宝库》，吉林人民出版社1988年版，第1278页。

原料”;还因为身体“是一种感知外在世界的结构,是一种积极主动和建构性的纬度”。比如作为主要审美对象的女性之美,其“年龄、长相、身材等,必须有待男性的眼光去发现,去完成。”①一如伏尔泰在论述美的本质时给予的类比:“如果你问一只雄癞蛤蟆:美是什么?它会回答说,美就是它的雌癞蛤蟆,两只大圆眼睛从小脑袋里突出来,颈项宽大而平滑,黄肚皮,褐色脊背。”②这当然不是说癞蛤蟆真的具有审美能力,但确实表明:美决不能离开那镶嵌着性欲望、性本能和各种生理、心理机能的身体和身体感受而单独存在。美决定于人的身体感受,以及由此产生的美的建构。这正如休谟所言:“美是各部分之间的一种秩序和结构;由于人性的本来的构造,由于习俗,或是由于偶然的心情,这种秩序和结构适宜于使心灵感到快乐和满足。”③而快感就是美,就是美的内涵,就是美的最高境界和身体的普遍追求。

所以,美即人的快感,美即人的美感。美就是人的身体之美和灵魂之美;美就是女性身体的暴露和展示。这里没有害羞和造作,只有大方、得体和自然。特别是现实中那些如珍珠一般透明、滑润和娇艳的身体,如玉树一般挺拔、屹立、颀长和无比性感的身姿,证明美不需要人为地编造和修饰,她只要与温暖宁静的环境融为一体。反之,若没有人的身体及其本质的发生与形成就没有人的艺术审美。没有日常生活中身体的需要、行为以及由此产生的身体的知觉和经验,也就没有一切艺术品。因为艺术审美不只是表征了人的日常生存状态,而且直接“就是人类在劳动中的喜悦表现。”④当然,其他事物也可以无比美艳,但它却不能感觉、意识或说出自身的绚丽多姿。只有人的身体才具有一种感受美、觉识美、描述美、表达美、创造美、构建美、评价美和维护美的意识与能力,才能够冲破自身与实在之间的帷幕,使千姿百态或活生生的实在以更为直接和赏心悦目的形式呈现在人自己面前,创造出一种主要用来捕捉和掌握自己经过组织的情感想象、生命节奏、感情形式的符号、颜色、线条、声音、话语、形象,使得世界上的每一物件都可以成为艺术审美对象,并进而使人通过美感来判定什么能够引起情感的愉悦和精神的振奋,什么能够通过人类生活和历史凝聚与塑造的特殊感官的作用,激发起心灵的妙不可言的情绪反映。因此,美只属于人类。

---

① 高宣扬主编:《法兰西思想评论》,同济大学出版社 2009 年版,第 334 页。

② [美]莫蒂默·艾德勒等:《西方思想宝库》,吉林人民出版社 1988 年版,第 1280 页。

③ [英]休谟:《人性论》,关文运译,商务印书馆 1983 年版,第 334 页。

④ [美]梅·所罗门:《马克思主义与艺术》,杜章智等译,文化艺术出版社 1989 年版,第 70 页。

图 4-2 19 世纪法国新古典主义画家雨果·摩尔的著名油画《摔了一跤之后的赫伯》。画中描述的是美神赫伯因为在宴会上不小心摔了一跤，被狠心的父亲当场解雇。失去工作后的赫伯漫不经心地提着酒壶，显得有些疲惫沮丧。但是其冰清玉洁的身姿，雪白无暇的肌肤，俏丽端庄的容貌，光彩照人的躯体，给人的美感、快感却有着压倒和战胜一切的势能和魅力，从而确证世界上最美的对象只能是那光艳无比的少女的身体。一如李白的诗句“清水出芙蓉，天然去雕饰；剪凿竹石开，萦流涨清深”。

由此，也说明人类创造文化艺术的目的，就在于寻求美和创造美以愉悦生命，享受生活，感受人生，提升人的审美水准，营造超越实在世界的精神境界。换句话说，“不只是我们的身体需要活力和刺激，而且也只有通过我们的身体来表现精神和情感的内涵，才更自由、更自然和更丰富。这因为我们的身体“不仅仅是创作者，也是创作的对象和艺术本身”。所以一切美都是肉体和情感的社会化和思想的自然化。比如绘画舞蹈等艺术形式绝不是某种神秘的臆造，而是肉体的原型、身姿的韵律、心灵的节奏。宇宙生命正是借助这种美的形式闯进表现的世界。因此任何艺术只有能给人带来心理的舒适、精神的轻松、情绪的亢奋、肉体的震颤、感觉上的优美舒适和甜蜜柔情，才会是真正身心的声律和生命的展露。

正因为美是人生之花的自然绽放，是身体的变形与身心的合体，致使从来的艺术家包括画家都总是依据身体来讴歌美、描绘美、创造美和雕刻美。比如古希腊的荷马史诗，就可谓是被征服者撰写的亡国的回音；是那些为国丧身的亡灵从黑暗底层升起的瑞兆之光。特别是那以美艳绝伦震撼人世的维纳斯、赫伯等众女神，其表现出的人性中超凡脱俗的美丽和宁静，令整个人类都心往神驰。比如图 4-2 中的赫伯，她那令人情欲亢奋的外形，那光洁、滑润、艳丽无比的身体，那丰盈的脖颈、美艳无比及略带忧伤的面容、成熟的乳房、雪白的肌肤和灵动妩媚的腰肢，不仅把美丽、妩媚、温柔、性感和光辉撒满人间，象征着万物和生命的无限，标志着女性美和身体美的永恒，也体现着人性日益趋向美和完美的未来与希望，反映着人类对真善美的完满渴望与追求。为此，一切艺术家要想发挥自己的创造潜能和有所成就，并不非得有超凡的创造天赋不可。只要能够学会捕捉身体感觉的火花和身体之美的无限渗透力与感染力，并能够将其升华，你就会在艺术和审美领域有所发明创造。正如德勒兹所言："选择感觉的暴力就是一种对生命的信赖"①；就是对绘画艺术和身体感觉之间紧密关系的实践和认可。因此要想培养人的艺术造诣，并非得有超常的理性思维和渊博的学识，关键是要学会感受、感悟、接受或诱发身体感觉的激动和心灵迸发的激情，并能够凭借其创造天赋和高超的表现手法使其得以凝聚、建构与整合。当然，美的创造也同时离不开审美主体自身的知识修养和所拥有的审美理念与审美意识。因为任何美的作品毕竟都需要经由身体美形成的审美理念、审美能力和审美标准的造作和判断。

三、美源自人的身体之力

正是由于身体与艺术审美之间存在紧密关系，所以人类从事的艺术创造和审美活动并非只来自于精神的凝思或思想的建构，而主要是决定于人的内在情感、身体感觉、生命冲动及性的热忱与激情。正是人生经历和身体感觉的具体性、生动性、变化性和多样性体现和实践了艺术形式的多样性和内容的丰富性。正是身体经验和身体整体的生成运动、存在状态构成各类艺术审美的对象、形象和过程；变成技艺发明和艺术创造的潜能。特别是发生在身体感觉层次上的各类行为实践，尤其是各类体育竞技、体育活动，作为各种感觉间的联系和综合总是偾张着一股永恒的生机和创造力。这种引发身体感觉的身体之力无疑是普遍作用于人类行为的最深层动因。因为正是这种身体之力所体现的人的自由意志、生命本能促成"人类心灵的自由向往、欲求和创造"，实现人的审美活动，而且直接把艺术审美与人的身体行为和内在情感、爱欲、潜意识和想象力等联系起来。使得许多艺术作品都镶饰着本能和欲望，渴望着心醉神迷；并经常用以性爱和情爱为代表的梦境象征来蕴含某种潜意识；用一些令人心驰神往的审美形式来表达某种无言的情感；用一种无效的逻辑结构、脆弱的美、不确定的扭曲的幽默，在极度兴奋或痛苦的情绪中，创造、寻找或表现某种发自内心的愉悦性响应。

① [法]吉尔·德勒兹：《弗兰西斯·培根：感觉的逻辑》，董强译，广西师范大学出版社 2007 年版，第 74 页。

这种响应往往能在一种转瞬即逝的身体感觉中"捕捉到对象叩击我们的眼睛和撞击我们的感官的方式。"因此艺术创造或审美诉求实质上就是身体感觉的强烈运动,而非精神的"内省"关照。其创作状态往往表现为一种由力制造的"瞬间的紧张和激动"。此时,一种构成身体的力与力的现有关系和结构通过相互间的作用引发的"突变",使得整个身体都被一种强烈的运动穿过,其结果产生的身体感觉便构成艺术创作和美的源泉。艺术家创作的宗旨就是把涌现出的身体感觉诉诸艺术的感性表现形式。在这个意义上,可以说"一切感知性只是力的生成。"[①]是身体内在拥有的生命力、意志力、感知力、物理力,使画家、雕塑家、音乐家、戏剧家和影视艺术家们在创作自己的艺术作品和审美对象化时才可能显现出根深叶茂、壁立千仞、鬼斧神工和刚劲有力等审美形象或审美状态,由此创作出一幅具有震撼力的艺术作品来。

图4-3 让·奥古斯特·多米尼克·安格尔的油画《泉》

比如图4-3,让·奥古斯特·多米尼克·安格尔的油画《泉》的创作,就可以说是画家的身体力、生命力,以及对身体美、女性美、清纯少女美的直接感受和作用的结果。安格尔的《泉》,早在1820年就开始酝酿,前后用了36年的时间和精力来构思他心中"永恒的美",直到1856年,他76岁高龄时才集万千少女之美的身体、情感、美感和肉欲,完成这幅世界之作。看看画中美少女向上托起的手臂、惟妙惟肖微倾的腰身、半就半曲的纤腿、娇嫩丰满的身姿、醉人心扉的胴体、光洁明亮的肤色、涓涓倾泻的泉水、圆润精致的水罐、古色古香协调和谐的背景……,都显出少女身体的曼妙与美感。整个画面如同柔和完美的乐章,如同顺着飞泻的清泉流动的韵律,悠扬舒缓的音符从少女光滑的手臂上轻轻流下,在动人的线条中回环往复,再隐入地面形成飞溅的水花。至此,安格尔把他心中长期积聚的古典美与具体的美少女相结合,找到了完美统一的形式,展示了令人普遍赞美的少女美的恬

① Gilles Deleuze, *Nietzsche and Philosophy*. translated by Hugh Tomlinson, London: The Athlone Press, 1983. p. 63.

静、抒情和纯洁、健康、自然和饱满。整个构图严谨、单纯，充满真实感，她的美姿和魅力超出所有女性。

这位古典主义绘画的末代风流画家，吸收文艺复兴时期前辈大师的求实的技巧，使自己的素描技巧发挥到炉火纯青的境地。不同的只是，马萨卓、米开朗基罗、乔尔乔奈等大师的裸女体现的是一种充满人性的时代理想，而安格尔在裸女上寄予的理想则是"永恒的美"。正是安格尔的这幅得意之作出色地表现了少女的天真的青春活力。由此可见，安格尔的造型力纯粹是对现实的一种感性占有。在他的构图创作中，只有当他可能拜倒于女人面前时，他才创造了真正的艺术作品。1857年，《泉》被迪麦泰尔伯爵收购，成为私人藏品。后根据这位伯爵的遗嘱，他的家属于1878年将此画赠给国家，成为巴黎卢浮宫又一镇馆之宝。

这种艺术创作状况正如尼采所言：是人类心灵、意志和感觉的极端灵活性，从中发展出一种高度的表现和传达能力，激发出某种能给出符号的事物或画作的愿望，并试图通过各种语言符号和表情姿势将其表现出来，由此便形成一种爆发状态。对于这种状态，我们"必须把其设想为通过各种肌肉劳作和活动而从极度的内在紧张中摆脱出来的驱迫和冲动，……设想为整个肌肉组织在从内发挥作用的强烈刺激推动下的一种自动作用。"[①]因此一个伟大的艺术家之所以伟大并不在于他对色彩或声音的敏感性，而在于他能够从身体感觉中爆发出有生命形式的力量。这种力量主要包含两方面：一是"外在的力"穿越身体的不同层次形成一种"震动"；震动形成一种"简单的感觉"。二是在各种力的作用下，感觉穿越不同的领域和层面形成的"共振"。但这两方面是交互作用的，因为"感觉"的生成就是力穿越不同的层次而形成的。不同的感觉之间本身就是内在关联的，"即使是在一个唯一的身体或一种简单的感觉的情况下，这一感觉也肯定会穿越各个层面，从而构成感觉的交合。"[②]为此，德勒兹说真正的艺术审美不是"识别"而是"相遇"(encounter)。所谓"相遇"就是指一种始于感官的直接遭遇和猝不及防的震惊。此时，作用于我们思想的东西更像是一种"外在的冲力"，一种不能被同化于任何认识模式和记忆中的问题。因此伟大的艺术创作总是一场开天辟

① [德]尼采：《悲剧的诞生——尼采美学文选》，周国平译，生活·读书·新知三联书店1986年版，第359页。

② [法]吉尔·德勒兹：《弗兰西斯·培根：感觉的逻辑》，董强译，广西师范大学出版社2007年版，第79页。

地的创造活动。它“源于一场充满与几近暴力的相遇，在此，逻辑噤口，理性止步。”[①]而在感觉中经历的肉体也将不再是肉体，而是感觉借其而得以通过的场域，它消失于感觉审美的整体中。此时，艺术作为身体感觉相遇的珍品将把永恒的感觉交付给未来的感官。出色的艺术作品就在于它表现的感觉能够一直与我们的生命存在相延续。正如德勒兹所言：一切艺术品都是“一个感觉的聚块，也就是说，一个感知物和感受的组合体。”[②]从中我们既可以领会身体感觉的复杂性，也可以领略让身体感觉畅其所快的创造性。

为什么李白的斗酒诗百篇，在情感上会引发感觉的震动？为什么杜甫的诗句“读书破万卷，下笔如有神”所体现的也是感觉上的力度和强度？原因就是，“无论绘画、雕塑还是写作都离不开感觉”。[③] 全部艺术审美都不过是艺术家在利用颜色、线条、阴影、光线、音符、节奏、音律描绘、书写，以及其他不可尽数的手段叙述着感觉、理解和想象。尤其是艺术家或诗人处于醉酒状态下的“醉感，它实际上同力的过剩相对应——在两性动情期最为强烈。新的器官、新的技能、色彩、外形、‘美化’是高涨的力的结果。美化是得胜的意志的表现，是加强了协调的表现，使所有强烈欲求已达和谐的表现。”[④]处于醉酒状态的艺术家倘若能有所作为，“都一定是禀性强健，精力过剩，且像野兽一般，充满情态。假如没有某种过于炽烈的性欲，就无法想象会有拉斐尔。其创作音乐也不过是制造孩子的一种方式，贞洁不过是艺术家的经济学……无论何时，艺术家的创造力总是随着生殖力的终止而终止。”[⑤]

尼采不仅肯定了“醉酒”或“醉态”在艺术创作过程中的决定性作用，也同样肯定了那由日神所代表的人的常规状态在艺术创作中的重要性，认为那作为人类的生命活动与本质存在的两种主要形式的日神和酒神，也即理性思维和非理性思维的本质性形式常常是理解艺术和创作艺术的必要条件。只是这两种形式和动力及其相互作用在一定的历史时期都带有独特的文化形式和时代特性。比如说，“酒神活跃在音乐领域尤其是和声与旋律方面，而日神的主要领域则在雕塑、建筑、悲剧和舞台艺术等方面。在文化时期，尼采认为日神活跃在荷马时代，

① [法]吉尔·德勒兹：《德勒兹论福柯》译序，杨凯麟译，江苏教育出版社 2006 年版，第 9—10 页。
② [法]吉尔·德勒兹：《什么是哲学？》，张祖建译，湖南文艺出版社 2007 年版，第 434 页。
③ [法]吉尔·德勒兹：《什么是哲学？》，张祖建译，湖南文艺出版社 2007 年版，第 437 页。
④ [德]尼采：《天才与灵魂》，高适编译，华中科技大学出版社 2012 年版，第 316 页。
⑤ [德]尼采：《天才与灵魂》，高适编译，华中科技大学出版社 2012 年版，第 316 页。

以及罗马和巴洛克艺术与文化。而在酒神的作用下，则产生了前苏格拉底时代和中世纪的音乐与戏剧。”[①]为此，我们说，一切真正的艺术作品都具有其个性、特殊性和多样性；都决定于审美主体和实践主体在思维形式、趣味爱好、素养风格、学识见解、目的动机和审美品位等多种要素之间存在的巨大差异。因此“不论一位艺术家对科学怀有多么强烈的兴趣，感觉的组合体永远都不会混同于科学在事态中规定的材料的‘混合物’。”[②]这一点不仅决定任何人都不可能使得独具个性特征和天赋的达·芬奇的原作“蒙娜丽莎”再现于现实和历史，而且也被今天流行的印象派艺术家的“光感混合物”予以证明。这就是所有的艺术形式都遵循着“感觉的逻辑”；都试图“把一个感觉的聚块，一个感觉的纯粹的生存物抽离出来”。在这里，感觉是艺术审美的原料，而艺术品则是感觉的外化物。正如梅洛-庞蒂所言：“正是从最微弱的知觉开始的身体的表达活动，被扩展为绘画和艺术。”[③]

这种现象既说明人本身就是一个永远不甘寂寞、时刻试图逾越现实事物的特殊生命体，它拥有的好奇和爱欲使人产生无止境的审美追求和审美能力；也说明人类从事的任何发明创造都不是单纯的谋生活动，同时也是一种生活艺术与审美、一种追求最高自由境界的生活艺术、自身技巧和审美实践。其目的不只是为了存活或延续后代，更是为了陶冶和塑造自身，满足自身的感受和审美要求，释放过剩的生命力燃烧的激情，使自己能够将日常生活和社会实践都提升到审美高度。为此，许多人坚信没有审美和爱美之心就没有人生。审美才是人对他物的最高超越，才是将生命引向充满快感的自由创造境界的永不枯竭的动力和源泉。

正是基于对身体审美的人生价值的高度评价，当代新尼采主义者福柯批判了以往各种传统对人性的欺凌，各种权力对人性的压抑，各种观念对人性的歪曲；批判了摧残和遏制人之生命力的社会制度和单调乏味的生活方式；极大地深化了对身体和性的认识。他“利用自己的肉体、行为、感觉、热情以及整个存在制成的精美别致的艺术品”对生命和人性的深层挖掘，超越和发明了自身；并深刻领悟：一切生命都是产生美的源泉、动力和对象。因此我们决不可把情感和性欲等看作由害人的身体成长的消极因素或破坏力量。特别是性作为生命的源泉和

---

① [英]道格拉斯·伯纳姆：《导读尼采“悲剧的诞生”》，丁岩译，重庆大学出版社 2016 年版，第 37 页。

② [法]吉尔·德勒兹：《什么是哲学?》，张祖建译，湖南文艺出版社 2007 年版，第 439 页。

③ Merleau-Ponty. *Signs*. Trans. Richard C. McCleary, Northwestern University Press, 1964. p. 70.

动力,“既是我们的行为的组成部分,也是我们在这个世界上享受自由的一个方面。性是我们借以创造我们自己的某种事物。”[①]如果人们不能逃出传统的伦理道德、观念形态、宗教信仰和政治权力对性设置的牢狱,只是满足于理性魔鬼设置的循规蹈矩的生活,那么人类就永远不会有所创造和发现。我们要坚信一切爱恋和性欲都是来自一种“神爱之心”和身体内部的生命冲动。美不仅表现出经验性、具体性以及审美形式的超越性和无限性,而且许多艺术的风格和品性也都是人类在精神和肉体的辛勤奋斗中实现的自身关怀的结果。美不只构成人的最高级属性和价值,而且美学的主要范畴也将发生革命性变更。其中生命、生存、身体、性、欲望、快感和死亡等将构成最基本的美学范畴。因此世界上,“没有别的东西是美的,只有人是美的”。[②] 只有永远处于激情四射中的人的身体审美才不会导致生活的干涸、贫乏以及对人的内心情感和身体经验的窒息。因为源自身体的情感、意志、欲望与活力才是精神的真正动力。因此,如果说“世界的统一性在于物质性”,那么显而易见“精神、意识和美感的统一性就在于身体性”。换句话说,正是从身体这里产生出精神、意识、美感、快感直至整个世界。也正是在这个意义上,当庄子言“天地与我并生,万物与我为一”时[③],我们完全可以结论“正是人之身体与天地万物同存并生、合而为一”,并为天地立心,为美善立根。

四、结语

既然身体与美有如此紧密关系,美即身体,身体即美,审美就是源自身体的需求、感受和强力,那么体育作为培育、塑造、训练、磨炼和推动身体成长和强健的科学与事业,理所当然与人类之美有不可分割的直接关联,而且体育之美至少体现在如下几个方面:

一是,从身体的体态、体型、体格、容貌、力量、意志、耐力、激情、欲求、协调性、柔韧性、整体性、平衡性、对称性、高超精湛的技巧、令人惊艳叫绝的艺术魅力等方面展现了身体美、精神美及至整个人类之美;二是,从“跑跳走行、摸爬滚打、举手投足、掷推抛射”到“骑飞游滑、跨越旋转、争夺抢占”等数百种竞技项目,既

---

① 高宣扬:《福柯的生存美学》,台北五南图书出版公司 2004 年版,第 59 页。
② 高宣扬:《福柯的生存美学》,台北五南图书出版公司 2004 年版,第 402 页。
③《庄子》,北京燕山出版社 1995 年版,第 13 页。

是体育运动的发明，也是身体之美的创造。尽管各种身体动作和技艺是对诸多动物种的技能的摹仿，但加入人类智慧和科技内涵的体育竞技，无疑将身体之美推向极致；三是，由于科学技术的高速发展，使人的身体日益从繁重的体力劳动中解放出来，结果尽管给人类带来肉体和精神上的愉悦，但也使得人的肉体和心灵日益变得丑陋臃肿、蜕化变形、软弱无力、庸碌酸懒、胆怯虚荣。然而体育竞技、健美运动、身体游戏，及其内含或附加的求胜欲望、生活乐趣、竞争意识、锻炼热情，以及求美激情等，不仅能够遏制人类身体的退化变质、体格体质的急剧下降、体型体态的严重变形，而且会维护、延伸和不断地创生身体之美和人类之美；四是，在人类文明进程中所创造的无数职业与社会活动中，至少到目前为止，只有体育才真正地将人类的健康美丽、智慧学识、耐力意志、高超技艺、行为能力、吃苦精神和维护个人声誉、体现集体荣誉的伦理道德等为人之要素，集于一体，合而为一，从整体上塑造完美人格，推进着个体乃至整个人类的全面进步和发展；五是，作为能够真正给人类带来快乐、幸福、健康、长寿以及荣誉和自信心的体育运动，必将能祛除身体异化，回归本真身体，使身体最终从自我意识以及相关的意识形态的长期统治中获得解放，使现代社会不再对年轻人实施“殖民化教育”，使青少年学生不再成为一个“受各种观念和理念压迫的阶级”；使人们对身体和身体运动的认识日益从盲目达到自觉，并在这一过程中，使愈来愈多的人能够从更深层面透彻了解。只要体育能够克服现有的政治化、经济化和功利化，遏制体育异化，它必将拥有一个欣欣向荣的美好前景。

特别是身体中那神圣的性爱、情爱和那炽热燃烧起来的青春生活，不仅能够打破一切禁忌和束缚，载歌载舞，心醉神迷，泯灭小我而与大我融为一体，使人们懂得什么是人世间最美好的爱和最奇妙的生理与心理体验，而且能让人洞察到宇宙中压倒一切的最深层的奥秘和完全忘我的自弃境界，并由此产生充溢之感与巨大无比的力量(如图 4－4 所示)。也正基于此，尼采才竭力主张：要摧毁一切使生命衰退和呆滞的东西；打破灵魂或精神的总体性和全部为人所接受的“偶像与价值”，否定以往由理性所编造出来的一切伦理禁锢、道德信条、宗教信仰、知识真理，洞悉以往的所有概念和表述都缺乏爱恋和纯真，才能使人真正做到身体壮实，灵魂刚正，心理充实，拥有创造性和自主性，具有旺盛的精力，超群的智慧，坚强的意志，自由的主体，高昂的激情；才能够勇猛刚强，震慑和超越一切；真正做到胸怀广阔，热爱生命，珍爱身体，希求幸福，推动人的全面解放。因为现实中，不仅人的认知依赖于身体的体验，依赖于那具有各种感知运动的身体，就是

图4-4 19世纪法国伟大画家布格罗的油画《背着不算重》。作者描画了成熟的女性美、天真的孩童美、温馨的母爱、深厚的亲情、纯洁的性爱。作者集合了人世间之最美，将人体美和环境美融为一体，使其蕴含着丰富的趣味和无限的遐想，给人带来温情、亲情、慈爱、愉悦和美善。

人们通常所拥有的审美意识或审美理念也主要是来自那“内涵在一个更广泛的生物、心理和文化情境中的人类身体及其拥有的感知运动能力”。

由此表明：人的感知和审美、知觉与行动都不可分割地存在于一个活生生的身体认知和身体审美化的过程中。更深入地说，“审美状态仅仅出现在那些能使肉体活力横溢的天性之中。其第一推动力永远是在肉体的活力里面。清醒的人、疲倦的人、筋疲力尽的人、干巴巴的人（比如学者）绝对不能从艺术中感受到什么，因为他没有艺术的原动力，没有内在的丰富的逼迫。谁不能给予，谁也就无所感受。”[①]而身为一个审美主体，若没有对某物的感觉或感受，当然也就无法把大脑中的审美理念变为现实，因而也就不能创作出高质量的艺术品来。为此，我们说认知或审美是具身性的，这不仅意味着它们产生自身体与世界的交互作用，而且意味着来自身体的知觉能力和运动能力“一起形成了推理、记忆、情绪、语言以及心智生命所有其他方面被编织在其中的一个母体”[②]，也即孕育和涵盖一切的人的身体。

① [德]尼采：《天才与灵魂》，高适编译，华中科技大学出版社2012年版，第316页。
② [美]劳伦斯·夏皮罗：《具身认知》，李恒威、董达译，华夏出版社2014年版，第61页。

第5章

美即身体

尽管自古以来,人们都爱美,都渴望拥有美,并日益将美变成全人类的追求和日常生活不可或缺的一部分,然而究竟何谓美?迄今在观念、概念和理论上仍是各有所论。客观论者认为,“人能够在自然界中看到,那些证明自然美……的客观属性”[①];主观论者认为,“一切客体的表象的美学性质,都是纯粹主观方面的东西”[②]。黑格尔(G. W. F. Hegel)认为“美是理念的感性显现”;马克思(K. H. Marx)则指出:“对于不辨音律的耳朵说来,最美的音乐也毫无意义,音乐对它说来不是对象,因为我的对象只能是我的本质力量之一的确证,……对我说来,任何一个对象的意义都以我的感觉所能感知的程度为限。”[③]只是“人的感觉,感觉的人类性——都只是由于相应的对象的存在,由于存在着人化了的自然界,才产生出来的”。[④] 既然如此,人的感觉不仅不同于非人的感觉,而且总的来说是人的本质社会化和对象化的结果。这样一来,在马克思那里,被人们普遍认为是客观存在的美,不只是人的感觉,更是人的实践和认知。至于19世纪的尼采(F. W. Nietzsche)凭借来自身体的知觉和体验,则把审美对象直接指向人的身体,认为“人之身体乃美之最”。不过,上述所有美论都没有把身体提升到审美主体的位置,更没有认识到“美即审美主体和审美对象相统一的身体”。这不只因为世界美是人的赋予,感受美的我“全是身体”,而且其中“最优秀的公众性的

---

① 中国社会科学院文学研究所编:《现代文艺理论译丛》中册,知识产权出版社2010年版,第640页。

② [德]康德:《判断力批判》上卷,宗白华译,商务印书馆1964年版,第27页。

③ [德]马克思:《1844年经济学—哲学手稿》,刘丕坤译,人民出版社1979年版,第79页。

④ [德]马克思:《1844年经济学—哲学手稿》,刘丕坤译,人民出版社1979年版,第79页。

身体，乃是世界的尺度”；[①]还因为身体作为审美主体能够感受和接收最多的审美形象，作为审美对象能够发送最多的审美形式和信息。固然在日常生活的审美实践中，人们可以使低于人的客体变得楚楚动人和赏心悦目，但并非在客观上它真的就是那么艳丽秀美，而全在于审美主体对它的发现、觉识、描绘、想象和创造。正是人的身体构成美的全部。

一、美即人的身体

说美即人的身体，也就是说，美既非纯粹客观美，也非单纯主观美，或主客观融合美，而是指谓人的身体之美。具体地说，身体美既包括人的性爱美、形体美、容貌美、姿态美、血缘美，也包括人的心灵美、气质美、情感美、认知美，以及实践过程中产生的高尚美和道德美。(图 5－1)在这里，不论是感性美还是理性美都是基于人的实践和认知。其中，实践美，不仅包括对美的感受，理解、体验和践行，也包括美的创造、塑造、建构和虚构。

由此可以看出，美是一种十分复杂的存在对象和感性知觉。它既包括千变万化的形式结构，也包括丰富多彩的功能和内容。根本原因还是在于极具个性特征的审美主体所拥有的近乎无限的欲望、欲求、本能、需要，以及由此产生的近乎无限的感觉、知觉、印象和观念。尽管如此，依照美的属性主要可分为两大类，一是形式美，二是内容美。两种美不仅时刻都处于相互作用的过程中，而且自身也都带有社会性、历史性以及无穷的变化性。当然比较起来，形式美往往具有相对的稳定性，而内容美则常常是变化不居的，以至内容美也会常常超越形式美，而对其产生否定作用，使自身形成一种优势和相对的稳定性。如此一来，不仅构成形式美和内容美的持久的矛盾性会决定美和丑的辩证法，而且最终证明一切美丑也都是源自人的需要、欲求、感觉和由感觉积淀、理性思维形成的审美观念，并由此形成感性美和理性美、客观美和主观美、现实美和历史美，以及自然美和社会美的辩证法。比如大家熟知的万里长城，对于一些不熟知其建造历史及悲心历程的人来说，即使看到雄伟壮观、漫延伸展数万里的长城，在他们的心中，基于陌生，也许对它并没有美丑的感觉。反过来，如果你一直持有“青山绿水、层峦

① ［美］彼德·布鲁克斯：《身体活：现代叙述中的欲望对象》，朱生坚译，新星出版社 2005 年版，第 21 页。

叠嶂、高山峻岭、悬崖峭壁、云雾缭绕”等审美理念，当面对一幅万里长城的图片时，也许就会有一见钟情的感觉。如果你能够获悉它得以形成的历史背景和超越图像的那种不可想象的独一无二和史无前例的独特性，你就会由衷地产生一种心灵上的震撼和视觉上的冲击。具体地说，如果你知道万里长城是我国古代修建的一项伟大的防御工程，也是世界上修建时间最长、工程量最大的一项艺术精品，自公元前7世纪开始，延续不断修筑2000多年，分布于中国北部和中部的广大土地上，总长度达50000多千米，被称为“上下两千多年，纵横十万余里”。前后投入的人工数以千万计，横贯我国的新疆、甘肃、宁夏、陕西、内蒙古、山西、河北、北京、天津、辽宁、吉林、黑龙江、河南、山东、湖北、湖南等省市自治区，代表着中国坚不可摧的象征，其崇敬之情和高尚美感就会油然而生。

图5-1 保罗·博德里《梳妆的维纳斯》的明艳、窈窕裸露的身姿及光洁、滑润、充满性感的肤色反映的是女性的性爱美、形态美、自然美和母爱美。维纳斯作为大自然的女儿和母亲，既是大自然的造化，更是创造、装饰和美化大自然的女神。画家通过大自然之境映衬自身的白皙和美丽，也通过大自然的营养来滋润养育自己的身心，从而将美的身体、美的环境和母子之情、舐犊之爱融为一体，衬托出天人合一、天地一体。

同样，如果你知道美国的胡佛大坝是世界上最有挑战性的公共水利工程之一。它坐落于赌城拉斯维加斯以南49公里的莫哈未沙漠，跨越内华达和亚利桑那州的边界，东距闻名世界的科罗拉多大峡谷仅40分钟车程。它横跨在黑峡谷的谷壁之间，毅然“截断”了汹涌的科罗拉多河，是一座混凝土浇筑量为260万立方米的拱形混凝土大坝。此时此刻当你亲临其境，第一次目睹它的宏伟雄姿时，务必会给你带来强烈的视觉美感和心灵愉悦。

再则，如果你知道科林斯运河(Corinth Canal)是一项连通科林斯湾、爱琴海、萨罗尼克湾的巨大工程，它穿过狭窄的科林斯地峡，将希腊大陆和伯罗奔尼撒半岛一分为二，始建于公元67年，几经周折，直到1893年才最终完成，其间耗费了不可计数的人力物力，是在世界上最坚硬的岩石上开凿的一条其深度高达91米的人工运河，回顾它的艰难历程，你就会对它赞叹不已、肃然起敬。所以，美并不仅仅决定于形式，它也同时决定于人们对审美对象的理解和认知，决定于美的形式中隐含的指谓和具体内容，而且常常是内容美超越形式美，成为人们欣赏审美对象、并产生美感的主要原因和依据。而对审美对象的任何欣赏和赞美，无一不是源自人的身体。

再比如图5-2的丑男靓女，他们究竟是怎样相亲相爱，最终结合为夫妻的呢？难道在他们之间就真的只有利益关系或金钱关系，没有任何的相互欣赏、相互爱慕，以及由此引发的美感和快感？显然不能如此草率地结论。无论怎样我们需要承认如下事实，这就是：虽然乌干达的戈佛雷，由于患有怪病且瘸，被评为世界丑男实至名归，然而由于他能够以说唱歌手的身份赚钱养家，所以不仅结了两次婚生了8个子女，而且现任妻子，漂亮的凯特竟比他小17岁。两人2007年恋爱，2013年结婚，时至今日两人之间仍是柔情似水，恩爱有加，彼此爱得死心塌地。那么究竟应该怎样解释这种丑和美的结合，以及其中显现的美丑辩证法呢？细细分析，一个确定性的结论就是"可恶之人必有可爱之处，或丑陋之人必有美善之处"。这就是只要一个人，比如戈佛雷，只要能够拥有勤奋向上、诚实守信、吃苦耐劳、责任担当的品格；只要其智慧过人、才华出众；只要其始终持有幽默乐观的心态，仁慈善良、高尚宽容的品性，大方沉稳的性格；那么现实中就会以其内在美的魅力压倒其丑陋的形态，而能够给人以快感和美感，并由此赢得女性的芳心。因为形式上或形态上的美丑差异常常"只是一种量的分别，因此还只是一种表面的分别。心灵和它的艺术美高于'自然'，这里的'高于'却不仅是一种相对的或量的区别。只有心灵才是真实的，只有心灵才涵盖一切，所以一切美只有在涉及这较高境界而且由这较高境界产生出来时，才真正是美的。"①因此，就这个意义上说，对戈佛雷和凯特之爱，绝不可以轻率地说，其间没有真爱或真美，有的只是功利性或纯生物性的结合。相反，我们要确立这样一种美学观："就自然美来说，概念既不确定，又没有什么标准。"仅就外在形态来判定戈佛雷就是绝对之丑，是无根据的，也是无意义的。毕竟美的最高境界就是审美主体个人的感

① ［德］黑格尔：《美学》第1卷，朱光潜译，商务印书馆2017年版，第5页。

觉、知觉、感情，以及由多种因素形成的一个美的场域和对象；甚至是审美主体所思考和探索的一个有深度的、超感性的世界。

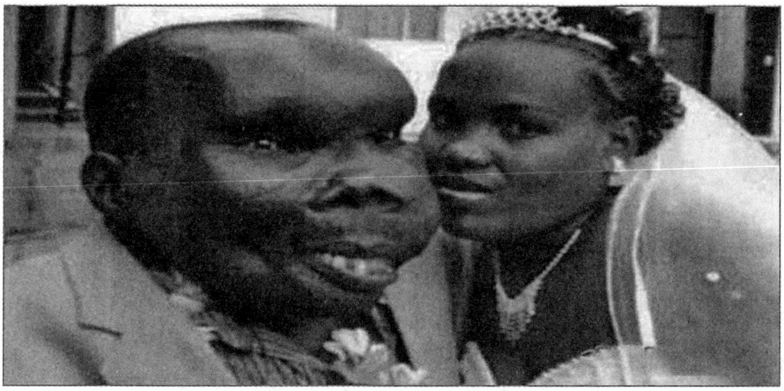

图5-2 丑男靓女的恩爱

至于曾经迷倒爱因斯坦的苏联女间谍科涅库娃，当然乃世界级美女。二战期间，苏联政府为了获得美国原子弹的秘密，不仅使科涅库娃成功地混进普林斯顿大学资深学者的小圈子，更重要的是连年近花甲的大物理学家爱因斯坦也拜倒在她的石榴裙下，甚至两人最终成为誓死不渝的忠实情人。这究竟是为什么？为什么年轻漂亮、美丽聪慧、品位高雅、风度迷人、且是有夫之妇的科涅库娃会真的爱上当年已经 56 岁高龄的爱因斯坦？显而易见这不是俊男靓女之间的一见钟情或一拍即合，这里既有性爱之美，也有心灵之美；既有形态之美，也有高尚之美；既有肉体之美，也有智慧之美；既有情感之美，也有理智之美。尽管爱因斯坦最初是被科涅库娃的绝佳美貌所深深地吸引，但是真正对她产生不可分割的情愫和深爱的缘由，还是在于科涅库娃是坚决反战和支持和平的阵营中的一员。她不仅深表对德国法西斯屠杀犹太人和全世界所有生灵的痛恨之情，而且对自己的祖国苏联也有一种矢志不渝的爱国情怀，由此也就赢得了爱因斯坦的崇爱和敬佩，加之爱因斯坦夫人埃尔沙已经于 1936 年因为肾病去世，孤寂苦闷的爱因斯坦遇到美貌如花、且志趣相同的科涅库娃，理所当然也就产生了一种难以割舍的动人之情。反过来，科涅库娃之所以能够跨越形态之美，对爱因斯坦产生真爱，根本原因还是因为在她做爱因斯坦的科学助手期间，的确对这位举世闻名的科学天才产生崇敬和爱慕之感。虽然真心相爱的两人最终没能成为眷属，但是在 1945 年之后漫长的分离的日子里，却依然保持着真情和珍爱，两人始终生活在相互思念之中。他们之间的真情实意不仅体现了形态美和心灵美的辩证法，也的确体现了美和丑的辩证法。

这就是说，美的外表不一定就不会拥有美的心灵。相反，正是由于人的生理和心理特征总是具有某种统一性，致使人的美的外表也就常常会具有美的心灵。否则，基于精神对生理、肉体对容貌的反作用，倒会因为心灵上的丑陋而改变人的美丽容貌，使其变得容貌和心灵一样丑陋。这就是，人们通常所谓的，丑陋面容下往往会有一个扭曲的灵魂，而一个丑恶的灵魂也往往会制造一个丑陋的容貌。事实上，中国古代的四大美女也几乎都有一颗善良正直的心灵。

其中西施作为美的化身拥有高尚的爱国之心和思想情操。貂蝉在三国争斗中，无疑是一位深明大义和舍身报国的可敬女子，她为了挽救天下黎民，为了推翻权臣董卓的荒淫统治，受王允所托，上演了可歌可泣的连环美人计，周旋于两个男人之间，成功地离间了董卓和吕布，最终吕布将董卓杀死，结束了董卓专权的黑暗时期。王昭君的历史功绩，不仅仅是她主动出塞和亲，更主要的是她出塞之后，使汉朝与匈奴和好，边塞的烽烟熄灭了 50 年，增强了汉族与匈奴民族之间的民族团结与和睦亲善，维护了汉族和匈奴族人民的利益。由此被世人称为和平使者，功在当代，惠及子孙。至于杨玉环天生丽质、美丽漂亮、温柔聪慧、性格婉顺，又精通音律，擅歌舞，善弹琵琶，由此，深得唐玄宗的宠爱。尽管使得玄宗从此不理朝事，导致国家衰败，但这并非杨玉环的美丽之错。错就错在唐玄宗的好色荒淫、贪婪奢侈、昏庸堕落，而不能归罪于一个容貌美艳的妃子。相反，正是她的“芙蓉如面柳如眉，春风桃李花自开”的花容月貌，迄今为止，仍然成为许多文人骚客赞美和讴歌的对象。

基于上述美丑辩证法的分析，说“美是身体的快感”，显然会有人不能接受，因为并不是所有能够引起身体快感的对象或要素都具有美的性质。但是，若否定“桂林山水甲天下”或是中国古代“四大美女”拥有“闭月羞花之貌，沉鱼落雁之容”，就很可能受到许多客观论者的批评。因为在这些人看来，那些不依赖于人的主体感觉独立存在的客观美是谁也不能否定的事实。然而他们却没有认识到：再美的山水，对于一个不具有审美能力的主体来说也毫无意义。当然，作为审美主体的人类，可以说无生命的自然界是美的，但自然界却不能够感受自身的美与壮丽；可以说有生命的生物体是美的，但它却不能意识或说出自身的绚丽多姿和无穷魅力。只有人类，才能将它们变成审美的对象，才能够通过身体而具有一种感受美、觉识美、建构美、评价美、维护美的意识与能力，和拥有肉体的快感——包括五种感官在内的生理的快感、心理的快感(也即各种内感觉的快感或欲求得到满足的快感)、精神的快感、道德的快感、自由的快感,以及由亲情感、友情感、怀旧感、思念感、关爱感、留恋感、幸福感等知觉感受产生的快感和美感;并在身体快感的基础上将其升华为美的意识和概念。因为,只有人的身体才可谓“既是有生命力之物,也是有感知知觉的主体”①。

特别是人类身体拥有的审美能力,实质上就是其特有的感受快乐和美丽的功能和属性;而且,只有人类才能够冲破自身与实在之间的帷幕,使活生生的实在以更为直接和赏心悦目的形式呈现在自己面前。此时,哪怕是那些由美的理念感性化了的艺术作品,也只有能够温暖人心、感人至深、沁人肺腑,才能被看作美的对象或作品。所以,美只属于人类,只属于能够感受美、领悟美、欣赏美的身体。至于现实中为什么人们会普遍公认一些美的人和物,那实质上是在日常生活中,由人的身体对所接触的生活对象、生存环境因同化作用形成的适应性,以及由此产生的愉悦及感情的结果。俗话说,与某人某物相处会“日久生情”,当然也会因每一个大体雷同的身体所固有的认知能力、知觉能力和审美图式而“日久生美”。这就像日常生活中人们对各种美味佳肴的认知和认可一样,一切美感和概念都是生长于不同的文化背景和艺术氛围中的审美主体因长期受到各种艺术形式、审美对象的熏陶、滋润和影响,产生的兴趣、爱好和青睐,即如德国哲学家康德所言:“那存在于审美属性中的统一体,实际上就是人们在审美经验中发现的令人快乐的东西”②,也即美就是人的一种快感和美感。

这既解释了日常生活中为什么会广泛存在“情人眼里出西施”的审美现象,也说明日常生活中并不存在客观美,一切美都是审美主体对象化的结果。即使存在所谓“美”的客观基础,人们也必须认识到这里的“客观”归根结底是指“人类的客观”,它意味着正好同“历史的主观”相符合。因此,“我们只能在同人类的关系中去认识客观美或实在美”。当一些人说“客观美”就是指人类意识之外的实在美或自然美时,这实际上是一种神秘主义,完全混淆了“美感”与“实在”的关系。因为,任何人在论及客观美时,都只是在与自身及语言、思想、美感或情感打交道,“都是任意的和约定的,即历史的构造”③。所以,在人类史上,有多少国家/民族和审美主体,就有多少审美标准、审美意境、审美情趣、审美理念、审美对

① [美]R. 舒斯特曼:“身体美学与乌托邦式身体”,刘检译,《世界哲学》2011 年第 5 期,第 24 页。

② Rachel Zuckert. *Kant on Beauty and Biology* (Cambridge, Cambridge University Press, 2007),231.

③ [意]葛兰西:《实践哲学》,徐崇温译,重庆出版社 1993 年版,第 142 页。

象。例如,就人体美而言,印度人喜欢肿胀的嘴唇,秘鲁人喜爱肥大的双耳,墨西哥妇女以小额头为美,意大利人欣赏魁梧丰满。此外,“一些人认为白皙美,另一些人认为黝黑美;一些人爱温柔与纤细,其他人则喜欢强壮和粗放;一些人要求优雅与和蔼,别人则要求雄伟和壮观”①。

至于来自人的个性特征的审美心理,更是各有所爱。这里,不只因为作为审美的“自我首要地极具个性特征和多样性的身体的自我”,自我之认识最终来源于自己身体的感觉,正是“不同的身心活动、过程和能量为形象、符号、审美的形成提供了动力和原料”;还因为身体“是一种感知外在世界的结构,是一种积极主动和建构性的纬度”。它不仅“是一种对生活的感恩的感觉,一种对生活表示感谢的渴望,而且它渴望从形成的感觉之河中去拯救一个美丽的身体,并且试图把它的图像永久地固定在这个世界上。”②正基于此,日常生活中作为主要审美对象的女性之美,其“年龄、长相、身材等,必须有待男性的眼光去发现,去完成”。③也正是基于身体与美的紧密关系,当代美学家舒斯特曼(Richard Shusterman)从身体的感知主体性和目的意向性出发,认为身体就是感知和审美的中心。因此,美说到底就是人的身体在经历各种对象性刺激之后,经由各种器官产生或感受到的某种舒服、轻松、兴奋、愉快或陶醉之感。它当然也会经常伴随“热辣”或“心猿意马”等一类兴奋与冲动,但总之都是身体对审美对象产生的美感。对此,只要看看数千年前古埃及传下来的一首情诗,就足以证明从古至今正是人的身体成为人类最期待的美之来源:她漂亮无比,美艳绝伦。她神采奕奕,肌肤娇嫩。她的眼睛明亮,充满魅力。她的嘴唇妩媚,话语甜蜜。她修长的颈,匀称的头;纯真的天青石是她的发。她的手胜过黄金,她的指头宛如莲花。她的脚带着她的美,飘舞着轻盈的步伐。人们只要走过她的身边,就会为之动心。

关于人的身体为什么能够感知美,不仅因为它天生地就具有感受美和判断美的能力,还因为美实际上是最清楚明白的人类现象和身体经验之一。“它没有沾染任何秘密和神秘的气息。它的品格和本性根本不需要任何复杂而难以捉摸的形而上学理论来解释。美就是人类经验的组成部分。它是明显可知而不会弄错的。”④就像一个婴儿,一出世就能感受到妈妈的微笑和温柔;稍大一些,便能

---

① [美]莫蒂默·艾德勒等编:《西方思想宝库》,吉林人民出版社 1988 年版,第 1278 页。

② [英]卢多维奇:《尼采艺术论》,李关富译,新星出版社 2010 年版,第 87 页。

③ 高宣扬:《法兰西思想评论》,同济大学出版社 2009 年版,第 334 页。

④ [美]R. 舒斯特曼:“身体美学与乌托邦式身体”,《世界哲学》2011 年第 5 期,第 27 页。

参与各类直接感受美和创造美的游戏艺术活动。由此，也就创造了各种艺术形式：音乐、戏剧、诗歌、舞蹈、杂技、绘画、雕塑、建筑，以及影视艺术等。这些艺术形式反过来既能够展示和提升人的身体美，还能够陶冶人的柔美性情、优雅品性，直至赋予人以生命激情。因此，没有人的身体及其本质的形成，就没有人的艺术审美；没有日常生活中产生的身体的知觉经验，就不能够创造出一种“主要用来捕捉和掌握自己经过组织的情感想象、生命节奏、感情形式的符号”[①]。由此，使得世界万物都可以成为审美对象。

也正基于此，康德才坚信：一切审美的规定根据都在于人之主体，也即身体因表象的刺激引起的快感和自觉，为此，也使得“每一个人都有他独自的（感官的）鉴赏”；但这并不意味着，“审美判断是没有权利要求人人都同意的”。[②] 因为，就人的身体所能产生的快感的普遍性而言，由快适和美感产生的审美判断也能在人们的审美过程中见到意见相一致的方面。这就是为什么在审美对象上，人们往往会形成共识，及至误把这种共识当作审美的客观标准。

康德的这种美学观当然也影响到黑格尔，故使其在《美学》导论中将一切审美和艺术作品都直接与人的身体紧密相连：艺术作品应该具有意蕴。它不只是用了某种线条，曲线、面、齿纹、石头浮雕、颜色、音调、文字乃至于其他媒介，就算尽了它的能事，而是要显现出一种内在的生气、情感、灵魂、风骨和精神。这就是我们所说的艺术作品的意蕴。[③] 这个意蕴，当然就是由人的身心所产生的审美上的认知和快感。因为，只有拥有自我意识和审美能力的人类，才能够通过艺术作品来关照和复现自身，思考和认识自身，并通过这种自为的存在将源自身心的快感、美感上升到美学概念或美学理论的高度。然后，又反过来作用于身体的审美活动，推动人类依照美的理念去能动地建构美和创造美。

二、美即身体的魅力

美不仅是身体的快感，更是源自身体固有的磁性和魅力。即如叔本华所言：人世间，“吸引异性的首要条件就是健康、力和美，也就是说恋爱的本钱就是青

---

① ［美］苏珊·朗格：《情感与形式》，刘大基等译，中国社会科学出版社 1986 年版，第 455 页。

② ［德］康德：《判断力的批判》上册，宗白华译，商务印书馆 1996 年版，第 372 页。

③ 中国社会科学院文学研究所：《现代文艺理论译丛》上册，知识产权出版社 2010 年版，第 77 页。

春。”①(图5-3)。因为在叔本华看来,在这个世界上,美的东西不仅是真的东西,它也是一种意志现象。

图5-3 俄罗斯画家 S. Marshennikov 的女性人体油画。图中少女典雅柔美,体态迷人,相貌艳丽,身材修长,皮肤白皙细腻,明艳动人。其高雅端庄、妩媚雅致、恬静纯真、悠闲舒展的睡姿,贤淑神秘、形象非凡的气质,散发着青春活力。画家利用感性富有光泽的笔法和精湛的技艺表现出的女性美,说明画家对生命之美赋予极大热情,目的是让人热爱充满强烈魅力的身体之美,进入令人神往和诗一般的审美领域。在这里,画家用银灰色的调子来渲染宁静的夏夜。用一个独自躺在光洁的地板上、身着白色衣裙的美丽女性,不仅使得画中潇洒优雅、朴素的人物与柔和的光线、雅致和谐的色彩相得益彰,更使其端庄的曲线美感和富有生命欲望的青春涌动,令无数观赏者怦然心动,陶醉向往。

对此美学观,尼采给予了继承和发展,即如他在《查拉图斯特拉》一书中所言:“美在哪里?美就在我不得不以全部意志欲求的地方,在我欲爱欲死、从而使形象不仅仅是形象的地方。”②这个地方,就是被身体这个审美主体自身对象化了的人的身体。换句话说,美不仅是身体审美化的结果,更是身体对象化的结果。在审美世界中,人类最欣赏的就是那发自人类身体的形象美,包括容貌、身姿、舞姿、体形、肤色、性感等各种身体要素发出的美的魅力;就是那体现为温柔贤淑、勇敢刚毅、热情洋溢、感情细腻的情感美;就是那表现为优美动听的声音

① [德]叔本华:《爱与生的苦恼》,哈尔滨出版社2015年版,第6—7页。
② [英]卢多维奇:《尼采艺术论》,新星出版社2010年版,第87页。

美，充满诱惑力的语言美，以及表现为仁慈善良、胸怀宽广、有容乃大的心灵美和行为美。与这些发自身体魅力美的对象相比，外部世界不论怎样美丽或迷人，都不能够与人的身体美相提并论。因为，一切所谓的外部美或自然美，不仅都不如人的身体美，而且归根结底都是源自人的身体美；万物之美本质上只是人类身体美的映射、扩展、移情和同化。尤其是古希腊以来，当一些哲学家或美学家把人之美感内在地与智慧美、至善美、情感美、形式美（比如黄金分割法）、实用美相联系的时候，就更加证明：世界之美几乎全部来自人的身体。当然，外部美的事物，诸如美的食物、景色都能够激发起人的美感或快感，但这并不意味着外部美具有美的客观实在性，因为只有外部美能够引发起人的快感，能够成为人的审美对象，它才可谓之为美。然而，人的身体则不然，美的身体对谁都具有吸引力。纵然鲁迅说过，“贾府里的焦大，也不爱林妹妹的”①，但这并不意味着林妹妹不美，更不意味着焦大认为林妹妹不美。因为“爱”与“美”是两个大异其趣的概念。这与“拣煤渣的老太太不会种兰花”不同。就美的实用性而言，相对于能够充饥的五谷杂粮，兰花相对于饥肠辘辘的穷人来说，根本就不具有美的属性。因此美归根结底还是源自人类身体的需要和感受，源自人的情感、欲望和渴求。如此一来，就自然而然地将身体推到审美主体和审美对象相统一的高度。

由此，也使得外部美或自然美与身体美之间形成一种源与流的关系，以至于再美的自然景色一经遇到人类的身体美的挑战，就退避三舍，自惭形秽。致使俄国文学家契诃夫（1860—1904）在论及艺术美的本质时说：在生活里，人们并不是每时每刻都在开枪自杀、悬梁自尽、谈情说爱。他们也不是每时每刻都在说聪明话。……他们做得更多的倒是吃、喝、勾引女人、说蠢话，必须把这些表现在舞台上才对。必须写出这样的剧本来，在那里人们来来去去，吃饭，谈天气，打牌……不过这倒不是因为作家需要这样写，而是因为在现实生活里本来就是这样。② 也就是说，只有日常生活里的人和事才能够给人带来快感，才真正具有美的魅力。正因如此，尼采等人才深有感触地说，美不仅主要源自人的那魅力四射的身体，而且世界上也只有人的身体最美丽。溯其原因，这当然要从人类身体拥有的生命力、荷尔蒙、性别差异，以及由此产生的神秘感、激动感、快感和美感说起。

---

① 鲁迅：“‘硬译’及文学的阶级性”，《鲁迅全集》第4卷，人民文学出版社1981年版，第166页。

② 中国社会科学院文学研究所：《现代文艺理论译丛》上册，知识产权出版社2010年版，第435—436页。

在现实中，几乎人人都喜欢天真活泼、可爱漂亮的婴幼儿，理由就是他们与生俱来的强大生命力，以及由此产生的勃勃生机和令人印象至深的无尽的好奇心、求知欲，能够给成人们带来一种稚嫩美、纯真美、真实美、情感美。特别是他们的那充满光辉未来的美好前景往往能够给人们带来激动人心的向往和希望。所以，美就是富有生命力的身体给人带来的快感和希望，就是审美主体在自己的雏形中和经历中所遗留下来的美好印象的记忆、展现和设想。

至于现实中，普遍存在"几乎所有的男人都喜欢看女人，所有的女人也都喜欢看男人"的审美现象，根本原因就是：人的身体构成、身体功能、固有的各种欲望、本能、情感、意志力、"力比多"(libido)等生命要素，总会对异性者产生巨大的吸引或魅力。当然，由性、性感或性功能产生的美和魅力并不只限于人的身体，一切有性生殖的生命体，都是产生美和魅力的基本要素和原动力。只是在植物等低级生命体那里主要体现为感应性，即便如此，一株植物也总是"想"尽情地展示其性的魅力，总是"想"用最美丽的花朵——性器官来吸引异性的注意。至于具有更加强烈的性别特征和性繁殖能力的动物，依靠性的美丽和强壮的身体来吸引异性的行为几乎带有"理性和自我意识"的性质，也即它们的性展示和性选择并不只是局限于感性层面，而是几乎达到理性的自觉。这只要看看那些为了争夺异性而进行殊死搏斗的飞禽走兽，就可以清楚：性在它们的全部生存中占有怎样举足轻重的位置。

然而，在所有异类的动植物那里，性的美化作用都不能够与人类同日而语。因为人的身体会以各种方式记住曾有过的快乐经历。人的重复性冲动，意味着能够以不同方式去体验快乐或实现欲望。也正基于此，德勒兹(G. L. R. Deleuze)才通过他的身体理论揭示：身体是积极的欲望之力的流动；是一股活跃、升腾的永不停息的生产机器。一切身体作为性别的载体，总是对异性具有无形的诱惑和无穷的魅力。在异性身上，似乎每一个细胞都比花朵更美丽，都比丁香更沁人心脾。由此，使得人类普遍坚信：一切爱恋、欲望和性欲，都是来自一种"神爱之心"，一种来自身体内部的生命激情和生命冲动。然而，毕竟人类与其他动物不同，人类的身体在性或荷尔蒙的刺激与促动下，不仅对异性产生强烈的吸引力、快感和性反应，而且能够将性和美或性感和美感紧密地联系在一起，并将其上升到美的意识、概念、观念和认知，使自己不仅能够本能地展示美、表现美(或者叫做示爱)，而且能够能动地觉识美、感受美、发现美、接受美、创造美，也就是能够自觉地按照自己欣赏的美的理念和意识去装饰和打扮自己，使自己在性意识的支配下，将美升华为多种多样的形式、概念、标准、规则和生理及心理行为。如此一来，就使得人类之美，尤其是性爱之美，就拥有无限多的形式和变化，产生无限多的信息和内容，具有不可穷尽的魅力和奥妙，使得每个人作为美的对象，在“力比多”和认知能力的相互作用下，不仅都各自具有其特殊的个性和风格，而且也使他们具有不可替代性和排他性，呈现了审美的无限超越性、可能性和现实性。

尽管一切身体美都与人生的经历、经验、实践、智能，以及语言文字运用的艺术之间，有着极为紧密的关系，然而就其本质而言，则主要是生命之美的内在凝聚力的升扬和外在艺术形式的表现。也正基于此，法国哲学家福柯（M. Foucault）才说：“一切美都是人的生存超越活动与世界相遭遇而形成的。美之产生及其对人的魅力，决定于与其世界的遭遇的状况以及人自身的审美超越需要。”[①]就像奥巴马的父母之爱，以及爱因斯坦和科涅库娃之爱一样，都是与特定的场景直接相关的，即一切爱和美都是审美主体和审美对象彼此相撞、彼此接触、相互了解、结识和互动的结果。因为人世间的美丑善恶、爱恨情仇的产生都具有偶然性和随机性，也即都具有所谓的缘分。通常所谓“不是冤家不聚头，冤家聚头几时休”的怨恨或“好女无好男，好男无好女”的无奈，讲的就是美丑善恶的这种机缘性。尤其在男女之爱的相互吸引、相互欣赏、相互爱慕和相互结合上，一经巧遇与巧合，即便是遇到强大的压力，也很难让相爱双方好合好散，相反，两者要么相互结合演一场喜剧，要么棒打鸳鸯，造成悲剧一场。在这里，没有同一的审美观、婚姻观、家庭观、善恶观和价值观，有的只是偶然之爱、主观之爱和归根结底意义上的身体之爱、性别之爱和激情之爱。

所以，美不只构成人的最高属性和生活价值；而且，生命、生存、身体、性、欲望、快感、愉悦、死亡、创造、叛逆、场景、偶遇、缘分、激情和理智等，都是几个最基本的美学范畴。特别是两性间的爱与审美超越，常常是男女两性灵与肉的交融，身体和神态的契合，情与欲的共享，身与心的同乐。从而使得人类从古至今围绕人类之爱，特别是性爱，有谈不尽的话题，写不尽的语言，演不完的戏剧，拍不完的影视。各种艺术都穷尽其所能来讴歌、描绘、再现人类之爱、性爱之美、身体之魅。也正基于此，不仅使得弗洛伊德（S. Freud，1856—1939）基于力比多审美学的高度指出，“如果没有沿袭已久的风俗，没有美丽的脸蛋和满足美感的天性，人

---

① 高宣扬：《福柯的生存美学》，台北五南图书出版公司 2004 年版，第 59 页。

类很快就会消亡了。”[①]也促使福柯以“我不下地狱谁下地狱”的大无畏精神，“以身试法”，来探索身体的奥秘和真谛，以寻求生存美和身体美的最大自由和最高境界，以将人从传统的伦理道德和精神桎梏中彻底解放出来。

三、美即身体的外化和创造

美不仅源自身体，是身体产生或赋予的一种快感、美感或舒服感，也是身体美的延伸、扩展、外化和表演。特别是美的建构和创造，可以说是身体与生俱来的一种能力。因为人的创造力就根源于人自身具有的内在求创活力以及合目的性的自由创造行为。因此美既是身体的一种美化行为的自我释放、自我陶醉、自我宣泄，也是内在审美和求乐灵魂的自发的积极性表露。为此，任何文学家、艺术家或诗人只有尽力把自己置身于人物的处境、身体的美感和内心的情感之中，方能创作出惟妙惟肖、动人心脾、激动灵魂的审美作品来，而且“谁亲身去体验某一种心境，谁才能够最真实地把它传达出来；唯有确实激动的人，才能激动别人；唯有确实发怒的人，才能激怒别人。因此，诗人必须有天赋聪明或热狂的气质，前者能够化身，后者能够进入惝恍忘我的境界”[②]。正基于此，黑格尔认为不论在浪漫的音乐或玲珑剔透的雕塑中，还是在优美动听的诗词中，艺术能够反映或描写的东西都决不能只限于那些审美对象的外在形式或一系列的情感状态，而必须要能够将其美妙的感觉和丰富的内心情感外化为某种可以打动人心的艺术形式或美学作品。因为，“美仅仅是人所创造出来的东西，美只是与人们的创造活动相联系”。[③] 为此，现实中只有贵族能够写出有关“帝王将相，才子佳人”等一类长篇小说来，因为只有他们亲身经历了那驳杂斑斓、丰富多彩的生活，才可能创造出美的东西；而只有历经苦难的人，才能够写出如泣如诉、血泪斑斑、扣人心弦的艺术作品。另外，也只有他们的作品，才能够展现出一个艺术品必然具有的人物感性美、内在情节美、完整结构美，即如亚里士多德所言：“艺术作品的要求首先是有机的完整性。而所谓完整，就是指事之有头，有身，有尾。如此，才能

---

① ［奥］弗洛伊德：《论美》，邵迎生等译，金城出版社 2010 年版，第 94 页。

② 中国社会科学院文学研究所：《现代文艺理论译丛》下册，知识产权出版社 2010 年版，第 1112 页。

③ 中国社会科学院文学研究所：《现代文艺理论译丛》下册，知识产权出版社 2010 年版，第 1481 页。

够像一个活生生的有机体，给人特殊的快感。”①

事实上，只要考察一下人类艺术发展史就不难得出结论：最美的音乐、绘画、雕塑、戏剧、诗歌、舞蹈，及至最美艳的神话传说、宗教人物，无不是来源于人的身体形象以及由智慧、情感、善良产生的美的魅力。例如，古希腊神话中的美神、爱神、智慧之神等，无一不体现了现实人类中的那些美貌、情爱、智慧。其形象、体格、体态、情感、心绪、思维、表现、神性，可以说都是对现实人的仿照、模拟、延伸、神化。特别是古希腊神话构造的美神阿芙洛狄忒（Aphrodite）那美若天仙、光洁如玉般的身体之美，那深沉柔媚、温暖祥和的双眼，那如瀑布般撒在她优美的颈项及白皙胸脯上的长发，以及那纤巧的手指和玫瑰般白嫩的双足为她的美艳所增添的迷人高贵和典雅，可以说都是基于现实中美人身体的仿照和再造。

所以，人类从事的艺术创造和审美活动并非只来自于精神的凝思或思想的建构，而主要是决定于人的容貌形体、身体感觉、生命冲动以及性的热忱与激情。正是人生经历和身体感受的具体性、生动性、变化性、多样性，体现和实践了艺术形式的多样性和内容的丰富性；正是身体经验和身体整体的生成运动、存在状态，构成各类艺术审美的对象、形象、过程，变成技艺发明、艺术创造的潜能，使得许多艺术作品都渗透着心醉神迷，浸染着本能和欲望；并经常用以性爱和情爱为代表的梦境象征来蕴涵某种潜意识，用一些令人心驰神往的审美形式来表达某种无言的深情厚谊；用一种不确定的扭曲的幽默，在极度兴奋或痛苦的情绪中，创造、寻找或表现某种发自内心的愉悦性回应。这种响应，往往能在一种转瞬即逝的身体感觉中捕捉到对象叩击我们的眼睛和撞击我们的感官的方式，从而成为“主要用来捕捉和掌握自己经过组织的情感想象、生命节奏、感情形式的符号”②。因此，艺术创造或审美要求实质上就是身体感觉的强烈运动，而非纯粹精神的“内省”关照。其创作状态往往表现为，一种由生命之力制造的“瞬间的紧张和激动”，使得整个身体都被一种强烈的运动穿过，其结果产生的身体感觉便构成艺术创作的源泉。艺术家创作的宗旨，就是把涌现出的身体感觉、身体之美诉诸艺术的感性表现形式，并由此将其升华为美的概念和观念。

正因为美是身体的变形与身心的合体，致使古往今来的艺术家总是依据身体来讴歌美、描绘美、创造美、雕刻美。例如 1886 年法国阿道夫·威廉·布格罗

① 中国社会科学院文学研究所：《现代文艺理论译丛》下册，知识产权出版社 2010 年版，第 1107 页。

② [美]苏珊·朗格：《情感与形式》，刘大基等译，中国社会科学出版社 1986 年版，第 455 页。

图5-4 布格罗的油画《春天的归来》中的少女双手抱胸，头上方的小爱神丘比特正欲将爱情之箭射入她的胸膛，角落上一簇簇的花朵点缀着整体，使整幅画显得温馨美丽。而少女则身材苗条修长，体态丰满健美，形貌婀娜多姿；浓密的散发与光滑柔润的肢体形成鲜明对比，烘托出肌肉的弹性和悦目的胴体。花草树木在和煦微风的吹拂下，在她身边摇曳。碧绿平静的大地、蔚蓝辽阔的天空渲染了一种美好祥和的气氛。一个美的生命诞生。一群快乐的小天使们，其秀美的脸颊，鲜嫩的肉体，活泼的表情，柔美的肌肤，淋漓尽致地表现了孩童美、情爱美；使整个画面给人一种欢心和谐、美艳无比的感觉。

创作的油画《春天的归来》(图 5－4)，该幅画表现的是年轻女子爱欲的复苏。该女子在丘比特的爱情之箭的撩拨刺激下，表情陶醉迷离。少女洁净靓丽的身体让人感叹青春的美好，完全没有放荡形骸的感觉，只有保守的道德家才能看见淫秽的成分。特别是画中那青春萌动、美艳绝伦的女性美，那令人情欲亢奋的外形，艳丽无比的身躯，丰盈成熟的乳房，充满生命活力的腰肢，女性人体的最完美的造型，那高贵美丽、清晰脱俗、犹如梦境、布局精巧、色彩富丽堂皇、金碧辉煌的画面，以及那田园牧歌式的诗意和情调既将新古典主义推到极高境界，也将身体之美的妩媚、温柔之光撒满人间，体现着人性的希望，反映人类对真善美的渴求。为此，艺术家要想发挥自己的创造潜能，只要能够学会捕捉身体感觉的火花和心灵迸发的激情，并能够凭借其创造天赋和高超的表现手法将其延伸和升华，就会有所发明创造。例如意大利美学家弗尔纳里(Carmine Fernery)在将身体美向外扩展成他的自然美时就做过如下描述：浪在阳光下颤抖，便是它的微笑；汹涌澎湃了，便是它的发怒；水花四溅，是它在撒娇；扬弃泡沫，是它产生灵感。……植物是新生的婴儿，他依偎着自然母亲的乳房在吃奶。……玫瑰花当它还是花蕾的时候，只有童贞少女才能与它相比，但当它展开花瓣和厌恶刺的掩护时，那它就成了一个女人。……与天空的皇后鹰相比，天鹅是池塘温和的君主；与爱虚荣及放荡的公鸡相比，鸽子却是谦逊和一夫一妻的。……动物的史诗性在蠢驴那里变成喜剧，在暗黄色的野兽那里变成抒情。[①] 所以，自然美或客观美的事物，只是存在于人类心灵中的原型，也即由身体美激发出来的美的情感或理念。也正基于身体美对自然美的这种渗透和外化关系，弗尔纳里才界定："美与三位一体的第二位、肉身化的耶稣是等同的。"[②]即是说要理解美，只要看看耶稣基督的纯洁肉身和纯真精神，就知道什么叫做美丑善恶、真假是非，什么叫做正义和至真至善与至美。

人之身体固然是审美主体和审美对象的统一体，是一切美的形式和内容的无尽源泉，但并不意味着身体从古至今都充当或承担着这种角色。例如，在私有制导致的劳动异化时代，或者说在身体长期受到精神压制和打击的历史时代，至少是劳动者的身体不能被那些"王公贵族，名媛贵妇"看作是美的对象和源泉。相反，他们会认为那些"面朝黄土背朝天"的劳动者的粗糙肤色、充满皱纹的脸、结满老茧的手及其肮脏的躯体是一种十足的丑，而不是美。这种对劳动、劳动者、劳动美的蔑视，当然是由人性异化和劳动异化带来的审美异化。伴随人类身体的解放和身体观念的日益转变与提升，今天的人类为了提高生存质量，释放久被束缚的激情，使人类生活日益变得温馨、美丽及合乎本性，开始普遍关注自己的容貌、形象、体魄、健康和生存质量，以至眼下在世界范围内兴起各种身体技术，举行各种造美运动，用以美化身体；也促使前卫人群提倡性的享乐主义，主张性爱与婚姻、生育、家庭分离，使同居成为婚姻生活的正常方式，使精神成为身体的一种流露和外溢。尤其是未来的人工智能时代将人类彻底地从体力劳动和脑力劳动解放出来之后，人类将会有更多的时间来保养和塑造美的身体。然而只要存在有关美的感觉和概念，也就会同时存在丑的感觉和概念，况且一切美丑都决定于人的认识，所以即便针对同一审美对象，也会得出不同的美丑结论。所以美既是一种感觉，更是一种情感和观念，它们常常交织在一起，形成各种不同的美感和快感。而且都会以不同的形式冲击着人们的心灵，引起审美主体不同的情感振动。

与之相应，"感觉与想象在此也展开无尽的、优雅的交谈，激发出各种表演和诸多关于感觉的传奇故事，从而造就了一大批充满诗意的身体"[③]，使活生生的肉体变得更美妙、更动人、更真实。因此在审美领域，人们应当一切从身体出发，

---

① [意]克罗齐：《美学的历史》，王天清译，商务印书馆 2015 年版，第 242—244 页。

② [意]克罗齐：《美学的历史》，王天清译，商务印书馆 2015 年版，第 241 页。

③ [法]雅克·库尔第纳：《身体的历史》，孙圣英等译，华东师范大学出版社 2014 年版，第 307 页。

以身体为准绳来重新审视一切文化艺术和审美，要发明创造和运用更多的“人格化显现的概念来解释美的事实”——美无非是那些“通过内容和形式的结合(器官的事实和审美的事实)让人感到快感的东西”。① 以往无视“美即身体”的人，是本末倒置地将虚妄的精神或客观性当作美的本质。实际上，身体才是美的源泉和根本，是身体在映射、传导、扩展着人的审美活动。为此，人们只有以身体为本，才能真正做到身体健美、灵魂刚正、胸怀广阔、勇猛顽强、激情高昂、智慧超群，拥有创造性，具有旺盛的生命力，从而使身体真正成为世界上创造美和赋予美的最伟大的存在。以致在审美领域，也只有从“身体一元论”的审美观出发，以健全和健康的身体为准绳，重新审视美、界定美、评判美，才有可能理解和认识到：身体才真正是全部美的源泉和本质。

比如当代画家罗中立于 1980 年创作完成的大幅画布油画《父亲》。该画用浓厚的油彩，精微而细腻的笔触，塑造了一幅感情真挚、纯朴憨厚的普通农民形象。即使没有斑斓夺目的华丽色彩，也没有激越荡漾的宏大场景，但作者依然刻画得严谨朴实，细腻入微、丰满润泽。背景运用土地原色呈现出的金黄，来加强画面的空间感，体现了人物形象外在质朴美和内在的高尚美。这幅画当然凝聚着作者的丰富情感和由社会的价值观与人生观积淀形成的审美理念。为此，它必然能够打动许多具有类似经历的审美主体。同时说明，将身体美看作评价一切美的标准，并不只是指谓它的外在形式，更多地还是指谓它的外在形式所包含的社会内容、文化内涵、审美理念，以及身体的形态、容貌、表情和情感所表达的高尚而美丽的人生经历和精神境界。这幅画的美的本质当然表现的是父爱，是爱心、美丽与美德的三位一体，但它毕竟与另一幅画《文化与艺术女神》(图 5-5)在形式美和内容美上存在巨大差异。前者打动的可能更多的是劳动者阶级；而后者通过柔和的色彩、和谐的线条、白皙的肤色、美丽的容貌、舒展的身姿、协调的色彩和高雅的女性，打动的则可能更多的是一般人和超阶级的人。前者可能刺激起来的更多是人的同情心、怜悯或怜爱，而后者则可能更多刺激起来的是人们的爱心，以及由普遍的身体之美激发出来的美感、快感、性感、激动和无上的愉悦。

当然，人类中也充满着丑陋和罪恶，但受惩罚的不应是人的身体，而应当是那数千年来凌驾于身体之上的精神和滋生无尽欲望和渴求的“理智”。这也同时

① [意]克罗齐：《美学的历史》，王天清译，商务印书馆 2015 年版，第 262—263 页。

说明，人的身体本身就是肉体和精神、生理和心理、意识和生活的辩证统一。灵魂、精神、观念等非物质性的意识也回返作用于人的肉体。应验维特根斯坦之言："人的全部灵魂都写在自己的脸上"。

图5-5 布格罗1867年创作的《文化与艺术女神》

事实上，通过近几十年来人类对20世纪所发生的杀死八千多万最健康、最美丽、最朝气蓬勃的年轻生命的两次世界大战的深刻反思和反省，以及伴随着人们身体观念的巨大转变，今天的人们已在世界范围内掀起呵护和提升身体地位的热潮，使愈来愈多的人既激烈反对伤害身体的战争、暴力和各种恐怖活动，也积极参与体育运动，投身体育事业，仰慕体育英雄，践行体育人生，致使今日人类身体发生重大改观，也从此掀开用身体撰写和铭记人类历史的新篇章。"当肉体完全成为一个对象，成为一个美的东西时，它就可能预示一种新的幸福。在美的肉体的艺术展示中……预示了一种人类从理想中释放出来而达到的快乐。"①而一旦人成为真正的审美主体、审美对象、审美的源泉，便可使人的自由感、完整性、肯定性，也即幸福快乐得以真正实现，从此开辟一个自由全面发展的历史。

只是这个历史本来应该从古希腊时代开始撰写，很遗憾在经历数千年精神对身体的打击和压制之后，直到今天才迫使人类开始觉醒；开始从神话传说、神话思维来重新审视身体认知、身体美学和艺术审美；开始真正认识到神话或神话思维，不仅是人类最早拥有的一种相对高级的知识形态和认识形式，而且现代许多国家拥有的文明和文化都是源于其早期的神话故事或神话思维。比如迄今影响最深远的古希腊神话，不仅为繁荣古希腊的文学艺术创造了条件，也极大地推动了世界范围的哲学、美学、宗教、伦理道德、教育和科学。

① [德]赫伯特·马尔库塞:《审美之维》，李小兵译，生活·读书·新知三联书店1989年版，第28页。

例如意大利画家提香创作的《维纳斯与美少年》，其主旨思想和反映的现实主题就源自古希腊的神话故事。画面中除了展示了战神马尔斯的勇敢威武之外，另一个主角就是生性浪漫的维纳斯还爱上了"乱伦"家族出身的绝世美男阿多尼斯。阿多尼斯因母亲乱伦，立志终身拒绝爱情。但维纳斯出于爱欲、情欲、性欲和身体之美还是全力向他求爱，却终不如愿。尽管维纳斯苦苦哀求般地拥抱着阿多尼斯，而倔强的阿多尼斯却不为所动。那急速的动势拒绝几乎使维纳斯倒地。然而维纳斯此时却失去施爱的魔力，像个可怜虫。这是人体美与自然美交相辉映的赞歌。画面光色变化极其丰富，体现了威尼斯画派对于享乐的追求，也说明身体美、情欲、爱欲等在人类社会的任何时期都具有至高无上的位置和作用。虽然它常常受到外在的伦理道德的压制和打击，但是身体美所具有的魔力却是理智之人难以抗拒的。因为人类的身体美不只具有生物学和遗传学因素，更重要的是还沉淀着各种审美理念和审美标准的反作用。而且正是这种反作用使得人类的身体美具有宇宙中独一无二的价值和性质。

特别是今天与各种神话紧密相关的科幻故事、科学虚构或赛博虚构，其中许多就是源自古代人早就掌握的神话思维。不仅现实世界中的许多人造物，如飞机大炮、人造卫星、宇宙飞船、电脑电视、机器人、电子人、克隆羊等都是来自早期的幻象和虚构；就是今天流行的许多虚拟现实也都直接是科学虚构或科幻小说的产物，甚至是一些对人类未来充满憧憬和好奇心的人在茶余饭后闲聊杜撰或异想天开的结果。而所谓神话，无非是人在"人神"相通的基础上，形成的一种关于人类自身的想象和认知。可以说，一切神性都是人类自身的结构、形态、情感、思想、观念、智慧和能力的移植、扩展和演绎；都是人类这个认知和实践主体借助其特有的想象和虚构力将自身对象化、概念化、观念化、身体化和人性化的结果；并生动美丽地体现了主体和对象、身体和精神以及自然和神灵的统一。正如列维·斯特劳斯所言：古代人的神话思维和现代人的抽象思维并无本质区别，而且是没有前者就没有后者。只是后者主要借助概念和逻辑，前者主要借助身体、感觉和经验。比如神话中的悲剧总是与"跛足、淌血的脚、受伤的脚、软绵绵的脚"密切相关，也总是依赖一定的感知方式、心理体验以及某种独特的解释，因此神话世界更像是"一个关于各种活动、人物、冲突力量的世界"①。

虽然全部神话都带有虚构的性质，而实际上都是围绕身体这个模特和中心，

① [德]恩斯特·卡西尔：《人论》，甘阳译，上海译文出版社 1985 年版，第 98 页。

把所有天地万物都聚拢串联起来，绘制出的一幅幅沁人心脾和美艳绝伦的艺术作品；都是身体中那不断升腾着的内在生命力所散发出来的欲望、性爱、引力和美丽的自然表现。因此“每个神话人物的实质都可以从其名称中获知。名和实之间存在着必然的内在联系；名称不仅指称其对象，且就是其对象的实质；实在之物的潜能即寓于其名称之中——这种观念原是‘神话制作意识’。”[①]由此可见，神话思维、艺术思维与科学思维都是源于人的身体，也都是旨在寻求、描绘真实的世界，只是神话思维和艺术思维主要使用的手段是模仿、虚构、猜测或想象。然而正是这些奇思臆想或虚构想象不仅成为艺术家从事艺术创造和塑造审美对象必须掌握的本领，也成为一些天才人物从事发明创造应该掌握的能力和方法。这里，只要看看孙悟空的“大闹天宫”、美国人的“星球大战”、玉皇大帝的天兵天将和美国总统特朗普的“太空军”、我国古代神话中的“嫦娥奔月”和今天的“神舟一号”，以及今天发展起来的各种航天器、纳米技术、机器人、电子人及人工智能，就知道附属于身体的神话思维和审美思维拥有怎样不可思议的想象力和创造性。而且一切神话故事、神话人物都是来自人类身体和精神的直接映射和反映。这既说明真理、至善和审美的内在统一性，也说明即便是反映客观实在世界的科学技术，也早就借助于人类的能动性思维和发明构造能力，以一种前科学或前技术形态源远流长地存在于各种文学艺术形式或审美形式和审美对象之中。

① ［德］恩斯特・卡西尔：《语言与神话》，于晓译，生活・读书・新知三联书店 1988 年版，第 31 页。

第6章

性　与　美

性，既是宇宙演化的最高形态，也是人类得以发展进化的前提和基础。没有性既不会有丰富多彩的现实世界，也不会有高度发达的人类社会和五彩缤纷的人类文明。性的价值和作用，一如德国哲学家叔本华在《爱和生的苦恼》中所言，“性爱才是这个世界真正的世袭君主，它已意识到自己权力的伟大，倨傲地高坐在那世袭的宝座上，以轻蔑的眼神统驭着恋爱，当人们尽一切手段想要限制它、隐藏它，或者认为它是人生的副产品，甚至当作不足取的邪道时，它便冷冷地嘲笑他们的徒劳无功。”继而是尼采把艺术创造与性活动相关联，认为：“艺术家按其本质来说恐怕难免是好色之徒……一个人在艺术构思中消耗的力和一个人在性行为中消耗的力是同一种力。”至于弗洛伊德创造的“力比多”(libido)等一系列概念，更是将性本能包含在“爱和美”之中，认为在日常生活中，人的性本能必须获得施展，若受到压抑，就会导致人得精神疾病。这种性本量可以转移或升华，人类社会的发展与文化创造，全是性本能乔装打扮向外发泄的方式。由此，在他看来，人世间的各个场域，如各类社团、教会、军队，更不用说家庭、亲属关系、人际关系和全部社会活动，均是力比多在起决定性作用。

因此人们对性和性关系的普遍关注和研究，不仅是一个社会学、人口学、政治经济学、伦理道德和意识形态的问题，更是一个科学问题，也即生物学、医学、人类学、身体哲学、性哲学和美学问题。这不只是因为人的日常生活离不开性，以及美丽、爱情、魅力、吸引力是性对象的最原始和最根本的特性，还因为“性快感是所有快感中最激烈的一种；性行为比其他大多数的肉体活动都更加珍贵；正是性活动处于人之生与死的相互作用之中。”①(图 6－1)所以生活与性具有不可分割的统一性。在日常生活中,人们要首先打破男女禁忌,回归自然本性,解放肉身、性欲和情欲,使其尽可能地进入生命所固有的那种痛苦和狂喜相互交织的状态;恢复那被审慎、尊严和伦理道德所摧毁了的强烈的真实感情;让人们觉得世界上充满了真正属于生命自身的欢愉和美丽;使得人们能够享受到从日常焦

图 6－1　布格罗 1895 年创作的油画《幸福的灵魂》:该作取材于古罗马神话爱神丘比特与女神普塞克的故事。画中着重描绘了有惊人美貌的普塞克在爱神的怀中陶醉和在欲望中飞翔的场景。在这里画家以细腻的笔法,借助性爱的主题,塑造了充满诗情画意的天神形象,惟妙惟肖地刻画了男女情爱关系。画中爱神和美神飘逸的服饰演奏出飞向自由的恋情,衬托着纯洁的金体玉身;讴歌了人类情爱的伟大和人体之美的光彩。

① [法]福柯:《性经验史》,佘碧平译,上海人民出版社 2002 年版,第 236 页。

虑的监狱中,以及各种无形的枷锁中解放出来的兴奋和快乐。在各种类型的陶醉或沉醉中,由性冲动所达到的情欲的满足,才是最自然和最具美感的生命特征。它最典型地将人的肉体和精神所需要的快感结合在一起,使人在性快感的满足中达到审美的最高境界。而在这种性爱过程中,实现性爱形式和性爱内容的多样化尤为重要,这不仅充分体现获得性爱快感的自由,也有助于整个社会和文化开创多元化与多样化的审美园地。各种性爱形式和性爱内容的出现是人在性爱方面呈现不满足感的表现。任何对于性爱形式和性爱内容的控制都是来自社会统治利益的需要。实行多种性爱形式、丰富性爱内容也是对社会各种限制和异化现象的抗拒。

一、扼杀美的性禁忌

人本质上并不是一种政治动物或阶级动物,这些只带有历史的属性。人实质上就是一种有性生殖能力的高级动物或高级生命。长期以来,许多人之所以忌讳谈论性和研究性,迄今人们谈及性学家似乎仍有不屑的态度和表情,原因就是,长期以来人类精神编造了一种虚假主体和虚假意识。它剥夺了人的身体和性的自主性与自由性,使得几千年来性只为权力和金钱服务。特别是封建权贵和有钱富人为了能够妻妾成群,或是为了独霸性和为所欲为地支配性,人为地设置许多性的禁忌、性的枷锁,以剥夺他人在性爱或性选择上的自由性和公平性。回忆迄今人类社会中有关性的禁忌至少表现在如下九个方面:

一是行为禁忌,主张男女授受不亲,即便青年男女之间存在真情实爱,如果不是门当户对,不是父母之命、媒妁之言,也都会落得一个棒打鸳鸯的悲剧下场。二是语言禁忌,类似《西厢记》、《红楼梦》、《金瓶梅》等言情论美的经典小说,在中国长期都被当作诲淫诲盗之书予以禁读禁印。然而有权有势的权贵富人实际上浑身上下都是污言秽语和淫秽之为。三是道德禁忌,荒唐地设置一些"女人不能见男人、男人不能见女人、隔帘号脉、牵绳号脉,以及建造贞节牌坊"等荒唐的道德规定,以遏制或打杀男女间的性爱。四是政治禁忌,特别是在阶级斗争和阶级情绪激烈对立的阶级社会或阶级专制的国家,那里几乎到处都是政治夫妻。这种政治性的性爱关系,早在古希腊时代柏拉图就极端地主张"贵族的儿子不要娶木匠的女儿,反过来贵族的女儿不要嫁给木匠的儿子"。至于我国在"四人帮"时期，相比古希腊时期更是有过之而无不及，他们将阶级性的婚姻恋爱，或者说将封建社会遗留下来的“贵族婚恋、皇族联姻”推到登峰造极的地步。五是通过家族禁忌、部族禁忌、种族禁忌和人种禁忌，禁止正常的男女之爱，阻止健康的婚姻生活，及至真正地阻碍了种族的进化和繁衍。六是生育禁忌，即把男人和女人都主要地看作是生育机器。为此在那里男女结合的唯一目的就是为了生育和繁衍后代，及至在这个世界上竟然有些民族和部落，除了为了生育之外，禁止男女之间发生任何性关系。结果不论男女，若是不能生育，就禁止任何性行为，而且从此也将沦落到非人的下场。比如新几内亚的马努人就规定了一条非常荒唐的性交禁忌：他们认为夫妻性交是下贱和有罪的举动，除非为了生育，绝不准许进行生育目的以外的性交。于是人们便拼命生育，使人口猛增导致贫困加剧，形成了恶性循环。这实际上是对人类性爱的剥夺，是人类性爱的异化，是对人类性生活和性爱之美的摧毁。七是经济禁忌，自从人类成为金钱的奴隶之后，在人世间就几乎不存在纯粹的婚姻和情爱。特别是自 20 世纪人类进入物质至上主义的时代之后，就使得越来越多的人将性、性爱和婚姻家庭建立在对真挚爱情的践踏和牺牲至上。当然人的人生观、价值观和生活观都会自觉或不自觉地限制人的爱情观和婚姻观，但是像今天的社会使得愈来愈多的青年男女将一生的性爱建立在功利性的物质和金钱基础上，实在令人惋惜，因为建立在金钱基础上的婚姻和家庭，很可能不会有真正的幸福和美的存在。八是宗教禁忌，基督教否定人体美，教堂严禁裸体画与雕塑，教会认为肉体是精神的羁绊，人体艺术毫无意义。具体表现是世界上一方面一些宗教禁止男女结婚，比如佛教教义是严格禁止出家的佛教徒结婚生子的。但另一方面也有一些宗教禁止男女离婚，这也是对男女之性和性爱的压抑和遏制。比如爱尔兰的天主教就既不允许主教和修女结婚生育，也不允许已经结婚的天主教徒离婚。当然还有一些宗教或是禁止具有不同宗教信仰的男女通婚，或是站在男女不平等的立场只许男人可以娶多个妻子，而不允许女人可以同时娶几个丈夫。总的来说，这些性禁忌都是人类社会中性爱和婚姻发生异化的结果。九是习俗禁忌，这是介乎原始禁忌与宗教禁忌之间的性交禁忌。中国自古对“性”从天忌、地忌到人忌，几乎无时无处不忌。比如男女结婚要找阴阳先生来测算他们的“出生年月、生辰八字和出生属相”，以决定他们是否能够恋爱和婚配等，都是变相对世间男女之爱的禁忌和阻碍。

然而在人类社会的性禁忌史中，对人类性和美的损害最大者还是各种政治权力对于性的打击和压抑。为此，福柯在其三卷《性经验史》中，详细论证了人类的性行为、性意识、性观念、性道德、性追求、性态度、性认识、性科学、性真理，以及性政治和性管理等方面的现状和问题；指出，性与话语、知识、意志和自我之间有一个发生发展的过程；不能够把性和性经验看成是一成不变的东西；不能够把人的欲望和欲望主体置于历史领域之外；而应该很清楚地认识到：在人类早期，人们对待性和爱的态度是自然的、朴实的、本真的、袒露的和真诚的；只是随着社会的发展，才日益增长出一种占有性和放纵性的强烈欲望；并由此形成普罗塔哥拉的“欲望说”，竭力鼓吹人活着就应该千方百计地满足肉欲、情欲、物欲，享受奢华的生活，追求感性的满足。结果，伴随着人类性欲的泛滥，不仅激发了柏拉图的“禁欲主义”，也直接导致中世纪宗教神学对于人性的近乎严酷的规范和压抑。特别是教会法和基督教教士守则对人的性行为进行了非常严格的限制和规定。其内容，包括合法与非法性行为的界限，夫妻的责任，完成性行为的能力，遵守性行为的方式，以性为借口的抚爱，生育力和生育方式，以及性交次数的多少等，都在各种规则的忠告之中。在此之外的一切性行为，包括破坏婚姻或寻求奇特的快感等都将受到谴责和制裁。其中最重大的罪恶，主要包括“淫荡行为、婚外性关系、通奸、诱骗、精神或肉体的乱伦、鸡奸或相互爱抚”。①

这种状况经过文艺复兴的洗礼，发生了革命性变化。人们不仅认为对性需要坦诚，性生活不需要隐秘，而且认为其言谈和行事也无需顾忌和掩饰。虽然自17世纪之后，面对维多利亚时代，一本正经的女王所制定的种种严肃、矜持和虚伪的生活规范，使得人们谈论性要比过去困难，然而事实上，近几个世纪以来有关性的话语在一种压抑的氛围中反而大量滋生，甚至发生了性知识的大爆炸。有关性俗、肉欲、艳遇和快感等话语的触角渗透到性活动的每一个角落和细节。以研究性话语为职能的话语机构如雨后春笋般涌现出来。医学、心理学、犯罪学、伦理学、经济学和遗传学等都把性纳入量化的研究范围。因此当代人类的性意识非但没有淡漠，反而被有组织、有计划的刺激大大强化，使人类进入一个各种性活动、性伎俩、性交易的启蒙时代。各种鲜为人知的性现象以堂而皇之的姿态走上前台，“以言说为屏障，在回避性的同时传播性。”②许多人开始付出高昂的代价，以便从性的压抑中解放出来；他们公开“违背法律，解除禁忌，口无遮拦，重新享受现实的快感”。③ 以致几个世纪以来，人们都被了解性的好奇心所折

① [法]米歇尔·福柯：《性经验史》，佘碧平译，上海人民出版社2002年版，第308页。
② [法]米歇尔·福柯：《性意识史》第1卷导论，台湾久大文化股份有限公司1990年版，第47页。
③ [法]米歇尔·福柯：《性经验史》，佘碧平译，上海人民出版社2002年版，第53页。

磨，执着地调查性、渴求性、诉说性；特别是强烈的求知意志就像一股强大的推动力驱使人们企图透过性，从性自然、性历史、性意义和性言说等形式中来认识人自身，致使性被升格为万物之源。人们疯狂地追求着性的真实，似乎只要破译了性的密码，人类就可以一劳永逸地解决自身的全部问题。也正是在这种对于性的大胆和锲而不舍的追求中，人们才发现：今天无论是性实践还是性话语都达到了自由泛滥的地步。

对此，福柯认为人类的性行为和性历史与权力有着紧密关系。性知识和性言语是在权力的冲突机制中生成演化的。正是“那些握有权力的人深深地卷入了刺激性话语增长的整个趋势之中。”①正是中世纪宗教神学对性的压抑和利用手中权力的强制性规范，才导致其后各种文学艺术中性内容的高度泛滥；才导致教士们表面上是让人们为自己的不正当性行为忏悔，实际上是旨在从中得到某种性话语的满足，某种性快感，以及大量的性隐秘和性经验，并由此极大地推动了人类对性的详细了解和认识。为此，直到17世纪，那些虚伪的教士们仍然对那些忏悔者反复强调：要事无巨细地全部说出来，“不仅包括熟练的性活动，而且还有感官抚摸、一切邪恶的目光、一切淫猥的话语……一切淫念。”②

随着维多利亚时代的到来，那些处于权力中心的人物就更加对这些性对象进行坚定不移的凝视。当权者不仅试图分析和研究性，还试图通过使得性和性话语成为某种可以管理和可以治理的东西，来获得对它们的控制。这就涉及与政治经济和整个社会文明进步相关的“生育率、结婚年龄、合法性、避孕法、人口控制”等性问题。结果，导致对人口增长过程进行研究以及实行干预的努力，并围绕它建立了一整套有关性的各种话语、专门知识、分析和禁令的系统和网络，形成了一门人口经济政治学。因此，过去认为“在维多利亚时代，性是被封锁和限制在已婚夫妇的家庭中，并且最终陷入沉默”的传统看法是不实际的。事实上，正是维多利亚时代的权力性规范导致了有关性的话语爆炸，以及其后的性意识、性科学和性权力。并在性和权力的关系问题上，形成两种占据统治地位的传统解释：一是权力压制性，二是性乃法律之构成要素。前者将权力视为性的杀手，后者将权力视为性的法则。这种观点将权力和权利相混同，误认为权力是可以占有、转让、异化的东西，因而得出维持或破坏性生产能力及其经济功能的结

① ［美］乔治·瑞泽尔：《后现代社会理论》，谢立中等译，华夏出版社2003年版，第87页。
② ［法］米歇尔·福柯：《性经验史》，佘碧平译，上海人民出版社2002年版，第5页。

论，从而构成了性权力理论中的经济主义。

与此相对应，当代则出现了赖希的性政治论。在赖希看来，权力对性的压抑主要不是通过经济而是通过把资产阶级意识形态铆在个人性格当中来实现的，因此工人阶级要想获得真正的解放和自由就必须进行“性政治活动”。而福柯则反对这种看法，认为权力在概念上并不从属于经济、性欲或意识形态，而是各种关系的充分展开和表现。性便是它展开和表现的重要场所。因此，目前亟待解决的不是一个政权为什么需要以及如何建立性的知识，也不是如何推翻旧的性知识建立新的性知识，而是要把在各类性现实中发挥作用的最直接、最具体的权力关系揭露出来，看看大量的性语言是如何从盘根错节的权力机构中产生，并随着权力机构的活动而改变其作用的。所以从 20 世纪 70 年代开始，福柯就提出了一套后现代的微观权力论，认为权力本质上不是阶级统治压迫的工具，而是种生产性的力量；不是杀一儆百的代名词，而是通过社会规范、政治措施，以及一连串的介入和调整措施来规劝人和改造人。

进一步说，在西方社会发展到近几个世代之后，统治者已不能任意地决断生死，只可以通过对人体的治理和对生命的有效管理来体现自己的权力。这样一来，性作为通向个体和群体生命的途径，就逐步取代了生杀大权在握时代的血，一跃而为权力机构关注的焦点和中心。性也同血一样变成政治活动、经济干预、以及意识形态领域道德化和责任化的主题。

但不论是血还是性都证明语言已经不是存在的反映，而只是各种权力争斗的场所。语言的正当性并不在于它的真实性，而只在于它具备用新的方式说旧言语的能力，因此性与权力关系的研究，其价值也不在于能够提出什么新观点、新理论，而只在于是否能够提供一套新的话语体系，从而在此基础上形成另一种新的政治、经济、法律图式。因此现在人类面临的问题的关键不是要性的开明，而是要推翻对性的统治。现时代的政权几乎像铁血时代统治人们的生命一样统治着人的性活动。为了人类未来的新生活，一定要进行一种摧枯拉朽的事业，摧毁旧制度，抛弃旧话语，创立新话语，解除现政权对人类性行为的各种禁戒和束缚。

福柯基于上述从政治、性、知识和话语等方面，对于权力的性质和功用进行的微观分析，又具体地提出了一种“权力压抑”的假设，指出，权力本质上是用来压制人的，只有真理才能够解放人；并认为每个人的思想、行为都受到镶嵌于肉体之内的“生命权力”（bio-power）的支配。结果就使得近代以来人类所孜孜以求的有关“正义、自由、平等、理性、革命和启蒙”的思想、理论和话语逐渐被生命权力的程序和实践所取代。

总括起来，上述所有这些禁忌显然都是建立在人们对性的无知和愚昧基础上的，说明在几千年的文明社会中，人们对性的理解和规定主要服从的是权力和财富，而不是服从建立在性和性爱基础上的男女真爱，也即不是服从建立在男女之间相互欣赏、相互爱慕、相互成为审美对象基础上的男女相爱。总之，伴随人类私有制度的产生，性别占有、性别私有化也成为割裂性和美的统一性的主要罪魁祸首。为此，本章将主要论述性和美之间的辩证关系。

二、美与生殖意志

由于美仅仅是人的一种感受、感觉、心理体验，而且主要指谓的是人的一种身体快感、心理快感或整体性身体产生的美感或舒服感，所以美必然与人的身体需要和心理需要直接相关。那么人的身体和心理究竟需要一些什么呢？对此从叔本华到弗洛伊德和马斯洛都给予了比较详细的论述和表征。只是在叔本华那里，主要是把美与动物和人的生殖意志紧密地联系起来，即在达尔文的《人类的由来与性选择》一书问世之前，就将性、性感或性冲动看作万美之源。在他看来，人的本质是生殖意志，不是理性；是生殖意志，也即是性决定理性，不是理性决定生殖意志。生殖意志是人的一切欲望的源泉。人的一切行为、活动归根结底都是由生殖意志和不可遏止的欲望所推动和指引。“它就像一个勇猛强壮的瞎子，背负着一个能给他指路的亮眼的瘸子”，总是倾其全力鞭策着人去生育和繁殖，才使得人类永久地保有生命。没有这种在性冲动中表现得最强烈、最神圣和最玄妙的性和爱的主体，就没有文学艺术、政治、伟人和思想家。只是人们经由哪条途径实现它们，才要理性帮忙指点。

而生殖意志的核心就是性、性欲、性吸引。因此性、性欲和性关系无疑在人类生活和社会实践中扮演着极为重要的角色。“它是人类一切行为或举动不可见的中心点，戴着各色各样的面罩，到处出现。”①它使得爱情事件既是战争的原因，也是和平的目的；既是智慧无尽的源泉，也是解答一切疑难的钥匙。它使得男女间的心心相印、互递暗号、秋波传情、窥视慕情等缠绵悱恻的性爱之举成为

① ［德］叔本华：《爱与生的苦恼》，陈晓南译，哈尔滨出版社 2015 年版，第 3 页。

人世间最美丽、最动人的行为和“生殖意志最完美的表现”。此时，由激烈的情欲或内在的冲动引发的如痴如狂的美感、快感和性欲的满足，“使人觉得有如拥有一切，仿佛置身于幸福的巅峰或已取得了幸福的王冠。”①(图 6－2)

图 6－2　英国沃特豪斯 1896 年出版的《许拉斯和水泽仙女》。清清的月光照在许拉斯的脸上，照见他绝秀俊美的面庞。水泽的仙女们立刻爱上这位年轻的异乡人，于是从水中露出她们美丽白嫩的胴体。拉住他提水壶的手臂。那是他未曾听过的娇媚的声音，没见过的令人迷惑的眼神，还有那晶莹如玉的珍珠。于是年轻的英雄被迷惑，背弃他的主人。仙女们把他拉到永远冷静清幽的世界。那里充满柔媚的情怀和无法抗拒的诱惑。

叔本华不仅把生殖意志看作人和动物的本质，也看作世界万物的本质，认为正是意志和欲望本身使整个世界从非生命到生命都有各种各样的意志。只是在石头那里意志表现为一种盲目的力，在人这里有意识相随。比如一棵树，黑格尔认为是绝对理念的外化之物，而叔本华则认为是“它自身的生命意志的表现”。原因是“意志自然是自在之物，是这世界内在的蕴涵和本质的东西；而生命，这可见的世界、现象，又都只是反映意志的镜子；那么现象就会不可分离地随伴意志，如影不离形；并且是哪儿有意志，哪儿就会有生命，有世界。”②

叔本华在获得“人和世界的本质是意志”的真理之后，便奔赴美的领域，认为凡真的东西也就是美的东西，因此美也是一种意志现象。比如孔雀那美的羽毛，

① [德]叔本华:《爱与生的苦恼》，陈晓南译，哈尔滨出版社 2015 年版，第 4 页。
② [德]叔本华:《作为意志和表象的世界》，韦启昌译，商务印书馆 1982 年版，第 377 页。

雄狮那美的须发和钢刀般的利爪，棕熊那强有力的熊掌等，都显现了美的意志。而且意志现象的级别越高，事物越美。在这些级别中，由于砖石只属于最低级的意志现象，因此它只能充当建筑艺术的材料。相反，人属于最高级的意志现象，因此人也就最美，"没有一个对象能够像美人的容貌和肢体那样迅速地把我们移入审美的直观。在一看到这种容貌和肢体时，我们就立刻为一种说不出的快感所控制，使我们超然于自己，超然于一切使我们痛苦的事物之上。"①人的美是体形美、行为美、心灵美和优雅美的统一，是主体和客体、人类和宇宙最美妙的协调与同一。

叔本华之所以会将人的生殖意志，也即人的性欲与美结合起来，这是因为在他看来，人的"肉体，作为意志的客体化形式或具象化的意志，只要它生存着，也即有求生意志的存在，它就会时时燃起熊熊的烈火，努力在现实中显露它的姿态。"②因此在社会现实中，不只是圣贤者们的那种宁静、平和、愉悦的生活源自生殖意志或性欲的转化，是不断克服生殖意志产生的结果；关键是现实中不论是政治家、军事家、科学家、哲学家或艺术家所取得的伟大成就也大多都是根源于生殖意志的促动和引发。尤其是艺术史，不论是画家的裸体画，还是雕刻家的裸体雕像，也不论是莎士比亚的《罗密欧和朱丽叶》，还是歌德的《浮士德》，毫无疑问其背后的策动力都是那具有无穷潜力的生殖意志或性欲，或者说都是人所固有的性欲的自由释放。因此性欲既是人生中苦恼和纷争的根源，也是创造全部文明和审美的基本动力，因为也只有具备无穷冲撞力的性欲才能够冲破理性的桎梏而使人达于一种自由创造的状态。

继叔本华之后，达尔文从性选择的角度将性与美进一步结合起来。特别是雄性动物，由于生殖上的需要，它总是充当着被选择的性角色，致使许多雄性动物较雌性动物长得都更加美丽、鲜艳或是都显得更加高大、威猛，及至在行为、大小、结构和许多形态特征上都有着明显差异。如雄翠鸟的鸣啭和雄鹿的叉角等许多次生性征，可以说都是性选择的产物。因为类似鹿的角、鸟的美羽夸耀行为和鸣声、狮子的鬃毛、男性的胡须等的起源用普通的自然选择是难以说明的，这些性状是显示对异性的魅力，是在异性选择配偶过程中作为一种有效的性状发展起来的。具体地说，为了在获得与雌性交配权的战斗中取胜，在雄性个体之间

① [德]叔本华：《作为意志和表象的世界》，韦启昌译，商务印书馆 1982 年版，第 306 页。
② [德]叔本华：《爱与生的苦恼》，陈晓南译，哈尔滨出版社 2015 年版，第 44 页。

殊死搏斗的选择压力下，像海豹的雄性个体可比雌性个体重 4—5 倍；而生活在距今 300 万—1 亿 2 千万年前的大角鹿，却拥有了极为夸张的鹿角，这种强大的角虽然是雄性活力、健康和强大的象征，然而由于难以找到足够的食物来供应每年更换角所需要消耗的能量，而于 300 万年前绝灭。还有许多动物通过展示华丽的魅力来争夺与雌性的交配权，这种演化的一个极致案例就是百鸟之王的孔雀，与雌孔雀短短的尾巴相比，雄孔雀一到繁殖季节就撑开它那长长的尾巴展示一个五彩缤纷的巨大尾屏，跳起各种优美的舞蹈，以赢得雌孔雀的芳心。当然，更多的雄性动物在性竞争中所采用的主要都是形形色色的武力形式，例如"诉诸打斗、吼叫、打转，就像印第安人的战争舞蹈一样，……整日在战斗。"①

正是由于性是如此的重要、有趣且魅力无穷，以至性选择总是能够激发起性参与者不屈不挠的勇气，增加它们的力量，提高它们的竞争手段，丰富它们的生存策略，提升它们的繁殖能力，增强它们的种族优势。促使雄鸟的羽毛更美丽，雄狮的鬃毛更威风，野猪的垫肩更坚固，雄性鲑鱼的求偶动作更优美。因此可以说，"如果不是为了性，大自然中绝大多数艳丽、漂亮的东西将不复存在。在那里，植物不会绽放花朵，鸟儿不会啾唧歌唱，鹿儿不再萌发鹿角，心儿也不会怦怦乱跳"。由此使得性的自然选择成为生命进化的重要推动力。

也正是基于叔本华的"生殖意志论"，后现代主义哲学家德勒兹则以"欲望在其本质上是革命性的"这一赖希原理作为研究的出发点，将叔本华的生殖意志论和达尔文的性选择理论转译为一种有关构造性欲望的理论。这种理论宣传欲望的生产性、创造性、动力性、积极性、能动性、审美性和求美性，谴责各种试图弱化或瘫痪欲望的社会力量，颠覆一切妨碍欲望之生产的理论和制度，以便造就新的后现代的"分裂主体"，消解"现代性的符码"，营造一种游牧式的欲望机器。"如今，欲望机器被强迫着去适应'受限制的俄狄浦斯模式'。我们需要做的，就是使社会整体和无意识的个体'精神分裂化'。这样一种'精神分裂化'可以使得我们打碎俄狄浦斯的铁衣，重新发现遍及四处的欲望生产的力量"；"破坏俄狄浦斯，这自我的幻想、超我的傀儡、罪恶、法律、阉割。"②挣脱俄狄浦斯牢笼，让我们的欲望自由释放。他说，人天生就是一种欲望机器、性爱机器和生产机器。一旦人的欲望得以解放，一种集体的主体性，一种非法西斯主义的主体，一种反俄狄浦

① [英]查尔斯·达尔文：《物种起源》，译林出版社 2016 年版，第 51 页。
② [美]乔治·瑞泽尔：《后现代社会理论》，华夏出版社 2003 年版，第 177—179 页。

斯的主体得以形成，那么“这样一种主体，即其欲望自由奔流的主体，将会形成一种爆炸性的和革命性的力量。”①

在德勒兹看来，欲望无处不在发挥作用，它呼吸、吃喝、恋爱、性交和生育。无论在哪里，它都生产行为和罪恶、知识和激情、快感和疼痛、焦虑和愁苦、美丽和丑恶。在这里，“生命的器官就是工作的机器”。一个人所能做的有益事情就是，“把欲望引入有机体中，把生产引入欲望中。”②这种欲望机器作为一种不断制造和革命的力量，本质上是一种动态的机器，因为任何主体都不存在确定的欲望对象，“欲望的唯一客观性就是流动”。因此理性主义对现实心智的再现和图式性解释完全是派生性的，完全是对欲望之流的凝固和僵化作用。它阻碍着欲望的创造性能量的发挥。现代流行的精神分析理论的最大缺憾就是把欲望机器当作一种被动的再现剧场；把欲望局限在俄狄浦斯、婚姻和家庭这一有限的空间之中。德勒兹的这种将欲望描述为一种持续流动的机器的后结构主义做法，既有助于解构主观和客观、现实与幻想、有机论与机械论、经济基础与上层建筑等传统的二分结构，从而有利于确立他的有关“欲望创造了一切社会和历史现实、构成社会基础结构的一部分”的一元论，也有利于他利用唯物主义将弗洛伊德主义推离家庭领域，使它进入到一个更加广阔的社会场域。

三、美与生存需要

虽然美作为一种感觉、经验、感受和观念形态具有主观判断性，然而溯其根源还是来自人的各种需要，尤其是来自身体和性欲、情欲或爱欲的需要。也正基于此，在弗洛伊德那里，主要是把美与人的性本能和性意识紧密地结合为一体，而在马斯洛那里，则把美的欲求上升到人的五种需要上来，使得美的感觉、美的意识和美的愉悦愈来愈超越性的欲求、性的快感，而达于心理和精神等各个层面，使得美日益具有人性和人格的特征，日益符合生命力的内在本性和目的。也正是在这个意义上，弗洛伊德才竭力主张：美根源于性和性感；认为美就是从美的对象身上获得的性力冲动的满足；而“美的对象也就是性的对象，即是散发着

① [美]乔治·瑞泽尔：《后现代社会理论》，华夏出版社 2003 年版，第 176 页。
② 汪民安等主编：《后现代性的哲学话语》，浙江人民出版社 2000 年版，第 44 页。

图6-3 法国考特1880年发表的油画《暴风雨》，柔和的光线和暗淡的色彩互相衬托的美感力量是19世纪绘画的一个重要特征。画面里男子的帅气俊美、女子的娇艳白皙、男子的敏捷粗犷、女子的轻盈灵活，都是对亲密无间的爱情和如漆似胶的性爱的讴歌和渴望。而考特的《暴风雨》正是抓住达夫尼斯和克洛伊在暴风雨中逃跑的一瞬间，表达了男女不同的性爱之美、描绘了纯洁的爱情和对自由的向往。

性吸引力的人物。而任何人物只要可以引起性感，有性吸引力，能够引发性冲动，就是性的对象，也就是美的对象"。如此以往，通过人类这个特殊的审美主体形成的审美意识、审美意志、审美能力和审美标准一代代地将这种性力冲动传递下去，并通过"爱屋及乌、触景生情、睹物思人、怜香惜玉、旧情难忘"等情感的传递和生成形式逐渐地将其投射到他人、他物等外界对象上，此时，外界事物便因为拥有美的光辉而成为美的对象。为此，现实中之所以使得许多人由衷地赞许"性即美，美即性"的断语，根本原因就是在弗洛伊德看来，"性力冲动作为人的最原始的本能冲动，其目的是寻求快乐，因此它总会指向一定的先天欲求的满足。"①

由此，马斯洛把人类需求分成生理、安全、归属感、尊重和自我实现等五类需求，并依次由较低层次到较高层次排列。这种需要层次的排列显而易见就像一座金字塔，总是最低层决定着最高层，总是下一层决定着上一层。具体地说，假如一个人同时缺乏食物、安全、爱和尊重，通常对食物的需求是最强烈的，因而也是第一位的，其他需要则显得不那么重要。此时人的意识几乎全被饥饿所占据，所有能量都被用来获取食物。在这种极端情况下，人生的全部意义就是吃和生存，

① [奥]弗洛伊德：《论美》，邵迎生等译，金城出版社2010年版，第6页。

其他什么都将被放在次要地位。这也就是说，只有当人从生理需要的控制下解放出来，才可能有时间和精力去实现更高层次上的需要。

那么性欲和生存需要是怎样的关系呢？表面上看，是吃喝等生存需要处于人生需要的金字塔的最底层，固有箴言“饱暖思淫欲”的说法。然而只要深入思考就会发现，为什么人世间会有那么多人会为爱而牺牲，为爱而献身，为爱而不惜发动大规模的战争，甚至会出现“不爱江山爱美人”的英王爱德华八世？不管现实中人们会把男女之间的爱情看得多么伟大，多么纯真，然而毫无疑问其背后的冲击力几乎无一例外地都是性欲、爱欲和情欲。即便是英王爱德华八世所全身心爱慕的沃丽丝·沃菲尔德，虽然没有一般人所认为的那种漂亮的容貌和超人的才华，然而正是她那窈窕如初的身材，她那通晓事理、举止潇洒的风度使得爱德华八世一见倾心，为之倾倒，并在其后立下爱情高于一切的誓言：“即使因为和你在一起我一无所有，我也没有怨言，比起你来，王冠、权杖和御座都不重要”。

也正因为性在人的生命中处于如此至高无上的地位，所以权力地位、金钱财富，乃至生命本身都不能与真挚的爱情相提并论。这一点只要看看历史上有多少痴男信女为了纯真的爱情而“茶不思饭不想”，甚至不惜为之自虐和殉情，就足以证明：把“食物、水、空气、性欲和健康”等生理需要作为人生的最基本需要是何等的正确和符合人性。当然现实社会中，不同的人总是各有其志向、各有其需求，并不会每个人都会只为满足性欲而活着。但是只要分析每个人的行为背后的动机和目的，就会发现：正是人的身体、性、性欲、性话语、性意识自始至终都处于人类行为和人类历史中的主宰地位；正是人的肉体和性欲在始终书写着人世间的道德、美丽、正义和真理。因此现实中只有把人类的身体行为放在一切行为和实践的最高位置，并与不断流动的生命和人的知觉与情感紧密联系，才有可能真正从中体会到由生命的不断自我超越带来的性欲的满足和生活的乐趣；才有可能刺激自然科学家成功于对大自然的热爱、对神秘感的好奇、对未知领域的冲动、对真理的追求，才有可能激励艺术家成功于强烈的情感、快感、美感、表现欲、荣誉感，对审美形式、审美能力的钟爱和向往；才有可能引领人文社会科学家成功于对人性自身的好奇、对人类命运的关照、对人类社会中所存在的各种美丑善恶事件表现的责任心和正义感。

也正是在这个意义上，弗洛伊德才承认人的求知本能与虐待狂之间有着紧密的关联。因为人的知识归根结底是来自与认知者有性关系的身体的知识；人的求知本能说到底是一个人将自身所拥有的对另一个人的身体的欲望变成对知识的无休止的和无法满足的寻求。比如，当一个人第一次发现同性恋时，这将会引发他对现实的全新解读和对所看到的一切的全面修正；同时还会使他感到这是一个充满性欲的视觉世界。现实生活中，通过对男女性别特征的比较形成的“对比原则”不仅构成一种认识论的原则，而且成就了女人的性在视觉上的美。

事实上，在人类所从事的这些最普遍的行为活动中，正是那些暴露的情欲动力所追逐的欲望对象在推动着叙述、表达和想象力的向前发展；正是那些男欢女爱在不断地被确立为一个个生动活泼，乃至感人至深的文学形象。不只是许多希腊神话故事都是源自爱神的情欲的赤裸裸的暴露；类似《妇女乐园》、《维纳斯》、《深林之神与仙女们》、《浴女》和《泉》等无数的绘画雕塑和小说艺术也都是人类身体、爱欲和性的公开展示。这些艺术作品不仅是艺术家“自觉创造的、自我创造的性对象”①，也反映了人类之生机勃勃的生命、生机、活力、美丽、情欲和未来。特别是那隐藏在女性深处类似于虚无之物的性，之所以在人类历史上能够变成一支可以撬起整个地球的强大杠杆，从而能够变成男性更为强大的反阴茎，原因就是不仅在于她的性拥有巨大的潜在力量，还在于其性结构的奇特、隐秘和无穷魅力。具体地说它不仅是一架机器，更是一座马达，一台蒸汽机，以及关于热量、热蒸汽和压力等等与性相连的所有想象、抽象、向四周的辐射、扩散和渗透。这种类似于喷薄欲出的太阳冉冉兴起的性，不仅会将热和光投射给那些无精打采的牺牲品，照亮那些尸骨堆积的战场；而且那隐藏在性之中从而造成一切差异的力量，也表明“女人的性是最有力的、神秘的叙述发动机”。②

比如那些生活在被遗忘的大洋洲的天堂里的幸福居民，正是在性欲的刺激和促动下，品尝着天堂里的甜蜜。对他们来说，生活就是歌唱、恋爱。每个人所呼吸的空气几乎总是伴随着挑逗姿势的歌曲、舞蹈，每样东西每时每刻都在让人想起爱的甜蜜；每样东西都在大声呼唤着，让人去享受它。“塔希提人自由的性生活的基础在于他们认为孕育孩子是一种根本的、自然的善”，相反，对私通、乱伦和通奸的禁令以及一夫一妻制和永远忠诚的指令只是颠倒和约束了这种善的实现。性是实用的和操作的；它创造社会结构，形成亲属关系；正是它在很大程度上产生了玻利尼西亚文化的各种社会关系。“性交易也意味着用身体来提供更强大的后裔。”他人的身体是认知的来源，也是达到野蛮状态的要件和对象。

① [美]彼得·布鲁克斯:《身体活》，朱生坚译，新星出版社 2005 年版，第 157 页。
② [美]彼得·布鲁克斯:《身体活》，朱生坚译，新星出版社 2005 年版，第 192 页。

它的坦荡荡的裸露既可以给人以美好的享受，也可以从中升华出性感、纯真和美善的艺术作品和审美观念。

在那里，他人的身体好像轰鸣着的瀑布，也好像巨石高山或幽晦茂密的森林。它的颜色和形体饱含着情愫，萦绕着爱恋。人们不需要用思想来赋予它以深邃的魅力，也不需要视觉以外的情趣。在那里，人的身体被打上标记或变成符号，以便把它带进指意领域，这样它就能成为一个叙述性的能指。此时，我们看到的不是身体上的一个标记，而是身体自身这个标记——语言具有创造一个身体的能量，而这个身体反过来又要求质问我们用于给身体分类、控制身体的语言。比如，芭蕾舞从一开始就集中于女性身体的公开表演和展示；使她们与男性观众形成一种情欲交易关系。此时，她已经不是一个跳舞的女人，而是变成一个隐喻，一种身体性的思考。“它是结合了视觉呈现和思想的最完美的象征。在这个时刻，思维活动彻底融入了给人以美感的具体表现，以至于思想不再是脱离形象的领域，而是变成通过它的具体表现而直接得以理解的东西。”①此时，舞蹈作为最富有表现力的身体的展示，除了自身能量中的优雅、矫健和美丽之外，无需是任何东西。致使我们这个时代从很多方面来说都是所谓“表演自我”的时代；而进行表演者主要就是作为不可化约的整体而得到赞美的身体。对此福柯将其称之为“视觉迷狂”的时代。在这个时代，通过语言的身体、视觉的身体、符号的身体、抽象的身体、表现性和情欲化的身体，产生欲望经济和欲望话语。从而使欲望变成一种认识和观念、一种已经进入欲望体系的身体的精神活动的结果。为此，有人说，“情欲是身体的智能。身体通过他者而变得有感觉、有自我意识”。

尽管男女之身体是有差异的，为此，有人说男人的身体拥有一种可怜的、内在化的外形，而女人的身体则是感性的、外在的和善于自我表现的。但是“快感和知识是对身体在与欲望的关系中进行定位的产物，痛苦、虐待狂和法律的强迫执行也是如此”却是不容置疑的。当然不存在单纯的、无中介、无对象和不成问题的欲望，比如从一个男孩看见她的那一刻起，该女孩就在她未来的情人身上产生某种欲望，而作为那个循环体系的一部分，她的欲望也创造了她，创造了她的身体，情感，乃至性情、气质和人格；使得她变得柔顺多变；促动着她整个地向着快感启航，使得她仿佛已经长大成人。此时此地的欲望不仅没有任何罪恶，而且会产生一种令人惊讶或恐惧的智能，直至 18 世纪形成一种知性—情欲的传统。

① [美]彼得·布鲁克斯:《身体活》，朱生坚译，新星出版社 2005 年版，第 312 页。

这一传统在认知和审美上的最大作用，就是推动人类日益进入一个极端视觉化的时代；推动电影、电视、录像、舞蹈、大型博物馆展览和科幻游乐场所的产生、发展和繁荣。及至今天使得“全人类都几乎生活在一种有增无减的‘视觉迷狂’(flenzy of the visible)中”[①]，包括色情表演、色情电影、快乐知识，不知餍足的需要，以及无法伪装的性高潮。

在这一性欲、情欲、爱欲和贪欲日益膨胀的时代，男性的性欲望和性行为几乎变成一种享有特权的符号，标示着理性的一部分纠缠于欲望的降临。因此猜测欲望的展示会令人难以接受地揭示身体、语言和性的复杂纠缠，展示和实现性欲就是把主体转为客体，这是一种歪曲或变形。实际上，不只是个人能够表现出与欲望相关的位置的变化，包括积极的和消极的，女性的和男性的位置变化，而且我们的性别和性取向也都是在我们的社会生活中付诸实践的。正是在日常实践中，我们在以变化多样的方式，作为观看者和被观看者、窥视癖者和表演者；在以客观的和参与的态度对男性和女性的身体描绘做出反应，并且伴随着性欲反应。由此，巴特尔说，“符号论的最后领地是人的身体，正是它对于我们自身而言的他者性，一如它的亲近，使它成为一个历久弥新的写作计划不可避免的对象”。[②]

以上从理论角度探讨了欲望及运行机制，显然不是旨在否定由理性主体中介的符号意指活动中的欲望作用，而是表明欲望作用原本就不应该被局限于某种凝滞、僵化的方式。德勒兹的欲望理论不仅提供了考察欲望之发生、呈现的广阔空间，更为我们提供了评价欲望作用方式的理想标准，即“欲望的生产和其他生产一样，不仅创造出了现实世界——人的自然环境和社会环境，产生了个体和自然界与社会的真正的、深刻的联系，而且也创造出个体自身。因此，人应该让欲望自由地流动，顺从人自身这种本原的自发力量，从而使人真正摆脱异化状态”。[③] 但要想对欲望有一个恰当的认识，我们还必须从欲望及其主体所在的社会环境出发来把握。因为不只是“灵魂的每个部分都有其欲望，并且有满足于这些欲望后产生的快乐”，而且“理性部分也有自己的欲望”。正是这种理性欲望“对知识的渴望成为专门对哲学的热爱”，[④]使得人们所从事的一切政治经济、文

---

① [美]彼得·布鲁克斯:《身体活》，朱生坚译，新星出版社 2005 年版，第 334 页。
② [美]彼得·布鲁克斯:《身体活》，朱生坚译，新星出版社 2005 年版，第 344 页。
③ 冯俊等:《后现代主义哲学讲演录》，陈喜贵等译，商务印书馆 2003 年版，第 525 页。
④ [美]N. 帕帕斯:《柏拉图与“理想国”》，朱清华译，广西师范大学出版社 2007 年版，第 189 页。

化艺术，以及与之相关的“生死爱欲、抒情内核、生命顶点、肉体黑箱、性意识、性观念、性话语、性道德、性权力”等都与人的身体和性紧密相关，并由此形成性政治、性经济、性文艺、性科学和性认知。当然，也引发了当代许多哲学家、性学家、心理学家和生理学家深入人的身体和性领域，对身体、性和认知与审美展开了深入的研究和探索，并使得越来越多的人对待性和爱的态度变得自然、朴实、本真、袒露和真诚，认识到性决不是罪恶。它是由人性、欲望、性行为，以及由此产生的快感构成的一个“快感体系”或性统一体。它是大自然的合目的的安排。正是大自然为了让生育成为可能，才使得男人和女人相互吸引与媾和，“以确保物种得以继续存在”。①

性固然像吃喝玩乐一样为人类繁衍生息所必须，但由于更易于刺激和扩展各种欲望的人的意识的插入，从而产生超过需要、亏损肉身、降低肌体的放纵的危险。这就自然向学者提出，人作为一个伦理实体究竟应该怎样进行或“享用”人的性活动，以恰到好处地满足人的性欲和快感问题。对此，福柯则更倾向于苏格拉底的教诲：“灵魂只有在肉体的需要是迫切的和满足这一需要不会带来危害的条件下，才能享受这些快感。”②因为过度放纵只会压抑快感，产生新的欲求、空虚、惆怅和痛苦，而不会成为一种能够真正享受快感的艺术和形式。惟有懂得节制，才可能让我们忍受、消解或转化各种欲望，并从有节制的体验中感受到能够令人回味无穷的快感以及由欲望力量所带来的某种事业成功的喜悦。为此，柏拉图将人们对某些快感和欲望的控制与智慧、勇气和正义一起列为他的“理想国”的四种美德，并且认为人类只有具备这四种美德才能真正过上“自由人”的生活。为此，性一经进入人类社会，就紧密地与婚姻情爱、艺术审美、伦理道德，及至政治经济、权力地位、文化习俗、传统观念等诸多方面联系在一起，而且追踪这些领域发展进步的背后动力常常就是来自性的欲望、动机和魅力。对此，弗洛伊德在其名作《论美》一书中，就从心理情绪、精神分析和性欲及性压抑的角度详细地分析了艺术史上一些艺术大家成功创作艺术作品的背后机制。

比如他在分析达·芬奇的画作《蒙娜丽莎》是如何获得绘画史上的巨大成功时，就从性欲和性力的层面指出，达·芬奇之所以自童年时代起就能够树立将成为一位伟大的艺术家、画家和雕刻家的理想，并能够很快地从默默无闻中脱颖而

---

① [法]福柯：《性经验史》，佘碧平译，上海人民出版社 2002 年版，第 159 页。
② [法]福柯：《性经验史》，佘碧平译，上海人民出版社 2002 年版，第 163 页。

出，原因就在于他从小就拥有一种特殊的天赋。这种天赋不仅被他童年时代早熟和觉醒了的视淫本能所加强，更重要的是他所完成的作品也同时“是他的性欲的一种发泄”。今天“我们几乎不可能再怀疑这个事实”。比如在他的画作中出现的“微笑的女人头部和漂亮的男孩，都可以说是他的性对象的代表”。反过来，我们的经验也早已证实：“对真正性生活的完全压抑，并不能给升华了的性本能的实践提供最有利的条件。”①因为由性生活决定的激情、动力、创作模式常常会在艺术创造的过程中起着举足轻重的作用。这就是从古至今的艺术家为什么都有自己特殊的个性，都十分地珍惜人身自由，都对待性、性本能、身体美、裸体美和女性美是十分地开放和包容。

---

① [奥]弗洛伊德：《论美》，邵迎生等译，金城出版社2010年版。第141页。

第7章

美化身体

当尼采说，世界上只有人的身体最美，这显然是基于人的立场所下的判断。因为，对于雌蛤蟆来说，世界上最美的对象显然是雄蛤蟆，而不可能是人类，即使一个人拥有世界上最美的身体。当然可以说，一切动物都还不具有审美意识，因此都还不是审美主体。其对“审美对象”的反应，仅仅是源自一种性本能。然而人类却不一样，其审美主体是伴随着审美意识、审美观念、审美概念、审美观和审美标准的日渐形成、日益增深而逐渐成长和成熟的。因此在人类这里对人的身体美的感知，并不只是出自身体的某种欲望、本能和需要，它有重要的后天因素，也就是说人的许多美感的产生都是来自后天自觉的审美实践和审美教育。正因如此，生活在全世界不同的国家、民族或地区的人总是有不同的审美意识、审美标准、审美对象和审美主体。既然如此，在全世界不同的人对身体美的感受和看法也就必然会大相径庭，而且不同的人总是按照自己对美的认知和感受去打扮、修饰、训练和美化自己的身体。

那么，究竟有没有对身体美的一般性或普遍性的认识和标准呢？答案当然是肯定的。否则地区性、国家级或世界性的选美活动、选秀活动或各类模特大赛就无法评判和进行。所以关于身体的美化问题，也即究竟什么样的身体才是美的，还是有标准可循的。换句话说，现实中的美丑就像善恶与真假一样，还是有判断基础和判断根据的。然而必须说明，这里的普遍性标准总是相对的和不断变化的；这里的根据或客观性不仅归根结底、而且更多地是决定于主观性、社会性和历史性。不过，即便如此也不能依据相对性，去说现实中所有人的身体都是美的。相反，任何美的身体总要有美的要素、条件、属性和特征作为支撑。那么，究竟是哪些要素、特征可以支撑美、建构美，或者说可以使人的身体变得美或变得更美呢？这当然要从构成整体的人或人的身体的基本要素，诸如身体的结构、功能、形态、容貌，以及有关人的本质、本性、人格、气质、伦理道德、品行修养、行为举止、合作精神，及至人生观、价值观、生活观、审美观、婚姻观，以及一些外在的装饰和打扮说起。

一、身体美的标志

俗话说，爱美之心人皆有之。这里的“爱美”之意，既包含着对他人之美之爱，也包含着对自身之美之爱。爱他人之美使自身成为审美主体，爱自己之美，使自己成为审美对象。然而不论是审美对象还是审美主体都指涉人的身体。即爱他者是指涉他人的身体，爱己者是指涉自己的身体。爱他者之美是源自自己身体之需要，爱己之美是源自自己的身体需要他者之爱。正是爱他者之美才反观自身，需要装扮或成就自身之美；也正是自身之美才会在他者身上引发共鸣和反应。由此将本能、欲望或需要之美上升到美的意识、观念或概念，即“原来这个样子就是美或就叫美”。如此一来，美也就直接源自人的身体，既包括他者的身体，也包括自己的身体，说到底就是我的身体。美化身体也就是美化我的身体。那么我究竟怎样才是美的，或者我究竟怎样才能变得美或更美呢？当然这一切都取决于我的身体本能、身体需要，以及我的审美观、审美态度、审美标准和审美意识。也即我爱怎样美就有怎样的美。

既然如此，不同的人也就拥有不同的审美观念、审美标准和审美判断。这也是为什么整个地球人在衣着打扮、行为举止、精神状态、人格气质、知识修养各方面都各有不同。当然也存在不同的国家，不同的民族，不同的历史时代，人们对美的理解和实践也总是有其相似性，及至一般性和统一性。这就是美常常既表现出个体性、生动性、具体性、特异性、多样性、丰富性、变化性、相对性、历史性和时代性，也常常表现出普遍性、稳定性、持久性、一致性和不变性，导致数千年来，人们都普遍地认可希腊爱神、美神、智慧之神，以及中国古代的四大美女是美的化身。那么，我们究竟应该遵循美的个性化来美化自身，还是遵循美的普遍性来美化自身？这当然既涉及美的主观判断问题，也涉及美的客观标准和美的观念的普遍化问题，也即同时涉及审美上的主观主义、客观主义和观念主义三种美学观的问题。因此，即便是日常生活中的一个细小的审美行为，也都是审美主体自觉或不自觉地在实践着一定的审美观念、审美理念，及至作用于审美实践或审美判断的诸多因素问题。

当然，对于不懂得“高深”美学理论的多数人来说，美在他们那里就是朴实、简单、大众化和普遍化。他们并不想通过对身体的美化来吸人眼球，或是招摇过市、“沾花惹草”，他们只是不想叫人说三道四、指手画脚。在某种意义上，他们的爱美之心不是表现在求美上，而主要是旨在不要让人“说丑”或污染眼球。所以，对于一般人来说，美化身体就是美化公众普遍认可的有关身体的形体美、容貌美、衣着美、行为美、语言美和心灵美。

所谓形体美：就是说作为一个正常人，通常要符合如下审美标准：躯干骨骼发育正常，脊柱正视垂直，侧看曲度正常。四肢长而直，尤其双腿既要修长也需线条柔和，且显得结实健美。头顶隆起，五官端正，即微微隆起的头顶构成的圆弧与全身的线条保持流畅和谐，与端庄的五官显得协调对称。两肩平正对称，男宽女圆。男子的肩膀宽阔可以显得雄壮威武，女子圆润的肩膀可以突出其曲线美。胸廓饱满，男性有宽大隆起的胸部，人才显得健壮结实、刚劲挺拔、富有活力，而女性则要有丰满的胸部才能充分显示身体的优美曲线，表现女性特有的魅力。健美的身材要求腹部扁平、细腰结实、臀部圆翘。只是不论什么样的体形，要想变得美，都必须使自己的身材变得匀称、和谐、完美，富有朝气、生命力和向上性。

所谓容貌美，从国际选美标准的数据看，美的容颜主要特征是，五官匀称。特别是美女的五官比例通常是：眼的宽度为眼睛所在脸宽的3/10，两眉间的距离为脸长的1/10，眼球高度为脸长的1/14，鼻子的面积不大于脸面积的5%，嘴宽为所在脸宽的1/2。双眼要对称，眼窝深浅适中，眼球晶莹透明，巩膜无异质；眼裂宽，眼睑外形分明，上睑遮蔽虹膜小于1/2；睫毛长，且微向上翘。眼睛作为身体美的关键部位，在中国人看来，所谓的“杏眼”、“桃花眼”、“丹凤眼”通常都是比较美的眼睛。至于鼻子：鼻根要与双眼皮位置等高，鼻背近乎挺直；鼻尖微突，鼻小柱居中，两侧鼻孔大小相等，对称；鼻尖到鼻小柱基底的连线稍微弯曲，鼻小柱与上唇的夹角为90°。外国人认为通天鼻最美，中国人认为悬胆鼻最美。有关耳朵，只要双耳对称，大小相等，形态相同，就不影响五官的整体美。至于美的嘴唇则要求上唇微向前翘，红唇缘明显，唇弓清楚，红唇中央稍厚，呈球状向前下突出；有明显的人中窝和人中嵴；下唇略比上唇为厚。现在受西方文化影响，中国人不再流行樱桃小口，反倒认为大嘴巴更性感。美对牙齿的要求主要是：色白、齿小、排列整齐、紧凑，且不要过多地外露。眉毛，对女性来说，通常以细长之眉为美。前额作为面容的重要部分，直接联系人的精神世界，歌德的前额，尼采、康德的前额都显得比一般人要高，轮廓也更为清晰。前额稍高是聪明人的象征。在中国审美观念中，“天庭饱满”则是美的重要特征。除五官外，头发也是容貌美的重要方面。尤其随着时代的发展，女性的一头秀发，常常使得女人变得秀色可餐。而任何人要想使自己有一头秀发，就必须做到以下几点：清洁、整齐、光润，头发疏密适中，色泽统一，不打岔，不打结，有弹性，给人以柔软的感觉。至于皮肤，当然是构成容貌美的关键要件。通常，湿润、光洁、细腻、有弹性、红润健康的皮肤，能给人健美的感受。在我国，人们通常以皮肤白为美。法国艺术家布南坦也认为，美女应具备“三白”与“三黑”。三白，即皮肤白、手白、牙齿白；三黑，即眸子黑、眉毛黑、睫毛黑。不过也有人认为晒黑后的皮肤更美。但不管白黑，细腻则是皮肤美的共同前提。

所谓衣着美：朴实的衣着美就是指穿戴简单、实用、朴素、整洁、卫生、得体、大方、大众化，非奇装异服。而衣着的精致美，则要考究得多，即美的服装不仅要体现在服装款型、色彩构成及材料的合理配置上，而且要处理好服装造型美的基本要素之间的相互关系，以及各种要素之间能否产生和谐优美的旋律。当然，服装的美与不美的最基本的衡量标准还是在于服装造型与人体的比例：衣长与身高的比例；衣长与肩宽；腰线分割的上下身长的比例；衣服的各种围度与人体胖瘦的比例。服饰配件与人体的比例：帽子、首饰、包袋、手套、腰带、鞋袜等的形状大小与人体高矮胖瘦的比例。服装色彩的配置比例：服装色彩配置中各色彩块的面积、位置、排列、组合、对比与调和的比例；服饰配件色彩与衣服色彩的比例。此外，对称性也是服装造型的基本形式，表现为上下、左右、前后形状的大小、高低、线条、色彩、图案等完全相同的装饰组合。对称形式适用于军服、制服、工作服等严肃的服饰，而动态的平衡则主要用在不对称服装的设计中。关于服装设计中的对比概念，也即有关不同的颜色、直线和曲线、凹形与凸形、大和小等成对范畴表现出的对比方式在服装上通过相互间的对比和映衬，在视觉形式上形成的强烈刺激，常常会给人以明朗清晰的感觉。此外，有关协调和统一的概念在服装设计中也常常起到画龙点睛的作用。比如着衣形式当然需要与穿衣人的身份、职业、年龄、性别、身材、容貌、肤色、环境、气候、时代、民族习俗、思想、性格等内容相协调。另外有关服装各构成要素的统一，不仅能够使得“整体之美成为一切艺术美的内在构成”，而且各要素的协调统一常常会相映成趣，给人以美感。

所谓行为美，则是指人在各种社会活动中通过所作所为表现出来的美，它是社会美之一。如果说动作美关注的是人体在空间的造型和变化，那么行为美则注重的是人在社会人际关系交往中所体现的伦理意义。所以行为美要求既美且善，凡是有益于他人、群体和整个社会发展进步的行为，都可称之为行为美。行为美是心灵美的表现，具有多样性和规范性的特点。中国人自改革开放以来所倡导的“五讲四美”，即讲文明、讲道德、讲礼貌、讲卫生、讲秩序，以及提倡的心灵美、语言美、行为美、环境美，都可谓是行为美的具体内容。

与行为美相关的心灵美，主要指人的精神美，包括思想意识、道德情操、精神意志、智慧才能的美。它是行为美、语言美、仪表美的内在依据，并通过具体的感性形态为人们所感知。心灵美对于人类之所以重要，主要在于“美这东西要不是存在于我们内心，就无从寻找，因为美都是从灵魂深处发出的。这里不只是审美的感官需要文化修养，借助修养才能了解美，发现美，还在于如罗曼·罗兰所言：“要散布阳光到别人心里，先得自己心里有阳光”。再者也只有“最高贵的心，才有着最高贵的满足”。从我们心中夺走对美的爱，也就夺走了生活的全部魅力。仪表、衣着、装饰的美好固然可以给人以美感，而心灵美、智慧美和行为美激发出来的美感，总是要比前者强烈得多。为此，我们每个人都要精心地培养、珍惜和爱护心灵美，并用自己的行动使这种美达到应有的高度。要让每个人都正确地认识到：世界上最宽阔的东西就是人的心灵。美的心灵是花园，美的思想是根茎，美的语言是花朵，美的事业就是结果。与心灵美相关的就是语言美，也就是人际交往中的言辞美。它是心灵美在言语上的表现。包括交谈的内容、方式等。基本要求是：语言的表达要准确、鲜明、生动，说话的态度要和气、文雅、谦逊、有礼貌。虽然“一篇美好的言辞并不能抹煞一件坏的行为”，但是美的语言作为心灵美的直接体现，的确能够体现不同时代、不同国家、不同民族的人所具有不同的知识修养、文化素养、思想情感、道德品质和语言表现的能力。所以语言美常常是交际的必要手段，直接影响语言交际的效率和人际关系的协调。

至于健康美，也即健康的身体，不仅是一切人存在和求生的资本，也是一切人获得事业成功的前提。一个人如果没有健康的身体就不会有勇敢的体魄、坚强的意志、坚忍的毅力，以及一往无前的勇气，也不会充满生命活力，拥有旺盛的精力。当然，健康的身体也是人生谋求幸福和快乐的根据，即便是把人生理解成吃喝玩乐，也需要有健康的身体作为基础和支撑。没有健康的身体也就没有美和审美。因为只有人的身体才是真正的审美主体和审美对象，所以自古以来几乎所有的美都为人类健康的身体所感知和创造，而且也只有人类健康的身体最美，因为它不仅象征着生气蓬勃，更标识着美好的未来。

身体不只是审美主体，也是认知和实践主体，没有身体就没有我，当然也没有属于我的一切，包括我所感知的自然与宇宙。身体不仅是我的全部，也是世界的全部，正是我的健康的身体容纳和涵盖了万事万物，也构成、实践和创造了整个社会。因此这个世界上没有什么比健康更伟大，即便是富裕和权力也不比健康的身体能够给人带来更多欢乐。为此，作为一个真正的人，宁愿做一个身体健康的乞丐，也不要去做一个疾病缠身、奄奄一息的国王。尤其是要想“建成一个理想国家和强大的民族必须开始于人的健康身体”。因此任何人身为父母和老师，都必须先做“一名教练，任务就是要使人身体强壮和健美”。也正是因为健康的身体是人的本质，所以上述全部有关“身体美的基本标志”的论述，也只具有相对的和形式上的意义，身体美的本质性标志还是它的健康、朝气、活力以及生机勃勃的生命力。就像图 7－1 所示：可以说世界上没有什么审美对象或艺术作品能够与这幅油画作品所显现的形式和内涵相媲美。该幅画作所表达和描绘的一对幼儿不只表达了用任何黄金分割法则都无法表达的身体美、性别美、生命美、形式美和内容美，更重要的是该幅画表达了那异常天真可爱的生命、人性、身体、心灵和艺术的纯粹性、晶莹剔透性、纯洁无瑕性，以及它的没有任何雕凿、装饰痕迹、蕴含着旺盛而强大生命力的自然性和生物性。它完全是出自一种神爱之笔，蕴含着对生命之美、身体之美、性爱之美的强烈的好奇心和认同感。

图 7－1　布格罗的《儿时的丘比特和赛琪》：第一次吻世

二、美化身体的方式

为了提高人的生命质量，美化身体，当今世界的人们在日常生活与社会实践中强化了具有内在情感力量和审美能力的美育。认为美育不仅能够培养和展示人的形体美、语言美、声音美、情感美、形象美，还能够塑造各种美好的德行，及至愉悦身体，美化人生。从审美高度，关注那能够享受快感的身体，以及那使人常常具有崇高境界和超凡魅力的身体美学；重视那对常人具有极强说服力的“情感之爱”与热情洋溢的身体语言，可以解放人类久被禁锢的身体，释放久被束缚的激情，丰富长期单调的灵魂，让生命尽情享受宇宙赋予的自由；使人类生活日益变得温馨、美丽及合乎本性。为此，随着当代信息、网络和虚拟技术的兴起以及后人类社会的到来，人们开始普遍地关注自己的容貌、形象、体魄、健康和生存的质量，以至在世界范围内兴起各种身体技术，如护肤术、整容术、整形术；举行各种造美运动，如时装秀、模特业、文身、刺青、日光浴、自然美、古铜色革命等，以美化身体；也促使那些前卫人群提倡性的享乐主义，主张性爱与婚姻、生育和家庭的分离，使同居成为婚姻生活的正常方式；使更多的人在根据需要和兴趣来设计和包装自己；使精神成为肉体的一种流露和外溢。

再就是，世界休闲组织、民俗组织、国际音乐理事会等各种文艺组织和团体，还大力提倡和开展情人节、音乐节、狂欢节以及各种节日亲情活动，以推动世界各国、各民族大兴文艺活动，发展影视艺术，倡导身心合一。与之相应，“感觉与想象在此展开无尽的、优雅的交谈，激发出各种表演和诸多关于感觉的传奇故事，从而造就了一大批充满诗意的身体。”①使长期隐蔽、羞涩、怯懦的身体一反常态朝着光明正大的方向勇敢前进，使其日益变得更天真烂漫；使“活生生的肉体变得更美妙、更动人、更真实和更具肯定性”。

至于各种国际性的体育组织，如国际足联、网联、排联、篮联、国际奥委会、国际军体理事会和各国奥委会等，为了提升全人类的身体素质，建立和谐、健康的全球大家庭，在当代承担的最繁重任务就是积极倡导和组织各种形式的体育运动，深入发展体育竞技，普及身体教育，繁荣体育事业，培养体育人才，奖励体育英雄。迄今为止，这些国际组织除了普遍开展夏季奥林匹克运动会倡导的 28 个

---

① [法]雅克·库尔第纳：《身体的历史》，孙圣英等译，华东师范大学出版社 2014 年版，第 307 页。

大项目与302小项目，冬季奥运会倡导的15个大项目和86个小项目的竞技运动外，就是鼓励世界各国广泛兴起的攀岩、登山、蹦极、健美训练、体操、瑜伽、坐禅、锐舞、街舞、摇摆舞、广场舞，以及各个民族自身所特有的各种体育运动形式。另外，在世界范围开展的全民健身运动的形式也是多种多样，类似旅游、踏青、郊游、散步、采风、科考、探险及各类游戏活动、环境运动都已经广泛展开，以至今天"家庭百科、家庭用书以及实用生活词典上突然出现了不计其数的体育活动种类。它们的方法也前所未有的细碎，而且号称能够给你'一个更加柔软、更加和谐、更加漂亮的身体'。"①

伴随体育运动的蓬勃发展，诸多国家、各级政府不仅数十倍地增加各种体育运动场所、身体锻炼器材和体育运动设备，而且也都普遍地开设了身体锻炼课及体育培训课。而所有这些丰富多彩的体育活动，都是为了人类身体的健壮和完美。此外，为了增加人们的身体锻炼时间，世界各国也都在尽可能地以立法形式缩短人们的工作和劳动时间，增加节假日，延长节假日时间，减少工作量，减轻劳动强度，减少体力消耗，改善劳动环境和工作条件，杜绝使用童工，发展劳动保护事业，减少职业风险，杜绝工伤事故。掀起厨房革命、家居革命和厕所革命，将妇女从繁重琐碎的家务劳动中解放出来，从生活、生理、婚姻、家庭、生育、优生等方面，关注身体的生长发育，加强身体保养，提升身体素养，保障身心的宁静与和谐。

基于人类普遍追求身体享乐主义及其自主行为，既使人体在极短时间内经历了前所未有的巨变，也使得今天的人类"身体已经成为日益明显的彰显个人身份的筹码。"②并由此带来个人锻炼目标的转向，即人们锻炼身体"不仅仅是为了卫生或者精神，而且是为了一种自我确认；不仅仅是追求力量，而且是经过精心设计的锻炼追求发展和坚韧的精神。"③特别是"身体真实性的感觉，这需要持久的、力量和运动方面的主动活动。"④为此，人们不仅关注内部身体，也关注外部身体，认为只有美好的自然环境、新鲜的空气、清洁的用水和美丽的动植物生命才能让人拥有春天般的身体，享受乡野粗犷的快乐，使身体变得美不胜收。

人们由关注外部身体，进到外表的保养：保持体重适中、皮肤光洁、头发亮

① [法]雅克·库尔第纳：《身体的历史》，孙圣英等译，华东师范大学出版社2014年版，第112页。
② [法]雅克·库尔第纳：《身体的历史》，孙圣英等译，华东师范大学出版社2014年版，第111页。
③ [法]雅克·库尔第纳：《身体的历史》，孙圣英等译，华东师范大学出版社2014年版，第121页。
④ [法]雅克·库尔第纳：《身体的历史》，孙圣英等译，华东师范大学出版社2014年版，第306页。

丽、姿态美观、走路姿势大方；进而关注内部的身体：注重呼吸匀称、肌肉有力、动作轻盈、行动敏捷，一心想使自己成为“身材雕塑师”；并在观念上确信“美丽、力量与命运是一回事”；坚信“整洁、坚强、勇敢和有风度的外表可以后天培养”；认为任何人都可以通过训练获得身体的强壮和快乐；并由此产生“运动文化趋向于成为最高程度的身体文化展示”。

其中特别是户外运动，不只是协调了身心的统一性，也即生理和心理的统一性，更是协调了人和自然美景的统一性。将人融入美丽的自然景色之中，期望个人的精神状态，可以使自己抛弃一切烦恼、忧愁及至沉重的负担和压力，让外在的生命之力或自然之力内化为身体之美和心灵之美，让人的疲惫的身心得到休息、净化和宁静。

眼下人们对身体的关注和地位的抬升，也使他们在追求时尚身体的过程中，导致感觉发生革命，那就是过去人们引以为荣的通常是“权力地位、功名利禄”，今天人们引以为自豪的是健康的身体、美丽的身姿、高质量的生活，以及生命的长寿。由此也形成一种对“深层身体的信仰”，即“通过关注于身体来解放精神，回归自我”。这不仅使得养生、美容成为新的圣经，也推动社会上相关职业的繁盛和兴隆，此时，不仅审美业、设计业、服装业、美容业、整形业等如雨后春笋般地发展起来，类似追求身体舒适、快乐的“健康俱乐部”、“健身俱乐部”、“腿部轻捷疗养”、“海洋护理中心”、“活力洋溢培训班”、“柔软体操”、“身体记忆”训练等职业也得到蓬勃发展，致使人的身体在今天已经成为内在体验的中心。尤其是伴随人工智能的时代的到来，人类将彻底地从繁重的体力劳动和脑力劳动中解放出来之后，人类就更加地注重自我和回归自我，由此人类的身体将完全推到主体性的位置。那时炫耀的将不再是功名利禄和权力地位，而是人的健康、美丽、谐调、敏捷，及至强悍的身体。

对此，有关身体的重要性，今天不仅是离退休人员已经有深刻的体验和体会，就是在许多事业正蒸蒸日上的年轻人那里也日益受到足够的重视。尤其是对当今社会具有巨大影响力和震撼力的斯蒂夫·乔布斯的临终遗言公布之后，使得人们对于身体和事业、权力、名誉和金钱的关系几乎产生了颠覆性的变化。可以说，正是乔布斯的那句“此刻，在病床上，我频繁地回忆起自己的一生，发现曾经让我感到无限荣光的所有社会名誉和财富，在即将到来的死亡面前已全部变得暗淡无光，毫无意义”的遗言，对人生所包含的无限的遗憾和不尽的感叹，使得为数众多的人由原先对财富和权力的近乎贪婪性的追求开始转向对生命和健康身体的钟爱；开始认识到个人、社会，乃至整个世界的存在都取决于一个人的健康的身体，不要说失去人的身体，就是失去人的健康的身体，整个世界也都会变得索然无趣。这就是健康的身体与快乐、幸福、审美、艺术，乃至全部人类文明之间的内在关系。由此，可以清楚地结论：一切有关人的容貌美、服饰美、妆扮美、形体美等外在美，都不如人的健康美最珍贵。身体健康才是人的本质，也是一切至真、至善和至美的本质。为此，在日常生活中，人们更应该注重的是养生、训练和健身，更应该践行的是勤劳、朴实和节俭。这些都是一个人真正变得更美丽、更健康、更智慧和更善良的基本要素和形式。

然而要想使得一个人的身体变得健康美丽，还必须注意精神的提升、心灵的修养和爱的传播，因为在身心这个统一体中，不仅人类的心灵、心理和精神常常会反作用于人的身体，关键是心灵的内在作用常常能够左右、甚至是决定外在性的肉身。换句话说，在日常生活中只要人们有一个好的心情和爱的温暖，就常常会有一个好的身体、美的容颜、光润的肤色和可爱的举止。（图 7－2）而好的心情往往就是来自好的心灵和温馨的行动。也正基于此，萨特在论述伦理道德的本性时，直接以“睡眠和道德”为题，表明“为人不做亏心事，半夜不怕鬼敲门”。这在养生学上讲的就是：日常生活中，只要人们能够做到涵养心志，清心寡欲，心性高洁，行为善良；做人能够顺应天道，遵循天理；做事能够达自然之性，畅万物之情，自然就可以保持心理平衡，五脏淳厚，气血匀和，阴平阳秘，健康长寿。反之，一个人若是整天处心积虑、投机钻营，心浮气躁，物欲甚多，妒忌贪婪，就不可能有一个健康美丽的身体。因为健康的身体、美的容貌更经常地是取决于“保持它自身适当的平衡与协调”。①

图 7－2 法国伟大画家布格罗的油画《小小的谎言欺骗》：母女情深

① ［美］帕特里夏·奥坦伯德·约翰逊：《伽达默尔》，何卫平译，中华书局 2014 年版，第 106 页。

三、美化身体的价值

人类对身体的美化当然涉及个体美、社会美和整个世界美三个层面的价值和意义。

首先，就个体美而言，对身体的美化不只关涉个人的身心健康、生活情趣、心理反应，关键是涉及审美主体和审美对象两个层面的美学问题。作为审美主体要想做到身体美必须懂得什么是美，怎样才能够使得身体美，身体美究竟对于个体、社会和整个世界的价值和意义；作为审美对象，美丽的身体既能够给他人带来愉悦和美感，同时也是对他人和整个人文环境的美化和尊重。再者一个人也只有通过不断地美化身体，才会在其美化自身的行为中懂得美、欣赏美、享受美，并由此正确认识美所内在地包含着的至真性和至善性。对此，费孝通先生曾经意味深长地讲了一句 16 字的美学箴言："各美其美，美人之美，美美与共，天下大同"。也就是说，在他看来，人们不仅要懂得各自欣赏自己创造的美，还要包容地欣赏别人创造的美，这样将各自之美和别人之美结合在一起，就会实现理想中的大同之美。大同之美究其本质，就是结合不同的美而达到的一种平衡与和谐，也即一种整体美和关系美。现实中，不论是一个国家、民族还是个人，基于审美的主观判断性，总是各自有一套自己认为是美的东西。这些东西在别人看来不一定美，甚至会觉得丑恶。然而，经过一段时间的接触，就可以容忍"各美其美"，进而逐步做到"美人之美"。此时，不仅证明一个人的审美已经达到高一级的境界，而且久而久之，也就会形成一种审美观念和意识，从而使得原来"不美"的对象也逐渐变成美的对象。现实生活中，人们所拥有的许多兴趣、爱好、口味和习性都是在这样一种审美化的过程中逐渐形成的。所以"美人之美"既是一种超脱了自己生活方式之后才能得到的境界，也是美化生活、美化个人的一种主要形式和手段。因此这种境界的升华极其重要。

其次，就社会美而言，人类对身体的美化，或者说对健康身心的追求不仅会提升和改变以往人们所普遍持有的那些陈旧的身体观、生活观、价值观和人生观，使愈来愈多的人参与体育锻炼，投身体育运动，献身体育事业，仰慕体育英雄，确立体育理想，践行体育人生，关键是在现实性上，也引起 20 世纪以来人类的身体发生重大改观，具体表现就是带来人口出生率的降低，婴儿成活率的提高，人的健康指数迅速提升，总体寿命延长，生活质量改善，人类普遍变得更俊美、更高雅、更文明，一些国家取消死刑，妇女的社会行为更少禁忌，妇女参与社会治理的活动乃至妇女生育都更加自由。对于许多女性来说，“我的身体完全属于我自己”。如此，不仅使得男权社会中的女性地位普遍得到提升，也使得长期受压制的同性恋行为日益变得合法化，在许多国家都得到法律上的认可。由此，也可以说是进一步证明：“身体就是我，我就是我的身体”。没有身体就没有我，当然也没有属于我的一切，包括我感知的自然和宇宙。正是我的健康身体容纳和涵盖了世界万物，也构成、实践和创造了整个社会。换句话说，人类的一切行为和实践的合法性、合理性和道德性都取决于“我的身体需要、欲求及其内在所遵循的发展规律与逻辑”。在今天的社会里，不是“人是万物的尺度，而是人的身体是万物的尺度”。正是人的身体，尤其是人的健康的身体乃是衡量和评价普遍存在于人世间的真理、至善和正义的标尺。没有人的健康身体，一切真理、道德和正义都失去其存在的本质、价值和意义。也正是在这个意义上，哲学家维特根斯坦和梅洛-庞蒂等都认为：身体不只是灵魂最真实的图画，而且身体就是思想、观念和人本身。没有健康与活力四射的身体，一切理想和目的都不会变成现实。

也正基于二战后人类对身体的高扬，使得一些后现代主义者在人的界定中用身体取代理性；认为身体不仅可以远离意识的支配，完全自我做主，还可以只根据自身的力量竞技去从各个角度对世界做出解释。因为“意识除了是身体外不是任何别的什么，剩下的是虚无和寂静。身体的意识可以与姿势（signe）的意识相比较。此外，姿势是在身体方面存在的，是身体的本质结构之一”。① 因此身体完全能够在它的生死盛衰中带着对全部真理和错误的确证，霸道地主宰道德、知识和审美。他们认为，用身体驱走思想迷信，赶走传统道德，抬高欲望机器和快感的力量，击碎稳固的主体，具有至高无上的价值。他们说，以往是理性蔑视和压制身体，今天将是反其道行之。因为从来的文化和物质生产者都不是知识和理性，而是欲望和身体。正像乳房是产生乳汁的机器一样，身体也是产生整个人类文明的机器。身体中永远流动的欲望常常激发出惊人的强力，推动着积极的生产活动。因此是欲望创造了世界，是力生产了现实；是力和欲望的连接和互动，使身体成为一股活跃的、升腾的生产力和一部永不停息的机器。因此人类史就是身体和欲望的历史。人之身体处处都铭记着历史的痕迹。

人类精神对身体的长期压制和导致的人性异化，不仅在 19 世纪唤起已经千

---

① [法]萨特：《存在与虚无》，陈宣良等译，生活·读书·新知三联书店 2012 年版，第 408 页。

疮百孔、倍受凌辱的身体的觉醒和反抗，而且随着人类对身体的日益关注，已经有愈来愈多的人认为信仰实在的身体比信仰虚幻的精神或虚假意识更具有根本意义。为此，今天“解构主体、解放身体，一切从身体出发，以身体为准绳，进到生命之心，已经成为身体本能发出的、比陈旧灵魂的主观性编造更令人惊异的思想”。这种主张“身体至上”的观念的实践价值，就是在二战结束后，引发许多深受战争迫害的国家和人民发出了“反对战争、反对暴力、反对屠杀、珍惜生命、呵护身体、捍卫和平、维护安定”的呼声。特别是近些年来鉴于世界性恐怖活动的猖獗，联合国已经形成决议，号召世界各国政府和人民联合起来反对和打击各种恐怖组织和恐怖活动；号召各国裁减军队，限制核武器、生物武器、化学武器、毒素武器，以及大规模的杀伤性武器的试验、使用和发展，以避免对人类生命的血腥践踏，对人类身体的无辜杀戮。在这同时，许多国家针对战争对身体伤害的不可避免性，也在积极地发明制造各种“机器人战士”、“新型男兵”、“电子人”，以及较之以前更为可怕的21世纪“伟大身体”的神话。

也正是在践行和捍卫人类身体的基础上，现代国际上各种人权组织、慈善组织、经济组织、文化教育组织都在积极介入和关注，以解除世界上仍然普遍存在的饥饿、疾病、战乱，以及各类天灾人祸对人类生命及身体的伤害，以最大限度地减少生命死亡，保证人的身体的正常发育。特别是世界卫生组织、国际红十字会、世界医护人员联盟等也都在竭尽全力支持各国政府发展现代体育、现代美学和现代医学，在全球推广和应用骨髓移植、器官移植、根细胞移植、基因工程、基因编辑、基因重组、基因治疗、细胞克隆，以及有关癌症、艾滋病等疑难病症的防治等先进的医疗技术，以拯救更多的生命。与此同时，各个国家也都在开发养生学、营养学、药物学、人体工程学和运动卫生学，倡导新卫生主义、新卫生观念，强化劳动医疗服务，加强劳动卫生管理，以强身健体，延长人的寿命。

再次，就“生态美学”而言，其归根结底也是关于人，特别是关于人的身体的美学。因为所谓生态美也就是人的身体对其所处生态产生的美感、快感、舒服感、适应感和生机勃勃的生命感。（图7－3）离开人的身体的美感、快感和生命感，一切生态美都将失去其美学意义、甚至是生态价值。所谓生态，归根结底也主要指谓的是关于人类生存和发展的生态。任何生态即便再美，如果不利于人类的生存、生活与发展，就不能说是好的生态，当然也不能说是美的生态。哪怕它表面上是绿水青山，只要它不是有利于人类的生存，它也不能算作美的生态。当然大凡青山绿水也总是有利于人类的生存和繁衍，因为只要它有利于其他生

图7-3　布格罗油画《清纯》：天人合一的生态美

命形态或其他物种的存活，它对于人类就有百利而无一害。因此，生态美学本质上也是“立足于生态哲学的视野、生态科学的高度、生态伦理学的情怀和运用自然美学的方法进行研究人与自然、社会、艺术的审美关系、强调生克互济、形神和谐的整体美，以及与物质循环、信息反馈密切相关的动态美的一门学科，在这里，生态学是研究生物（包括人类）与其生存环境相互关系的一门自然科学学科，美学是研究人与现实审美关系的一门哲学学科。在这里，人依靠环境而生活，环境依靠人类而得以维护。两者融为一体，相得益彰。只是在这里人是能动的主体，它可以人为地建构塑造美好的自然环境，使其更适宜于人类的生活与生存。即如图7-3，那里没有污染的空气和水，没有蚊虫的咬噬和疾病的传染，有的只是健康的少女、和谐的家庭、美丽的大海和森林，以及生活的恬静、舒适和惬意。

四、青奥会应该凸显艺术和审美

现代奥林匹克运动会，自从1896年恢复举办以来，在举办的宗旨和参与体育竞赛的目的和性质上，虽然多次衍变，但是从理论和实践上将体育竞技上升到举办和参与奥运会的主旨思想的高度，似乎还没有成为自觉。也就是说，许多人都还没有认识到体育运动就是人类所从事的一种最永久、最普遍和最具魅力的身体艺术、行为艺术、观赏艺术、审美艺术；就是一种形成乃至锻造和建构审美主体与审美对象的主要艺术形式。那么，究竟如何改变人类的这种将体育与审美和艺术相疏离的状况呢？从变革青奥会的举办宗旨、凸显青奥会的艺术和审美特质做起，以便吸引和激励更多的年轻人去积极地参与和欣赏青奥会，也许是一种最好的途径和举措。至于如何做法，至少需要革新如下几方面的理念和实践。

1. 确立体育即艺术的理念。这个世界，为什么自古以来就有那么多人热衷于参与和观赏体育运动？原因就是体育运动与许多艺术形式相比往往更美观好看、更惊心动魄；能够更持久地给人带来兴奋、刺激、愉悦、美感和成就感。而艺术不论是绘画、雕塑还是影视、戏剧，其外在的形式、描绘、刻画和表演，都不足以表达现实世界中一个具体的、活生生的和姿态各异的个人。即便是拉斐尔的“圣母”和米开朗基罗的“哀悼基督”也无法表现一位母亲腼腆羞涩的目光、和善粉红的脸色，或是那朦胧暗淡的神情中暗含的抑郁、悲伤和绝望。可以说，这个世界上不论是哪位艺术家的作品，与其审美对象相比，“与其说是伟大，不如说是可笑”。[①] 正因如此，使得许多人宁愿把大量的时间和金钱用于体育运动，也不愿意光顾其他活动或艺术门类。那么为什么体育运动会对如此多的人产生无法抗拒的魅力呢？归根结底还是在于体育运动本质上是一种艺术，而且是一种最高级、最特殊的艺术。它高雅、美丽、性感、生动、真实，充满青春活力。它令人感动、激动和振奋。它能够感染人、激励人、鼓舞人和引人入胜；能够锻炼人、磨炼人、锤炼人，使人意志坚强，无坚不摧。它的身体美、姿势美、形态美、容貌美、曲线美和动态美令人陶醉。它所展示的精湛技艺、娴熟技巧、优美动作美不胜收、妙不可言。它所显现的惊人速度、过人的力量、精准的表演、超人的勇气和令人震惊的毅力常常令人叹为观止和无尽钦佩。

这种体育艺术之美，显然不是只在于其美的外在形式，主要还是在于其美的内涵。这个内涵包含着全部的生命意义和生存价值。它体现着人类肉体的完美、精神的崇高、大自然的合目的性创造的神奇。它象征着人际间的友谊、合作与和平。它传递着温情、善良和道义。它体现着自由、民主和公平。它践行着主体的意志和精神。它尽情地释放着人的欲望、激情、冲动和本能。它全身心地投入肉体和灵魂的融合与统一。正是在这里，它在不断地追求着“健康、美丽和智慧”；正确认识：正是体育在不断地完善人性，丰富着人的本质。

正因为体育之美的内在性和本质性，所以它给人的美德感受与一些影视、戏剧艺术不同，这类艺术主要是通过表演而制造出一种“动人”然而却是虚假的艺术形式，而体育运动则不然，那里没有虚假，只有真实。少一丁点力量就会导致

① [法]德拉克洛瓦：《德拉克洛瓦论美术和美术家》，平野译，河北教育出版社 2002 年版，第 175 页。

举重失败;慢一丁点速度,就会名落孙山;出一丁点差错就会前功尽弃。那里,全是肉体的真实演示,灵魂的全神贯注,以至在运动场上,参与者们不论是赢是输,都是胜利者,都是竞技场上的英雄;其艰苦卓绝的运动过程和可歌可泣的心酸故事都令人景仰和敬佩。谁若玩弄虚假,必将身败名裂。

也正是在通过体育运动解放身体的意义上,尼采才主张:只有回归肉身,打破灵魂的总体性、理性的齐一性,一个人才能够真正拥有突出、鲜明的个性;真正让身体当家作主,而不做精神的奴隶;才能真正做到身体壮实,灵魂刚正,意志坚强,激情高昂,智慧超群,拥有创造性和自主性,具有旺盛的生命力和强力欲;才能够勇猛刚强,震慑一切,实现本真的生命。为此他说,他宁愿做一个代表本真和身体的酒神,也不愿意做一个理性的空壳。因为只有酒神才真正是胸怀广阔,热爱生命,希求幸福,才对生命和人生具有决定意义;只有身体才能够真正地自我做主,只根据自身的力量竞技去从各个角度对世界做出估价和解释。身体完全能够在它的生死盛衰中带着对全部真假虚实的确证和认同,霸道地主宰知识、真理和审美,赋予人以优美的形体、美丽的身姿和生命的激情。这是体育竞技具有的内在魅力,也是运动员在竞技场上为什么会表现得豪气冲天,为什么会赢得人们普遍的崇敬、羡慕和怜惜的原因所在。与用无机的油彩、线条、泥巴、石头或摄像机、照相机,绘制、雕塑、拍摄的僵死的艺术相比,用肉体、心灵和意志力塑造的身体艺术才真正是最激动人心的美的艺术。

也只有这种能够培养和展示人的形体美、形象美、力量美、速度美、技巧美、智慧美和心灵美的身体艺术才能真正地塑造各种美好的德行和人格,教人以高雅的气质,陶冶人的温和柔美的性情,培养人的优雅品性和高尚情操。另外,人也只有以身体的感受为准绳才能够准确地判断美丑善恶;正确认识没有美就没有德,美德讲的就是"美即是德,德即是美"。人类中存在许多丑陋和罪恶,归根结底都是对肉体和心灵的伤害,因此只有站在身体审美的高度,才能最终去除邪恶,净化心灵,提升精神,美化境界,使人变得温文尔雅、健康活泼、高贵文明。体育运动中存在的美德和公正无私不仅能够使人变得宽容、仁慈、友爱,能够安慰人的痛苦心灵,激起人的理想、希望、热情和自我牺牲精神,也能够控制人的情欲、贪欲,树立不朽的信仰,增强人的勇气和胆量,鼓舞严阵以待的灵魂,将人的各种欲望都归于秩序,酿成才智,使人类社会变成一个高度和谐、完美的整体。

对这种身体艺术或体育审美,从古至今的贤哲们之所以都给予足够重视,原因就是:人类要想拯救自身肉体的颓废和衰败,体育审美和身体艺术乃是使朝气蓬勃的生命成为可能和现实的壮举。身体艺术不仅是生命的诱惑者，更是生命的伟大兴奋剂。艺术与人的身体和精神密切相关，它既能够唤起隐藏于人的深处的兽性的生命力，也能够塑造和促动某种艺术形象和意愿世界中的旺盛的身体，乃至性的涌流和漫溢。通过艺术拔高了的形象和意愿，既能够刺激人性中的动物性能，也能够增强人的生命感和兴奋感。因此身体艺术比真理更有价值。在这里，人既是审美者，也是审美对象。作为审美者如果离开人对人的愉悦去思考美，就会立刻失去根据；作为审美对象，没有什么是美的，只有人是美的，当然也没有什么比衰退的人更丑。艺术的根本使命就是作为生理学的使命，促使身体和权力新陈代谢，激励其中能动的肯定力量，荡涤其中反动的否定力量，使人的身体在这一运动过程中趋于伟大的健康。所以体育艺术的价值不只在于能够给人们带来一种赏心悦目的快感和享受，关键还在于能够哺育和修复幼稚或破碎的人性；能够净化人的心灵，加深人的情感，美化人类的生存环境，使人类日益变得强大、文明和高尚，使人性日益变得丰满和完美。

2. 彰显青年人的身体之美。体育运动作为一种身体艺术，为什么能够吸引全人类的目光和才华，激起全人类的热情和兴趣？为什么其他的艺术形式，如绘画、音乐、舞蹈、器乐、戏剧或影视等艺术形式的影响力和号召力都不能够像奥林匹克运动会那样规模巨大、持久、广泛而又深远？溯其原因，不只在于它是一种展示身体的力和美的艺术，还在于它主要是青年人展示自己的身体美、性爱美、心灵美和智慧美的艺术。这一审美艺术是率先源自光辉灿烂的古希腊。至于为什么奥运会能够发源于古希腊，且主要是青年人显露和展示自身美和价值的艺术？这是与古希腊人的人生观、幸福观、审美观及至爱情观和婚姻观紧密相关的。

在古希腊人看来，一个人要想成为一个完美的人、幸福的人、至善的人，也即“全德之人”，必须“要使一个美的灵魂寄存于一个美的身体当中，并用外面种种有利益的事体来补充，使二者结合更为永久。”①而所谓外面有益的事体，就是指，一个人绝不可以做有损身体健康、身体机能和肢体肌肤与身体结构的劳动和事务。如果他做了损伤或玷污身体的事情，那么等到他的身体变衰弱时，他的灵魂也就逐渐不强壮了。也正基于这种“美的灵魂寓于美的身体之中”的理念，古希腊人认为，人生中最珍贵的东西或者说幸福中之最高者要算：“第一为健康；第

① [英]狄金森：《希腊的生活观》，彭基相译，华东师范大学出版社 2006 年版，第 107 页。

二为美;第三为体格的强壮与活泼。”[①]只有此类与人的身体直接相关的三大要素,才能够给人带来名誉、美德、智慧、幸福和快乐。也正是在这个意义上,雅典人梭伦在给快乐的人下定义的时候指出,“所谓快乐的人,是他身体发肤毫无所损,从来未被病魔缠裹,既有幸运,复多子孙,而外貌也极为文雅。”[②]

也正是基于这种人生观、幸福观和身体观,使得古希腊时代的父母亲们十分看重对自己子女身体的抚养、培育和训练。主张:一个人不论是身为人父人母或是身为教师和教练,其最重要的任务,就是要使得自己的孩子或学生拥有一个健康的身体和强壮的体格。并在此最基本的理念之上形成如下的婚姻家庭观。那就是,年轻貌美的女子不能够和年老体衰的男人结婚。反过来,充满青春活力的男子也不能娶体弱多病的老妇为妻。为此,在法律上,他们规定“在30岁至35岁之间的人必须结婚”,否则年龄过大,对生儿育女十分不利。再者,即便两个健康的年轻人结婚生子,也不能把那些生下来就残缺、羸弱或不强健的婴儿留下来养活,而要果断地予以抛弃。因为“生育儿童是国家最重要的事体,是旨在增进全社会的利益”,所以要将此等婚姻家庭大事上升到国家和法律的高度。同时,也使得古希腊的青年人,更是把身体之美、身体健康和体育运动放在至高无上的位置。

比如古希腊时代最流行的“竞戏”,就完全是青年人展示自己身体之美的艺术形式和体育运动。这种竞戏的神圣性就在于:运动场上虽然建有供奉诸神的庙宇,并有祭祀祷告与歌颂作为背景,使其具有宗教色彩,但最可爱和最具魅力的地方则在于以“最美丽的艺术照耀出它自身为一种完美无缺的形式,即裸体青年们之谐和动作的优美。由于在希腊的竞戏中,有裸体的表演,所以这种竞赛本身就变成艺术作品。不仅当时的雕刻家从这种竞赛中得到为后人所不能了解的灵感,并且人体形式的美与竞赛者自身及旁观人的印象,比竞赛的勇武还强得多,而体育变成审美的训练,正如完全体格的训练一样,或者比完全体格的训练还要加甚。”[③]在这里,竞争和观赏都诉之于灵敏的想象、精彩的表演和婀娜多姿的体态。特别是在黄昏节中,快乐的同伴结伴高呼,正如古希腊最伟大的诗人品达(Pindar)所言:“当可爱的净洁境界明月闪耀于蓝色天空中的时候,竞戏场上

① [英]狄金森:《希腊的生活观》,彭基相译,华东师范大学出版社2006年版,第108页。
② [英]狄金森:《希腊的生活观》,彭基相译,华东师范大学出版社2006年版,第109页。
③ [英]狄金森:《希腊的生活观》,彭基相译,华东师范大学出版社2006年版,第112页。

四面都被赞美的歌声包围住了。或者当壮美快乐的歌声正起来的时候，把得胜者名字照在很强烈的光焰之下。”①

在这里，体育不仅是希腊人的第一需要，更是青年人那不断升腾着的内在生命力的自然表现。正是这种生命力在古希腊人的竞戏或体育运动的背后构成巨大的推动力。换句话说，正是构成青年人的强大生命力的各种本能、欲望、自由意志、生命冲动、性选择、表现欲、主体意识，以及由其激发起来的各种荣誉感、自尊心、自强不息的精神等内在力量在决定着这种最普遍和最大规模的体育运动能够从古至今延续不断，并得到不断地超越、创新、变革、丰富和发展。也正基于这种不断的超越和创新，使得体育运动、身体艺术，较其他艺术形式，更加地丰富多彩和变化万千。在身体艺术的海洋里，每一种体育形式都能够为人类的强身健体服务，都能够为提升人类的生存质量做贡献，使得整个体育运动成为一个不断创新和增多的过程。在形式和内容上都显示了与其他艺术形式截然不同的特征。

它不仅具有其他艺术形式所具有的丰富性、多样性、变化性、流动性、创新性和游戏性特征，而且它作为身体艺术是艺术主体自身的运动。而运动，尤其是展现力量、速度、技术、耐力、毅力、激情以及美的形象、容貌、身姿、动作、技巧和姿态的运动，无疑是青年人的最爱。因为只有青年人才具有匀称的身材、强壮的四肢、结实的体格、光洁的皮肤、妩媚的容貌、饱满的酮体。他们不仅朝气蓬勃、青春靓丽、充满活力，而且肢体健硕、反应机敏、动作灵活、姿态优美。整个身体都渗透着美、镶嵌着美、散发着美。他们的迷人的肢体动人心魄；他们的胜利的微笑沁人心脾。也正是由于他们拥有美，正像一代又一代的贝克汉姆、霍尔金娜、伊辛巴耶娃、莎拉波娃等体育明星和俊男靓女一样，每时每刻都在展现着美，所以体育竞赛总是那样的令人兴奋，使得观赏者情不自禁地予以褒奖和赞美。

也正是由于体育运动具有如此美的性质，集美的运动、过程、目的和结果于一体，而且是生命的一种内在要求和精神的一种自觉行为，因此一个人，如果参加体育竞技仅仅是为了争名夺利或其他外在于体育的政治目的或狭隘的民族主义，这无疑是对体育艺术本性的亵渎。事实上，在奥林匹克运动场上，许多运动员参加体育竞技，都是出自身体意志的自然要求。所以运动场，不论是失败还是胜利，他们都能够处之泰然。当然胜利作为一种对身体艺术的肯定，无疑会给个

① ［英］狄金森：《希腊的生活观》，彭基相译，华东师范大学出版社2006年版，第112页。

人带来更多的幸福与欢乐，但是更多的人还都是抱着一种参与的态度而在为全人类的健康、幸福与和平而表演和实践。所以体育运动、身体艺术带有强烈的主体性和自身性，而且常常带有丰富的情感色彩和人道性质。也正因如此，使得身体艺术，特别是青年人用身体所创作出来的精湛的艺术品，更具审美性、感染力和刺激性。

这一特点，只要看看人们，特别是青年人对足球、篮球、排球、冰球、田径、游泳、体操、接力赛、冰舞、自由滑、花式滑冰、竞速滑冰、短道速滑、高山滑雪、越野滑雪、自由式滑雪、跳台滑雪、单板滑雪、艺术体操、花样游泳、花样滑冰、冰上舞蹈，以及其他不可尽数的各类体育竞技、体育项目的喜爱和狂热，就足见体育运动作为一种身体艺术是如何强烈地冲击着人的情感和心灵，是如何为人们喜闻乐见、经久不衰和持续永恒。

而体育运动之所以能够有如此的冲击力和感染力，就是因为身体，特别作为审美化身的青年人的身体不只是性、本能、欲望以及相关的潜意识、无意识或动物性意识的载体，而且正是他们的身体在不断地催生人的情感意识、性爱意识、审美意识、好奇心、求知欲和认知欲的形成。也正因如此，从古至今，人们所从事的一切政治经济、文化艺术，以及与之相关的“生死爱欲、抒情内核、生命顶点、肉体黑箱、性意识、性观念、性话语、性道德、性权力”等，都与人的身体和性紧密相关。在这里，体育运动、身体艺术是最真实地展示和表现了身体生存的本能。特别是身体中永远流动的生命力和力比多常常会激发出惊人的强力，推动积极的生命活动，使身体成为一股活跃、升腾的生产力和一部永不停息的机器，促动着人的身体不断地运动，并创造了形形色色的运动形式以尽情地发泄身体内部的情绪和力量。

五、提高青奥会的唯美意识

既然青奥会是青年人展示身体之美的运动会，而且与之相比，今天的成年人奥运会还带有更多的功利主义和职业成分，那么至少要从青奥会做起，努力提升其艺术性质、审美价值和唯美意识。特别是在自然主义的唯美论那里，美就是美。它不分肤色、性别和种族。它就是源自人的身体，而且主要是源自青年人之健康的身体。因为在现实中，一切“审美经验都是由快乐和享受组成的混合物。”[①]而在这种混合物中，不论是快乐还是享受都是作为身心统一体的人的身体的一种感受；都是每一个人作为参与者和欣赏者从他获得快乐的对象中所发现的美。所以，美本质上只是存在于人的身体之中的特性。或者按照克尔凯郭尔的说法：“人身上的审美的东西，就是使人直接是其所是的那种东西。……谁生活在自己身上的审美的东西里，靠它生活，通过它和为了它而生活，谁的生活就是审美的。”[②]也正基于此，康德在论述美的本质时指出，固然各种文身和类似的东西作为纯粹的图案可能是美的，但是它们与理想情况下人的美丽形态相比，是不能同日而语的。因为“如果一个人的容貌是美的，那么就不应该出现诸如此类的文身。”[③]为此，一种新的古典主义审美观坚持主张把人体之美完全置于一种解剖学上的完美条件之下，而且声称这种理念才是人类审美的一种自然表达。

事实上，只要纵观一下人类审美的发展史，就会发现，迄今的人类正在走向“美学人”的新时代。“在这里，也许存在着一种浅表的、显而易见的审美化，但是在浅表之下，同样有着一种深层的审美化。”[④]在这种审美化过程中，无处不见人们对身体、灵魂和心智的精心设计。他们不仅在美容院和健身房里追求身体的审美完善，而且有越来越多的人通过各种体育形式以求得身体的健康和美丽。因此，今天举办青奥会不仅要确认体育即艺术的理念，彰显青年人的身体之美，还要全力提升青奥会的审美情趣，打造一个全新的唯美主义的体育形式。要把更多人的目光、情感、兴趣和心声吸引到青奥会上来。正确认识：青奥会与其他运动会相比，更是一种与人的幸福、快乐、审美乃至人生价值直接相关的艺术。

作为艺术，它是无声的音乐，有形的旋律，优美动人的雕塑，生动活泼的画卷。正是这种与每个人都密切相关的身体艺术才能够真正地穿越时空，跨越种族，超越国界，做到既没有阶级，也没有主奴关系。每个人都是自己的主人，并且充分体现了自由、平等和公正。因此唯在这种体育艺术中，人类才没有高低贵贱之分，才直接体现了真善美的统一，理情意的一体。在这里，身体既是审美的主体和对象，也是创造美的源泉和动力。身体乃美之最；美即身体的表现、快感与强力。不仅身体是最具魅力的艺术品，一切美也都需要通过身体去体验、领悟和

① [德]莫里茨·盖格尔：《艺术的意味》，艾彦译，译林出版社 2012 年版，第 84—85 页。
② [德]T. W. 阿多诺：《克尔凯郭尔：审美对象的建构》，李理译，人民出版社 2008 年版，第 15 页。
③ Robert Wicks, *Kant on Beautifying the Human Body*, British Journal of Aesthetics, Vol. 39, No. 2, 1999, p. 163.
④ [德]沃尔夫冈·韦尔施：《重构美学》，陆扬等译，上海译文出版社 2006 年版，第 9 页。

感受。正是基于身体美及其审美功能，才产生出丰富多彩的艺术形式；升华出生活美、身体美和体育美。既然身体与美如此紧密，整个美的世界都是源自活生生的身体，那么体育作为培育、训练和推动身体成长与强健的事业，当然要从身体的体态、体型、体格、容貌、力量、意志、耐力、激情、协调性、柔韧性、整体性、平衡性、对称性、高超精湛的技巧、令人惊艳叫绝的艺术表现力等诸多方面去展示、创造、维护、延伸和塑造身体美和人类美；将美由身体扩展到世界，将世界之美归还给身体这块诞生美的摇篮和圣地。可以预见，体育艺术、身体之美必将使得其他艺术形式黯然失色。

既然体育运动有如此灿烂的前景，今天的人类就需要借助体育美化身体，娱悦人生。要把对生命和身体的艺术升华与美化作为人类生存追求的最高目标。因此，今天除了要实现身心的统一之外，还需要关注人类生活的艺术审美和那能够享受和制造审美快感的身体，以及那使人常常具有崇高境界和超凡魅力的身体美学；重视那对常人具有极强说服力的"崇高之美"与热情洋溢的身体语言。要让人们普遍认识到"对身体的信仰应该始终胜于对精神的信仰"。[①] 要竭力遏止由高超的智能制造的战争和暴力对无数生命的剥夺，全面结束精神对肉体的奴役；驱除忧伤的感情和消极的情绪，让充满恐怖、罪恶、阴谋、黑暗和悲剧的历史一去不复返；力求使长期隐蔽、羞涩、怯懦的身体一反常态朝着光明正大的方向勇敢前进，使其日益变得更天真烂漫，使"活生生的肉体变得更美妙、更动人和更真实"。要坚信身体代表着人生的全部意义。"它是威力、力量、控制力，是改变生活的欲望。"[②]只有它才能满足人类灵魂所企盼的各种无以名状的需要；才可能使得每个人真正拥有"一个真实的生命，一个不再以他人为标准、终于富有自我的生命"。[③] 正像图 7－4 所示，当天真无邪、顽皮可爱的小丘比特将其神爱之箭指向温存体贴、美丽慈爱的少女的心脏时，不仅证明身体认知和身体美学上的相互吸引，也同时证明正是一种真实、健康和充满生命力的身体之美、情爱之美、性别之爱，以及基于此创作的诸多艺术品或发展起来的体育形式，才有可能是"对人的形象的审美价值之纯客观的感知"，并以纯然结晶的方式展现出来，进而使得诸如此类的审美对象、审美形式真正成为"从天才的主体之中穿行而过，并只是按其理念价值又从主体中走出来，使得这个价值对于其他所有主体变得

① [德]尼采：《权力意志》，孙周兴译，商务印书馆 1991 年版，第 153 页。
② [美]凯特·米利特：《性政治》，宋文伟译，江苏人民出版社 2000 年版，第 452 页。
③ [德]以马内利：《活着，为了什么？》，深圳报业集团出版社 2008 年版，第 256 页。

更加贴近，更可理解。”①

图7－4 阿道夫·威廉·布格罗创作的油画《与爱神抗争的少女》。布格罗是19世纪最具影响力的画家。他的名言是：“人们必须寻求美和真，必须使作品达到极致。只存在一种画，就是能把毫无瑕疵的美和完善呈现到人们眼前的画，如同委罗内塞和提香的作品一样。”该幅画描绘的是爱神小丘比特手持一只金箭正在射向少女。如果少女被金箭射中，她将春心萌动；如果没被射中，她将冷若冰霜。从画面上看，该少女面带笑容，对小丘比特两目直视，饱含深情，显然已经被丘比特的爱情之箭射中。

为此，我们要确信能够给人类带来快乐、幸福、年轻、健康的体育运动必将代表人类的未来和希望。而未来，不只在智慧和能力上属于青年人，在健康、时尚

① ［德］格奥尔格·西美尔：《叔本华与尼采》，朱雁冰译，上海人民出版社2011年版，第84页。

和审美上更是属于青年人。之所以这样说，是因为到目前为止，至少是只有“天真浪漫”的体育运动，才能够消除种族间、国家间和派系间的隔阂，克服现有的政治化、经济化和功利化弊端，作为一个世界大家庭，共同遏制体育异化、身体异化，使人类拥有一个欣欣向荣的美好前景。只有体育才可能真正地将人类的健康美丽、智慧学识、耐力意志、高超技艺、行为能力、吃苦精神和维护个人声誉、体现集体荣誉的伦理道德等为人之要素，集于一体，合而为一，从整体上塑造完美人格，推进个体乃至整个人类的全面进步和发展。也只有体育竞技、健美运动、身体游戏，及其内含或附加的求胜欲望、生活乐趣、竞争意识、锻炼热情，以及求美激情等行为机制，才能够遏制人类身体的萎缩变质、体格体质的急剧下降、体型体态的严重变形；才能够维护、延伸和不断地创生身体之美和人类之美。事实上，迄今人类所进行和实践的数百种竞技项目，既是体育运动的发明，也是身体之美的创造。尽管各种身体动作和技艺是对诸多动物种的技能的摹仿，但加入人类智慧和科技内涵的体育竞技，无疑会将身体之美推向极致。

第 8 章

美 化 人 格

人是什么？人就是人格，就是人自身具有的一些特质。这些特质就是人类获得幸福快乐的根本和不可消除的因素。为此，亚里士多德说："持久不变的东西并不是财富而是人格"。我们对来自外界的厄运可以容忍，但由人格个性导致的苦难却无法承受；只因运道可以改变，个性却难撼动。所以人生中，类似高贵的天性，精明的头脑，乐观的气质，爽朗的精神，健康完善的体魄等才是根深蒂固的福祉。为此，我们应尽心尽力去促进和保存这类使人生幸福的特质和人格，莫孜孜于外界的利禄功名。在这些内在的品格里，最能给人带来直接快乐者莫过于"愉悦健全的精神"。因为美好的品格自身便是一种幸福。常言道："如果你常常笑，你就是幸福；如果你常常哭，你就是痛苦。"因此当愉快的心情敲开你的心扉时，就应该迅速打开，让愉快与你同在。然而人们却常踌躇不前，不愿意自己太快活，唯恐乐极生悲。事实上，愉快本身便是直接的收获，它虽不是银行里的支票，却是换取幸福的现金。

能够促进愉快心情的要素是健康。健康的人虽贫穷也有开朗满足的表情，而疾病缠身的富人却常常是忧容满面，满怀苦恼。所以我们当尽力维护健康，唯有健康能够绽放愉悦的花朵。至于如何维护健康，需要避免任何种类的过度放纵和激烈的不愉快情绪，也不要太抑制自己，要经常做户外运动，洗冷水浴。没有适度的日常运动，便不能永远健康。亚里士多德说："生命便是运动，运动就是生命的本质"，这当然千真万确。人有了健康，做什么事都是快乐的；反之快乐就会失去。一个人即使具有伟大的心灵、乐观的性格，通常也会因健康的丧失而黯然神伤。只有愚笨者才会为了其他的幸福而不惜牺牲健康的身体。在这里，一切功名财富、权力地位都是过眼云烟，人世间没有任何事物能比健康的身心来得重要。

但要精神愉快仅有健康的身体还不够,因为身体健康的人也有可能终日愁眉苦脸,郁郁寡欢。因为忧郁常常植根于更为内在的体质,为此,不只是亚里士多德认为“一切在政治、哲学、诗歌以及艺术上有突出贡献的人都具有忧郁的气质”,而且柏拉图还把人分为两类,即性格随和的人和脾气别扭的人。他指出关于快乐和痛苦的印象,不同的人会有不同程度的受容性,所以即使经历同样的事情,有的人痛苦绝望,有的人却一笑置之。原因是:对痛苦的印象受容性愈强的人,其对快乐的印象受容性就愈弱。反之,对痛苦的印象受容性愈弱的人,其对快乐的印象受容性就愈强。这种人几乎从不计较事情的结果,生活中充满乐观精神。

基于上述人格的研究,当代流行的九型人格论将人格主要划分为九类:完美型人格:追求完美,原则性强,是非清楚,黑白分明,对己对人要求甚高,情商较低,爱为人师。对人赞美少,批评多。这种超高标准要求自己和他人的人,通常都生活在高压之下,很难放松自己。相反是更易愤怒、不满、失望和沮丧。全爱型人格:渴望别人的爱或良好关系、甘愿迁就他人、以人为本。喜欢主动帮人,慷慨大方。虽然对别人的需要很敏锐,却常常无视自己的需要。很多时候都会为帮助别人和肯定自己感到自豪和骄傲。当然也有较强的占有欲和控制欲。成就型人格:争强好胜,常以成就衡量自己的价值,注重形象,工作狂。精力充沛,动力过人。喜欢挑战,信心满满,自恋、炫耀,权力欲强。艺术型人格:情绪化,追求浪漫,我行我素,易忧郁、妒忌,生活追寻感觉好。多愁善感,想象力丰富,社交圈子小,常常顾影自怜,沉醉于想象的世界。智慧型人格:好辩,执着,冷静,抽离情感,喜欢思考,知识渊博,对物质生活要求不高,喜欢精神生活,不善表达内心感受,总想跟身边的人和事保持一段距离。常会感到焦虑不安。很有机会成为专家,对知识非常热爱。忠诚型人格:做事谨慎,喜欢群体生活,为别人做事尽心尽力,安于现状,不喜欢新环境,爱平和,怕权威,做人做事忠心尽责。经常出现害怕、忧虑和犹豫。活跃型人格:乐观大方,精力充沛、活泼好动、赶时髦,追潮流,爱讲自己经验,喜欢制造开心。不喜欢被束缚控制。做事欠缺耐性,易冲动,工作鲜有周详计划。领袖型人格:追求权力,讲求实力,有野心,喜欢做大事,爱命令,有威严,报复心强,爱辩论,靠意志掌管生活;豪爽,不拘小节,自视甚高;目标清楚,努力前进,明知山有虎,偏向虎山行。由于控制欲强,常有激烈的攻击性、侵略性、挑战性、反叛性,酷爱领袖身份。和谐型人格:追求和平,老成稳重,难于拒绝他人，不懂宣泄愤怒，爱调和，做事缓慢，生活追寻舒服，生活中善解人意，随和。但做事优柔寡断，无主见，与世无争。

虽然上述九型人格，个性鲜明，都是回应世界的不同类型，都是一张详尽描绘人类性格特征的活地图，是了解自己、认识他人的一把钥匙，是一件与人沟通、有效交流的利器。但却都忽视了人格的审美化，忽视了柏拉图所谓的"健康、美丽和智慧"三重人格的统一性。

一、健康的身体

虽然人的身体就是一切，而且健康、美丽和智慧是构成人格的基本要素，但是数千年来，充满战争、暴力、屠杀、饥饿、贫穷、灾难、剥削和压迫的人类历史，几乎完全把人的身体置于上述诸多否定性力量的奴役中，因此欲发动和实现人类社会普遍的身体美化和人格美化，显然是极不现实。好在经历上个世纪两次世界大战，杀死了近 1 亿个宝贵的人类生命，终于通过战后人类进行的普遍反思，至少使得欧美发达国家的人们率先觉醒，认识到和平与发展作为全球化的目标之一对于人类未来前景的宝贵。由此也使得大多人开始注重身体的珍贵，养生的重要性，并将身体之美和美化身体普遍地付诸行动，拉进日常生活的进程。再也不是像过去那样，主要是帝王将相、皇族王公、官僚权贵、有钱富人、纨绔子弟们在精心打扮，追求身体的外在形式，以抬升自己的权力地位，炫耀自己的社会身份，而是愈来愈多的人，开始追求健康的身体，强壮的生命；追求形体美、容貌美、姿态美、高颜值、行为美。那么究竟怎样才能够美化我们的身体，使得身体之美成为人生目标的最高追求呢？

论及人体之美，男人和女人当然不一样。男人的身体要充满阳刚之气。这是种族的要求和性选择的结果，因为在这一种族的延续过程中，"女人总是特别喜欢男人坚定的意志、果断和勇敢的作风，或许还有诚实、仁慈的心地。相比之下，智力方面的优点却不会对女人发挥直接的和本能的作用。这恰恰是因为这些东西，孩子并不受之于父亲。"[①]为此，在社会现实中，"我们经常看到一个丑

① ［德］叔本华：《意志决定命运》，韦启昌译，长江文艺出版社 2014 年版，第 182 页。

陋、愚蠢和粗野的家伙比聪明、有文化修养和亲切可爱的人更能获得女人的欢心。”[①]而女人的身体则要显现其娇艳貌美、温柔贤淑、动作轻盈、袅袅婷婷、楚楚动人，令人感到温馨陶醉。这是因为女人皮肤光洁、体形苗条、纤细，“稍显肌肉力量是合乎自然和普遍的情形的”，也是符合男性的审美诉求和择偶标准的。

然而不论男女，人体都是以其最神奇、最高妙、最完美和最艳丽的造化，体现了人之身体诸如强健有力、和谐典雅、热情奔放、聪敏智慧以及充满生命活力、生产欲望和创造能力等优秀品质。其中，身体对称性好、身高适中、体形匀称、体格健全、精力旺盛、生命力强大的男性，除了面容较富吸引力之外，其坚韧刚勇的性格也往往强于同龄人。他们的肌肉发达，动作敏捷，运动能力较强，个性较富支配性，几乎都是受到同伴欢迎的人物。

如果详细比较男性和女性身体在审美上的特征，当下基本上可以形成如下类似性认识，即美丽女性的面容是额头饱满，嘴唇丰满，颚骨短小，下巴尖细。英俊男性的面容则是颚骨宽大、下巴较宽和眉毛粗浓。虽然优雅尖细的下巴是女性容貌美的要素之一，但若就吸引力而言，容貌恐怕无法同体型的优美相比。这在男性看来尤其如此，这就是人们常说的“天仙般的容貌敌不过魔鬼样的身段”。当然，要提出一个体型美的标准是不容易的，因为常识告诉我们，不同的时代有着不同的审美标准和审美理念。在生产力低下的农业社会，广大民众因身处下层社会，备受剥削压迫，常年做牛做马，过着十分艰辛的生活，衣不遮体，食不果腹，饥寒交迫，因此多数人都是骨瘦如柴，瘦骨嶙峋，故人们往往以丰腴肥胖和雍容华贵为美。

这种以肥为美的审美观，甚至眼下依然存在于一些贫穷落后的国家（图 8－1）。比如非洲的埃塞俄比亚的一些古老部落，迄今其审美传统依然是以胖为美。据英国《每日邮报》的一项报道，埃塞俄比亚的博迪部落每年都会举办一次“选胖大赛”，参赛者均为未婚男子。他们需在 6 个月内仅靠喝牛奶、饮牛血增肥，最后最胖的人成为冠军，余生都将受众人崇敬。

而在现代社会中，由于生活水平迅速提高，人们的工作节奏、生活习惯和饮食结构也在不断地发生变化，如此一来伴随物质生活条件的逐渐改善，肥胖者也就与日俱增，使得许多人的体形也变得日益肥大臃肿，结果，不仅是大幅度地改变了人的外观和容貌，也导致人的体质恶化，各种疾病迅速地蔓延和增生，既给

---

① ［德］叔本华：《意志决定命运》，韦启昌译，长江文艺出版社 2014 年版，第 183 页。

图8-1 埃塞俄比亚的博迪部落“选胖选美大赛”

人们带来痛苦，给社会带来负担，也极大地缩短了人的寿命，故使得肥胖日益成为人们所竭力避免的体质和属性。尽管现代人的审美情趣依然是各有不同，及至大异其趣，即有的人觉得现代苗条的时装模特的体型最美；而有的人则更欣赏画家鲁本斯笔下的丰腴的古典女性的形象，觉得她们才是让人感到亲切、温暖的美丽女性。然而，多数人还是追求和欣赏身材上的“高挑，纤细，匀称、美白或是古铜色”。

为此，有人认为现代的人体美主要包括两方面：首先就人的形体、姿态、容貌而言，由形式美法则决定，要求人体线条挺拔清晰，富于变化，均匀对称，富有魅力，各个部分的比例以及肤色、动作、姿态等都符合人类的普遍尺度乃至黄金分割法则。其次，就人体美的本质而言，它是健康、有力和美丽的统一；展现出人的活泼、勇敢、热情、蓬勃向上的精神状态。当然人体美的发展同社会条件密切相关。不同时代和不同民族的人对人体美的审美标准有同又有异。文明的社会环境、美好的社会生活和长期的锻炼、保养为人体的日益美化提供了可能性。人体美是人的重要的审美对象；能使人愉悦和坚定对人的本质力量的自信。

以女性身体的现代审美观念、美化标准与审美行为为例，现在女性所追求的身体美和容貌美，至少需要美化如下方面：一头飘逸的秀发往往是美丽女人的重要特点。黛画之眉会使女人变得更加精致靓丽。眼睛作为心灵的窗户，绝对能够勾住别人的心。鼻梁直而顺，鼻尖挺而拔，鼻孔圆而润，既会使人显得婉约秀气，也会让人望而生怜，视而欲触。红润的樱唇适当修整，能够给人带来不一样的风情。女人的酥胸、洁白的肤色、润泽的肤感，好像夜空中的星光璀璨夺目。杨柳细腰，盈盈一握更能衬托出女人的婀娜多姿。臀翘而不垂的臀部丰满性感更能让女人显得阳光、挺拔和健康。美丽的女人必定身材高挑，其中长长的纤腿必定会让女人在人海中鹤立鸡群，亭亭玉立。至于女人身体中性感娇小的玉足则是最具韵味的器官之一。特别是对男人而言，女性的玉足往往成为最具杀伤力的武器。

当然不同的女性有不同的身体美化理念，不同的审美主体也有不同的审美爱好和情趣，不能强求统一，但是一些具有世界影响力的“最美丽的身体”，一如尼采所言，还是具有代表性、公众性和感染力的。比如世界著名影星奥黛丽·赫本自从她出演著名影片《罗马假日》之后，“几乎在每一部经典佳作里，赫本的服装都会带来一股新的流行热潮。即使现在把她以往的经典老片翻出来重看，赫本的服装仍然给人一种心灵震撼。”①这种楷模行为和时尚效果，并不仅仅是因为“人靠衣服马靠鞍”的外在打扮，归根结底还在于赫本的先天身体条件及其身体的出神入化的美化效果和长期的美化实践形成的独特的气质和风格。比如就服装的穿戴和选择而言，赫本选择美服的原则是“宁要一流材质基本款，不要地摊时髦货”。她的这种做法不只是实践了古巴的一句谚语：“便宜的东西往往会花去更多的钱，昂贵的东西往往会替你省钱”，更关键的是穿上一流材质、款式简约的美服的赫本，“每一次出现在人们面前，都会成为众人追逐的焦点，不管其他女性有怎样惊艳的装扮”。对此审美观，赫本的朋友奥黛丽·怀尔德曾这样评价赫本：“赫本对衣服质感的选择非常认真，如果她是选择一件衬衫，那一定是一件质地一流的衬衫，并且款式一定是非常的简单。”②因为只有如此简单的选择才更能凸显她身上独有的气质，才能真正体现她的浑然天成、自成一派的身体美。

毫无疑问，服装打扮只是表现身体美的一种重要的外在形式，一个女人或一个女人的身体是否美，另一关键因素就是她看起来是否性感。那么何谓性感呢？一个女人怎样才能拥有性感呢？一些人认为“适合的，就是性感的”。但是另一些人则认为，性感，对于一个魅力十足的女人来说，除了她婀娜的身姿，就是她身

① 陈之荣：《像赫本一样优雅》，中国纺织出版社 2015 年版，第 2 页。
② 陈之荣：《像赫本一样优雅》，中国纺织出版社 2015 年版，第 7 页。

上具有的独特气质。而且只有这种性感和气质才具有一种长久的内涵,不会随着时间的推移而消退。相反,它如同水晶、钻石一样,因为时光的雕琢,而更加璀璨耀眼。所以,只有那些懂得爱护自己、装扮自己、美化自己、自信满满,而且拥有优雅、高贵和大方特质的女人才是最性感和最为他人所崇尚的人。

在当今社会崇尚骨感、高挑、纤细和以瘦为美的时代,身材纤瘦几乎成为女性性感的前提。那么如何才能保持或是使得原先比较肥胖的身材变得苗条纤瘦呢?首先,刻意地节食对人的身体将有很大的伤害甚至可能引发一些难以治愈的疾病,这是一种有损无益、不可取道的行为。因此保持曼妙身材的科学办法,就是"饮食有方,事半功倍";就是适量引用、甚至能够理智地学会拒绝自己喜爱的食物。除此之外,还要善于在合理饮食的基础上"舞动人生"或"运动人生"。特别是那些热辣诱人的舞蹈,"其有节拍的步调,就像诗歌是有韵律的文体一样"既能够锻炼人的身体,又能够修身养性和给人以美感与享受。比如著名影星赫本之所以能够终生保持纤细迷人的身材,就在于从小就酷爱舞蹈,一生都与芭蕾结下不解之缘。对此她深有感触地说,"舞蹈不仅是实现自我的一种才艺,更是许多爱美女性的一种减肥、瘦身的方法"。当然,人类实现美化身体,实现身体之美的途径和方法是无穷无尽和多种多样的。可以说不论是散步、练瑜伽、跳广场舞,还是游泳、杂技、练武术,都是美化身体的好方法和好形式。只是要记住"只有适度才是美化身体、成就好身材的锦囊妙计"。

那么赫本所选择的主要瘦身和健美方法是什么呢?那就是最常见、最简单、最节俭和最不会带来麻烦的散步运动。只是赫本的散步有些特殊,那就是她的散步不仅速度非常快,姿势端庄、抬头挺胸、小腹收进、脊背舒展、自始至终都保持着芭蕾舞的身姿和习惯,而且将散步成为她的一种爱好兴趣。为此平日里,不论是工作还是生活,不管是去哪里,她都宁愿走路,确认走路是她锻炼身体、消耗脂肪、保持健康、增加活力、美化身体的最好方式。这正如赫本所言:"我不是一个生活有规律的人。我喜欢散步,喜欢呼吸新鲜空气。我的生活中没有什么规则和方法,我只做自己必须做的事情,然后顺其自然"。

所以,身体美还是顺其自然、遵循身体自身的生命韵律和运动本性为好。当然通过技术进行整容、整形也可以改变身体的外在形式,使其变得符合公众的审美视角或审美要求,但是由于一切生物性的身体器官和组织都天生地构成一种相互联系、相互作用的有机系统,真正地具有一种"牵一发而动全身"的整体性功能,因此任何整形或整容,即便整形技术再高明,也难以预测身体内部因个别组织器官的破坏有可能带来的负面作用。既然如此，美化身体还是要遵循身体自身的生物构成和运行规律，依照老子的“无为而治、唯道是从”的哲学理念而行事。若如是，且能够做到健身有度、中和中庸，必将善始且善成，使人的身体既康健，又拥有魅力。一如赫本“出污泥而不染，濯清涟而不妖”；内心通达而外形坚贞，香气悠远而清纯袭人，亭亭玉立如在水女神，洁身自爱倍显高洁人格。

二、美丽的心灵

基于身体的结构与功能之间的紧密关系，当代美国学者戴奇沃迪通过大量的科学实验提出他的“身心合一论”。指出，身体是一本活生生的心灵自传；探索身体是一个自我了解和自我疗愈的旅程。人的身体与思维、个性、品质、情感、生存能量、感觉知觉和自我意识之间天生就合而为一。因为身体的每一个细胞在组织及功能上与其他细胞都有关联。同样，所有的思想、信仰、恐惧和梦想在心灵组织与功能上也密切相关。正是我的身体和我形影不离，与我一起衣食住行、吃喝玩乐，造就了我的心灵；以致仅凭观察身体就能了解心灵和人格。

由此，戴奇沃迪发现了一种“身体阅读法”，指出，“一个人的个性不仅可以从他的行为模式看出端倪，也能由观察身体形状及动作等生理层面的状况而勾画出来。每条肌肉的张力总合起来……形成我们的‘身体表情’。身体表情在生理层面上就是典型的‘情感表达’，而在心理层面上就是‘个性’。”[①]然而不论是心理还是生理层面，人的情感都是存在于人的身体之中。身体就像是一块线路板，每个部位都体现了各种不同的情感、信念、认知或个性。总之，人之身体绝对没有哪一部分是纯粹的物质和肉体，或纯粹的观念和精神，而是肉体和精神的统一，是整体化的结构和功能的整合，而且是身体结构起着基础性和决定性作用。

如何美化心灵，这在古希腊的柏拉图学园里就已经践行。因为人格美和身体美，不仅关涉人的容貌美和体形美，更关涉人的心灵美和行为美。然而由于美主要是源自人的一种判断力，恰如康德所言：“为了区分某种东西是不是美的，我们不是通过知性把表象与客体相联系以达成知识，而是通过想象力把表象与主体及其愉快或者不快的情感相联系。因此鉴赏判断不是知识判断，因而不是逻

① [美]肯·戴奇沃迪：《身心合一》，邱温译，当代中国出版社2010年版，第7页。

辑的,而是审美的,人们把它理解为这样的东西,它的规定根据只能是主观的。”[1]既然如此,在人的成长发育过程中也就必然涉及对审美主体的培养和教育问题。换句话说,美作为一种主观意识、主体感觉主要是后天培养的结果。或者说,美本质上是审美主体对审美对象的欣赏、感悟、觉识和创造。所以从柏拉图开始人类就非常注重美育,目的就是教化人的灵魂,美化人的心灵,培养人的德性,抬升人的境界。塑造各种美好的德行和人格。比如音乐可以教人以高雅;诗歌能够激发人的热情,引起人心的共鸣;戏剧能够通过音声肢体的表演向人们传播人世间的真假是非、善恶美丑;而舞蹈则能使人形体优美、身体健硕、动作敏捷、反应灵活和充满青春活力。

另外,人也只有懂得美丑,才能懂得善恶。美德和公正无私不仅能够使人变得平和、宽容、仁慈、善良、勤劳、节俭、友爱,也能够使个人或是变得刚健、潇洒,或是变得美艳、靓丽,使人类社会日益从野蛮走向文明,从必然走向自由,也必将日益从暴力和战争走向和谐与完美。所以从古至今,美化人类心灵,提炼人类精神,讴歌高尚品德,弘扬完美人格,增强个人魅力,一直是文化艺术、伦理道德等认知和知识领域努力承担的任务和对象。其功能和目的当然也是旨在推动整个人类的素养不断提升,人性不断完善。

国际影星奥黛丽·赫本也是这样一位既身体美艳无比,又心灵善良高贵的女性。她的充满魅力的心灵主要表现在如下几个方面:一是,“发自内心的优雅才最美”。而优雅,显然并不只是表现在服装穿戴和容貌打扮上,而更多地是表现在行为举止和身体语言上。对此,在赫本身上最令人啧啧称道的,就是她的能够留住经典、感染全球、赢得整个世界的微笑。她的微笑不只是显示了某种超人的低调,而且还表达了一种常人没有的坦诚、率真、深邃和自信,真实验证了大文豪列夫·托尔斯泰的名言:“人生的价值并不是用时间,而是用深度去衡量的”。因此赫本的那几乎令所有人都难以忘怀的微笑和用微笑撰写的人生,既反映了她的平和的心态,也表达了她那“做人如水,包容万物,做事如山,有容乃大、魅力无限、魔力无穷”的优雅和境界。为此,在赫本看来,笑是拉进人际间建立友谊和友爱关系的最快的方式。也正基于这种理念态度,才使得她那从不轻易在公众面前表露的幽默感,能够最有效地赢得众多同事、影迷和朋友的赞赏和亲近。正如她的朋友格里高利·派克所言:“大多数人都认为奥黛丽具有贵族气质,而我

① 李秋零主编:《康德全集》第5卷,中国人民大学出版社2010年版,第210页。

却觉得她是一个阳光灿烂的人。赫本幽默诙谐，谈笑风生，在与她交往的过程中，总能够让人大笑不止，感到格外的开心。”为此，罗杰·摩尔也由衷地表示赞美，说，她与人相处和讨人欢喜的秘密武器就是她那甜美的微笑；就是那来自风趣诙谐和发自内心的笑声。笑声不仅可以驱除人们的阴霾和痛苦、惆怅和不幸，而且可以留住美好的记忆，传递乐观主义的情绪，弘扬坚忍不屈的精神，撰写成功幸福的人生。

如果说微笑作为一种肢体语言完全可能只是反映人的外表，而不是表达人的内心，那么乐善好施、悯济穷人，积德行善，普度众生，才真正是润育福田、美化身心的良药大善。为此，赫本一生都在做着各种善举，不只是用一颗善良的心拥抱世界，而且善良也让她变得更加动人美丽。因为善良作为人类最珍贵的宝物、最高尚的情操、最独特的精神财富和传统美德，就像一首感人肺腑的歌曲，一幅沁人心脾的图画，一条奔流不息的河流，拥有它，人们就会变得幸福、快乐和完美。特别是晚年，演艺事业不再是她的工作重心，她高贵而朴实的内心，在她成为联合国儿童基金会亲善大使之后，不仅经常走访非洲关怀儿童，将全部身心奉献给儿童，为此被赞“宛如天使在人间”，而且她通过扶贫济世之美德善行点亮了他人的梦想，温暖了他人的心情。由此显现和证明：“善良是一种内在的美，更是一种人性美、道义美、良知美和崇高美。”正是这种美成为美化人格的最主要的力量。

善良是一种美，更是一种爱。而爱既是付出、恩慈、奉献、关怀和支持，又是恒久的忍耐、包容、理解、希望和期待；既是一种力量、宏博和坚毅，更是一片天空、一束阳光、一滴雨露。爱既能够照耀和滋润每一个人的心房与灵魂，又能够包含、养育天地间的万事万物。爱不喜欢不义，只喜欢真理；不喜欢阴暗，只喜欢光明；不喜欢欺骗，只喜欢真诚。爱正如罗曼·罗兰所言：“爱是生命的火焰，没有它，一切都变成黑暗。”所以，爱从来都是一种最崇高的美，一种最高尚的人格，一种可以穿透一切壁垒和障碍、实现身心和谐的最强大的力量。也正基于此，达尔文才说，“人是这个世界上唯一懂得爱别人的动物。”这也是为什么，人世间在美化身体美的过程中，会把心灵美抬升到人格美的非常重要的位置。

当然心灵美的最高境界就是精神美。而人类精神作为其特有的自我意识、观念理念，包括各种意识形态、伦理道德、理想情操、宗教信仰，以及人生观、生活观、价值观、世界观、审美观等，无疑是人的最高本质，也是构成人格的最根本的要素，所以美化精神不仅是精神自身的要求，也是净化人类社会、排除污泥浊水、遏制欲望私利、消灾避难的武器和保障。

比如作为人类精神和意识形态的普遍形式:道德,由于在几千年的阶级社会里,几乎完全屈从于统治阶级的权力意志,备显其虚假意识的本质,所以从古至今的道德信条都与人的自由本性背道而驰,而全无美的本色,以至康德在感叹人世间至善的困难时不得不遗憾地指出:“人生并不像上演的戏剧那样,其中每一个歹徒都能受到应有的惩罚,每一件善举都能得到应有的回报。相反,毒蛇的智慧在世上比鸽子的温柔善良更走运,每一个窃贼偷足了都可以大摇大摆,俨然一个令人敬畏和赞叹的贵人,致使人世间只有世俗功用利害和通权达变才是道德的明证。”致使古希腊智者派所竭力倡导的美德论一直没有在人类的文明进程中得以发扬光大,相反是由于伦理道德的日益沦丧,使得美德中的“美”与“德”日益疏离和分化。

其实,就伦理道德的内在本性而言,大德和大美反映的都是自然宇宙运行的规律、天地万物构成的关系。正因如此,不论是古希腊的哲人还是中国古代的先贤,在论述人伦道德时,主张的都是老少长幼之人间秩序、父母兄弟之血缘关系、乡邻朋友之亲疏远近;强调人际间要亲师友,孝父母,父子亲,夫妻顺,兄友弟尊。协作友谊,爱怜仁慈。然而曾几何时,伴随人性的异化,现在的道德信条几乎都堕落为纯粹的虚假意识,除了充满骗人的空话、大话和假话之外,剩下的就是道德的外在性,形式性、教条性、漂浮性和偶然性,完全失去其美的内涵和规定。因此今天,美化道德,回归美德,打造精神,升华意识,势在必行。

如果说,上述之道德作为一种精神主要表现为意识形态,那么宗教信仰作为一种精神则主要表现为一种人生态度和思想境界。原因是:作为人类意识、人类精神仪式化了的宗教,并不是人类精神的纯粹臆想和杜撰,而是人类社会中普遍存在的一种爱的行为、爱的意识、爱的操守和崇高精神的升华与锤炼。所以其本质,尤其是基督教的本质也就集中体现为人类之爱、之大爱、博爱和至爱。比如在这个审美过程中,基督教社会主义传递的思想和理念,可以说最有利于美化人的心灵。当然还是在于个人的选择和教义的理解。比如 1910 年 8 月 26 日生于前南斯拉夫塞尔维亚的德蕾莎修女之所以能够成为世界上心灵最美的人,原因就是在她的人生观和价值观中选择的就是基督教信仰传讲的福音信息、普世价值:舍己,奉献,勤劳,诚信,公义,仁爱,和平,良善,博爱,宽容、福荫世界,光照人前,殷勤做工,拒绝懒惰,救赎人类等,与我们所讲的“舍己为人、热心奉献、乐于助人、集体主义、共产主义精神”等极为一致。事实上,基督教一直都非常注重社会慈善事业，诸如资助办学，创办医院，服务人群，奉献爱心等善德善性。而这些与社会主义的核心价值观：富强民主、文明和谐、自由平等、公正法治、爱国敬业、诚信友善等价值目标都是相融相通。

德蕾莎 18 岁进爱尔兰修女会，接着被派往印度。在那里，一个 18 岁居无定所的姑娘每天做的事，就是推着小车在垃圾堆里、水沟里、教堂门口、公共建筑的台阶上，去拣回那些被遗弃的奄奄一息的病人、婴孩和老人，然后到处去为他们找吃的和找药治病，求医生来帮助他们。19 岁被命名为德蕾莎修女。1952 年夏，为了给穷人找到爱与尊严，她在印度加尔各答建立了“垂死者之家”。1979 年，德蕾莎修女获得诺贝尔和平奖。她身穿一件只值一美元的印度纱丽走上了领奖台。不论是和总统会面还是服侍穷人，她都穿着这件衣服，她没有别的衣服。台下坐着珠光宝气、身份显赫的贵人，而她眼中只有穷人。她说：“这个荣誉，我个人不配，我是代表世界上所有的穷人、病人和孤独的人来领奖的，因为我相信，你们愿意借着颁奖给我，而承认穷人也有尊严。”当她知道诺贝尔奖颁奖大会的宴席要花 7000 美金时，她恳求大会主席取消宴席。她说：“你们用这些钱只宴请 135 人，而这笔钱够 15000 人吃一天。”

宴会被取消，修女拿到这笔钱，同时还拿到了 40 万瑞币（相当于 260 万人民币）的捐款。那个被所有人仰慕的诺贝尔奖牌也被她卖掉了，所得售款连同奖金全部献给了穷人。从 1928 年德蕾莎修女只身到印度到 1980 年，她的同工超过 13.9 万，分布于全世界。她的同工没有任何待遇，连证件都没有，他们不需要这些东西，唯一要做的就是牺牲和奉献。

她创建的仁爱传教修女会有 4 亿多美金资产。但她一生却坚守贫困，她住的地方只有两样电器：电灯和电话。她的全部财产是一尊耶稣像、3 套衣服、1 双凉鞋。她在全世界 127 个国家有 600 多个分支机构，她用最快的速度、最高的效率在全世界发展慈善机构，仅在 1960 年，就在印度建起 26 所收容中心和儿童之家。但是她的总部只有两个修女和一台老式打字机。她的办公室里只有一个桌子，一把椅子，她接待全世界的来访者总是在她的工作岗位上：平民窟、弃婴院、临终医院、麻风病院、收容院、艾滋病收容所……在她那里服务的有银行家、大企业家、政治家、大学生、演员、模特、富家小姐、美国加州州长……。台湾大学校长李家同也千里迢迢去那里，做了他一辈子没有做过的事情：洗碗、给病人穿衣服、喂水喂饭、洗衣服、送药、搬运尸体……之后，他写道：“现在我才知道，我从来没有真正爱过别人”。

后来南斯拉夫爆发科索沃内战，德蕾莎去问负责战争的指挥官，说战区里的妇女儿童都逃不出来，指挥官跟她这样讲："修女啊，我想停火，对方不停啊，没有办法。"德蕾莎说："那只好我去了！"德蕾莎走进战区，双方一听说德蕾莎修女在战区，立刻停火，当她把战区里的妇女儿童带出后，两边又打起来了。后来传到联合国，秘书长安南听到这则消息后赞叹道："这件事连我也做不到。"可见德蕾莎的人格魅力。

德蕾莎在印度逝世后，她的祖国塞尔维亚希望她能回国归葬，印度总理特意为此打电话给塞尔维亚领导人，让她安葬在印度，后来塞尔维亚同意把她安葬在印度。她的去世被印度人视作"失去了母亲"。印度总理说：她是少有的慈悲天使，是光明和希望的象征，她抹去千千万万人苦难的眼泪，她给印度带来巨大荣誉。印度为她举行国葬。出殡那天，她身上盖着印度国旗，在她的遗体被 12 个印度人抬起时，在场的印度人全部下跪，包括印度总理。遗体抬过大街时，两旁大楼上的印度人全下楼跪在地上，向这位爱的天使表达最高的敬意。1999 年她被美国人民投票选为 20 世纪最受尊敬人物榜单之首，排在其后的是马丁路德金与肯尼迪。她以压倒性优势成为全美人民心目中的伟人。2009 年 10 月 4 日，德蕾莎修女被评为"诺贝尔奖百余年历史上最受尊崇的三位获奖者之一"。美国国务卿希拉里曾说，我帮德蕾莎修女提鞋都不配。德蕾莎修女的人生信条：世界上什么样的人都有，而不管怎样你都要原谅他们，对他们友善，你要取得成功，要诚实率直，要快乐，要做善事，要把你最好的东西给这个世界。"说到底，它是你和上天之间的事，而决不是你和他人之间的事"。她的人格、精神力量和纯粹心灵，早就超越任何文化属性和人性的存在，她是全世界所有爱与美的化身！愿我们每个人都能像她一样，为他人贡献我们全部生命的价值，找到生命的意义。

另外，只要打开人类宗教史、艺术史和审美史，就会看到在其整个发展过程中从始至终都贯穿着至爱、至美和至善三统一的精神境界；并由此发现宗教、博爱和艺术与审美之间的内在关系，既看到精神被形式化和审美化的历程，也看到艺术和审美的发展既源自精神自身的冲动和要求，也是精神自身的建构和营造。事实上，仅就宗教信仰和各种艺术审美形式之间的渊源关系而言，就可以说人类的原始宗教就是现代艺术和诸多审美形式的起源和摇篮。例如今天的许多艺术门类：歌舞、绘画、雕塑、建筑等，虽然在人类的原始时代主要是一种巫术宗教活动，而不是单纯的艺术审美，但却是原始艺术产生和发展的直接动因。

换句话说，现代依然存在的许多艺术门类、审美形式，都是对原始宗教美化的结果,或者说都是宗教信仰自我升华的结果,或者说都是宗教信仰和艺术审美相互作用的结果。由此也证明,不仅美及审美活动作为一种身体感受、心理体验、精神愉悦、主观判断和自我意识,与宗教信仰具有某种殊途同归及志同道合的作用,而且宗教信仰本身就具有一种美化心灵、提升境界、锤炼意志、净化灵魂、驱逐邪恶、拒斥丑陋的艺术价值和审美作用。

这是因为人类在长期认识利用、改造适应自然的社会实践、生产实践和日常行为中形成的宗教信仰,不仅能够给生活在一个艰难而无常的世界中的人类提供某种精神上的安慰,而且其中包含的知识和哲理浩如烟海、博大精深,足以吸引和满足各类人的好奇心与求知欲。它所描绘的宇宙观广大而壮阔,可以扩展人的胸襟,抒发人的情怀,激励人们探索大自然奥秘的雄心。它所阐释的人生观是民胞而物与,积极而奋发,鼓舞个人为社会、为人类服务和献身的热忱,培养人们大慈大悲、恻隐之心,以至它所追求的终极是使人人获得真正的自由、平等、欢愉和幸福。正因为宗教信仰在某种程度上体现了自由、博爱以及四海皆兄弟的"真平等"精神,使它一直都能够占领人的精神和社会生活领域,继续执行着它的积极向上的功能:教导人们如何寻求人生之路,确立理想的人生观、价值观,寻找生命的意志、生活的信心、事业成功的力量,以及夫妻的恩爱、家庭的和睦、社会的安定和整个人类尊严。也正因为如此,现实中,在世界范围内,人们都给宗教信仰留下自由、合法的席位,使它能够像科学、哲学、艺术和神话一样共同占有人类的精神和社会生活领域。

这是宗教信仰内在地包含着至真至善的原因,也是它内在地镶嵌着大爱大美,使其能够转化为艺术形式和审美形式,并反过来也因为它的"爱"和"美"的本质,而日益得到全部人类信奉和青睐的缘由。比如,迄今人类发现的最原始的艺术:阿尔塔米拉洞穴壁画,1879 年由西班牙考古者桑图拉的女儿发现。该洞穴深 270 米,壁画主要分布在长 18 米的侧洞顶和壁上,时间约在 1.8 万年前。那里画有红、黑、紫色的成群野牛、野猪、野马和赤鹿等,总数达 150 多只。其中主壁画是位于洞顶上长达 15 米的群兽图,有 20 多头,动物身长从一米到两米以上,动物形象细腻生动,栩栩如生。画法是先在洞壁上刻出简单准确的轮廓,然后涂上色彩,所画动物无论受伤还是奔跑,姿态都十分真实生动,富有立体感。壁画内容可能与原始人祈求狩猎成功的巫术活动有关。其内容之所以大多都为动物形象,而且这些壁画或是画在悬崖峭壁的凹处,或是画在岩石的缝隙中,即大多都是在人力难至的地方作画,这显然不是仅仅出自艺术审美或艺术创作的目的，而主要是由原始人类的巫术观念所致。其绘画创作的心理动机，恰如鲁迅先生所言：原始人“画一只牛，是有缘故的，为的是关于野牛，或者猎取野牛，禁咒野牛的事”。也就是说，原始人作画，很大程度上都带有一定的实用或功利目的，他们描绘动物是旨在用某种巫术“禁咒”野兽，以求狩猎成功的实践活动。但也不能否定他们拥有创作艺术和审美的冲动。至少其中包含着他们的自我愉悦、自我欣赏，以及有关审美活动的自我展示和自我实现的能力。

原始舞蹈的产生也与原始宗教信仰紧密相关，也是人类美化精神的结晶。它是原始人表达宗教情感的重要形式。恩格斯指出：原始舞蹈是“一切宗教祭典的主要组成部分”。特别是原始宗教中的敬神、娱神的图腾崇拜活动，因伴有歌唱和舞蹈，对歌舞艺术的产生和发展，必然起到极为重要的模型、模拟、模仿和艺术化与审美化作用。

原始绘画和造型艺术的产生，主要与原始人的生殖崇拜观念直接相联。换句话说，由于人类自身的生殖生产，是制约人类历史发展的重要因素，因此生殖崇拜也就自然成为原始艺术的母题。对此，黑格尔在《美学》中说：“在讨论象征型艺术时我们早已提到，东方所强调和崇敬的往往是自然界的普遍的生命力，不是思想意识的精神性和威力”。这也就是说，在黑格尔看来，只有“自然界的生命才是美的”，而“有生命的自然事物之所以美，既不是为它本身，也不是由它本身为着要显现美而创造出来的。自然美只是为其他对象而美，这就是说，为我们，为审美的意识而美。”[①]也正因为自然美或生命美归根结底是来自人的审美对象化，所以，黑格尔才认为现实世界中许多建筑物、人造物的形状都是源于人类对生殖器的崇拜。比如世界上的许多宗教建筑物、北美印第安人的图腾柱、欧洲的十字架、埃及的金字塔，以及我国先民在彩陶上绘制的鱼纹饰等都是男根的象征物，或者都是源于男根崇拜。

有关人类最早出现的雕刻艺术，也与原始人的生殖崇拜有关。可以说许多民族中，最早的人物雕像皆为女性裸体雕像，被研究者称为“史前维纳斯”。这些雕像，差不多都是与生殖相关的胸部、腹部、臀部被极度地夸大和强化。这一艺术形态和审美形式，既体现了原始人对女性或神秘生殖力崇拜的观念，也使我们从中看到人格美化得以发生发展的古老源头。

至于神话的产生，也是原始人依据自己的宗教信仰创造出来的。对此，马克

---

① ［德］黑格尔：《美学》第1卷，朱光潜译，商务印书馆1986年版，第160页。

思曾指出：在野蛮期的低级阶段，想象，这一作用于人类发展如此之大的功能，开始表明，在人类的童年时代，由于认识水平低下，人们不可能用抽象思维对周围世界作科学说明，只能通过宗教的想象和幻想，作形象化的解释。他们信仰“万物有灵”论，把自然界想象成与人一样有意志、有感情。于是产生了关于自然界的各种各样的神话。这是原始人“用一种不自觉的艺术方式”，对周围世界所做出的艺术概括和审美创作，也是各种宗教形态形成于“某种在过去遥远的古代所发生的一些令人不解的神奇故事”的原因所在。“这是一种神学的自由”①。当然，也是人类智慧借助丰富的想象力和虚构能力对周围神秘现象的解释。

总之，迄今为止的许多艺术形式都是对原始的巫术和宗教信仰进行美化和艺术加工的结果。或者说艺术和宗教信仰都是原始人类为了认识、掌握和享用世界所进行的精神活动与审美实践。它们完全是一种对立统一和相辅相成的关系。今天，我们站在艺术和审美的高度继续去美化人类的精神和意识，将人类精神上升到愉悦和审美的高度，必将对丰富和完善人格、回归和修复那被异化了的人性，起到任何其他的社会行为和革命实践所不可替代的作用。因为各种艺术都既可以在审美上把自己提升为理念，用以扩展人的心灵，并使其变得坚强有力，又可以将人的意志和想象力置于人的自由之中，引发人的激情，增加人的魅力，扩展直观的疆域，促进肉体的舒适，增进人的情感，强健人的身心，美化人的人格。由此，也使得今天的人类将艺术和审美置于人生目标和完美人格的最高位置。只是无论何时，我们都需要把完美的人格、人性、人道与人的身心之美、健康之美紧密地联系在一起。

三、智慧人格

至于智慧，则无疑是人和其他物种相区别的最高本质。尽管古希腊的哲学家柏拉图把人界定为是“理情意”三者的统一，并认为“健康、美德、知识修养、智慧和发明创造能力”等是人生中最珍贵的瑰宝，然而现实告诉我们，在认可健康的身体和美德是人得以为人的根本性前提下，具有“践行于生命直接性的智慧”才真正代表人的最高本质和美的最高境界。因为智慧不只是人之为人的根据，

① [德]尼采：《生命的意志》，孙志军选编，长江文艺出版社2009年版，第238页。

也是人与人相互区别的根据。伟大的哲学家、艺术家、科学家、政治家、贤者圣人、商人明星，以及一切成功人士，其成长成才很大程度上就是得益于智慧。因为智慧具有的无穷潜力能够超越现实中的人力、物力、权力和技艺。正是这种无穷的潜力使得许多智慧之人可以从无到有、从小到大、从弱到强、从败到胜、从无权到有权、从平民百姓到权倾天下的主人。因为智慧超越知识。科技史上的许多伟大的科学发现和技术发明，往往并不是因为这些科学家是多么的博学或拥有怎样世界名牌大学的学历，完全在于他们的智慧。比如化学家道尔顿、生物学家赫胥黎、大发明家法拉第和爱迪生甚至都没有读过中学，即便当今世界在微软和电子领域两位超级巨星比尔·盖茨和史蒂夫·乔布斯也都没有大学文凭，但他们却为科学技术做出光耀历史的贡献。至于专业教育，许多大科学家也都是“学非所用”，在专业之外开花结果。至于中国的许多文学家、史学家、军事家和巨商富贾也都没大学文凭。然而却都证明正是智慧赋予他们从事发明创造和理论创新的能力；正是智慧推动他们尝试新途径，开辟新天地，引发新革命，成就新事业，成为创造人类文明和历史的中流砥柱。因为智慧超越金钱财富。正是智慧使人能够认识到“我就是一座矿藏，我一生都在最大地开采自己”。正是智慧可以使人变得从贫到富、从苦到乐；使人懂得什么叫时尚高贵、美丽漂亮，什么是自我价值、生活乐趣、人身自由和美好的人生。概括地说：

1. 智慧本身就是一种美，诸如聪明、机智、足智多谋、灵活、幽默、多元思维、高瞻远瞩、高屋建瓴、洞若观火、明察秋毫、反应敏捷、一叶知秋、举一反三、辩证思维、整体性思维、还原论思维等都可谓是智慧之美。正基于此，莎士比亚曾在《哈姆雷特》中用非常优美的语言对人类备加赞颂：“人是一件多么精美的作品，他的理智是那样的崇高，他的才华是那样的无穷无尽，他的形体和运动是那样的特殊和令人感叹不已，他的行为多么像一位天使，他的领悟力又多么像一位上帝！”上述莎士比亚的溢美之词，也许有人认为是过于夸张，但只要你用光明的眼睛，而不是灰暗的心理来看一看人世间发生的一切事件，比如当你看到一场灾难降临，无数勇于献身的人们冒着生命危险投身现场，自觉地从事各种救护活动，留下各种可歌可泣的英勇事迹的时候，当你坐在色彩斑斓、图像清晰的电视机前，直接目睹地球上所发生的各种真切事件而感慨人类空前绝后的高超智慧的时候，或者当你发现天宇中人类制造的各种飞行器穿梭一般翱翔太空，赞叹人类的精湛技艺和非凡才能的时候，你就会情不自禁地感叹：人类是多么的伟大高贵和不同凡响，多么的聪颖智慧和富有发明创造能力。

2. 正是智慧在感觉和呈现美，人也只有变得智慧，才会拥有真正的美德和幸福。因为肉体享受常常会把人们带到欲求的深渊，而智慧的生活则往往能够给人带来愉悦和恬静。所以，获得幸福和乐趣是一门需要文化和知识的艺术。人生之道在于智慧而不在于财富。在人身上，理智之于欲望意志犹如笼头之于烈马；没有什么东西能像明晰的知识那样彻底地满足我们。尤其是要想摆脱无穷欲求的痛苦，就要对生活进行聪明的筹划。无私的理智升腾起来犹如一股芳香，能够超越于意志世界的缺陷和愚蠢之上。因此智慧作为人类得以生存、达到至善和获得幸福的根本，才真正构成人的成功和幸福的最高本质。正基于此，自古以来，人们都十分看重智慧，认为智慧胜于珠宝，超过强力，大于富有。智慧对于愚蠢就像光明对于黑暗；智慧是幸福之源，愚蠢是灾祸之根。才华横溢之士虽身处荒原也不会感到寂寞，而愚蠢则永远是生命的包袱。因为只有智慧之人才能够不断地矫正弯曲的人性之木，疏导泛滥的人欲之流，抵御没落腐朽的现实；只有智慧才能够带来夫妻恩爱、家庭和睦、团结友善；才能避免冲动和犯罪，带来慷慨和安然。因为正是人的"身体建构了'间接的我思'、'沉默的我思'、不说话的'我思'"；也正是作为我们最初主体性的身体或身体的行为和姿态为语言的出现形成"沉默的背景和必要的条件"，从而"成为一种'间接的语言'以及表达的基础"①。

所以，人类的意识、思维、思想和智慧从来都与身体、美丽和美德具有一种内在统一的关系。也就是说一切智慧都内在地镶嵌着身体的行为、道德和美丽。也正基于此，苏格拉底早在 2500 年前就表明："如果善意意味着明智，美德就是智慧"。反过来，人也只有具备清楚的认识，才能够保证人世间的和平、秩序和善意，也才能够发现美，感悟美，构建美和创造美，否则周围的一切就会显得无序混乱，甚至是荒谬绝伦，充满丑陋。也正因为身体、智慧、正直、优秀和美丽有着如此紧密而直接的关系，才使得柏拉图在论述人类道德和智慧之间的关系时指出："一个人真正的美德是勇气和才智。"②

亚里士多德在论述艺术审美和智慧之间的关系时，也持有柏拉图的类似观点，指出，"最高的艺术不但能够打动我们的情感，也直扣我们的理智，犹如交响乐扣动我们心弦的不但靠它和谐的声音和不同音调的反复，也靠它的结构和展

① [美]理查德·舒斯特曼：《身体意识与身体美学》，商务印书馆 2011 年版，第 77 页。
② [美]威尔·杜兰特：《哲学的故事》，金发燊等译，生活·读书·新知三联书店 1997 年版，第 31 页。

开。这种理智的愉悦是人所能油然而生的最高形式的享受。”[1]也正因为亚里士多德认识到艺术审美和智慧之间的这种认识和逻辑关系，他才说，“在人类的审美领域，只有真的才是美的”，并提出了“真、善、美”相统一的思想。继亚里士多德的这一思想之后，古罗马哲学家西塞罗也明确指出：“艺术家无需抄袭任何现实的东西，而要注视着在他的心灵中的‘任何美的光辉形式’，并根据他来指挥艺术和画家之手。”[2]这也就是说，艺术审美从来都是源自人类的思维和智慧。

3. 正是智慧在创造美、构造美、创作美、描述美、表达美、讴歌美。回溯人类有史以来创造的一切美好的精神文化和物质产品，就会发现：正是人类利用他的神奇双手，在蒙昧时代，制造出各种石刀、石斧、钻器、骨器、雕刻器、骨针、弓箭和皮制的衣服。进入伟大的野蛮阶段便创下四项人间奇迹，“那就是家畜的饲养、谷物的发现，建筑上的使用石材、铁矿熔化术的发明。”[3]步入文明时代之后，更是加速度地依次学会制造轮子，发明了字母系统、钟表和各种往复式机械，直到现在能够制造宇宙飞船、人造卫星、射电望远镜和回旋加速器等数不胜数的尖端技术器械。人类在求得安全和获得稍微的轻闲之后，便发明了各种乐器、艺术、棒球、桥牌，直至电唱机、电视机、录像机、音响和游戏机等一类娱乐物件，以及各种艺术建筑、高级宾馆、游乐场所、豪华型交通工具、美丽新颖的服装款式、珠宝首饰和千千万万种美味佳肴等一类奢侈品，并能够“仿佛凭着魔力似的产生了拉斐尔的绘画、托尔瓦德森的雕刻以及帕格尼尼的音乐”。[4] 一句话，在思维支配、制约下的各种感觉器官，使我们能够千百倍地增加我们的感应、认识和实践能力，使人类大脑拥有愈来愈清楚的意识及抽象推理能力。尽管整个人类文明史都要归功于勤劳的双手；美丽的图画需要画家灵巧的双手来描绘；辉煌的建筑需要能工巧匠们的双手来建造；优美动听的音乐需要乐师熟练的双手来演奏；高深的文章也需要人们用双手撰写、打印和发表；但所有这一切若没有思维和创造性思维，都将化为乌有。所以，人类有史以来的一切文化形态、文化产品、艺术审美，归根结底都是人类思维的产物。正是人类思维具有的能动性、创造性、目的性和实践性将人类变成认识、实践和审美的主体，变成自然界的主人。整个自在的世界变成自己的感觉、知觉、沉思和建构的对象；并借助精神的概念揭穿感性

① [美]威尔·杜兰特：《哲学的故事》，金发燊等译，生活·读书·新知三联书店 1997 年版，第 107 页。
② [意]贝尼季托·克罗齐：《美学的历史》，王天清译，中国社会科学出版社 1984 年版，第 16 页。
③ [美]摩尔根：《古代社会》，杨东莼等译，商务印书馆 1971 年版，第 38 页。
④ [德]恩格斯：《自然辩证法》，于光远译，人民出版社 1971 年版，第 151 页。

世界之五彩缤纷的假象，驱走超感官的彼岸世界之空洞的黑夜，最终进入现实世界的精神的光天化日之下。

既然人类思维占据着自由主体的位置，固有认识和实践的本性，显而易见它不仅能反映客观世界，而且能创造一个人化的世界。① 这在人类文化史上，到处都可见人类思维的创造物。诸如神话、宗教、艺术、文学、科学、哲学、历史，乃至各种风俗习惯、意识形态等是人类的精神产品；而农田、工厂、机器、建筑、乡村、城市等则都是人类思维物化的结果；至于人类从事生产实践、科学实验、游戏娱乐、政治斗争等也无疑都是人类的思维活动。正是思维加速了自然界的进化和人类自身的进化速度，创造了人世间的一切奇迹。

尤其在文化艺术和审美领域，不论是莎士比亚的《哈姆雷特》、贝多芬的《第九交响曲》，还是埃及的金字塔、中国的万里长城、苏联的人造卫星或美国的阿波罗登月活动，都是人类智慧的结晶和创作的艺术作品。不难想象：当阿姆斯特朗在太空中回眸地球，看见昔日广袤无边的大地竟变得如此渺小，好像一个悬挂在空中的蓝白交相辉映的大理石圆球的时候，他会为人类的聪明才智感到自豪，会在脑际中浮现出人类的神圣尊严。与此相似，当许多普通民众有机会进入人民大会堂一饱眼福的时候，那美不胜收的辉煌景观，庄严肃穆、宏大雄伟的会堂，精妙无比的拱形结构，装饰着各色图案的明亮窗子，那仿佛登月工程般的悬空高挂的天棚和灯盏，傲然屹立、坚如磐石的门柱，各具民族特色的编织、刺绣、玉雕、石刻、大型的屏风和壁画，以及琳琅满目、玲珑剔透的装饰物都将令他们惊奇和赞叹。

当然关于人的整个故事并没有到此为止。因为人性中还有它不幸的一面，即与美善相伴而生的丑陋。纵观人类历史，可以毫不惊奇地发现：人类创造多少功业，就留下多少劣迹；赢得多少光荣，就获得多少耻辱；做出多少善事，就犯下多少罪过；作为一种伟大的矛盾，它集崇高与低贱、慈善与残忍、文明与野蛮、祈祷与屠杀、建设与破坏、真理与谬误于一身。它的确怀着善心善意，建造了无数美化人类心灵的神圣教堂，然而正是在这些建造教堂的能工巧匠中间，却常常充满罪恶与杀机。比如古埃及学者，著名的哲学家、数学家、天文学家、占星学家希帕提娅（Hypatia，370—415 年），曾经居住在古埃及的亚历山大城。这位兼具雅典娜智慧与美貌的女性，因不变其对哲学信仰和真理的追求，便死于暴乱的基督

---

① ［俄］列宁：《列宁全集》第 38 卷，人民出版社 1959 年版，第 287 页。

教徒的乱石之下，但她对科学真理的坚持，使她成为科学史和哲学史上的女英雄。当然，人类利用那曾经挥动利剑屠戮无辜的同一双手，在人类最圣洁的地方描绘出美丽的图案，建造起雄伟的建筑。它的确为整个人类的安全、幸福建设了一座座城池，一片片家园，但也的确同时伴随着对财富和土地资源的争抢掠夺。

对此，有人把人类固有的这一对矛盾归为人性和兽性的对立统一。这实际上是对人性的曲解。因为一切美丑善恶皆为人性所为，皆属于人的心灵，并不像达尔文所言：一切动物都像人类一样对美丑善恶都有很高的鉴赏力。而在我看来，美丑善恶在动物那里充其量只是一种本能反应，而非一种理解和认识。也就是说，在动物那里，不论是“大美、大爱、大善”都不是动物性的“自我意识”所为，就像“大丑、大恨、大恶”同样不是其有意识之为一样。所以，只有在人类这里“美、丑、善、恶”才真正具有理智观念的意义。在人类这里不论是美还是审美都内在地镶嵌着人类智慧。是智慧给人类带来审美，也是异化了的智慧、机巧或阴谋诡计给人类和整个世界制造了罪恶。不过也常常是罪恶更加凸显了美丽与智慧。为此，人类只有利用智慧之力抑恶扬善，兴利除弊，正民之德，顺心明神，方可真正实现美丽、美德和智慧的结合，方可避免灭顶之灾，达及至真、至善、至美之太平盛世和美好世界。

关于智慧人格，文森特·梵高（1853—1890 年）可谓是人类中的一位杰出代表。他出生于荷兰赞德特镇一个新教牧师之家，24 岁之前，曾在海牙、伦敦、巴黎等地的古匹尔画店当店员。后来成为传教士，在比利的博里纳日矿区传教，由于同情和支持穷苦矿工的要求而被解职。在度过一段极度失望和贫困的生活后，他决定在艺术的探求中完成自我解脱。1880 年后他到处求学，向比利时皇家美术学院求教，向荷兰风景画家安东·莫夫学画，但最后还是决定自学，他克服种种困难，努力按自己的认识表现世界。1890 年 7 月，他在精神错乱中开枪自杀，年仅 37 岁。梵高一生留下丰富的作品，代表作有《向日葵》（图 8－2）、《星月夜》、《麦田上的乌鸦》等。但他的作品直到去世后才逐渐被人们认识，并对 20 世纪表现主义影响甚深。梵高作画时激情洋溢，常怀着极狂热的冲动，追逐着猛烈的即兴而作，这幅流芳百世的《向日葵》就是在阳光灿烂的法国南部所作。该幅向日葵像闪烁着的熊熊火焰，色彩是那样的艳丽、华美、优雅和细腻。那富有动感和仿佛旋转不停的笔触尽管是那样的粗厚有力、单纯强烈，然而其中却又充满智慧和灵气。总之，这幅色彩明媚而炽热的绘画既表达了作者内心虔诚的精神情感，也代表了他那大放光芒而又孤独悲惨的 37 岁人生。1987 年 3 月 31 日

图8-2 《向日葵》是梵高在法国南方时画的。南方灿烂的阳光令画家狂喜，他用黄色画了一系列静物，来表达内心的感受。为此，画家以短暂的笔触把向日葵的黄色画得极其刺眼，每朵花如燃烧的火焰一般，细碎的花瓣和葵叶像火苗一样布满画面，整幅画犹如燃遍画布的火焰，显出画家狂热的生命激情。

傍晚，在英国伦敦克里斯蒂拍卖行，他的这幅《向日葵》以2250万英镑被日本安田火灾海上保险公司为庆祝该公司建立100周年拍得。现在该画约值7000万美元。

梵高创作《向日葵》时显示出的自我批评精神，让人深受启发，没有已完成的艺术，只有被抛弃的艺术。梵高的一生几乎都被挤迫在命运的边缘，饱尝世态炎凉和接踵而至的创伤，但他反而鞭策自己在逆境中寻找阳光，更强悍地成长。带着对梵高苦难人生的理解，再度审视他的这幅《向日葵》时，它已经完全超越那简单的植物，犹如梵高本人是诚挚而热烈绽放的生命。梵高通过描绘向日葵，向世人表达了他对生命的理解，展示出他个人独特的精神世界；并向后人传递出一个信息：怀着感激之心对待家人，怀着善良之心对待他人，怀着坦诚之心对待朋友，怀着赤诚之心对待工作，怀着感恩之心对待生活，怀着一颗欣赏之心享受艺术，宛若眼前那美艳无比的向日葵。从某种程度上讲，《向日葵》是对时代变幻莫测的礼赞，它充满活力的色彩截然一改17世纪以来荷兰花卉绘画的悠久传统。

很遗憾在梵高创作的1000多幅画作中，直到临死的那一年才卖出一幅，价值仅是400法郎，相当于今天的4000元人民币。最终导致穷困潦倒，饱受抑郁症之苦的他开枪自杀。至于今天梵高的画为什么那样昂贵，一幅向日葵就可以卖上数千万美元，显然不是其画作本身的问题，而是他的作品不属于那个时代。19世纪中叶，正是以学院派的新古典主义为主导的时期，多数人都出自于皇家美术学院，他们有着深厚的素描基础，并且精通人体解剖，画风严谨、细腻。比较一下新古典主义代表人物雅克·路易·大卫的代表作《萨宾妇女》，再看一看梵高的绝笔《没胡子的自画像》，你会发现，这完全是属于两个时代。而在新古典主义时代，无论是职业画家还是一般精英阶层都不识梵高这种极其小众的作品。

我们今天看到的不同年代的主流艺术流派，都是经过时间的洗礼，幸存下来的。今天仅梵高的6幅作品拍卖总额就有3.3亿美金之多。若是其身后的1000幅作品都被拍卖，至少可创造550亿美元的价值，哪怕只有10%，也是55亿美元的资产。当然这一切与梵高及其亲属没有任何关系。这是普通人所不能理解的富人世界发生的怪现象，也是审美主观性和历史性的活生生的体现。

四、勇敢的人性

如果说，“自古英雄爱美人”，与之相应“自古美人也爱英雄”，那么这种性别之间或身体之间的相互吸引、相互爱慕，显而易见具有一种动物性的性选择的形式和性质。因为在动物界，尤其在相对高级的一些动物种中，即如在爬行动物、鸟类动物和哺乳动物中，其普遍性的性选择行为，就是雄性动物的主动性、攻击性、战斗力、技艺能力、养生能力及其身体所显现的美学特征，诸如亮丽的羽毛、躯体的高大威猛、快速灵活的运动能力，以及捕捉猎物、建造巢穴、养育子女的能力等。正基于诸如此类的性选择行为和性选择能力，才导致叔本华提出了他的独具特色的美学理论和美学观念。这就是在叔本华看来，凡真的东西也就是美的东西，因此美也是一种生命现象、身体现象和意志现象。比如豹子那闪电般的速度、鳄鱼那具有巨大咬合力的颚骨、羚羊那灵活的转身、轻盈的跳跃等，都显现了美的意志、美的身姿、美的动作。而且意志现象的级别越高，事物越美。人属于最高级的意志现象，因此人也就最美。

那为什么人的美是自然界中最美的对象和存在呢？这显然不只说明所谓的“最美的人类、最美的人体、最美的性别或最美的性爱”主要是源自人对人的欣赏或男人和女人之间的生物性或肉体性的爱慕和欣赏，还说明人类从动物那里继承并升华了的许多人类特有的性质、属性和行为，也构成了人类这个特殊的审美主体和审美对象的要素和方面。也正是在这个意义上，我们才说人类美或人体美才真正是人体美和心灵美、体形美和优雅美、主观美和客观美、勇敢美和智慧美、高尚美和行为美，以及人类美和自然美的最美妙的协调与同一。比如1898年英国著名画家约翰·柯里尔创作的一幅著名油画《马背上的葛黛瓦夫人》（图8-3），为什么这幅油画能够流芳至今，并为全人类作为最美的艺术佳作而大加赞美？原因就是这幅画描绘和歌颂的主体就是一位真实存在的既勇敢智慧又仁

图 8-3 英国著名画家约翰·柯里尔 1898 年创作的油画《马背上的葛黛瓦夫人》

慈善良的伯爵夫人。具体事件大约发生在 1040 年,此时英国考文垂市的伯爵决定向市民征收重税以支持英国的对外战争,令市民苦不堪言。伯爵善良美丽的妻子葛黛瓦夫人眼见民生疾苦,郁郁寡欢,恳求伯爵减税。而伯爵则气急败坏地说:"减税可以,除非您赤身裸体骑马绕城转上一圈"。第二天清晨,葛黛瓦夫人果然一丝不挂地骑上马,离开官邸。伯爵想上前制止,却不敢开口,只好信马游缰跟在其后。葛黛瓦裸体在街上转了一大圈,而全城百姓却都像事先约定的一样,家家关门闭户,大街小巷空无一人,无一人趁机窥探她的隐私。伯爵深受感动,他拥紧妻子问:"您怎么知道他们值得您这样冒险相助?"葛黛瓦笑答:"如果真心想帮助他人,就不该去想他人将怎样回报自己!"对于夫人的这种纯粹无私的上德之举,深得伯爵的赞许,于是他立即宣布全城减税。伯爵夫人的这一善行理所当然得到全城人的支持、赞赏和爱戴。多年后,画家柯里尔听说此事,随即画下油画《马背上的葛黛瓦夫人》,以示颂扬和赞美。

该幅女性裸体油画不仅毫无诲淫诲盗之嫌,而且用纯粹的身体美、行为美、道德美表明美不仅仅是外在的形式美、体态美、肤色美,或实质性的身体美、容貌美或性爱美，它更是一种至上性的身心美、精神美、高尚美，也即更是真善美的统一。尤其对于一个社会人、文化人、而非纯粹的生物人或肉体人来说，她或者他只有做到为人真诚无私，做事勇敢智慧，也即在日常行为中能够做到表里如一、形神合一、身心一体，才有可能真正成为人世间美丽或美德的典范，及至不论是审美主体还是审美对象都会变得美不胜收、妙不可言，令人欣羡，为人赞叹。也只有这样的身心美才能够像一个幽灵似的美人一样俘获每个人的心智和灵魂；才能使得每个人因为她那宁静温柔、纤弱美艳的躯体享受到大美、大爱、愉悦和幸福。从而真正体现和展示出“女人的美丽和至强的效应，用哲人的话来说，乃是向远处的辐射力。”①

甚至可以说，在总体上女性强于男性。尤其在智慧人格方面，女性不仅拥有很强的非理性思维，也即直觉能力强，悟性高，记忆好，富有想象力，模仿力，判断迅速，反应敏捷，推理简洁，洞察敏锐，思想细腻，沉着冷静，灵活机智，讲究实际，而且在长期的男权社会统治中形成了一种吃苦耐劳、忍辱负重、坚忍不拔、锲而不舍、诚实守信的个性特征。此外，女人一旦从长期的压抑中解放出来，一旦将身体完全变成自己掌控的身体，便会真正实现理智、情感和肉体的统一，将至真、至善、至美与自己的身体紧密联系，其积蓄和隐藏数千年的本能、欲望、激情和能量，便会迅速有效地迸发出来，如同大地觉醒、万物复苏，变成宏大的生命强力，饱含生命热情，英姿勃发，如鱼得水，全身心地投入自己渴望和喜爱的事情。

如果说《马背上的葛黛瓦夫人》主要是从真善美的角度表达了女性美、身体美和人性美，那么图 8－4《萨宾妇女》则从勇敢和智慧的方面表现了女性的身体美和身心美。此画取材罗马神话。罗马人在邀请邻城萨宾人赴宴时，趁机劫走萨宾城的年青姑娘。数年后，萨宾人前来讨伐罗马人以期讨回那些被掠夺的女子。然而当面对萨宾人和罗马人双方刀兵相见、相互厮杀的时候，这些曾经受害的女子不愿自己的父兄与丈夫们互相残杀，便勇敢地出来劝和，以平息战争。正如画面所示：正中央描绘的是王后爱尔茜里伸出双手奋力阻止自己的丈夫罗慕路斯（盾上有托狼纹章者）和萨宾国王塔提乌斯的刀枪的英勇行为；而其左右两边的几位妇女则奋不顾身地抢步上来护住幼儿，以免孩子们被践踏或受伤害。画中所有人物都是裸体或半裸体。其中不论是远景还是近景，也不论是人物还是兵器，都采用黄金分割的美学原则进行构图和创作。比如画面右侧的战马与

---

① ［德］尼采：《生命的意志》，孙志军选编，长江文艺出版社 2009 年版，第 171 页。

左侧高举婴儿的妇女形象就极为对称；而爱尔茜里的白色衣服也与后面稍右的女人身着的红色衣服相互映衬和调和。至于前景上两个相互对峙的武士的站立姿势及正反面相对应的盾牌，也都构成黄金分割法的稳定构图。

总体上看，整幅画面气势宏大，精彩纷呈，构图高度完整，光影对比强烈。画家创作的人物造型及对环境、服饰和武器进行的精细入微的刻画，不仅表明他极力追求历史逼真感的意图，关键是他所描绘的人物形象，男人是那样的英武、强壮、健硕、挺拔；其形态、姿势是那样的逼真生动、俊朗潇洒；其战斗行为是那样的奋不顾身、一往无前和英勇无畏。而画面中的女性，几乎个个都是国色天香、婀娜多姿、貌若天仙的窈窕淑女。其身体丰韵娉婷、性感迷人；其身材亭亭玉立、丰满匀称；其身姿曼妙妖娆，体态丰润轻盈、倾国倾城；其肤色白皙光润，容貌妩媚娇艳，其行为勇敢果断、无所畏惧，其品性高洁纯粹。她们的心里虽然充满敬重父兄和挚爱配偶的矛盾，为此也拥有爱欲、情欲、羞涩与亲情、血缘和思念家乡亲人的矛盾，然而她们的才华、智慧、哲理和疑虑，最终在丈夫和父兄、性爱和亲情之间找到平衡点，并抛锚停泊。从而真正地映衬了尼采对于人性的描述和揭示，即在尼采看来，做人就应该英勇奋斗，以成为优秀和强健的个人。因此“不是平庸而是超人，才是人类的目标”。过去基督教鼓吹“上帝万能”那是虚构和欺骗，今天“上帝已死，我们希望超人诞生”。而一个人不论男女，要想成为超人，至

图8-4 法国雅克·路易·大卫的油画《萨宾妇女》现藏巴黎卢浮宫

少需要：拥有突出、鲜明和独特的个性；必须身体壮实，灵魂刚正，接受超人教育；拥有创造性和自主性，能成就大业，有所作为，要当主人，不当奴隶；要智慧超群，意志坚强，绝对自主，激情高昂，能震慑一切；要天生地就拥有一种要战斗、要权力和要超越一切的欲望与意志；要为成为超人而生活、工作和从事发明创造。

事实上，在这个世界上也总是“存在着一些具有崇高的、英雄和帝王式的心灵的女人。她们有能力做并准备做义正词严的反驳、宏伟的抉择和壮丽的自我牺牲；有能力统治并准备统治男人。因为在她们心中，男人最好的东西已超越性别界限而变成她们本身的愿望”。① 由此，也可以看出，艺术家雅克·大卫的美学观是既不赞成尼采的所谓“只有男性才具有勇猛刚强和敢于冒风险”的男权主义；也不赞成他的所谓“残忍、强暴、战争、危险比仁爱及和平更可贵”的反道德主义。实际上，女性不仅具有柔美矜持、温柔贤淑、谦虚谨慎、心地善良、高贵优雅等性格品性，也经常对他人充满纯真朴实的同情心、怜悯心和体贴入微的爱意与关心。当然，她们也同样具有刚毅勇敢、无私奉献、不怕牺牲，以及沉着稳重等高贵品质。因此，人类无论何时，都应该将女性看作是聪明睿智、仪态万方、魅力四射的审美主体，更要将其看作是绰约多姿、千娇百媚、典雅娇柔、秀丽端庄的审美对象，以及真善美的统一体。

---

① [德]尼采：《生命的意志》，孙志军选编，长江文艺出版社 2009 年版，第 172 页。

第 9 章

生态美的觉识、维护和创造

讲人的身体美，就必然涉及生养它的自然美和生态美。因为人不仅是自然界长期发展演化的结果，而且人也只有在适于存活的生态环境中才能得以生存和发展。更何况有怎样的地理环境、气候生态，就会有怎样的人种肤色、体态结构、思维形式、生活习俗和文化传统，一句话，就会有怎样的身体和个性。这在常识中，叫“一方水土养一方人”。其实，也正应了恩格斯的一句话“连同我们的血、肉和头脑都是属于自然界和存在于自然界之中的。”[①]既然如此，基于人的身体，也就自然会形成有关生态美、环境美以及自然美和万物的知觉与概念。具体而论，所谓生态美就是指谓人的身体对其所处生态环境产生的美感、快感、舒服感、适应感和生机勃勃的生命感。离开人的身体的美感和快感，一切生态美都将失去其美学意义、甚至是生态价值。因为美毕竟是和人的生存状态和感觉知觉息息相关。所以，生态归根结底主要指谓人类能够在其中生存、生活和获得发展的生态。任何生态即便再“美”，如果不利于人类的生存、生活与发展，就不能说是好的生态，当然也不能说是美的生态。比如一种令人窒息、甚至有可能导致生命死亡的生态，就决不会给任何人带来美感。当然，大凡青山绿水也总是由各种生命形式及有利于生命繁衍的生命要素所构成，因此它也必然有利于人类的生存和繁盛，也就是说，只要它有利于其他生命形态或其他物种的存活，一般说来，它对于人类也就有百利而无一害。由此，经过人类的社会实践和审美实践的长期具身化、内化和外化，也就形成了迄今为止有关自然美、生态美和环境美的意识、知觉、概念和观念。

① [德]马克思、恩格斯:《马克思恩格斯选集》第 4 卷，人民出版社 1995 年版，第 384 页。

图9-1　《森林之神与仙女们》是阿道夫·威廉·布格罗创作的一幅充满美感的作品。描绘了美丽的仙女与森林之神在跳舞、嬉戏；塑造了充满诗意、惟妙惟肖的美神形象。在森林幽暗的背景前，裸体美女被画家以唯美形式给予完美展示。特别是近景处的那位裸体女郎，背部丰腴柔美，线条流畅，匀称和谐，堪称完美无瑕，炉火纯青。这是一幅弥漫着音乐与诗情、回到自然的浪漫主义杰作。

因此，生态美学本质上就是立足于生态哲学的视野、生态科学的高度、生态伦理学的情怀和运用自然美学的方法进行研究人与自然、社会、艺术的审美关系、强调生克互济、形神和谐的整体美，以及与物质循环、信息反馈密切相关的动态美的一门学科。在这里，生态学是研究生物（包括人类）与其生存环境相互作用和相互关系的一门自然科学；美学是研究人与现实审美关系和审美作用的一门哲学。生活于其中的人类，依靠生态环境而生活，而生态环境则依靠人类的开发、利用、维护和建设。两者融为一体，相得益彰。只是在这里人是能动的主体，它可以人为地建构和塑造美好、舒适的自然环境和生态系统，使其更适宜于人类的生活与生存。即如图9-1，那里没有污染的空气，没有蚊虫的咬噬和疾病的传染，只有静谧的森林，干净的泉水，优美的风景，以及温馨、惬意的生活。画面中描绘的是古希腊神话中，一群青春靓丽、活泼可爱、性感迷人的仙女正在池塘中洗澡、嬉戏，而森林中一个半人半兽的萨堤尔过来偷看她们的隐私，结果被仙女们发现，将他拖进水里，与其一起玩耍打斗，从而恰到好处地表现了画家布格罗的自然主义审美观和生态学思想。

然而不论是生态美还是其他类型的美，作为人类特有的知觉和赏心悦目的感受，总是既源于外部，更存于人的心中，而且主要取决于人的身体。马克思说：

“对于不辨音律的耳朵来说，最美的音乐也毫无意义，……忧心忡忡的穷人甚至对最美的景色都无动于衷。”[①]讲的就是，一切美或美感归根结底都是人类身体与生俱有的一种潜在的审美结构和审美能力长期培养和生活实践的结果。针对此种审美观和认识论，恩格斯也指出：“希腊的山羊不等幼嫩的灌木长大就把它们吃光，把这个国家的所有山岭都啃得光秃秃的。”[②]这不仅说明动物只会本能地滥用资源，还说明没有理智能力的动物根本不懂得美，不懂得美和生存环境之间的统一性，当然也就不知道珍惜美、爱护美和创造美。而人和动物不同，他不仅能够通过身体感受美、体验美、享受美、拥有美，还能够通过人的心灵和审美理念，利用人的想象力、感受力、理解力和联想能力，集中人的情趣和智慧将自在、实在和“无美”的世界变成自己的审美对象，看作一幅美丽的图画，认作一个美妙的整体，并由此形成诸多美的类型，诸如自然美、社会美、文明美、文化美、精神美、艺术美、情感美、心灵美等。过去，中国的文人骚客也曾写下无数感天动地、沁人肺腑的诗篇，讴歌大自然的靓丽和壮观，赞颂人世间的美善和情感，但毕竟只限于少数知识分子和有钱富人的闲情逸致。广大民众基于生存的艰辛和遭受的无数苦难，知觉到的却是尸骨遍野、满目疮痍、山河破碎、暗无天日。他们身无美感，其心也就没有美的意识和理念，以至今日多数国民依然不具备一定的审美学识来把日常生活和自然万物上升到审美高度，以形成自身和周围环境之间的美的统一。好在今天文明国家的人们终于认识到人和自然之间的尖锐矛盾，觉识到生态美对于自身生存的重要，认识到美与整个人类生存息息相关，并自觉地将自在美或客观美上升到自为美或主观美，从而正确认识：人类要想心满意足地生息繁衍，就必须身体力行地认识美、发现美、维护美和不断地创造美。

一、生态美的觉识

当达尔文说，“人是唯一知道爱美的动物，人类生活在很大程度上受艺术的制约”时[③]，这确是对人性的一种正确理解。然而爱美、识美、体验美与实现美却不是一回事。爱美仅是人类理智的初步觉识，可能只限于表面，不懂得美的本

① [德]马克思：《1844 年经济学—哲学手稿》，刘丕坤译，人民出版社 1979 年版，第 79 页。
② [德]恩格斯：《自然辩证法》，于光远译，人民出版社 1971 年版，第 154 页。
③ [英]詹姆士·邦廷：《达尔文》，王守义等译，黑龙江人民出版社 1980 年版，第 26 页。

质。只有达到对美的深层认识，才能将爱美的愿望变成获得美的现实。很遗憾，迄今许多人并没有能够真正地认识美和识别美，以至眼下好像进入一个美丑颠倒、是非不分、扑朔迷离的时代。究其原因，就是人们没有认识到美绝不是纯粹的个人感觉或个人随心所欲的臆造，而是整个人类花费犍牛般的劳动培植出来的产品。在这里，谁的知识多，把握的真理多，思想深刻，感情丰富，触角敏锐，谁拥有的美就多。美是一切美的事物的共性，就像中国的“桂林山水”、美国的“黄石公园”，之所以能够常年不失自然美的光辉，原因就是它们的美丽景色几乎囊括了全部自然美、生态美和环境美的共性与特色，使其能够在绝大多数的审美主体中显示出久远和普遍的生命力。

至于现实中实践主体审美素质的迟钝、浅薄，以及审美追求的日益功利化和庸俗化，实质上隐含着审美贫枯的危机。真正的美总是和一个国家或民族的总体意识和精神、群体的理念和理想紧密联系的，是和多数人的志向、崇高的思想境界和高雅的审美情趣相结合的，是与弘扬真理、正义、文明、善良等精神现象分不开的。美不是单纯的娱乐或内心情感的宣泄，而是理性的升华和全人类崇高精神的凝聚。急功近利者既不能真正理解美和真理的关系，更无法从思想家园的深处去捕捉美的灵犀，驾驭审美内含的深刻哲理，感知自然万物的内在本质。真正的美必须有利于陶冶人的情操，净化社会文明，弘扬光明人性，美化粲然天地。一切具有永久生命力的美，只有与社会、人生、现实及历史内在地统一起来，对周围世界有着透彻的认识和精辟的理解，才能够从充分的思想自由中创作出高度的统一性和完整性，才能够比自然界更直接、更生动地使人们了解到自身特有的精神的美妙，才可能将虚幻的构思变为生动活泼和感人肺腑的现实，真正地像自然经常发生的那样有着最高的美。①

就像美誉天下的“桂林山水、漓江风光”，虽是一派的青山滴翠，碧波荡漾，群峰竞秀，江水如镜，空气新鲜，醉人心脾；游人乘着竹筏，如入仙境，尽情享受着大自然的美丽景色，真有“湖光山色两相和，江面无风镜未磨”的诗情画意。然而对于被雇佣的撑伐人来说，他们大概是只关心游客的多少，收入的多寡，而很少会关注或欣赏他们早已习以为常的漓江风光的。相反，长期的经济落后和贫穷，很可能使他们形成一种“穷山恶水”或穷乡僻壤的印象。从而说明审美的主观性，与人的处境、生活状态和心理状态之间的相互作用。就像白居易的《暮江吟》，其

① [美]H. 卡伦：《艺术与自由》，张超金译，工人出版社 1989 年版，第 79 页。

中当然不乏自然美景的精美描绘和绝妙想象，然而"一道残阳铺水中，半江瑟瑟半江红，可怜九月初三夜，露似真珠月似弓"的诗句还是道出了诗人在长庆二年（公元822年）赴杭州刺史任途中，对当时朝政昏暗，牛李党争激烈，诗人谙尽了朝官的滋味，自求外任后的复杂心情。此时诗人笔下的自然景色虽美，却遮掩不住诗人的灰暗心理，以至在短短的四句诗中竟用了"残阳、瑟瑟、可怜、似弓"等阴冷的词汇来描绘诗人时下的感受和处境。此时此刻，晶莹的露珠和冷艳的月牙显然都不再成为诗人的审美对象，倒变成一种瞬时即化、虚无缥缈的非实体和非存在，从而给诗人带来无穷的忧伤和惆怅。

图9-2 漓江风光

再比如与浙江、安徽接壤的浙西大峡谷，峡谷境内林木葱郁、山高水急，山为黄山之余脉，水为钱塘江之源流。其环带状狭谷长达80多公里，沿途花木遍地，地貌奇特，景色宜人。特别是生长在峡谷两旁悬崖峭壁上的奇峰秀石，不仅拥有"白马岩中出、黄牛壁上耕"之誉，其诗情画意甚至可以与雄伟壮观的长江三峡相比。至于今天最吸引游客的白马崖、老碓溪、鸬鹚潭、嬉水滩、狮象湾、社门湾、柘林瀑、剑门关等景观，虽然到处可见迷人的岩峰、溪石、飞瀑、深潭；游客步道傍水而上，迂回曲折，有石阶、栈道、汀步、独木桥；路随景变，美不胜收，流连忘返；然而这些秀丽美景在2000年未开发为旅游景点之前，一些生活其中的山民甚至一辈子都没走出这块"恶水穷山"，成年累月都是生活在穷困潦倒和忍饥挨饿的状态之中。此时此刻，他们满脑子都是如何解决温饱问题，哪有闲情逸致去欣赏眼前的青山绿水？更何况其贫乏的审美主体、愚钝的审美感官也根本无力将周围的生态环境自然美景通过各种时尚的审美理念、审美概念和审美实践对象化和审美化为一片人间仙境？

不过，这也恰好证明正是人的身体的存在状态、生存状态激起感受性决定着周围环境的美丑善恶、利害关系，以及有用还是无用。再说，即便今天的开发商、科学家、设计师、工程师、艺术家联合起来，将一些自然景观上升到审美对象的高度，也可以肯定地说，眼下多数人的审美境界也还只停留在自然人的状态，不了解美之所以为美，就在于美决不是个别，只能是整体，只能是审美理念的外化或审美主体的关照。当然，就审美主体而言，一个人若离开宇宙万物，诸如日月星辰、蓝天白云、小溪流水，成年累月生活在一间黑屋子里，就永远不会拥有美。然而若就审美对象而言，不论是一块砖头还是一根柱子，只有把它置于雄伟壮观的建筑物中，其功用及其表现出的整体美才会赫然而出。因此美是主客体的相互作用，以及整体中各部分彼此构成的一种动态关系的结果。一切美都是生理的升华、情感的社会化、思想的自然化与身体的对象化。不能运用知觉、记忆、抽象和想象能力将具体上升到整体观念的人，就不能认识、创造、创作、构造和评价任何美的对象。就像黄山中的奇峰异石，之所以能够成为观光游客的审美对象，极大地吸引了人们的眼球，最重要的功劳应该归功于那些导游借助生动的传说和丰富的想象力进行的“离奇编造、构造、虚构和联想”。因为在现实中，那就是几块几亿年间都很少发生本质性变化的僵死的石头。然而一经导游利用自己的丰富想象力和人们普遍认可的美学观念进行的拟人化和审美化描述，它们就会在那些具有学识和审美理念的审美主体那里变成富有生命力和神韵魂动的仙人、少女，变成令人魂牵梦绕、叹为观止的审美对象、审美作品。好像它们就是客观美、实在美和自然美。其实，它们的美都只是人，特殊的审美主体的感觉、知觉、感受、认知和判断。只是这种审美判断，也不是纯粹的无中生有，总是与人的生存状态、身体感受密切相关。在这里既有身体美的外化、自然美的内化，又有概念美或观念美的对象化和客观化。

尤其是生态环境，由于人们通常都没有能够从真善美相统一的高度去看待周围事物，以致在“穷山恶水”下面漏掉了最珍贵的矿藏、最漂亮的宝石；在令人最讨厌的苍蝇中，丢失了最难以得到的蛋白质和抗菌素。没有认识到生态美就是整体美、系统美、结构美、和谐美、生命与环境、人类与自然、真实与美善的统一美。如果有一天人类能够变蝇虫为制造独一无二的药品的材料来源，变得对人类的身体或治疗某种疾病有用，那时人类也许就不再把它们当作世界上最讨厌的对象来看待；那时的苍蝇也许会比今天的龟鳖和螃蟹更可爱。

当然任何审美对象又绝不是超自然或超规律的，比如音乐，绝不是某种神秘、奇妙的臆造，而是自然的原型，宇宙的韵律，社会的节奏，心灵的合声。宇宙的生命正是借助这些审美形式闯进表现的世界。任何艺术如果不能给人们带来心理的舒适、精神的轻松、情绪的亢奋、肉体的震颤、本能的启动以及感觉上的优美动听、甜蜜柔情，就绝不会是真正自然声律的流露。美既是严肃的创造，又是具体内容和抽象形式的统一；既是激情和意志的结合，又是创作主体思想的凝聚。“只有人类才能仿佛凭着魔力似地产生了拉斐尔的绘画、托尔瓦德森的雕刻以及帕格尼尼的音乐。”①只有人类或只有具备黑格尔般的审美睿智，才能够将包括阿拉伯沙漠、珠穆朗玛雪山，以及太平洋风暴在内的地球看作一个美丽壮观的生命整体；在他那里大海不叫大海，叫“生命之汤”；高山不叫高山，叫“生命的脊梁”。

因此，只有人类才能够用自己的双手与智慧觉识和创造一个千姿万态、美艳无比的世界生态；只有人的心灵才能够对自然、生活和一切审美对象产生美的感受和体验，并利用非凡的思想和辉煌的创造力将众多美的事物聚集为一，如同从百花中酿出的蜜一样，将深透的理解力融入具体的美。此时的美既需要人类灵敏的感官去接收，也需要人类灿烂的思维的光芒去照射；它既是认识主体创造的结果，也是审美对象对审美主体的刺激所引发出的一种喜悦、兴奋、舒适、柔美、幸福的情感与心绪。因此，美既不是单纯的实体，也不是单纯的心理，而是审美对象与审美主体的对立统一；美不是有闲人托在手掌上的玩物，而是人类勤劳、智慧的结晶。不论创造美还是欣赏美，都需要学习和掌握，都需要用思想去消化和理解。

美是一种思想上的不停劳作，从一开始就具有社会功能和认识功能，具有真理、正义、理想和信念的内涵。因此审美常常比科学和哲学能够给人类提供更多的知识和理想境界。正是基于对美的如此认识，休谟曾针对美的主观性和客观性指出：“美是各部分之间的这样一种秩序和结构，由于人性的本来的构造，由于习俗，或是由于偶然的心情，这种秩序和结构适宜于使心灵感到快乐和满足。”②这样标示美的秩序和结构，就自然万物的基本特性而言，通常包括和谐、

① [德]恩格斯：《自然辩证法》，人民出版社 1971 年版，第 151 页。
② [英]休谟：《人性论》，关文运译，商务印书馆 1983 年版，第 334 页。

对称、有序、线条清晰、轮廓分明、构造精致、玲珑剔透；或如苏格拉底所言：美是柔和的、平滑的和不生硬的东西，很容易流入和渗透人们的灵魂；或者依据阿奎那的观点，美要求完整无损、比例适当、色彩鲜艳。凡符合这些特征的审美对象都可谓是美的，诸如自然生态中美的颜色、天空、河流以及美的动物与人。就人的心理个性而言，人文生态美要求女性温柔和善、谈吐文雅、身心健康、做事热忱；美要求男性活泼大方、远见卓识、宽容大度、忠贞正义。现实生活中纯洁的爱情、忠诚的友谊、和睦的家庭、温馨的集体、尊老爱幼、廉洁奉公、行为刚毅等都体现了人的心灵与个性美。

既然存在美的客观性，也就必然存在审美标准的统一性。从古至今一些艺术作品之所以能够经久不衰地令人赏心悦目，就在于其内在地包含着一种颠扑不破的美的证据。没有这种稳定的证据和标准，就会失去一切审美和评价。这种统一的审美标准常常形成公众的审美共识，并在日常生活中得到充分验证。因为"大合唱里的童声、风帆下的小船、正在开放的花朵、夜晚的城市、雀鸟的啼啭、出色的诗篇、葱郁的树阴、可爱的婴儿、星空、庙宇、春天的苹果树、纯种的良马、山谷间大羊群的铃声、潺潺流水的小河、蝴蝶、新月、上千种别的东西、声音、话语，都会唤醒我们美的思想。"①同时也说明一切美都是事物自然本性的发挥和表现，有如花在显示其本性时是最美的一样，人也只有在显示其本性时才能到达美的顶点。伏尔泰说："如果你问一只雄癞蛤蟆：美是什么？它会回答，美就是它的雌癞蛤蟆，两只大圆眼睛从小脑袋里突出来，颈项宽大而平滑，黄肚皮，褐色脊背。"②这说明事物的美绝不能离开其本性而单独存在。美不是纯主观的感受，它受制于事物的本性，雄蛤蟆毕竟欣赏的是雌蛤蟆，而不是选美小姐。一切事物只有在符合自然本性时才构成美的对象。一切美都必须是现象与本质的统一，虚假和偶然不是美。只有本质美才具有生命力和持久性，才具有想象和精神的妩媚。也正是基于此，亚里士多德才说："只有真的才是美的"。"一件美好的事物永远是一种欢乐，它的美妙与日俱增；它决不会化为乌有，而是会使我们永远有一座幽静的花亭，一个充满美梦、健康和匀静的呼吸的睡眠。"③

美的本质是真，也必定是善。它不仅能满足某种自然功能和人类心灵的需要，也能够给审美主体带来精神的幸福和愉快，对审美主体的生理和心理活动产

---

① [德]莫蒂默·艾德勒：《西方思想宝库》，吉林人民出版社1988年版，第1291页。
② [德]莫蒂默·艾德勒：《西方思想宝库》，吉林人民出版社1988年版，第1280页。
③ [德]莫蒂默·艾德勒：《西方思想宝库》，吉林人民出版社1988年版，第1286页。

生积极的效用。因此凡是能给人以某种快乐者都可谓之美。这样，也就没有绝对统一的审美标准。有关美的客观定义只不过是按另一种方式表达的主观定义。这两种对美的理解都归结于我们所获得的某种快乐，换言之，凡是使我们感到惬意且不引起欲望的东西，我们都称之为美。而且它通常包括机体、感官、理智和精神四个层次。这些美感对于个人如同对于整个人类一样，都经历了一个发生发展过程。"只是由于属人的本质的客观地展开的丰富性，主体的、属人的感性的丰富性，即感受音乐的耳朵、感受形式美的眼睛，简言之，那些能感受人的快乐和确证自己是属人的本质力量的感觉，才或者发展起来，或者产生出来。"①

既然美融主客观于一体，那么就客观性而言，国色天姿、绝代佳人、桂林山水将永世享有美称。就主观性而言，没有自我意识和思维能力，就谈不上美的知觉和创造。正是主观美和客观美的辩证法才使20世纪引发了一场前所未有的艺术革命，将美从描述推向推理，从具体推向抽象；并在其抽象过程中，使整体美和生态美被变成美的哲学，使以往"建筑的理性主义变为纯形式的非理性神话"。② 以往人们看重的是一个个生动逼真的个体美，而今天人们则"由于直接从自然事物中看到意义、审美与具体现象的统一"，从而将由此形成的自在自为的审美理念而日渐"从感性现实事物，及经验界的个别外在事物中净化出来，而且与这种现实事物明白地划分开来"。③ 为此，有关生态美的整体性概念或宏观性概念便逐渐进入人的脑海。这样，也就使得那些日渐成熟的审美主体更喜欢有关宇宙结构、地质运动、生命进化，以及生态系统等巨大画面的抽象美。因为正是这些抽象的宏观美和整体美，往往更能够激发人的想象力和创造性；进而形成普遍性的审美意识、审美概念和审美印象；将人类一步步带进美的世界、美的宇宙、美的生态和美的人间。

二、生态美的维护

美不仅需要敏锐的觉识，深刻的理解，更需要以人的身心健康为目的的精心呵护，以真正实现审美主体和审美对象、也即人和自然的完美统一。如果说古希

① [德]马克思：《1844年经济学—哲学手稿》，人民出版社，1979年版，第79页。
② [德]米盖尔·杜夫海纳：《美学与哲学》，孙非译，中国社会科学出版社1985年版，第188页。
③ [德]黑格尔：《美学》第2卷，朱光潜译，北京大学出版社2017年版，第99页。

腊人对美的理解还处在一种自然状态,培养了人对美的初步欣赏,那么在文艺复兴运动带来人文主义的雨露甘霖之后,人们便普遍认识到人类有权利拥有美、享受美,沐浴青春和爱情的甜蜜,追求个性解放和人身自由,不允许他人剥夺自己获得美的权利,于是一场轰轰烈烈的投身自然,将思想转向外部世界的大发现,并坚信只有生育和养育人类的自然界才能够给人类带来幸福与欢乐的新纪元便拉开序幕。特别是当人类面对五彩缤纷的花朵、广阔碧绿的牧场、快乐的林鸟、活泼的马群时,就自然会沉浸在大自然舒适、温馨的怀抱,由此便把自然美、环境美和生态美放在十分突出的地位。正因如此,无论是哥白尼的天文学体系、开普勒的行星运动三定律,还是牛顿的"万有引力定律",直到今天人类依然把它们当成一幅幅和谐的图画,一首首优美的诗篇。许多人对笛卡尔精心构建的坐标几何学满心赞叹,说他在平面上只是随手画上两条相互垂直的坐标作为舞台,就能在上面造出一个壮丽的宇宙、美妙的自然,充满令人不可思议的智慧和神秘。继笛卡尔把科学作为从混乱中整理出秩序的美学传统之后,伽利略编织的力学宇宙不仅激起人们无限赞美的情感,而且使人们对理性产生热烈的追求与坚定的信念,就是因为不仅科学活动体现着人对自然美和生态美的追求,也揭示了自然界的简洁性、和谐性及优美性,赋予人类生活以真实的意义,才更加激发起人类对自然美的无限热爱。

总之,正是这些科学家作为"个别的观赏者在他从中获得快乐的客观对象中,发现存在于他面前的美"①,从而体现美作为存在于人们面前的一种特性,不过是观赏者或审美主体的"某种主观反应所具有的投射而已"。但也正是这种投射反过来证明一切美作为审美主体和审美对象的相互作用总有其客观性,只是美作为审美主体的一种感受,并不是植根于这个客观基础中。客观世界并不是美的本原本身,但审美主体却可以通过美的形式将其表现出来。

遗憾的是,由于人类的急功近利使科学技术于工业革命后便失去其真善美的统一,一步步地迫使人类失去理智,退化为没有特殊本质的机器,把人类生存的环境日益变成一个几乎没有森林供游览,没有动物供观赏,没有洁净淡水供饮用,没有新鲜空气供呼吸的大废墟;并用炸弹和核辐射威胁着人的生命,蓄意破坏人类文明。为此一些"世界末日论"者甚至非常悲观地宣布:21世纪晚期,"地

① [德]莫里茨·盖格尔:《艺术的意味》,艾彦译,译林出版社2012年版,第86页。

球上生活着120亿人口，但所有的人都将死去。”[①]为了克服科学技术的异化带来的生态环境的破坏，至少从二次世界大战后，新一代人便极力反对将科学技术用于军备竞赛。为了防止工业污染，保护生态环境，他们希望人类迅速改造生产形式。金融财政要更多地投向人类之生存环境和文化教育，促进食品生产工业，为发展中国家解决人口和饥饿问题，而不应该投入危害人类健康和安全的烟酒工业和军火生产；主张拥有资本的财团要把人性的改善和社会进化放在首位。新一代人必须把时间视野向远处延伸，多研究人类的未来和发展趋势；关注远景性建设和再生性生产；要认识到自然和社会的变化多于人类理性提出的许多貌似有理的“规律”和观念，它更需要人类丰富的想象力、直觉和推断，以最大可能地开拓、扩展和维护自己的生存空间。

维护和美化人类的生存空间，当然需要付出代价，概括起来主要有三点：一是要树立正确的生态观。在一种超工业主义基础上，建立一个更具生存能力和完美性的社会与自然；提倡科学技术要与人文科学、人文方法以及各种先进思潮融为一体，以促进人类的审美观、价值观和世界观的变化；以激发人类思维的创造性，扩大人类自由选择的范围，以及灵活多样的变通形式；通过突出事物美学特征来表现自然界的复杂性、多样性、对称性和有序性。二是要从对自然界和生态系统的物质结构及其演变规律的真理性认识入手，以达到摆脱现实中束缚人类自由的各种异化物、赘疣、野蛮和不幸，追求轻松自由和无忧无虑生活的目标。这其中，将自然生态和人类生活紧密结合，要人们“从不必要的、有害于生态的消费中解脱出来，到生产活动中去寻求满足”，形成一种新的生态观和生活观尤为重要。要正确认识：“生活世界本身就是‘自发地’发生的、具有‘大自然’特征的显现过程。”[②]由人类的异化消费产生的“对自然的掠夺式开发和利用带来的自然生态和人的生存环境愈来愈严重的破坏，使人类遭到了可怕的报复。”[③]因此，今日之地球人要从物质的生产、分配、交换、消费、总体的物质生活和具体的劳动关系中，凸显生态和人性、自然和生活之间的辩证法。眼下若每个人都能够做到清心寡欲，淡泊名利，厚德载物，悉心修持，便可施惠万民，泽润万物。最终不仅会实现“人和自然界之间的矛盾的真正解决”，还会实现“人和人之间的矛盾的真

① [加]约翰·莱斯利：《世界的尽头》，刘魁译，江苏人民出版社2001年版，第13页。
② [德]克劳斯·黑尔德：《世界现象学》，倪梁康等译，生活·读书·新知三联书店2003年版，第202页。
③ [德]哈贝马斯：《作为未来的过去》，章国锋译，浙江人民出版社2001年版，第209页。

正解决”。三是将理论用于实践，及时推广和借鉴成功的经验。比如美国西部大开发就在维护生态环境方面取得了举世瞩目的成就。仅就加州而论，原来的荒山秃岭，而今变成一片绿洲和粮仓。这不只是对自然生态的维护，更是对自然生态和人文生态的美化。

再比如莱茵河，作为欧洲著名河流，早在 200 年前，德国浪漫主义诗人就被它的魅力所倾倒，为她奉献了无数优美动人的诗篇。继而是无数的画家、雕塑家、建筑师、音乐家、民间艺人，以及德国的“葡萄酒之路”便使这条两岸点缀着古老城堡的河流充满着神话传说和神奇色彩。并因此常年都吸引着大量的游客到此游览、休假和疗养。（图 9－3）

图 9－3　莱茵河畔

顺莱茵河而下，地处圣·哥阿和圣·哥阿斯豪森之间有个高达 132 米、直刺云天的“洛雷莱山崖”，就像一个美丽的少女亭亭玉立。河水下降时，人们还可以清楚看到危险的“七少女”暗礁。在落日余辉的照耀下，它们就像少女在梳妆打扮，姿态妩媚迷人。自古以来，这里暗礁林立、漩涡四起，给无数船只带来灾难，由此产生船夫被魔女洛雷莱的动人美姿及甜美歌声迷惑而丧身江水的传说。这个“魔女洛蕾莱”后来通过德国诗人海涅之笔成为莱茵河浪漫色彩的象征。此后，每当游船经过，美妙的洛雷莱之歌就会把人们带进童话般的梦境。

在莱茵河两岸至今仍保留着五十多座城堡、宫殿的遗址。每一座古堡都有一段古老的传说，记载着英雄们气吞山河的业绩及幽幽的儿女恋情。莱茵河上游瑞士与德国交界的地方，有宽达110米的莱茵河瀑布。莱茵河中游，从宾根到波恩这一段，峡谷幽深曲折，景色清馨壮丽，莱茵河的许多古老传说都发生在这里。从德国的美因兹(Mainz)到科布伦茨(Koblenz)间，这里河道蜿蜒曲折，河水清澈见底。人们坐在白色游艇上，极目远望碧绿的葡萄园层次有序地排列在两岸，一座座以桁架建筑而引人注目的小城古堡点缀着青山绿水，使人们深深地陶醉在这充满浪漫情趣的多姿多彩的莱茵河美景之中。很遗憾，自1815年维也纳会议将其列为重要的国际航运水道以来，它便成为世界上航运最繁忙的河流之一。现有1/5的世界化工产品都是在莱茵河沿岸生产。正因如此，莱茵河曾一度污染严重。好在欧洲人及时把注意力集中在莱茵河的环境保护上。为了保护自然风景的原貌，莱茵河河谷段没有架设桥梁，往来两岸都靠轮渡，才使得荟萃了如此密集的、有几百年历史的自然与人文浑然一体的景观的莱茵河，在今天重新焕发它的青春活力，再次成为地球上最美丽的河流与生态。

事实上，现代世界为维护生态环境、保卫人类得以生息的大家园所建立起来的各种绿色和平组织、动物保护组织，以及围绕生态学、环境学、生命伦理学、生物社会学所确立起来的为数众多的环境保护工程、能源节制工程、遗传工程、转基因工程、可持续发展工程、环境管理工程；增加地方食品安全和接纳多样化的个性、改变人的消费观念；面对目前全球气候变化带来的灭顶之灾，比如旱灾、寒潮、热浪、飓风、暴风雪、海平面升高等等，许多风险公司都正在着手将国际投资从地下能源转向太阳能等重大举措，①都是对人类生态环境最根本的美化和最基础的治理。人类生态包括自然生态和人文生态，也即物质生态和精神生态。自然生态美不等于人文生态美。山清水秀的九寨沟至今仍然只是供人们游览和观赏的一个自然景点，更多的人还是向往人文生态更优越的北京和上海。反过来，人文生态美也不能替代自然生态美。发达国家有钱人之所以纷纷搬出大都市，宁要青山绿水，不要金山银山，关键就是大都市往往没有“穷乡僻壤”中那优美安谧的居住环境。因此维护生态美，只是人类爱美的一个方面，更重要的还是要创造美的自然生态和人文生态。也只有如此，人类才会逐渐从必然王国进入自由王国，赋予自然美和生态美以更多的美的意识、精神和观念，并自觉地将美的本质上升到享受“自由生活”的高度。由此，也说明不论是自然生态还是人文

① [美]查伦·斯普瑞特奈克：《真实之复兴》，张妮妮译，中央编译出版社2001年版，第129页。

生态，其美的属性既来自审美主体的作用，也需要审美主体去不断地觉识、修复、建构、创造和美化，在审美主体和审美对象的相互作用中日益趋于完美。

三、生态美的创造

维护美固然重要，创造美更是人类对待生态美的积极行为和态度。这一点只要看看今天的我国和一些发达国家优美迷人的生态环境就不难得出生态美并不全是大自然的功劳的结论。大自然尽管造就了风景秀丽的桂林山水、雄伟壮观的喜马拉雅大峡谷、广阔无际的蒙古大草原，同时也制造了无数的自然灾害和事变，类似洪水、火山、地震、海啸等等，由于直接殃及整个人类的生存环境，因此没有谁会把它们当作美的对象来欣赏。更何况几十亿年的沧桑变迁留下了无数的穷山恶水、沙漠荒原，都给人类的生存与发展带来巨大的威胁与危险。所以，人类不只是被动地维护生态美，更要积极地承担起改造自然、创造美好生态的重担。

首先，就人文生态美的创造而言，在社会生活和文化艺术领域，人类已经创造出丰富多彩的美的产品。可以说凡是有人类生息和繁衍的地方都有人造美。因为美是和人的生命相互贯通、水乳交融地合为一体的。美离不开人，人离不开美。美构成人的一个本质层面。人类历史上那些真正推动社会文明进步的人不仅是真理和诚实的追求者，善心善性的实践者，更是妩媚娇艳、富丽堂皇的人间世界的装饰者和创造者。迄今人类之所以不能忘怀伟大智慧的达·芬奇、拉斐尔、莎士比亚、席勒、歌德和莫扎特，并一直陶醉于普希金的《奥涅金》、托尔斯泰的《复活》，以及肖洛霍夫的《静静的顿河》等作品，就是因为正是这些艺术家给人类创造了最多的美。他们非凡的想象力、出类拔萃的领悟力、超群脱俗的构思技巧和创造才华，既能够使其艺术作品产生出最细腻的表现，充盈着神秘的震颤，洋溢着既光艳照人又藏而不露的魅力，展现出一种美妙的活力与无声的运动，使忙碌的精神徜徉自怡于原有的家园；又能够消除孤独，打破沉默，活跃生活，伸张正义，陶冶情操，鼓舞士气，提高斗志；既能够给人以美的享受、愉悦疲乏的躯体，又能够满足空虚的心态，调节麻木的情绪，平息高亢的兴奋，安慰痛苦的灵魂，完善坎坷的人生。艺术家凭借其魂牵梦绕的浪漫性、超常的机智、奇妙的敏锐和丰富的情感可以使人类精神达到大自然难以赋予的满足感。所以，人类对自然生态和人文生态的态度要变控制和索取自然为解放自然，讴歌自然，以及相得益彰地利用与创造自然；正确运用生态环境和自然规律为人类服务。人类要想解放地球和自身，不仅要“以人为本”，更需要“以地球为本”；遵循创生法则，坚持生产正义，摆脱唯利润生产和破坏性经济，才能最终达到保护地球、拯救物种、维护人类理想生存的目的。

其次，艺术家不仅能够美化人的精神，创造美的人文生态，也能够美化人的生态环境。在这里，正是艺术家和工程师一起成为建构新世界的能工巧匠。工程师的脚踏实地和心灵手巧体现了他们的美德与智慧。艺术家那变幻无穷的想象力使他们成为美的创造者、物质世界的装饰者，更是精神文明的建设者。对此，德国哲学家谢林早就认识到艺术是人类拥有的最完美的智慧形式，指出：“艺术是哲学的完成：在自然界，在道德界，在历史界，我们都还仍然只是处在哲学智慧圣殿的入口；在艺术中我们才真正进入了圣殿本身。”[①]艺术既不是金钱也不是权势，它直接就是生命运动本身。只要这些造美者一息尚存，智慧不死，就能通过大脑和手为人类创造美、增添美。由此，克罗齐也认为一切美的事物都是思维的美化。

与艺术相比，自然是麻木不仁、沉默不语的，只有人才能使它说话和富有魅力。当然一般人都可以漫不经心地欣赏柔和的微风、清新的田野以及活泼可爱的动物。而一旦把这处风景变为美的载体，它就成了由各种活生生的形式、色彩及明暗反差构成的一个独立的“宇宙”。“在这个世界中没有任何东西，没有任何自然事物或人的行动，就其本性和本质而言会被排除在艺术之外，因为没有任何东西能抵抗艺术的构成性和创造性过程。”因此，“艺术的最大成就之一就是能使人们看见平凡事物的真面目”[②]，摆脱一般理性或科学描绘的肤浅表面，从而成为引导人们返回实在世界的真正源泉。为此，如果没有人类特有的创造形式：灵感、顿悟和对纷乱繁复的人类社会和千奇百怪的大自然的明晰洞察和深思熟虑，人类文化史上就不能造就出迄今依然放射着艺术圣光的拉斐尔绘画；贝多芬也不会依靠他对生活的深刻理解，对人类心灵精妙、深透的揭示，创造出永远震撼人类精神的乐曲；中国人就不可能创造出在人类生态中永葆艺术魅力的敦煌壁画、万里长城以及无数各具民族特色的编织刺绣、玉雕石刻和大型建筑；人类也

① [德]E. 卡西尔：《人论》，甘阳译，上海译文出版社 1985 年版，第 198 页。
② [德]E. 卡西尔：《人论》，甘阳译，上海译文出版社 1985 年版，第 201 页。

就不可能将人造卫星投入太空，更深层次地揭示宇宙的奥秘。

第三，创造生态美需要人类付出多方面努力，不仅需要强大的物质基础和先进的科学技术，同时也需要将科学与美、技术与艺术有机地结合起来，勇于尝试，善于创新，利用人类丰富的想象力和创造性，尽其所能地去改造生态，美化环境，通过种种目的刺激人们的勤奋和慷慨，带来生活的美好向上和富有生气；通过对美的感悟去完善人性、启迪智慧、教化文明，真正地推动文化繁荣、经济昌盛；让优雅的民风民俗在美的甘霖滋润下大放光华；建立一个万民合德、怡然有序、光明温馨、祥和美丽的世界。届时，凡是人类能想到的，都能做到。人化自然和生态系统将会更加多姿多彩，不可尽数的模拟实体和虚拟世界等，在未来新技术时代都将变成大自然的特殊构成和部分。而那时的人类将由原始时代的分化，文明时代以来的对立，重新回到自然，实现两者的完美结合与统一。因此，今日的人类在日常生活中要从整体生态的意义上来理解环境美和生态美。要正确认识“世界是一个有机体和无机体密切相互作用的、永无止境的复杂的网络。在每一系统中，较小的部分只有置身于它们发挥作用的较大的统一体中，才是清晰明了的”。[①] 也就是说，每一个别具体的事物都只有置身于其所在的整体系统中，才能够从整体性上或类的层面发挥作用。为此，每个地球人都要从观念和行动上重视：“眼下我们正在突破地球生态环境在九个方面的边界。这就是：气候变化、物种灭绝、对氮磷循环系统的破坏、海洋酸化、臭氧层消失、淡水供应、地表变化、大气尘埃颗粒物承载量和化学产品的使用。这九个方面边界的任何一个一旦被突破，都将带来现实的或潜在的全球生态灾难。”[②]大自然自有其运行规律、自我调节的机制，以及大量显现的随机性、偶然性和不确定性。任何人都不可狂妄到“人定胜天”的地步。往日对自然的控制，应以某种方式转变为对人类自身的控制。人类在改变外部世界的同时，也要着力改变自身的本性。

最后，维护化解生态危机，维护生态之美，还需要通过全人类的努力和智慧，积极有效地进行政治经济、科学技术、文化教育等诸多领域的合作。比如通过搭建“无生命自然界到有生命自然界之间的桥梁”，保护好地球上的珍贵资源，节制非再生性资源的开发利用，消除大气污染、臭氧层破坏、森林衰退、水土流失、物种退变及一切毁灭性疾病的蔓延。要认识到，“现代性所带来的社会活动的全球

---

① ［美］大卫·格里芬：《后现代科学》，刘魁译，中央编译出版社 1995 年版，第 18 页。

② ［美］约翰·贝拉米·福斯特的《资本主义、环境灾难与世界革命》，来自 2011 年 10 月 23 日在纽约的演讲。

化在某些程度上是一个真正的世界范围关系的发展过程。”①正是这一过程才有希望使人类将“自然科学日益进入人的生活，改造人的生活，并为人的解放做好准备”；进而使生养人类的地球变成一个具有创造和维持生命潜力的存在；使其能够像一只生生不息的火凤凰那样，变成宇宙中一个最光彩夺目的活的球体。

只要浏览一下今日之中国上海，就会由衷地赞叹人类那机智、丰富的想象力和近乎无穷无尽的创造力。这里不仅体现了艺术的巨大魅力和人类对空间情有独钟的弯曲、褶皱、构造和五花八门、千姿百态的创作能力，也显示出现代城市对由白云蓝天、花草树木、开阔绿地和新鲜空气构成的和谐美的渴望与认知。现代城市既体现了高科技的发展和人类文明的进步，也同时说明各种城市建筑都不再纠缠于狭隘的实用性、功利性、机械性和永恒性，而是把审美和审美的对象化放在各种城市建设和城市景观的突出地位。

一切人类文明都可以看作艺术，包括长矛大刀、机枪大炮、坦克飞机、舰艇航母等各种战争武器，以及宇宙飞船、人造卫星和高楼大厦等各式各样的机械设备和工具、建筑等，也无疑都是人类发明创造的艺术作品。一切人类生活，除了各种阴谋、罪恶、战争、恐怖活动和丑陋活动之外，都可谓是人类的一种审美或求美活动。一切人类设计，包括服装、宴会、广告、公园、旅游胜地、乡村建设、小区景观和城市美景，不仅都可谓是马克思所说的“人化的”，也即是人类对自然的认知、利用和改造，更可谓是人类对美的发明和创造，而且都是也应该是以有利于人类的生存和生活为核心价值的发明、创造和设计。

看看今日深圳的景观。就可以一目了然：它既体现了古典美的由中轴线所体现的对称性、平衡性、和谐性和错落有致的秩序性，也体现了现代美所突出的独特性、个性、丰富性、多元性和现代艺术所凸显的后现代意识，以及通过各种艺术形式所隐含的无限的寓意和隐喻。这是人类对朴素的自然界的美化和深化，是人类所创造的宇宙中独一无二的美丽风景和艺术精品，是人类智慧的设计和架构，是人类特有的审美观念的体现和展示。它非人类莫属，这不仅因为美不属于自然，只属于人类，还因为美作为人类的一种感觉、知觉、体验、认知和主观判断，主要是人类能动性的大脑智慧和身体智能设计、发明、创作和建构的结果。这里既体现了人类整体对美的追求，也体现了审美愉悦、审美快乐更是人类所孜孜以求的幸福生活的终极。所以，深圳并不只是一个政治机构、经济管理，以及

① [美]阿里夫·德里克：《后革命氛围》，王宁等译，中国社会科学出版社 1999 年版，第 22 页。

从事商品生产、商品交易的城市，更是一个文化艺术、审美创作、环境保护和力求生态平衡、生态和谐的都市。

至于美国苹果公司的新总部的造型及所表现的人文生态（图 9-4），为什么令人震撼？一是，因为圆形、环状或球性，至少从毕达哥拉斯派的美学观开始就认为是世界上最美的图形，原因就是人类所生存于其中的地球、太阳系、宇宙和整个自然界给人的印象就是圆形的或球形的。即便在中国人的古老观念中，也有“天圆地方”的概念，只是中国人的建筑，从古至今都更加喜欢正方形或长方形。但是无论是圆形、球性或方性，都具有一种显著的美学特征，那就是对称性，也即当代美国科学哲学家范·弗拉森所突出的一个基本观点，那就是整个宇宙中并不存在什么规律性，唯一的特征就是对称性。二是，因为这种圆形或环形建筑在空间形态、建筑面积、体积所表现的简约性，即基本上符合牛顿所说的，造物主创造万物时从不浪费任何一个微粒。苹果总部的这个新建筑，显然符合牛顿提出的简约性原理。大家可以设想一下，26 万平方米的建筑面积和 10980 个车位，如果不是利用这种最科学、最简约和最美观大方的设计，而是依据一般的设计理念，它将要占据或浪费多少土地面积，这是显而易见的。三是，它的高度的简单、方便和高比例的利用率，也体现了简约美或极简主义的美学原则。

图 9-4　美国苹果公司新总部宇宙飞船 Apple Park

据2016年6月12日有关苹果总部的园区细节曝光，其中空地板可助空气循环；综合建筑的楼顶太阳能面板每年能产生1600万瓦特的电力；沼气燃料电池能产生400万瓦特的电力。这能够满足苹果三个季度的主要工作时间用电。蒙特利县和第一太阳能公司(First Solar)将通过一个1.3亿瓦特的太阳能项目满足其余的能源需求。苹果表示，公司2017年所有的发布会均在新园区举行。苹果新总部将有四层，容纳上万人，该项目的建筑师史蒂芬·贝林(Stefan Behling)称，该建筑是“世界上同等规模最环保的项目之一”。它镶有太阳能面板的窗户，苹果希望从太阳能和天然气获得70%所需的能源，紧急状况下才会使用输电网。得益于那些玻璃面板和窗户，一年大部分时候都无需使用空调。该大楼还包含循环再用设施。此外，该新总部将以绿色空间为主，拥有充裕的空间种植数千棵树木以及设立果园和中心花园。苹果称该园区最终将有80%的面积属于风景地带。

苹果公司的这一项目旨在打造令人惊艳的总部，使其融入大自然，对环境友好，同时响应公司“不同凡想”(think different)的口号。目前有关该大楼的消息还包括：它将具有360度弧形玻璃墙，该玻璃墙整合太阳能面板，可用于引入尽可能多的自然光。它主打自然元素是为了纪念乔布斯对斯坦福大学和加州果园的记忆。它的研发中心将占地30万平方英尺。至于苹果公司的新总部则包含一个可容纳超过2000人的餐厅、咖啡馆、慢跑道和果园，以及能够停放1000辆自行车的车场。只是所有这些区域的布局都是依照一定的美学原则、审美图案进行勾画的，也就是说，它们都是按照一定的比例来划分区域和设计空间结构的。

然而不论是宏伟壮观的上海，还是魅力无限的苹果公司新总部，都既是人类悠远自然生态和人文生态的建构和创造，更是人类身体美的延伸和观念美的外化。因为不论是自然生态美还是人文生态美，既要围绕人类的生存状态，更要关照人类的审美境界。这不只因为美已经成为全人类生存和生活的追求目标，更重要的是美已经构成人类得以生存的基础和食粮。尤其是今天，伴随社会生产力的高速发展和科学技术的广泛运用，在增强人对自然统治的同时，也破坏了人与自然的平衡，使得“自然沦为被主宰、被掠夺、被奴役的对象，人与自然的关系蜕变为占有者和被占有物、使用者和被使用物、生产者和原料的关系。对自然的掠夺和利用带来了自然生态和人文生态愈来愈严重的破坏，使人遭到了可怕的报复。其中，特别是由人类的盲目行为造成的，诸如南极上空臭氧层的破坏、空洞的不断扩大、全球性温度的显著上升、日益严重的环境恶化导致的每年数万个物种的绝灭，以及大量基因突变引发的无法估量的病毒和疾病的蔓延与滋生，都日益迫切地要求“处于同一个基因库中的人类”要抛弃狭隘的国家主义、民族主义或地方主义采取统一行动，群策群力共同应付各种世界性灾难；保护好地球上的珍贵资源，采取一切有效措施控制人口增长速度，节制非再生性资源的开发，杜绝大气污染、滥伐森林、水土流失、酸雨增加、温室效应、艾滋病的蔓延，以及重大灾难的发生。因此，眼下生态美的觉识、保护和创造的问题，归根结底也是人的生存目标和全人类的追求问题。正是这一天人合一的目标和追求必将使得现实中人类的身体、肤色、体态和结构都将变得更加地适宜于未来的生态环境，而且人类必将变得更加美丽和强壮。

看看今天的德国，不仅全国有三分之二的国土面积被森林草原覆盖，到处都是庄稼果树，牛羊成群，一派田园风光，一片绿色大地，就是全国的大大小小城市，也都被五颜六色的鲜花和草木尽情地装饰一新，使得整个德国人完全将二次世界大战后的一片废墟变成人间的仙境花园，即到处都是美的生态城市、生态建筑、生态景观、生态乡村。在那里不仅有花草树木、青山绿水、清澈见底的湖泊、宁静透明的雪山、明亮干净的田间小道、精巧别致的建筑，更有清新的空气、干净的饮水、无毒的食物、优雅的环境、空闲的时间、广阔的空间、以及德国人那悠然自得的生存方式或轻松愉快的周末生活。而所有这些都构成了一个美不胜收的自然生态、人文生态和天人合一、魅力无穷的休闲场景。

只是我们还必须正确认识：不论是自然美还是生态美都是由于感发和契合人的心情而得到的一种美的特性。“例如寂静的月夜，平静的山谷，其中有小溪蜿蜒地流着，一望无边波涛汹涌的海洋的雄伟气象，以及星空的肃穆而庄严的景象就是属于这一类。这里的意蕴并不属于对象本身，而是在于所唤醒的心情。我们甚至于说动物美，如果它们现出某一种灵魂的表现，和人的特性有一种契合，例如勇敢、强壮、敏捷、和蔼一类，从一方面看，这种表现固然是对象所固有的，见出动物生活的一方面，而从另一方面看，这种表现却联系到人的观念和人所特有的心情。”[①]即如果没有人类所拥有的审美理念、审美能力，再美的自然环境或自然生态，也不足以成为审美的对象。因为美毕竟是源自人的身体感觉和思维的判断力。

---

① [德]黑格尔：《美学》第1卷，朱光潜译，北京大学出版社1986年版，第170页。

那么人类的审美理念和审美能力是纯粹的主观臆造、毫无客观基础吗？答案显然是否定的。那么决定审美对象的审美理念和审美能力究竟是怎样产生或形成的呢？对此黑格尔的美学不仅论述一切艺术作品或审美对象大抵都是艺术家或审美主体通过艺术实践和艺术形式将审美理念外化或物质化的结果，而且他从实在性的角度表明一切“艺术都是从事于真实的事物”。因此一切艺术都“不是一种和客观世界对立的抽象的东西，而是就在这客观世界之内，在有限心灵中提醒一切事物的本质。它是自己认识到自己的本质的那种有限事物，因此它本身也就是本质的和绝对的有限事物。”①而这种认识的首要形式就是一种直接的感性形式，而且正是这种“感性关照的形式成为艺术审美的基本特征”，因为艺术也只有用感性形象化的方式才能够把真实呈献给意识和精神，并进而将其变成审美理念和艺术理论。最终使得艺术实质上就是审美实践和审美意识长期相互作用的结果，并一起推动着艺术和审美的进化与发展。当然，也同时在改造着自然，营养着生态，美化着环境和人类自身；在使自然环境愈来愈人化和艺术化的同时，也使人类愈来愈自然化和审美化。

---

① [德]黑格尔：《美学》第 1 卷，朱光潜译，北京大学出版社 1986 年版，第 129 页。

第 10 章

身体美与艺术创作

所谓艺术，就是利用色彩、线条、光影、声响、质料、时间、空间，以及人的身体对自然世界、人类社会、日常生活、政治事件、男女情怀，以及相关的运动、姿势、仪容、情感等无数的具体对象和内容进行描绘、陈述、表现和表达的审美形式。因此“成功的艺术处理的最高成就就是美”。① 而艺术所追求的最高境界就是它所塑造的审美对象、艺术作品能够给审美主体带来愉悦和快感。至于艺术如何才能够实现它的最高成就，抵达它的最高境界，拥有一种比直接显现的形象更为深刻的意蕴，显然“它不只是用了某种线条、曲线、面、齿纹、石头浮雕、颜色、音调、文字乃至于其他媒介，就算尽了它的能事，而是要显现出一种内在的生气、情感、灵魂、风骨和精神。这就是我们所说的艺术作品的意蕴”。② 其实质也就是我们的身体和心灵之美。也就是说，如果一种艺术离开人的身体、语言、心灵、情感和精神，也就不会成为艺术，当然也就无美可言。事实上也是：不只是一切艺术作品都为人的审美活动所作所为，都是人类借助自身的感官和思维进行的审美创作，而且一切艺术作品也都主要是对人或人类社会、人类事件的审美对象化，因为人类从事艺术创作的目的归根结底还都是为了人本身。所以，身体美与人类艺术之间有着不可分割的关系。

---

① [德]黑格尔：《美学》第 1 卷，朱光潜译，商务印书馆 1986 年版，第 24 页。

② [德]黑格尔：《美学》第 1 卷，朱光潜译，商务印书馆 1986 年版，第 25 页。

一、身体美是艺术创作的源泉

众所周知，并不是每个人都能够成为艺术家，或者都能够创作出伟大的艺术作品的。这是因为真正有深度的艺术必须能够深刻地表现出人的心情和灵魂的深度。然而这种心情和灵魂的深度却不是一望而知的。它需要艺术家沉浸到人的外在和内在的身体里和灵魂里去深入地观察和探索，才能捕捉到震撼人心、激动灵魂、激发兴奋的审美内容和艺术形式。所以艺术创作本质上也是身体审美的过程和将身体美对象化的过程。只是在这一创作过程中，对于不同的艺术形式有着不同的要求和限定。比如音乐，这几乎是人人都可以拥有和作为的一门艺术，特别是声乐唱歌，小至3—4岁的幼童，老至耄耋之年的老人，都可以唱出优美动听的歌声。也正因如此，才使得现实中的许多"草根歌手"较之音乐学院专门培养的人才，更受观众的欢迎。其根本原因就是："音乐，它所要做的只是用好像不掺杂思想的那种情感的音调，去表现很游离恍惚的内在心灵的动态，所以不很需要或完全不需要意识到什么心灵性的内容。因此，音乐的才能往往在头脑空洞、心情还未很发动的幼年就已显现，甚至在心灵和生活都还没有什么经验的时候，就已达到很显著的高度。致使我们常看到在作曲和演奏方面都达到高度熟练的音乐家在心灵和性格方面却非常凡庸贫乏。而在诗歌方面，情形却不如此。诗歌要靠内容，要靠对于人，人的身心愿望，以及鼓动人的种种力量，作为内容充实、意义丰富的表现。所以理智和情绪本身都必须经过生活经验和思考的锻炼，经过丰富化和精湛化，然后天才才可以创造出成熟的、内容丰富的、完善的作品。"①

也正因如此，不论是德国的歌德、席勒，还是古希腊的荷马或中国的李白、杜甫，也都是到了阅历丰富、经验丰实、思想深刻、灵魂历练的老年时期，伴随着身心的日益成熟，审美力和鉴赏力的日益提高，才能够真正地自我创造或创造自身；才能够真正地观照、认识、思考和审视自己，并通过这种自为性的存在不断地超越自己；才能够通过心灵的透视、建构和设计，熟练而巧妙地将"纳入艺术作品的东西，作为一种外在事物而具有永久性"；才能够创作出他们的那些旨趣高雅、形式完美、内容深邃、光芒四射的不朽诗篇，将他们对人性、社会和自然的理解凝

① ［德］黑格尔：《美学》第1卷，朱光潜译，商务印书馆1986年版，第35—36页。

结成美的诗词歌赋。由此，使得人类不仅将艺术推到一个真正成熟的阶段，而且使艺术一如科学和哲学形成超越感性美和实体美的形式和概念。

换句话说，各种艺术形式或艺术概念都不是纯粹抽象的文字符号，而只是旨在作为一种心灵的媒介使各种艺术品能够更好地成为人的感性对象或审美主体的审美对象。即如黑格尔所言："艺术的任务和目的就在于把一切在人类心灵中占地位的东西都拿来提供给我们的感觉、情感和灵感。"或者说，"艺术就应该在我们身上实现'凡是属于人的东西对我都不生疏'那句格言。"①如此一来，包括心灵美在内的身体美或身心美也就与各类艺术创作和审美活动密不可分。特别是那些能够打动人们的心灵、激动人们的灵魂、给人们的精神带来愉悦的艺术品，总是能够"使我们忧，使我们喜，使我们感动或震惊，使我们亲历深受愤怒、痛恨、哀怜、焦急、恐惧、爱慕、敬重、惊赞、荣誉之类的情绪和热情。"②并将我们带回人自身，从而通过艺术的升华和美的再现消除人的身体行为中的粗野性，驯服、减缓或是涵养那些自私的、一触即发、不顾一切的情绪和冲动，以求净化人的欲望，进益人的德行。（图 10 - 1）因此艺术实际上是人类最有教益的老师。只是艺术的教益不是来自"道德说教"，而是来自美的显现、美的感化、美的本质，以及艺术作品所内在包含着的"美丑善恶"的对立与统一。如此一来，艺术尽管有其内在的规定和目的，但改造、完善和成就人类，也毕竟是它的一种价值和目的。当然，不同的国家、民族，以及不同肤色的人对身体美会持有不同的审美观念和审美标准，比如"一个欧洲美人不会叫一个中国人乃至非洲霍腾套特族人喜爱，因为中国人的美的概念和黑人的不同，而黑人的美的概念和欧洲人的又不同，如此等等。如果我们看一看欧洲以外各民族的艺术作品，例如他们的神像，……对于我们却会是最凶恶的偶像。他们的音乐在我们听来会是最可怕的噪音。反之，我们的雕刻、图画和音乐在他们看来也会是无意义的或是丑陋的。"③因此，虽然世界各国的艺术家或普通人都是以身体作为审美对象和艺术之源，却创作出或展示出风格、形式、情调、效果、特色等方面几乎完全不同的艺术作品。

这些艺术作品或审美对象，既体现了艺术形式的多样性、艺术内容的丰富性，也同时说明属于人的、或者说属于人的身体的"感觉、情感、情绪、脾气、愿望之类，在艺术美里不是只是附属于知解力所用的普遍范畴之下，被抽象的普遍概

---

① ［德］黑格尔：《美学》第 1 卷，朱光潜译，商务印书馆 1986 年版，第 57 页。
② ［德］黑格尔：《美学》第 1 卷，朱光潜译，商务印书馆 1986 年版，第 58 页。
③ ［德］黑格尔：《美学》第 1 卷，朱光潜译，商务印书馆 1986 年版，第 55 页。

图 10－1 布格罗 1897 年创作的油画《赞赏》。画中小丘比特为战神阿瑞斯和爱神维纳斯所生。他一直被喻为爱情的象征。他有一头美丽的金发，雪白娇嫩的脸蛋和一对可以自由飞翔的翅膀。他有一张金弓、一支金箭和一支铅箭，被他的金箭射中，便会产生爱情，成为佳偶，生活甜蜜快乐。若被他的铅箭射中，便会拒绝爱情，佳偶也会变成冤家，恋爱变成痛苦和妒恨。任何人都难以抵挡小爱神的箭。小丘比特周围的诸女神也都十分美貌。她们体态娉婷，面容姣美，一双双水灵灵的眼睛深沉柔和、温暖祥瑞，令人眩目。她们的秀发，白皙的皮肤，纤巧的手指，玫瑰般白嫩的双足更为她们的美增添迷人的高贵和典雅。特别是维纳斯那纤细匀称的身段、娇艳迷人的容貌赢得众神狂热的崇拜，为此她被选为爱和婚姻女神。为了激起宇宙间万物心中的爱，为了使人和动植物能够繁衍，她在丘比特的帮助下，在众神和人世间制造了许多悲欢离合的动人故事。

念所支配，而是与普遍的东西融成一体。它们这些特殊的东西是内在于这普遍的东西的，对这普遍的东西是绝对适合的。因此，艺术美成为一种思想的体现，而所用的材料不是由这思想自外来决定，而是本身自由地存在着。”①这个本身就是将思想、情感、心灵、精神、智慧、快乐、痛苦、怅惘、欲望、意向、潜意识等各类属人的要素融于一体的人的身体。这不仅因为人的身体乃“万物”之源，还因为只有通过艺术和身体之美，才能够真正把人的欲念、感觉、冲动和情绪修养成为本身就是理性的，如此也就通过人类的身体真正地解除了理性、自由和心灵的抽

① ［德］黑格尔：《美学》第 1 卷，朱光潜译，商务印书馆 1986 年版，第 75 页。

象性，从而通过它的对立面而获得血和肉的丰满性。如此一来，美不仅不是一种纯主观判断，而且正是通过艺术美、身体美才真正实现了理性和感性的统一，进而扩展到心灵和自然的统一。

例如人们通常所谓的艺术美的三种类型：象征型艺术、古典型艺术和浪漫型艺术，可以说无一不是源自人的身体美和心灵美。首先，就象征型艺术而言，它无疑产生于人类的身体和意识不成熟的阶段。在这一初始阶段，没有关于艺术美的理念或概念。此时即一些人拥有关于美的感觉、形式或概念，也是极其地不确定或是非常地含糊不清。然而就是在这种情况下它常常被用作艺术创作的内容和原料。如此一来常常产生两种艺术类型：一是以身体为创作和践行艺术的儿童游戏。在游戏过程中，儿童们只是一味地从中获得快乐、愉悦、兴奋和好玩。这当然也是儿童们特有的美的感觉、美的形式，而且几乎是纯粹的身体之美。然而正是这种儿童游戏成为促动儿童身心成长的主要形式、动力和途径。其价值就是带来儿童们在身体、心灵和思维能力等诸多方面的长大成人。二是带有神秘色彩和泛神主义的艺术形式。这主要表现在从古至今各个国家和民族都有自己的拜物教、崇拜对象以及形形色色神话传说或神话故事，并且都是以某种艺术形式或艺术形象，被塑造、创作和流传。这种艺术类型虽然显现了人类认知的幼稚，是完全将自己不成熟的想象和虚构变为某种极具吸引力和感染力的艺术形式或艺术美，但是却至今依然具有打动人心和沁人肺腑的效用和价值。就像中国流行至今的四大名著：《红楼梦》、《三国演义》、《水浒传》和《西游记》，不论它们是以何种艺术形式出现，依然能够取得妇孺皆知、津津乐道和久看不衰的效果。然而它们作为今天的中国人心目中的“顶尖”艺术，实际上反映了处于初级阶段的艺术形式所必然包含的某种神秘色彩、崇高风尚，以及在创作这类艺术过程中所怀抱的希望。

其次，就古典型艺术而言，它在克服象征型艺术的形象的不完整性和艺术理念的不确定性的缺陷的基础上，将相关艺术的理念和概念自由地和妥当地体现于在本质上就特别适合于这类艺术理念的艺术形象、艺术造型、艺术内容和艺术作品，结果也就使得古典型艺术在艺术史上第一次给人类提供了完美理想的艺术创造和艺术关照，真正地使得艺术理想、艺术概念通过理智性的艺术创造而变成现实。只是这类艺术形象由于主要是出自人类的心灵，即属于心灵性的东西，因此它所具有的形象也就是人的形象，也即人的身体的形象。“因为只有在心灵自己所特有的那种身体里，心灵才能圆满地显现于感官。”[①]反过来，也只有人的身体的形象才是唯一的符合心灵的感性现象。所以人体的形象用在古典艺术里，并不只是作为感性的对象或感性的存在，而是也同时作为心灵的外在形式或自然状态出现于艺术作品之中。为此，在古典型艺术里，具体的内容总是人性与神性的自在的统一。就像希腊神话中所塑造的各种天神，不论是爱神、美神、智慧之神或是宇宙之神，都是现实中的淳朴观照和感性想象的对象，也即都是现实中活生生的人体的形象或形状。他们既代表了现实中具体的、个别的或特殊的真人的形象，也说明古典艺术的内容实质上只是自在的统一，使用人体完满表现的艺术理念和认识，并由此形成艺术意识、心灵和人体美的直接融合与统一。（图 10－2）

图 10－2 《波浪》，是著名画家阿道夫·威廉·布格罗的油画作品。画面上，一位年轻裸女坐在海滩上，两脚交叉，两手后撑，皮肤白皙，容貌俊俏，身材姣好，面带微笑，神情悠闲，回眸一笑百媚生，倾国倾城迷众生。少女的轻松表情、美艳的姿势、诱人的酮体、迷人的秀发，以及海中的浪花，海滩上的水泡，松软的细沙，都被表现得玲珑剔透、惟妙惟肖。

第三，就浪漫型艺术而言，当然是对现实美的升华，是对艺术理念和现实的

① [德]黑格尔：《美学》第 1 卷，朱光潜译，商务印书馆 1986 年版，第 98 页。

完美统一的否定、超越和破坏。所以，浪漫型艺术作为一种更高级的艺术形式，实际上是将艺术史推进到一个更高级的艺术阶段。人类虽然在古典型艺术里，实现了最高度的优美，使得许多古典艺术是那样的迷人性感、动人心弦、美不胜收和令人陶醉。然而它的局限性“就在于一般艺术用感性的具体形象，去表现在本质上就是无限的具体的普遍性，结果在形象与心灵两者的融合与统一中，心灵往往是不能按照它的真正概念达到充分的表现。这样，将形象与心灵的自在的统一性提升到自为自觉的阶段，使得原先的直接性统一上升到意识到的统一，即将心灵的感性直接存在变为自己意识到的内心生活，即演变为不能完全为感性形象显现的艺术形式，如此一来，类似小说、诗歌、音乐等由纯粹的文字符号表现的心灵自由的浪漫型艺术，也即超越感性现实和具体审美对象的艺术形式就应运而生。

概括地说，迄今人类发展起来的主要艺术形式就是：象征型艺术、古典型艺术和浪漫型艺术。“这三种艺术对于理想，即真正美的概念，始于追求，继而到达，终于超越。”①那么现在的问题是：人们是怎样借助某种感性材料将那些艺术的理念和思想变为美的作品的呢？或者说人们是利用怎样的手段和途径将美的心灵转化为美的外在形式或美的世界的呢？

在黑格尔看来，作为象征型艺术的基本类型的艺术就是建筑，而“建筑的任务就在于对外在无机自然的加工，使它与心灵结成血肉因缘，成为符合艺术的外在世界。它的素材就是直接外在的物质，即受机械规律制约的笨重的物质堆；它的形式还没有脱离无机自然的形式，是按照知解力认识的抽象关系，即对称关系来布置的。”②

如果说，建筑艺术把无机的外在世界净化了，使它得到了对称的秩序，并且和人的心灵结成血肉因缘，为神建造了庙宇，为人建造了美的房屋，那么接下来代表古典型艺术的雕刻艺术的光芒将“照耀着并且渗透到那无生气的物质堆里，不再只是用对称的形式，而是用心灵本身的无限形式，把相应的身体性相集中起来而且表现出来。这就是雕刻的任务，……在雕刻里感性因素本身所有的表现都同时是心灵因素的表现。反之，任何心灵性的内容如果不是完全可以用身体形状呈现于知觉里，也就不能在雕刻里得到完满的表现”。③

---

① [德]黑格尔：《美学》第 1 卷，朱光潜译，商务印书馆 1986 年版，第 103 页。

② [德]黑格尔：《美学》第 1 卷，朱光潜译，商务印书馆 1986 年版，第 105—106 页。

③ [德]黑格尔：《美学》第 1 卷，朱光潜译，商务印书馆 1986 年版，第 107 页。

尽管建筑和雕刻都是人类心灵审美的反映，但是真正与人的主体性和内在生活直接相关的艺术创作主要涉及的内容和范围，还是与人的本能、情欲、动作、事变、野心、理想、罪恶、情感意志，以及对情感意志的节制等相关的广大领域。符合表现这些内容的材料有颜色、线条、声音、节奏、知觉和观念，而能够表现上述内容意蕴的艺术形式则主要有绘画、音乐、诗歌和戏剧等浪漫型艺术的类型和形式。比如绘画作为雕刻后面的一种艺术，是从颜色得到定性的。只是这里的颜色不同于建筑和雕塑的纯粹颜色，也即主要是光和黑暗的对立统一体。凡属绘画中的颜色，本身都是经过主观化和观念性了的颜色，它不是纯粹的自然之色，而是得到广泛的特殊化了的颜色。比如在中国，红色代表革命、黄色代表王权、黑色代表罪恶、白色代表反动等都说明：那些由丰富多彩的颜色组成的内容和所标识的“整个的殊相世界，从心灵的最高品质到最孤立的自然事物，在绘画里都可以找到地位”。①

在浪漫型艺术中与绘画相对立的艺术类型是音乐。“音乐的材料虽然仍是感性的，却发展到具有更深的主观性和特殊化。音乐也是把感性因素看作观念性的”。在音乐中，它把空间的绵延性取消了，并且把它观念化为一个个别的孤立点，使其具有时间的观念性，即声音。正是通过声音使人的心境和全部情感、情欲都在由声音构成的音乐中得到表现和表达。由此，音乐不仅成为浪漫型艺术的中心，正如雕刻成为建筑与几种主体性的浪漫型艺术之间的桥梁一样，音乐也成为由绘画所用的抽象的空间感性到诗的心灵性之间的转捩点。与建筑一样，音乐本身就有一种符合理解力的量的关系和由此反映的质的内容。

属于浪漫型艺术的第三种艺术，就是那最富于心灵性表现力的诗歌或诗词。“诗的特征在于它能使音乐和绘画已经开始使艺术从其中解放出来的感性因素隶属于心灵和它的观念。”②因为诗所保留的最后的外在物质形式是声音，而声音在诗里不再是声音本身所引起的情感，而是一种本身无意义的符号，而且这符号所代表的观念是本身已变成具体的情感以及它的各种深浅程度和等级。因此诗艺术是心灵的普遍艺术，是本身已经得到自由的和不受为表现用的外在感性材料所束缚的艺术。它只是在思想和情感的内在空间与内在时间里逍遥游荡。

总的来说，在艺术领域中建筑作为外在的艺术，雕刻作为客观的艺术，绘画、

---

① [德]黑格尔：《美学》第1卷，朱光潜译，商务印书馆1986年版，第110页。
② [德]黑格尔：《美学》第1卷，朱光潜译，商务印书馆1986年版，第112页。

音乐和诗词作为主体性艺术，都是产生于人类心灵所生发出来的美的感觉、美的思想和美的理念；都是人类经过成千上万年的美的积累和创作，发展演化而成的美的形式和成果。在这些艺术形式中，至少从雕塑开始，人类之美就走进人的身体和灵魂，将美和艺术内化为人的身体美、行为美和心灵美。与此同时，人类作为审美主体也不断地将身体之美向外延伸和扩展，使得整个美的世界都成为对象化和现实化了的身体美和心灵美。也正是基于艺术创作和人之身心的紧密关系，尼采指出：任何一幅美丽的艺术作品，都必然与艺术家投入的情绪以及该艺术家所拥有的特定品质有关。"这正如一位法国画家所言，一处风景就是灵魂的一种状态，而且除非该艺术家投入到一处自然景色中的这种特定的情绪或思想有一定的价值或兴趣，并且以一种命令或统治者的方式画出，否则它只是一种过剩的浪费。"①

二、身体美是艺术创作的对象

不论是何种艺术形式，毫无疑问在其创作发展史上，以身体美为题材和创作对象的艺术作品占的比例最多。为此，在人类艺术史上留下的无数艺术精品几乎都与人的身体美、心灵美和精神美直接相关。其中，有关人体艺术的油画可以说有着十分悠久的历史，原因就是人体之美不仅最能打动人的内心、激动人的灵魂，满足人的情欲，提升人的精神，传达美的理念，关键是人体之美一如尼采所言乃世界最美的对象和存在，也就是说古今中外没有哪一种美能够超越于人体美之上。也正因如此，人类早在史前艺术中就已经创造了人体雕塑，最早的如旧石器时代的《威冷道夫的维纳斯》女性人体等，古埃及的赫亚尔墓室的男性人体浮雕《赫亚尔造像》等，以及公元前50年在庞贝城发现的人类历史最早记载的人体壁画等都是对人体美的记忆、描绘和表达。可以说从古希腊到文艺复兴、再到17、18、19世纪直至当代，两千多年来，无数的艺术家都用不同的手法表现着最美丽的人体，无论从结构比例、动态特征，还是皮肤的色彩上，都传达了各种内在的精神和思想感情。如果说艺术是美的集中表现，那么油画人体艺术则是人类美的象征。人类对于裸体的认识是人类文明发展的结果。

① [英]卢多维奇：《尼采艺术论》，李关富译，新星出版社2010年版，第111页。

在人体艺术发展的不同阶段主要区别有二：一是在文艺复兴时期，盛行的人体画主要是以神话题材为主；近代和现代的许多画派画家都以现实中的人体为主要题材创作了不同风格的人体画，并一直延续至今。二是在文艺复兴前，人体艺术大都以雕塑形式出现，之后，以意大利威尼斯绘画为代表，开始以色彩塑造人体。随着人们对人体艺术的深入了解，艺术家对艺术的追求更加张扬，文艺复兴时期的油画尽管很多还穿着宗教神话的外衣，但油画中的人物形象不再像中世纪那种刻板、遥不可及的圣像，而是走入实际生活中，绘画出更加生动和真实的人物形象，特别是文艺复兴时期的米开朗基罗，对人体的钻研更是严谨和细腻。他不仅把古希腊的人体艺术融入到自己的绘画体系中，并且用模特深入研究人体艺术，更加值得尊重的是他还进行人体解剖，深入到人体内部结构钻研人体。

当然现代油画与传统油画也有很大区别，比如现代油画人体更加注重现实与理想的分寸把握，也就是说十分注重把握人体美的分寸。如此一来，就需要艺术家们如何把匀称的比例、流畅的线条、和谐的色彩、典雅的情调和非常时尚的审美意识运用于画布上，让欣赏者有美可赏。因此油画家的审美本质是与时俱进的，他们认为造型艺术的认识必须是由感性认识上升到理性认识，而理性认识又必须有明确的认识和理解，如此才能真正做到：审美既有客观依据，又有精确的概念，既重视自然人和生物人的美感，又能够从中挖掘出人体美的亮点。(图 10－3)而要做到这点，就需要确立这样一种艺术观：虽然艺术的源泉都是源于生活，人体艺术都是源于人体，这就要求我们尊重生活的真实性，真正体验生活，以生活为根本，但是艺术来源于生活也要高于生活，这就需要艺术家们发掘新的思维，创作出不一样的艺术。当代艺术很难找到文艺复兴时期的感觉，或许时代不同，绘画的感觉也就有所不同，但时代是向前发展的，人们对人体艺术的认识又必然有新一层的认识和理解。比如近年由十多位法国学者撰写的一部巨作《身体的历史》，就主张人类身体实际上经历了一个辩证发展过程。人类伊始，当然要以身体为本。而自奴隶社会起，奴隶的身体就异化为牛马不如的工具。从此，身体便开始受到至上性精神的控制。直到 19 世纪倍受凌辱的身体才开始觉醒，逐渐将“解构主体、解放身体、以身体为准绳、进到生命之心”的呐喊变成令人惊异的思想和行动。

今天伴随人类身体观念的巨大转变，已在全世界掀起呵护和提升身体地位的热潮，使愈来愈多的人既激烈反对伤害身体的战争和各类暴力，也积极参与体

图 10－3　油画《巴克斯的青年们》，也即《酒神狂欢节上的青年们》，是著名画家阿道夫·威廉·布格罗的艺术作品。它描绘了酒神巴克斯与一群男人女人、少男少女及小天使们一起载歌载舞热烈庆祝狂欢节的场面情境。狂欢的场景在郊外，那里有树林、草地，有人骑马骑驴，有人击磬吹笛，一副热烈欢乐的场面。整个画面人们表情丰富、姿态优美，动作高雅，情绪高昂，气氛和谐，均衡律动；女性肌肤柔软透明，男性表情鲜活灿烂，并以史诗式的丰厚博大达到了奇迹般的极致，描绘了千姿百态的人体艺术，表达了对人类心灵和人性的无与伦比的歌颂；真实地反映了西方人的生活观、艺术观和审美观；证明西方人视人体为纯洁、真诚和美的化身；是宇宙中最美的天然艺术品，而不是把裸露的人体当作情欲、不雅或罪恶的表现。

育运动，投身体育事业，仰慕体育英雄，践行体育人生，并将美化身体、美化心灵、美化人格升达为体育之魂，掀开用身体之美来撰写人类历史的新篇章。而如此一来当然也影响到各个时代的艺术家对身体的理解，也使得身体在他们的心目中经历了健康、屈辱、体面和珍贵等阶段性的评价和认识。

当然，科学技术发展到今天人类能用来表现人体美的技术手段、艺术手法和审美形式更是丰富多彩，尤其是 19 世纪末发展起来的摄影技术、电影艺术和电视艺术更是将人体美的表现推到一个极高的阶段和意境。也就是说今天人类利用摄影技术表现的人体美较以往的雕塑和绘画技术更能将人体美表现得淋漓尽致、活灵活现，及至五花八门、千奇百怪。它可以使人类从多角度、多层面地利用各种姿态和情感细致入微地、逼真地和创造性地表现人体之美。将人体美和心灵美有机地统一起来，创造了更多的人体美作品。

就音乐而言，如果说人类的艺术是从最不完善的建筑开始的，因为它是利用沉重且有空间限制的无机物质建构而成的纯粹外在性的东西，也就是说人们很难把精神性的东西表现于适合它的可以目睹的形象,“只能限于从精神出发,替有生命的实际存在的精神准备一种艺术性的外在围绕物。”[①]那么在此基础上发展起来的雕塑便直接用有生命的精神现象作为审美对象。但人类还是没有把它当作具体特殊的人物性格,也没有把它当作心灵主体的内在生活,而是把它当作既不能离开实体性的内容意蕴,又不能离开精神的肉体现象而独立的一种自由的个体。这样代表浪漫型艺术的绘画便超越雕塑而走向艺术的更高阶段。在这里,绘画所表现的内在精神虽然还是外在形状,但是它已经懂得借助外在形象来描绘和表达人物性格和心境中的主题的情欲和情感,反映出内心的自为存在和精神在他所特有的领域之中的活动,例如情境、目的和行动。然而由于一切绘画的表现形式无一例外都是空间性的,所表达的内容永远都是一种空间并列性的,因而也是一种持久存在着的外形,这就和人类主体的内心生活的变动不羁性、随心所欲的自由性及其丰富的想象力不相适应。如此一来,能够反映和直接表达人类丰富情感的音乐艺术就应运而生。

而音乐的最大特征就是:不仅消除了以往艺术形式的空间性和外在性,而且将人的内心生活在表现形式上完全退回到主体性。“就这个意义来说,音乐形成了一种表现方式,其中心内容是主体性的,表现形式也是主体性的。”[②]这样,欣赏音乐艺术的器官就主要不是眼睛而是耳朵,主要欣赏的不是其外在性的空间形式,而是音乐的载体声音在时间中的自由地流淌和在空间中的扩散。所以在音乐中是放弃了以往艺术的那些明显可以眼见的性质。由此,人体美在音乐中就主要不是其外在的形态美、空间美,而主要是其声音美、节奏美、韵律美、曲调美,以及音乐在抽象和普遍的意义上所反映的情感美、想象美、心灵美和精神美。就这一点来说,音乐不仅属于人体美或人体创作和发出的美,而且人体美确是属于较高级的一级。因为人体到处都显出人是一种受到生气灌注的能感觉的整体,特别是那“跳动的有生命的心几乎到处都显现为人体所特有的生气活跃,生命的扩张,并由此培养和酝酿了一种细腻的情感、敏感的知觉和充满想象力的情欲”。正是通过人体美的展示,使得音乐作为一种借助心灵性作为中心点而结合起来的整体能够被人类看作是理念性的、实体性的和普遍性的艺术美,而不是一种纯粹的感性材料。相反,音乐是各种感性材料的抽象的统一,它既克服了自然

① [德]黑格尔:《美学》第3卷上册,朱光潜译,商务印书馆1986年版,第328页。
② [德]黑格尔:《美学》第3卷上册,朱光潜译,商务印书馆1986年版,第331页。

美的非主体性缺陷，也将美上升到自为存在的心灵的层面，成为一种能够反映真善美相统一的真理形态、意识形式和最具感染力与影响力的审美对象和艺术形式。

三、身体美是艺术创作的目的

什么是美的本质和美的最高境界，不言而喻美就是身体的美感和快感，其最高境界就是身体的愉悦。既然如此，一切艺术创作和审美实践的最终目的就是为了身体美。换句话说，自古以来人类所创造的各种艺术形式，即不论是音乐、舞蹈、绘画、雕塑、戏剧、诗歌、小说，还是眼下风靡世界的摄影、影视、服装、美食和整容，归根结底都是旨在使人类的身体获得更多的美感和快感，都是为了使其变得更加的美丽、健康、幸福和快乐。

而人的身体之所以能够成为审美的主体和源泉，成为艺术创作的目的和对象，其根本原因就是由肉体和精神或身和心相统一构成的人类身体，其拥有的知性和智慧是美的；其健康的身体和强大的意志力是崇高的和伟大的，其真诚和正直的心灵是淳朴的和高贵的，其讨人欢喜的行为和彬彬有礼的举止往往是文雅的和礼貌的。特别是那构成人性的主要特征的性爱不仅自身包含着一切美的本性，而且总是能够使得人类在其亲密无间的身体交往和肉体接触中感受人类所特有的美感和激动，并由此将性爱向外延伸引为人类社会中的一切爱的形式和行动，并因此而给人世间带来诸多的愉悦和福祉。正基于此，康德曾对身体之美大加赞美，指出："高大的身材引人注目和重视，短小的身材则更多地引起亲切感。甚至棕肤色和黑眼睛也更接近崇高，而蓝眼睛和白皮肤则更接近于美。高龄更多地与崇高的品性相结合，年轻则更多地与美的品性相结合。……声名显赫的大人物必须保持衣着淳朴，制止华丽，而小人物则可以修饰打扮。老人适合于较深的颜色，套服式样一致，年轻人则因明快的、对比鲜明的衣着而光彩照人。在各种地位中，尽管财富和社会等级一样，神职人员也必须表现得极为淳朴，而政治家则必须表现得极为华丽。贵妇人的面首可以随心所欲地打扮自己。"[①]这也就是说，在康德看来，不论是人的外表还是人的灵魂都是审美和艺术创作的源

① [德]康德：《康德美学文集》，李秋零译，中国人民大学出版社2016年版，第289—290页。

泉和对象，都能引起人的某种美感、快感和情感，都是引发人类性爱的基础和条件。

事实上，只要考察一下艺术发展史，就会发现世界最有名的雕塑是赤裸的人体雕塑大卫或思想者；最有名的油画也是形形色色的赤裸的女性人体，即或是爱神、美神和智慧之神，或是纯真的少女、迷人的宫女和典雅雍容的贵妇；最有名的舞蹈艺术直接就是各种人体艺术和身体形态的展示。至于从古至今的服装更是直接用来装饰、点缀、凸出或美化人的身体。

之所以全部艺术的主题都离不开人的身体，这不只是因为从抽象的层次上说，"世界上只有人的身体最美"，关键是代表和体现性别特征的人类身体，从外在的形体、形态、容貌、肌肉、骨骼、肤色和酮体，到内在的情感、爱欲、性欲，以及整体上所显示的谐和俊美、机智灵活、勇敢坚毅，都给人类带来美的享受和快感。这些人体艺术将人的灵魂和肉欲赤裸裸地展示出来，将内在美和外在美完美地统一起来，表现了身心和人神的统一。目的就是展示人体美、表达性别美，颂扬造物主的伟大，传达裸体艺术的纯真，揭露禁欲主义的虚伪，表达人文主义所宣传的自然美的真实，以及灵魂对于肉体的附属与依赖。

就像文艺复兴时期雕塑巨匠米开朗基罗的代表作，被视为西方美术史上最优秀的男性人体雕像之一《大卫》，正是他的俊朗的容貌、发达的肌肉、坚毅的眼神、勇敢的行为、洒脱的精神带给他精彩的人生，以至后人用艺术形式试图将他的坚强肉体和高贵灵魂永远地留在人间，以便让人们永远记住他这位最年轻的军事统帅的赫赫战功，表达人们对他的普遍拥戴。特别是文艺复兴时期的艺术巨匠米开朗基罗独具匠心，将他塑造成一个怒目而视、时刻准备战斗的全裸青年。他左手扶着肩上的投石机，右手下垂握着圆石块，扭头向左前方搜索敌人，表现了英勇豪迈的大卫即将投入战斗的紧张情绪和坚强意志。至于雕塑家之所以在人物结构上进行了深思熟虑的艺术夸张处理：把头部的比例加大，下肢放长，手和脚的关节都较大，与此同时，构成身体各部分的解剖结构仍然是精确得无懈可击，另外，每一块肌肉都充满着力量，目的就是要突出和加强英雄的形象效果，表现青年统帅大卫为正义而战的英雄形象。这种由僵死的无机物质表现的人体塑像，不仅使僵死的物质充满生命和灵气，而且体现了文艺复兴时期的人文主义思想。它对人体的赞美，表面上看是对古希腊艺术的"复兴"，实质上表示着人们已从黑暗的中世纪桎梏中解脱出来，充分认识到人在认识世界、改造世界和美化世界过程中的巨大力量。所以，米开朗基罗在雕刻过程中注入的巨大的热情，塑造出来的不仅仅是一尊雕像，而且是思想解放运动在艺术上得到表达的象征，使其作为一个时代雕塑艺术作品的最高境界，将永远在艺术史中放射着不尽的光芒。

至于19世纪法国著名画家安格尔最负盛名的画作《泉》，之所以能够成为一幅具有古典主义象征意义的名作，说明安格尔不仅在其中寄托着他对青春少女的无限眷恋，而且在画作中，他集中表现的少女的那充满活力的胴体正像她脚边的那朵含苞欲放的雏菊，散发着长久的魅力，给人以宁谧的思绪、隽永的意味。他描绘的天使般的美少女，虽是画家衰老年岁的产儿，但由他的审美理念转化而成的现实美却超过了现实中的所有姐妹，集中了她们的美于一身，将其推向人类纯粹的自然美之最，使其几乎成为任何时代都必将顶礼膜拜的艺术典范。

论及人类特有的衣服，从它诞生那天起，其功能就不只是在于保护身体不受皮肉之苦，不受风霜雨雪、严寒酷热的折磨和侵袭，而主要是旨在突现身体的某些部位，使其变得更加美丽、更具性感、更有魅力。所以衣服的产生是身体美对自然美的第一次否定、第一次超越和第一次对美的自为性创造和革新。具体地说，正是人类所发明创造的各种衣物、布料、颜色、式样以及各种五彩缤纷的珠光宝气、香味四溢的化妆品，为身体之美大大增色，创造了自然界中从未有过的人造之美，使身体之美变得更加灿烂迷人，更加充满性的魅力。

只要看看图10－4中的女性之美，你就会发现这位来自孟买名叫妮哈·达尔维的女大学生，正是她的如出水芙蓉般的自然美和技术美、艺术美和人工美的有机结合使得这位22岁的年轻姑娘，不仅成为世界范围各类选美比赛的常胜冠军、杂志封面和知名广告商的宠儿，而且从2008到2010年连续3年，印度大学女主角选举的桂冠都被她摘下，致使她今天被公认为印度第一美女、1994年世界小姐冠军艾西瓦娅的接班人，将人体美推向极致，将身体的形式美变为普遍而征服了人类的精神，使得人类意识将外在的形态美和高尚的道德美相结合，认为人的外在美完全可以渗透和驾驭内在美，而构成身体美的至上本质，将现象和本质完全地统一起来，不再将现象和本质看作一种可以相互脱离的对立范畴。或者说至少在类似达尔维这般令人如痴如醉的容貌中，人们坚信：正是美的容貌内在地镶嵌着美的灵魂，当然也正是纯洁真实的灵魂塑造了如花似玉般的容貌和令人心醉神迷的身姿和形态。也正是基于这种形式和内容、形体和灵魂之间的统一性，黑格尔从辩证法的高度论述了自然美和人工美之间的统一性，指出："艺术的目的是要在内容和表现两方面都把日常的琐屑的东西抛开，通过心灵的活动，把自在自为的理性的东西从内在世界揭发出来，使它得到真实的外在形象。纯然外在的客观性不能揭示内容的完满的实体性，……因为尽管对现成的材料作这种客观的掌握也可以见出极高度的生动性，……通过内在的生气灌注，也可以产生巨大的效果，但是如果它缺乏真正的内容（意蕴），它就还不能产生真正的艺术美。”①这也就是说，在身体美这里，没有灵魂的眼睛不能叫做眼睛，没有灵魂的身体也不能叫做身体。这不只因为一切有关人体的艺术作品都是审美理念的产物，更重要的是人体中的任何一部分都渗透着人类精神，并主要是灵魂所主宰。所以人类身体从来都不是单纯的生物学意义上的肉体。

图 10－4　美服、美饰、美容、美形、美肤，尽显身体美

也正是身体美的长时期发展，使得当代人类在日益面对身体的觉醒和身体观念的巨大改变时，几乎是各行各业都把确立审美理念、树立审美意识、实施审美实践、发展艺术事业、追求审美对象放在一个非常重要的位置，不仅使得各类艺术和求美活动，都具有很强的参与性、观赏性、娱乐性，都能够给人带来强烈的刺激、振奋、快感和美感，而且树立身体即美的意识：美就是源自身体的感受和认知，就是由异性产生的磁性和魅力。身体乃万美之最，一切美都是身体美的延伸、扩展、外化、建构和创造。因此要将美，特别是人体之美拥有的和谐性、完美性、愉悦性和实用性贯穿于人类的各个领域，将人类从事的各种活动都转化为认知美、发现美、创造美、建构美、维护美和呵护美的审美实践。

① ［德］黑格尔：《美学》第 1 卷，朱光潜译，商务印书馆 1986 年版，第 365 页。

也正基于此，眼下几乎全人类都在为修身养性、美化身体而努力。这不只表现在全部艺术和体育事业都是旨在愉悦和美化人类的身心，更重要的是眼下人们对身体的关注也使他们在追求时尚身体的过程中，导致感觉和人生观发生革命，那就是过去人们引以为荣的通常是“权力地位、功名利禄”，今天引以为自豪的却是健康的身体、美丽的身姿、高质量的生活，以及生命的长寿。由此也形成一种对“深层身体的信仰”，即“通过关注于身体来解放精神，回归自我”。这既使得养生、美容成为新的圣经，也推动社会上相关职业的繁盛和兴隆，此时，不仅审美业、设计业、服装业、美容业、整形业等如雨后春笋般地发展起来，类似追求身体舒适、快乐的“健康俱乐部、轻捷疗养、活力培训班、柔软体操、身体记忆训练”等职业也得到蓬勃发展。而所有这些努力都提升和改变了人们的身体观、运动观、生活观、价值观和人生观，使愈来愈多的人参与体育锻炼，投身体育运动，献身体育事业，仰慕体育英雄，确立体育理想，践行体育人生，由此也引发人类身体发生重大改观，既延长了人的寿命，改善了生活质量，也使得人类普遍地变得更健康、更俊美、更高雅、更智慧、更文明。

所以，身体美既是个人生活的目标，也是全人类奋斗的方向。这不仅因为身体美内在地包含着形体美、心灵美、行为美、精神美和道德美，还因为一切美自身都包含着真和善的属性。也正是在这个意义上，理查德·罗蒂才高度评价艺术的至善性和真理性，认为哲学、科学和艺术都只是“不同的文化样式和谈话声音”；不存在“第一哲学或第一科学”的现实。人们不仅应该竭力提倡一种“无冕哲学”，而且要下决心“摧毁读者对‘心’的信任，即把心当作某种人们应对其具有‘哲学’观的东西这种信念；摧毁读者对‘知识’的信任，即把知识当作是某种应当具有一种‘理论’和具有‘基础’的东西这种信念；摧毁读者对康德以来人们所设想的‘哲学’的信任”①，追求一种文化自由主义、相对主义和多元论。

由此，当代的一些后现代主义者或身体哲学家竭力主张：抛弃过去那些陈旧、腐朽的道德标准，使传统观念中的各种所谓邪恶的身体行为都将变得天经地义，并最终会迎来未来身体的全面解放。届时，人们就会更多地关注身体，把身体标准放在一切知识标准和真理标准之首，把身体教育和身体知识作为教育方针的核心任务，把人类的身体行为放在人类一切行为和社会实践的最高位置。此时，人类所渴求的审美生活“就是一种无限制的享乐主义和极端的越界行为的

① [美]理查德·罗蒂：《哲学和自然之镜》，李幼蒸译，生活·读书·新知三联书店 1987 年版，第 7 页。

非理性冲动，一种去中心的主体性的、以身体为中心的经验，旨在神秘的、狂喜的边界经验，制造令人眩晕的震惊的效果，以及没有任何确切对象的激动。”①就像法国著名画家阿道夫·威廉·布格罗的油画《爱情的飞升》所描绘的，那光艳妩媚、美丽温柔、魅力无限的女神维纳斯和天真纯洁、活泼可爱、长着双翼的爱神小丘比特在野外嬉戏、玩耍和发射爱情之箭的情境，给人带来的美感和享受。

总的说来，将有愈来愈多的人站在后现代立场上，认为审美高于理性，赞扬审美对于生活世界的有益贡献；主张哲学作为一种有审美魅力的生活方式的观念，“需要给身体实践的多样性以更重要的关注。通过这种实践，人类可以从事对自我认识和自我创造的追求，从事对美貌、力量和欢乐的追求，从事将直接经验重构为改善生命的追求。”②这种追求不仅能够刺激人们的勤奋和慷慨，带来生活的美好向上和富有生气；还能够通过对美的感悟去完善人性、教化文明，推动经济昌盛、文化繁荣，使人类生活日益变得温馨、美丽及合乎本性。

这种审美主义和快乐主义在后人类社会，就具体地表现为：渴求人格完美、追求个性多样。渴求完美的自由意志不仅会关注内在的精神、素质、人品、教育、修养，也会关注自己的容貌、形象和体魄。事实上，现代社会已经有愈来愈多的人在不惜代价地根据需要和兴趣来设计、改造和包装自己。这其中既包括利用各种先进技术进行个体整形，也包括日益兴起的从事人造器官、人造肢体、人造容貌、人造形体，以及基因重组、基因治疗等方面的职业和行业。可以预见，不久的未来，人造形体、人造容貌就像今天人们走进理发店可以任意选择自己感兴趣的发型一样，让形体师自由构造自己所喜爱的形体。整个人类也将会依照自己高超的智能和技艺在提升自然的基础上，创造出更多的人间奇迹。

这同时也说明，人也只有变得智慧，才会呵护身体，才会将身体放在生命之首。在这里，身体是人生的基础，美德是人生的要素，而智能则构成人的最高本质。只有摆正这种身体一元论的生命观，具体地说，只有重视和珍惜生命、拒绝对身体的残害，一切都以生命为准绳，不是以理念为准绳，人们才会有一个健康、快乐、美好和朝气蓬勃的人生。

当然审美的主观性，也常常会导致艺术和审美自身的异化。因为艺术和审美的原本动机、目的、性质和功能都是旨在给人类的肉体和精神带来愉悦，然而

---

① J. Habermas. *The Philosophical Discourses of Modernity*. Cambridge: MIT Press, 1987. p. 5.

② [美]L. 舒斯特曼:《哲学实践》，彭锋译，北京大学出版社 2002 年版，第 203 页。

由于日常生活中，一些人特有的猎奇心、施虐狂和心理变态，往往会将人的装饰和打扮引向对肉体的折磨和损伤，这就势必日益远离审美对象的审美本质，或是将原本的对象美变成对象丑，或是将原本合乎生命内在本性的健康美变成对肉体的伤害和丑化。

这种审美异化的最残忍的例子就是中国的小脚女人。中国女性裹足是从宋代开始的，清代达到高潮。无论从哪方面说，这都是中国历史上、文化、艺术和审美上的耻辱、恶劣和令人羞愧难当的一大丑事。我们通常都喜欢谈论中国历史多么悠久，文化多么光辉灿烂，有多少重大科技发明，却很少有人提及太监、小脚、满清男人的辫子、烟枪、童养媳这些败坏人类文明的丑事。那么这些丑事的产生究竟有什么深刻的社会文化根源呢？现代人打死也不会理解，为什么对一个孩子从四五岁时就开始给她裹足，上枷锁，让它断骨变形、遭罪受苦，人为地将其搞残废，变丑陋？这不仅可以说是非常的不人道，简直就无人性。今天看来，明明是对青少年的犯罪行为，但她们的父母却做得心安理得。因为裹脚，她们从此没有健康的身体，没有完善的心理，没有童年的天真，没有青年的浪漫，没有幸福的人生。就像一朵花，还没有开放就遭风吹雨打。然而对于普遍变态的男人来说，这却是美，并美其名曰“肉香”。如晚清民初那位扎着辫子、留洋多年的辜鸿鸣也有此变态习惯，将如此丑陋的一双脚，称为“三寸金莲”。这究竟是怎样的一种不可思议的变态审美观念呢？

缠足，当然是儒家对女性残酷迫害的一个标志。孔子的所谓“唯女子与小人为难养也”，以及“三从四德”、“女子无才便是德”、“贞节牌坊”等陈旧礼教都是对女性赤裸裸的歧视，都是给女性戴上的一条条枷锁。宋朝理学盛行，“存天理，灭人欲”，女性被打入万丈深渊，于是缠足这样极其变态的事情便发生了。因此中国的裹足和太监文化都是男权社会和封建统治者对人性的迫害和摧残，而不是审美艺术或审美。因此现在有人歌颂传统文化，弘扬所谓国学，却闭口不提传统文化的糟粕，几乎是无耻之极。

这当然不能说中国人的身体容貌原本就是丑陋不堪的。然而是谁让她们的健全身体变得如此的丑陋或是残缺不全的呢？是什么因素促成一些文人骚客也为推动中国女人的裹足摇唇鼓舌，甚至要为之制定出“瘦、小、尖、弯、香、软、正”等所谓标准的呢？追根溯源，大概还是来自男权社会、封建时代男人或权力者的占有欲、统治欲、审美变态或是施虐狂。另外，女子缠足成为一种社会风尚，也和文人的推波助澜有关。比如宋代苏轼就曾写过一首咏女子缠足的《菩萨蛮》，被认为是最早歌咏女子缠足的词:“涂香莫惜莲承步,长愁罗袜凌波去。只见舞回风,都无处行踪。偷穿宫样稳,并立双趺困。纤妙说应难,须从掌上看”。明代唐寅也有词云:“第一娇娃,金莲最佳,看凤头一对堪夸。新荷脱瓣月生芽,尖瘦帮柔绣满花。从别后,不见他,双凫何日再交加。腰边搂,肩上架,背儿擎住手儿拿。”文人的这种嗜足偏好,无疑也强化了妇女为迎合男人的审美眼光而去追求病态的美感。而这种审美主体和审美对象和审美标准一经形成,就自然会出现一些研究“九寸金莲”的专家学者,为这种变态审美寻求理论基础。如清代的李渔就认为女子的小脚可以更好地满足男子的需求。他在《闲情偶寄》中记载:“小脚瘦欲无形,越着越生怜惜,此用之在日者也。柔若无骨,愈亲愈耐抚摩,此用之在夜者也”。“与之同榻者,抚及金莲,令人不忍释手,觉倚翠红之乐,未有过于此者”。李渔认为小脚白天看可以满足视觉享受,晚上抚摩可以满足触觉享受,对女性畸形小脚的这种病态爱好,完全是男性的一种主观变态的审美倾向。

总而言之,不论是女人的裹足或是太监的阉割,也不管它的产生有着怎样的时代、民俗、地域等缘由,其本身有违天伦的野蛮,注定其在历史长河中会被文明所淘汰。值得注意的是,我们走出了一种禁锢,这是一种文明,但要记得不要又走入另一种禁锢中,不要让自我的精神又被阉割。

当然不能否定审美理念的社会性、历史性、时代性和主观性,以致形成了不同国家或民族的不同的审美观。比如中国的唐代以胖为美,一些少数民族以颈长为美,即便眼下也有人以颈长为美。但有一点,需要明确,那就是不论以什么样的标准为美,都不能以损伤或残害人的肉体和精神作为达及审美对象的标准。这里,不要忘记康德的命题:人是目的。人作为宇宙的中心和一切行为的出发点,既不受神意、天命或自然环境的支配,也不受他人的随意摆布,或者是达到某种目的手段和工具。人只有为了身体的健康和身心的完美愉快地活着,才是其最终的目的。因为人作为唯一具有理性思维能力的动物,正是理性决定了人之为人的道德价值和绝对目的。既然如此,人作为最神圣的存在,其全部艺术和审美也就一定要以自身的意志自由为目的,而不能异化为他人的奴隶,或只是为他人作嫁衣裳,为他人所玩味和消遣。这是艺术创作以身体美为目的的根本,也是身体美的内在要求和必然性展示。

为此,无论何时,艺术家们都要立足于世界上最美的身体,不仅构造那些将性爱、男女之爱、父母子女之爱、兄弟姊妹之爱融为一体的人间之爱的艺术作品,而且要在其中将人间之美、身体美与自然之美和环境美相互结合、相互渲染,达到天地一体、水天一色，给人一种柔和、温馨的美感。就像意大利画家提香·韦切利奥(Tiziano Vecelli)于16世纪创作的《阿多尼斯的出生》：画中作者不仅描绘了容貌能与维纳斯相媲美的密耳拉生下孩童阿多尼斯的画面，以及多情的维纳斯爱上这个美若天使的男孩的情境，作者在这幅油画中还别具匠心，将外在的自然之物拟人化、审美化、女性化、身体化，并将一株树木变成一幅生动逼真、活灵活现，及至赏心悦目的美女之身。这也就是说，不论是远处的山脉、近处的湖水，还是身边的花草树木，艺术家都可以将其变成构建或衬托身体之美的背景和素材，从而将艺术创造提升到一个极富想象力的层次和境界。

第 11 章

身体美与设计美

从现象上看，眼下的宇宙万物所显现的规则性、结构性、秩序性、规律性、必然性、对称性和平衡性，毫无疑问都是大自然这个造物主自在自为和设计创造的产物，然而只要深入分析，就会发现自然万物的发生发展，无非是遵循物质自身的本性和变化规律依照时间和空间的无限性，在漫长的宇宙演化过程中借助无数次的偶然性随机生成的结果。正基于这种发展演化的历史规律和演变本性，使得今天位于自然界之首位的人类也被认为是自然界长期发展进化的结果。然而人类作为一个特殊的物种一经产生，其先天和后天共同作用形成的理性思维、智能思维和发明创造能力，就将原本属于自然界的造物能力转化为一种高级的人工设计和科学技术。从此便使得人类与其他物种或与其他生命力和自然力之间形成一种本质性的区别，那就是大凡经由人类实践所生产和创造的事物都或多或少带有人为设计的性质和艺术技术的本性。只是在人类社会的早期，其技术设计主要是出自生存的目的，也即主要考虑的是其有用性、实用性和至善性。当然一切技术设计的目的和结果也都是旨在满足人的身体需要，维持个人的生存状态和人类整体的传宗接代，但是在人类社会的早期，在技术落后和物质匮乏的时代，人们是无暇顾及自然之美、艺术之美和身体之美的。就像拣煤渣的老太是无暇种兰花的。然而伴随着生产力的提高、物质财富的增多，当人们还有一定的闲暇关照自身的容貌，欣赏周围的事物，观赏大自然的美景的时候，审美意识就油然而生，此时的技术设计也就自然而然地被上升到美的高度，以至逐渐地产生技术美学和设计美学。

及至今天，除了在一般的美学理论中包含的某些技术美学设计美学的思想内容之外，几乎在人类社会中的各行各业渗透着和蕴含着丰富的技术美学和设计美学思想。特别是现代设计美学，可以说就是研究人对现代设计的审美关系的科学。它涉及人机工程、材料工程、生态学、环境学、生物学、经济学、社会市场和文化艺术等几乎所有的学科和领域。其中工业、农业、林业、食品业、服装业等行业的生产和审美需要之间的矛盾，可以说是现代设计美学研究的核心，其使命就是探索现代设计的本质，用审美规律创造新的形态，推动现代设计不断发展。它不仅超越一般意义的实用理论，具有哲学思想和价值规律，而且直接反映了一个时代的物质生活面貌，体现了一种极具时代性及至后现代的审美观念。这种现代或后现代的设计理念就是，以现代科学技术和文化艺术为背景将设计与审美、智能技术和手工操作有机结合，创造一种属于物质生活、精神审美和文化艺术的综合性应用门类。因此，现代设计的美学价值在于极大地满足实用与功能的要求，高度体现造型美、材质美、装饰美和时代美，直接反映人们的生活情趣和审美意境，使其成为人们的物质生活的载体与精神审美的对象。那么，现在的设计美和身体美之间究竟有怎样的紧密关系呢？

一、现代设计的求美意识

如果说传统的产品设计或场景设计都带有强烈的实用色彩，即主要是强调其有用性和效用性，而忽视其外在形式的美观大方，那么今天的产品设计毫无疑问已经成为按照一定的社会审美理想来改变社会生活的有力工具。或者说现代设计作为人对外在事物的一种审美认识或某种审美理念的现实化，通过产品的外形和结构等，在审美的意义上来塑造和掌握产品，以至在现代生活中，使得设计成为人对产品的审美关系的最高表现形式。特别是伴随现代设计而诞生的设计艺术或设计美学不仅成为把自然美、社会美、形式美、艺术美和功能美融为一体的有创意的一种活动，而且其审美直接诉诸感性的对象，又与形象思维不能分割。它通过美观大方、生动诱人的产品形象，通过强烈的感情色彩来揭示事物的美学特征，以达到造福人类、美化环境、美化社会的效果和吸引人、营养人的目的。

由于人们对美观的造型、悦目的外表、华丽的包装和经久耐用的物品，以及一切色香味美的佳肴的青睐和倾心都是不言而喻的，这就奠定了艺术的造型要素和审美功能在现代设计领域中的重要基础。由此也导致在商品竞争激烈的当今社会和人们对生活质量越来越高的要求驱使下，设计的鲜明目的就是使其设计的产品与审美达到和谐与统一。现代工程师或设计师们所面临的主要任务和课题，就是把现代高科技、工艺与艺术审美完美结合，向社会提供价格合理、美观实用的批量产品，传播现代设计的审美信息。

再则，由于人们持有的审美理念、审美意识、审美标准和对美的理解是各有不同，因此世界各国有关产品的现代设计风格、设计结构和使用材料，无疑要受到各种不同的民族传统文化与艺术、时代与社会，以及外来文化与思潮的强烈影响。恰如黑格尔所言，每种艺术作品都必然要属于它的时代和它的民族，因此具有艺术美学价值的现代设计，当然要与艺术作品一样归属于它的时代和它的民族。如果失去其独有的民族文化特色，它也就不会拥有开启现代设计之门的金钥匙。然而由于不论是哪个民族或哪个时代的人群，构成其审美主体和审美对象的载体就是其自身，所以全世界的产品设计都普遍地树立起求美意识，探讨现代设计和现代设计美学的本质及规律，并从人体工程、身体美学、环境科学和文化学等角度分析人、人造物、人的生活习惯、生存方式与生态环境、人文环境、风俗习惯之间的相互关系和设计美学；围绕现代设计审美这个中心问题，最广泛地运用美学、社会学、生态学、环境科学、人体工程学、信息科学、系统论、心理学、传播学、文化学、经济学、伦理学、教育学等学科知识；将设计与心理、视知觉、色彩心理效应、光影感、空间感、有机整体性、个性等要素应用到现代设计美学之中，使其成为一门新型的交叉和边缘学科。为此，自上世纪中期以来，设计美学曾一度被冠以"工业美学"、"技术美学"、"劳动美学"等称谓。这些称谓，虽然包含了今天设计美学定义的主要内涵，即设计中的使用属性、审美属性和社会属性，然而今天依然是方兴未艾的设计美学的内涵与外延确已获得较大的延伸。这当然是设计美学伴随设计实践和经由交叉学科的发展冲击而出现的必然结果，并由此将其置于文化学意义、人机工学、符号学、语义学、信息论、系统论、传播学、环境学等非常广泛的文化学术背景之下，广泛地吸收和运用了现当代符号论和传播学成果，对审美信息、艺术信息和设计信息的流动环节及其特征、设计信息的多元与主导和设计信息接收的个体差异性等进行了深入阐述。

这种探索和研究不仅极大地促进了现代设计美学的迅速发展，广泛地刺激了设计领域的求美意识，更为重要的是在现实的设计实践中人们也日益普遍地将艺术和审美放在首位。比如国内一架机车制造厂，自新中国建立后的几十年间，突出的都是无产阶级政治，因此机车的设计上首先突出的也是无产阶级政治，以至在机车设计的形式上，包括机车的牌号和名称都是：一讲政治，二讲实用，而很少关注机车样式上的艺术性和审美性。结果在与国外的机车生产的招标竞争中，就是因为在机车车头的样式设计上不具有审美性和艺术性而落败，使得200亿的产品竞标被一向具有艺术传统的法国一家机车生产和设计公司夺走。为此，自改革开放以来，国内在产品的包装上都开始十分注重产品外在形式的美学包装和审美设计。

只是由于“美”的理念，在中国长期以来，尤其在“四人帮”的淫威下，被完全看作是资产阶级的意识形态，似乎一论及美，就带有资产阶级的性质，以至人们在很长一段历史时期，不仅谈美色变，而且绝大多数人都不懂得什么叫做艺术，什么叫作美。也正因为如此，中国人长期把从事艺术工作的人称作戏子，看作下九流，把许多真正美的东西虚假地看作是“丑陋不堪”，比如中国人对于一切“裸体艺术”的认识基本上持有的都是拒绝或否定态度。如此一来，中国人不仅在文学艺术作品中要回避“裸体”的描述和表达，就是今天在绘画、戏剧、舞蹈、雕塑及最普遍的影视艺术和商业广告中也都要回避或拒绝裸体的形式和镜头。至于在日常生活和环境建设中，更不要奢想能够像今天法国的巴黎或许多发达国家的城市那样，一个城市就建设了若干个乃至几十个裸体公园、裸体海滩，供人们尽情融入和享受自然之美与身体之美。而在中国今天的许多产品设计中，能够多添加几个“嫦娥”或“飞天”的艺术形象，就算是思想解放和设计美学了。

不言而喻，这当然也是中国设计美学的进步，但在更广阔的领域，中国人的求美意识还是很低。比如在体育竞技领域，为什么中国人的艺术体操、花样滑冰、冰上舞蹈等更具审美性和艺术性的竞技项目，在国际裁判的眼中，我们的艺术分值一般都是偏低的，而技术分值则往往是不输国外运动员？原因就是我们还没有把体育竞技上升到身体艺术的层面，或者说我们中的许多从事体育竞技的人员还没有认识到体育运动就是人类所从事的一种最永久、最普遍和最具魅力的身体艺术、行为艺术、观赏艺术、审美艺术；就是一种形成乃至锻造和建构审美主体与审美对象的主要艺术形式。特别是许多教练员和运动员在进行动作设计时，还没有把自身上升到审美主体和审美对象的高度，还没有把体育竞技看作是一种身体性的审美实践，以至在我们的整个体育竞技中，许多运动员的衣着打扮、发型装束、言谈举止、技术动作、肢体语言、形态气质、作风品格都和美学要求相距甚远。更可悲的是，我们的领队、教练和运动员本身对诸如此类的问题还缺乏深刻的领悟与认识，以至在许多国际大赛上，我们虽然历经千辛万苦获得了金牌或奖牌，而仅仅因为我们运动员的外在形态和行为举止不能够给人带来一种美感和快感，而往往得不到一个优秀运动员应该获得的荣耀和赞美。

再比如我们的生态环境、人文环境、居住环境和市政建设，虽然各级政府或各相关单位也都投入了大量的财力、人力和物力，然而取得的效果却总是差强人意，主要原因就是许多项目的设计者缺乏对美的本质的真正理解和认识。一些设计者甚至根本不懂得美学观上的毕达哥拉斯派所主张的美的"有序性、对称性、平衡性、和谐性、黄金分割率"，当然更不理解牛顿学派所主张的"简约主义"和后现代主义者们所主张的艺术上的"极简主义"。结果即便类似深圳这样的新兴城市，在城市建设、生态环境和人文环境的设计上，也极度缺少审美的理念和认识，以至许多市区、小区、机关单位的环境建设或市井绿化上都显得杂乱无章、零碎繁琐、没有美的章法，乃至丑陋无序。可以说，今天在从事园林建设或生态环境建设的队伍中很少有人懂得：即便是"自然风景"，本质上也只是审美主体、欣赏者、观光者基于自身所拥有的审美理念而被创造出来的结果，即一切自然之美、风景之美都是先于审美对象而预先存在的审美理念、审美标准、审美价值产生的美感和快感。没有美的理念，没有此在性的身体的觉识，就没有美的实践、美的创造、美的存在和美的对象。

二、现代设计美学的身体化趋势

作为一门新兴的美学学科，也即被称作"工业艺术、技术美学或生产美学"的设计美学，虽然究其作为一门比较成熟的学科是产生于上世纪之初，但是基于爱美之心人皆有之，以及人类天生就拥有一种爱美和求美的意识和倾向，所以设计美是自古有之，为此只要稍微回顾一下人类历史上遗留下来的那些美的事物、美的遗产、美的文化和艺术，就不难证明类似埃及的金字塔、墨西哥的玛雅神庙、古希腊的卫城、古罗马的斗兽场和圣彼得大教堂、巴黎圣母院、莫斯科红场、中国的万里长城等文化艺术遗产，无一不是美的瑰宝。

然而在人类所创造的这诸多的艺术作品中，或各行各业的产品设计中，显而易见并不是只涉及自然美、风光美、环境美、技术美、实用美或一般性的人文美，而较少注重设计美学中的身体美的探索和实践。相反，从古埃及到古希腊、古罗马和整个中世纪，人类从来注重、关照和最欣赏的审美对象都是人类的身体。这一点只要看看人类文明、人类文化、人类艺术留下的无数的美艳无比、鲜活动人、跃然纸上的雕像、雕塑几乎遍及整个世界的文明城市中的各大广场、街道、教堂、剧场、音乐厅、皇宫大厦，以及无数建筑上的精美人物浮雕，就不难结论：不论是古埃及的狮身人面等人物雕刻，还是古希腊帕提农神庙中的雅典娜神像，希腊依列虚太邕神庙中的女像柱，或者是希腊奥林匹斯山上的波塞冬、阿波罗、阿尔特弥斯等诸神雕像，除了衬托出古代设计美学的身体化，并由此使得人们在人物形象上获得优美的感性之外，还显现出人们普遍地乞求天神庇护之目的。也正因为如此，早在古希腊时代，那里的人们就成为热衷于欣赏人体艺术的人。他们没有丝毫的羞愧感或自卑感，还勇敢地宣布，人是万物的灵长，人是宇宙的主宰，人是万物的尺度和感受酸甜苦辣和美丑善恶的主体。为此，“他们从来不认为肉体是见不得人的事情，或是为了讨好神明，便轻视自己的身体。其实，希腊的神灵也和希腊人一样重视自己的仪表。”[①]换句话说，希腊人，尤其希腊的艺术家一直深爱身体，崇拜身体，敬畏身体。他们早就认识到，我们的身体表达可以强烈而精确地展示心灵生活。他们早就证明，“信念、欲望和感情的最精微、最细微的差别，无不可以通过我们手指的姿态或面部表情显示出来。”[②]由此，古希腊、古罗马的艺术家们几乎无一不把那些娇艳欲滴、温顺华丽的身体之美颂扬为令人渴求之物。

比如智慧女神雅典娜作为希腊雅典的守护神，在古希腊的雕塑中，许多的雅典娜形象都充满对这位女神的颂扬赞美。特别是当年帕提农神庙大厅中的主像雅典娜雕塑(已不存在)像高 12 米，用木料作胎，用黄金和象牙作表面装饰，极其光艳华贵，其中仅雅典娜穿着的希腊式长衫就消耗了 2500 多磅黄金。雕像中，雅典娜一身戎装，威风凛凛，头戴战盔，胸披甲胄，右手托着胜利女神，左手扶着刻有浮雕的盾牌，盾牌内还有一条巨蛇。头盔上雕刻的是女妖斯芬克斯和两头飞马神兽，胸甲上则是女妖美杜莎的头发。雅典娜体态丰满健壮，右腿直立，左腿微曲，长衫的雕刻厚重有力，自然生动。她的面部造型均匀端正，眉宇清朗，鼻梁挺直，嘴唇微闭，双目炯炯有神，显示出传说中神的崇高和严肃。但她那平和的神情又给人一种平易安详的美丽少女的印象。同样，布格罗的“美神阿芙罗狄德”，犹若出水芙蓉，赤裸着身子踩在一只荷叶般贝壳上。她的身材修长健美，体

---

① [美]亨德里克・威廉・房龙：《艺术的故事》，洪亮译，陕西人民出版社 2011 年版，第 12 页。

② [美]理查德・舒斯特曼：《身体意识与身体美学》，程相占译，商务印书馆 2011 年版，第 2 页。

态苗条丰满，姿态婀娜端庄；一头蓬松浓密的散发与光滑柔润的肢体相得益彰，烘托出肌肉的弹性和悦目的胴体。一群少男少女欢天喜地、相亲相爱；众多的小天使欣喜若狂、欢呼雀跃；加之碧绿平静的海洋、蔚蓝辽阔的天空更加渲染了这美好、祥和的气氛。从此，一个爱和美的化身和创造美和爱的生命便飘然来到这个世界。这是希腊"黄金时代"的真实写照，也是古希腊辉煌时期的典范之作，代表着古希腊雕刻艺术的高峰。

这种基于对身体的欣赏产生的设计之美，不仅在人类的精神轨迹中永远体现出对生命自由的向往，也在设计艺术和审美实践中促动设计师和艺术家们"在超越自身之外的广阔领域里进行自我感受和探索"。此时，他们与听信自己的理智相比，更多的是听信自己的身体所发出的爱憎情感，所以，在他们的创作和设计过程中，通常总是从日常生活或身体的需求出发，"并从其精神和情感中迸发出超越物质表象的象征中获取精神上的满足感。"①

艺术、技术或设计美学的这种身体化趋向到了中世纪早期，便受到宗教神学的压制，那些虔诚的传教士们不仅认为古代的艺术是颓废的和奢靡的，而且一如古希腊时代的禁欲主义者总是贬低身体，疏远身体，将其视为工具，以至千方百计地压制人们的身体和性行为。在他们的眼里，古代的那些裸体艺术、裸体的雕像和绘画都是一些诲淫诲盗的玩意。于是他们不断地声讨身体，甚至是无所不用其极地排斥身体，拒绝身体对于人类的重要性和价值，谴责身体的负面作用，"认为身体的各种感性骚动扰乱了我们的注意力；身体的种种激情、花色和胡闹扰乱了我们的心灵。因此，身体妨碍我们接近真实的本体；妨碍我们寻求真知。"②

然而一切事物和人的观念总是处在不断地变化和修正中，在早期的基督教诋毁艺术和人类的身体美之后不久，就由于认识到"艺术和身体之美可以为宗教神学服务"，于是他们对古代艺术不仅采取容忍的态度，而且创造了新艺术，推动了新设计。这种新艺术和新设计与往日单独地使用身体和突出身体之美相比，中世纪的艺术家和设计家是更多地使用自我，使用心灵思考，使用灵魂来希冀、期盼、祈祷、抉择，或者用来磨炼德性和意志力。这种经过磨练和提高的身体和身体意识不仅能够改善我们的自我使用，还能够在改善后的自我中，将人的身体

---

① 邢庆华：《设计美学》，东南大学出版社 2011 年版，第 67 页。

② [美]理查德·舒斯特曼：《身体意识与身体美学》，程相占译，商务印书馆 2011 年版，第 15—16 页。

变成获得美感和愉悦的关键场所，而不再只是供灵魂或自我使用的工具。就像卡巴内尔1863年创作的世界著名油画《维纳斯的诞生》。在该幅作品中，卡巴内尔给予了它的人文主义理想和身体一元论的唯美主义。为此，他经常以超越常人的激情和饱满的构图，表现一种深刻的生命美、女性美、身体美、内涵美和装饰美；突出一种令人心醉神迷的浪漫气息，渲染了一种生命主体的诗性；描绘了维纳斯的青春美丽，小天使们的纯洁无瑕、天真稚气与活泼可爱；表达了生命的纯洁、高贵及其无限的感染力和吸引力。虽然他的《维纳斯的诞生》画的是一个粉嫩光滑、肉感鲜明、慵懒妩媚的裸体，但她仍然是清纯、端庄和健康的。她躺在海面上的娇美姿态，似睡非睡、半睡半醒的神态，以及整幅画面显示的明亮的色彩和小爱神们的欢天喜地、漫天飞舞的景象都给人以愉快、欢畅和无限向往的感受。

特别是经过文艺复兴运动的洗礼之后，人类的身体意识和对身体美的追求便被普遍地提高到一个相当的高度。在这一历史时期，不论是大的画家、工艺美术师或是建筑师，最主要的创作题材都涉及宗教、神话和现实社会中的人物肖像、人物故事。类似文艺复兴时期大画家的提香的《酒神祭》、《人间的爱与天上的爱》、《圣母升天》，集画家、建筑师、哲学家、诗人、作曲家、雕刻家、科学家、工程师、解剖学家和数学家于一身的达·芬奇创作的《蒙娜丽莎》、《岩间圣母》、《最后的晚餐》，布歇描绘的《蓬皮杜夫人像》、拉斐尔的著名壁画《雅典学院》、《西斯廷圣母》、《基督显圣》，米开朗基罗创作的大型壁画《创世记》、《哀悼基督》、《最后的审判》，及其著名雕塑《大卫》，布拉曼特等人设计的内含无数人物肖像和人物雕塑的《圣彼得大教堂》等都是以各种题材和形式在描绘和表达各类的人物形象和身体之美。

上述艺术巨匠们对身体的崇爱极大地影响了整个世界的人类意识，结果至少从文艺复兴时期起，长期受压迫和被奴役的人类身体就开始逐渐觉醒，要求摆脱宗教神学和经院哲学的束缚和压制，挣脱上帝所制造的虚假实体和抽象精神，去除原罪说，恢复"原罪"之前的身体，回归身体固有的自由意志和自然本性，讴歌"复活之身散发的光辉"，赞颂"荣耀之身的大美"。由此，不仅增加了人类的存在感和凝聚力，也形成一种新意识，即对于"那些身体健康、精力充沛的人而言，他们拥有的是新身体"。这个洗心革面的身体靠的是自身的汗水挣取面包，创造财富，酿造文化艺术，发展科学技术，并力求让其做到自由、机敏、灵活，塑造一个健康、强壮、有力的身体，而非往日那个"不胜娇弱、耽于声色"的堕落的身体。

人类对审美的这种渴求和实践，经过近代以来数个世纪的继承和发扬，待进入20世纪之后，人类在设计美学中便开始显现普遍的身体化趋向。就人类个体，从整形术、整容术、文身术、变性术、基因重组术到养生术、健身术、体育运动、广场舞、武术和瑜伽，无不显示新时代人类对身体美的钟爱和投入。就社会整体而论，从人文环境、生态环境、居住环境到社会性的文化艺术、卫生教育、服装业、美食业、广告业，及至各行各业，几乎都把人的身体之美、身心之美、行为之美放在社会生活的首位。

事实上，人类的大量设计美学、审美实践都证明："人的习惯性的、身体化的意志是一个比他的有意识的精神决定更基本和更强大的一部分，即使当那种有意识的欲望伴随着强有力的肌肉努力去保持头脑向前，其背后的决定性力量依然是那起主宰作用的人的身体"。不过，反过来一切"仔细的身体意识、分析和控制的系统方法，对于改善自我认识和自我使用也是需要的，因为使用这种方法能够辨别、定位、抑制有害的习惯，发现必要的身体姿态或运动，从而产生预期的行为或态度，最后通过有意识的控制去监督和掌握它们的活动表现。"①所以，"对于一个注重身体化的实用主义哲学家来说，有什么能比无可争辩的、持久的身体功能实践的提高以及随之而来的心灵能量和心情的洋溢奔放更具有说服力了。"

也正是设计美学和身体美学所具有的这种实用性的说服力，使得今天的诸多领域都广泛地践行了相关的身体意识和身体之美。因为"我就是身体，身体就是我"。没有身体就没有我，当然也没有属于我的一切，包括我所感知的自然与宇宙，当然也包括我所设计和创造的一切作品和事务。所以，身体不仅是我的全部，也是世界的全部，正是我的健康的身体容纳和涵盖了万事万物，也正是我的身体之美构成、实践和创造了整个社会。

比如今日方兴未艾的人体艺术，由于人体美具有特殊的审美价值，除了雕塑、绘画外，人们已经在电影、摄影、芭蕾、体操、游泳、滑冰等艺术运动中，用各种不同的语言去表现、创造、赞美人体美。它不仅给人们带来艺术美的享受，也陶冶着人们的审美情操和艺术趣味。因为人体艺术的美感既可以表现身体的曲线美、女性娇嫩的肌肤美，更可以充实人的审美。可以说没有人体艺术，现代设计也不可能发展得那么完善。人体艺术促进了艺术的发展和现代设计，反过来现代的艺术和设计也强化了人体美。另外，人体艺术最显著的意义就是解放了人

---

① [美]理查德·舒斯特曼：《身体意识与身体美学》，程相占译，商务印书馆2011年版，第269页。

的保守意识，使得人的思想观念和内心灵魂日益变得轻松、自由和开放。从某种程度上讲，人体艺术的发展标志着一个国家民众的审美情趣和文明程度。在封建意识浓厚的年代，许多人之所以表面上拒斥人体艺术，认为它不雅，有伤风化，是毒害青少年的“香花毒雾”，根本原因正如穆希娜所言：“一个人只有思想肮脏，才会在美好的人体中看到肮脏的东西。”其实，真正的人体艺术是摆脱设计标志的种族、职业、尊卑等外在社会特征而对人本身价值的赞美。它把人的形象提炼成没有任何附加成分的纯粹人。这是人类发现人体美的艺术过程。自然界中没有任何东西能比人体更美。人体之所以最美，是因为没有一种线条、轮廓比人体的线条、轮廓更生动、柔和，更富于变化和韵律美；也没有一种形态比人的形态更匀称、更有弹性和更有节奏感；更没有一种色彩比人体的肤色更鲜嫩、滋润、透明，更有光泽和更具生命力。当然，更没有一种作品能够像人体艺术那样令人赏心悦目、激动和震撼（见图11－1）！因此，即便到了后现代社会，在充满了印象派、极简主义、超现实主义以及虚拟风格的设计美学领域，人类也会将自然、机械和技术与人体艺术或身体美学紧密结合，创造出超越生物学身体的人机系统、智能系统，制造出最美的“电子人”和“艺术人”，以充实人类的日常生活、家庭生活、婚姻生活和性生活，而且这必将是未来人类设计美学追求的方向和主流。

图11－1　世界上最美的人体艺术

三、身体美和设计美的互动

不能否定美，在整体上既是人类对身体美的体验、感受、认知和扩展，又是人类根据已经形成的美的理念和意识，通过大胆的想象和虚构进行的美的发明、创造和虚构。如此便形成艺术作品或审美作品与现实中的审美对象的对立与统一。换句话说，虽然从古至今艺术家们创作了无数超越于现实的艺术作品，以至它们可以跨越时空、更加持久地给人带来兴奋、刺激、愉悦、美感、甚至是惊心动魄的成就感，然而被物质化或形式化了的艺术世界，不论是绘画、雕塑还是影视、戏剧，其外在的形式、描绘、刻画和表演，都不足以表达现实世界中一个具体的、活生生的和姿态各异的个人或身体。即便是拉斐尔的“圣母”和米开朗基罗的“哀悼基督”也无法表现一位母亲腼腆羞涩的目光、和善粉红的脸色，或是那朦胧暗淡的神情中暗含的抑郁、悲伤和绝望。可以说，这个世界上不论是哪位艺术家的作品，与现实社会中真实的审美对象相比，“与其说是伟大，不如说是可笑”。① 正因如此，使得许多人宁愿把大量的时间、精力和金钱用于打扮、装饰、养护、营造及至耗费或消费自己的身体或他人的身体，也不愿意光顾那些长期被看作高贵、典雅的审美对象或艺术门类。

为什么人类会长期锲而不舍地愿意追求和享受现实中的身体之美呢？或者说，为什么人类的身体之美会对整个人类中每一个人都产生无法抗拒的引力和魅力呢？归根结底还是在于身体美在本质上才真正是一种最高级、最特殊、最具无限的生命力和最强大的物质力的艺术。这种美不仅高雅、美丽、性感、生动、真实，充满青春活力，令人感动、激动和振奋，关键是它还能够唤醒人的本能，刺激人的欲望，点燃人的激情；它能够感染人、激励人、鼓舞人和引人入胜；能够锻炼人、磨炼人、锤炼人，使人意志坚强，无坚不摧。特别是身体美中的容貌美、姿势美、曲线美、动态美、外形美、力量美、语言美、心灵美等表现形式能够久久地令人陶醉和难以忘怀。至于在体育运动中，人类身体所展示的精湛技艺、娴熟技巧、优美动作、惊人毅力更是美不胜收、妙不可言，常常令人叹为观止和无尽钦佩。

这种身体之美所显现的无穷魅力，显然不是只在于其美的外在形式，主要还是在于其美的内涵。这个内涵就是包含着全部的生命意义和生存价值。它体现着人类肉体的完美、精神的崇高、大自然的合目的性创造的神奇。它象征着人际间的友爱、友谊与和谐。它传递着温情、善良和道义。它体现着自由、平等和博爱。它践行着肉体的意志、欲求、灵魂和精神。它尽情地释放着人的欲望、激情、冲动和本能。它全身地投入肉体和灵魂的融合与统一。正是在这里，它在不断地追求着“健康、美丽和智慧”；正是人的身体之美和灵魂之美在不断地完善人性，丰富和展示着人的本质和人格。

正因为身体之美的内在性和本质性，所以它给人的美德感受与一些影视、戏剧艺术不同，这类艺术主要是通过表演而制造出一种“动人”然而却是虚假的艺术形式，而身体之美则不然，那里没有虚假，只有真实，而且几乎全是肉身的真实

① [法]德拉克洛瓦：《德拉克洛瓦论美术和美术家》，平野译，河北教育出版社 2002 年版，第 175 页。

演示和灵魂的全神贯注，以至在一些展示身体美的舞台上或运动场上，表演者们或参与者们都是活生生的审美对象。其美轮美奂及至可歌可泣的人生故事都令人景仰和敬佩。谁若玩弄虚假，必将身败名裂。

也正是在身体美学和解放身体的意义上，尼采才主张：只有回归肉身，打破灵魂的总体性、理性的齐一性，一个人才能够真正拥有突出、鲜明的个性；真正让身体当家作主，而不做精神的奴隶；才能真正做到身体壮实，灵魂刚正，意志坚强，激情高昂，智慧超群，拥有创造性和自主性，具有旺盛的生命力和强力欲；才能够勇猛刚强，震慑一切，实现本真的生命。为此他说，他宁愿做一个代表本真和身体的酒神，也不愿意做一个理性的空壳。因为只有酒神才真正是胸怀广阔，热爱生命，希求幸福；才对生命和人生具有决定意义；只有身体才能够真正地自我做主，才能根据自身的力量竞技去从各个角度对世界做出估价和解释。身体完全能够在它的生死盛衰中带着对全部真假虚实的确证和认同，霸道地主宰知识、真理和审美，赋予人以优美的形体、美丽的身姿和生命的激情。这是身体之美具有的内在魅力，也是为什么只有人的身体会表现得豪气冲天、会赢得人们普遍的崇敬、羡慕和怜惜的原因所在。与用无机的油彩、线条、泥巴、石头或摄像机、照相机，绘制、雕塑、拍摄的僵死的艺术相比，用肉体、心灵和意志力塑造的身体艺术才真正是最激动人心的美的艺术。

也只有这种能够培养和展示人的形体美、形象美、力量美、速度美、技巧美、智慧美和心灵美的身体艺术才能真正地塑造各种美好的德行和人格，教人以高雅的气质，陶冶人的温和柔美的性情；培养人的优雅品性和高尚情操。另外，人也只有以身体的感受为准绳才能够准确地判断美丑善恶。人类中存在许多丑陋和罪恶，归根结底都是对肉体和心灵的伤害，因此只有站在身体审美的高度，才能最终将人的各种欲望都归于秩序，酿成才智，使人类社会变成一个高度和谐、完美的整体。

对这种身体艺术或身体审美，从古至今的贤哲们之所以都给予足够重视，原因就是：人类要想拯救自身肉体的颓废和衰败，身体审美和身体艺术乃是使朝气蓬勃的生命成为可能和现实的壮举。身体艺术不仅是生命的诱惑者，更是生命的伟大兴奋剂。艺术与人的身体和精神密切相关，它既能够唤起隐藏于人的深处的兽性的生命力，也能够塑造和促动某种艺术形象和意愿世界中的旺盛的身体，及至性的涌流和漫溢。通过身体之美拔高了的形象和意愿，既能够刺激人性中的动物性能，也能够增强人的生命感和兴奋感。因此身体艺术比真理更有价值。在这里,人既是审美者,也是审美对象。作为审美者如果离开人对人的愉悦去思考美,就会立刻失去根据;作为审美对象,没有什么是美的,只有人是美的,当然也没有什么比衰退的人更丑。艺术的根本使命就是作为生理学的使命,促使身体和权力新陈代谢,激励其中能动的肯定力量,荡涤其中反动的否定力量,使人的身体在这一运动过程中趋于伟大的健康。因此,身体之美的价值不只在于能够给人们带来一种赏心悦目的快感和享受,关键还在于能够哺育和修复幼稚或破碎的人性;能够净化人的心灵,加深人的情感,美化人类的生存环境,使人类日益变得强大、文明和高尚,使人性日益变得丰满和完美。

身体之美或身体艺术,为什么能够吸引全人类的目光和才华,激起全人类的热情和兴趣?为什么其他的艺术形式,不论是绘画、音乐、舞蹈、器乐还是戏剧或影视艺术,其影响力和号召力都不能够像奥林匹克运动会那样巨大、持久、广泛而又深远?溯其原因,不只在于它是一种展示身体的力和美的艺术,更重要的还在于它主要是青年人或健康之人展示自己身体美、性爱美、心灵美和智慧美的艺术。而且这一审美艺术是率先源自光辉灿烂的古希腊。至于为什么奥运会能够发源于古希腊,且主要是青年人显露和展示自身美和价值的艺术?这是与古希腊人的人生观、幸福观、审美观及至爱情观和婚姻观紧密相关的。

在古希腊人看来,一个人要想成为一个完美的人、幸福的人、至善的人,也即"全德之人",必须"要使一个美的灵魂寄存于一个美的身体当中,并用外面种种有益的事体来补充,使二者结合更为永久。"①而所谓外面有益的事体,就是指,一个人绝不可以做有损身体健康、身体机能、肢体肌肤与身体结构和身体之美的劳动和事务。如果他做了损伤或玷污身体或身体之美的事情,那么等到他的身体变衰弱时,他的灵魂也就逐渐变得不强壮。也正基于这种"美的灵魂寓于美的身体之中"的理念,所以古希腊人认为,人生中最珍贵、最伟大的东西或者说幸福中之最高者,要算:"第一为健康;第二为美;第三为体格的强壮与活泼。"②只有此类与人的身体直接相关的三大要素,才能够给人带来名誉、美德、幸福和快乐。也正是在这个意义上,雅典人梭伦在给快乐的人下定义的时候,指出,"所谓快乐的人,是他身体发肤毫无所损,从来未被病魔缠裹,既有幸运,复多子孙,而外貌也极为文雅。"③

① [英]狄金森:《希腊的生活观》,彭基相译,华东师范大学出版社 2006 年版,第 107 页。
② [英]狄金森:《希腊的生活观》,彭基相译,华东师范大学出版社 2006 年版,第 108 页。
③ [英]狄金森:《希腊的生活观》,彭基相译,华东师范大学出版社 2006 年版,第 109 页。

也正是基于这种人生观、幸福观和身体观，使得古希腊时代的父母亲们十分看重对自己子女身体的抚养、培育和训练，并把身体之美、身体健康和设计之美放在至高无上的位置。比如古希腊时代最流行的"竞戏"，就完全是青年人展示自己身体之美的艺术形式和审美运动。这种竞戏的神圣性就在于：运动场上虽然建有供奉诸神的庙宇，并有祭祀祷告与歌颂作为背景，使其具有宗教色彩，但最可爱和最具魅力的地方则在于以"最美丽的艺术照耀出它自身为一种完美无缺的形式，即裸体青年们之谐和动作的优美。由于在希腊的竞戏中，有裸体的表演，所以这种竞赛本身就变成艺术作品。不仅当时的雕刻家从这种竞赛中得到为后人所不能了解的灵感，并且人体形式的美与竞赛者自身及旁观人的印象，比竞赛的勇武还强得多。"[①]在这里，竞争和观赏都诉之于灵敏的想象、精彩的表演和婀娜多姿的体态。

换句话说，正是构成青年人的强大生命力的各种本能、欲望、自由意志、生命冲动、性选择、表现欲、主体意识，以及由其激发起来的各种荣誉感、自尊心、自强不息的精神等内在力量在决定着这种最普遍和最大规模的宗教仪式、敬神活动和体育运动能够从古至今延续不断，并得到不断的超越、创新、变革、丰富和发展。也正基于这种不断的超越和创新，使得体育运动、身体艺术、仪式设计，较其他艺术形式，更加地丰富多彩和变化万千。在身体艺术的海洋里，每一种体育形式、宗教仪式、审美形式都能够为人类的强身健体服务；都能够为提升人类的生存质量做贡献；在形式和内容上都显示了与其他艺术形式截然不同的特征。

它不仅具有其他艺术形式所具有的丰富性、多样性、变化性、流动性、创新性和游戏性特征，而且它作为身体艺术是艺术主体自身的运动。而运动，尤其是展现力量、速度、技术、耐力、毅力、激情以及美的形象、容貌、身姿、动作、技巧和姿态的运动，无疑是青年人的最爱。因为只有青年人才具有匀称的身材、强壮的四肢、结实的体格、光洁的皮肤、妩媚的容貌、饱满的酮体。他们不仅朝气蓬勃、青春靓丽、充满活力，而且肢体健硕、反应机敏、动作灵活、姿态优美。整个身体都渗透着美、镶嵌着美、散发着美。他们迷人的肢体动人心魄；他们胜利的微笑沁人心脾。也正是由于他们拥有美，每时每刻都在展现着美和奉献着美，所以体育竞赛总是那样的令人兴奋，使得观赏者情不自禁地予以褒奖和赞美。也正是由于体育运动具有如此美的性质，集美的运动、过程、目的和结果于一体，而且是生

① [英]狄金森：《希腊的生活观》，彭基相译，华东师范大学出版社 2006 年版，第 112 页。

命的一种内在要求和精神的一种自觉行为，是参与者们出自身体意志的自然要求，因此体育运动、身体艺术总是带有强烈的主体性和自身性，且常常带有丰富的情感色彩和人道性质，从而使得身体艺术，特别是青年人用身体创作的精湛的艺术品更具审美性、感染力和刺激性。

而体育运动之所以能够有如此的冲击力和感染力，就是因为身体，特别作为审美化身的青年人的身体不只是性、本能、欲望以及相关的潜意识、无意识或动物性意识的载体，而且正是他们的身体在不断地催生人的情感意识、性爱意识、审美意识、好奇心、求知欲和认知欲的形成。也正因如此，从古至今，人们所从事的一切政治经济、文化艺术，以及与之相关的“生死爱欲、抒情内核、生命顶点、肉体黑箱、性意识、性观念、性话语、性道德、性权力”等，都与人的身体和性紧密相关。在这里，体育运动、身体艺术是最真实地展示和表现了身体生存的本能。特别是身体中永远流动的生命力和力比多常常会激发出惊人的强力，推动积极的生命活动，使身体成为一股活跃、升腾的生产力和一部永不停息的机器，促动着人的身体不断地运动，并创造了形形色色的运动形式以尽情地发泄身体内部的情绪和力量。

事实上，只要纵观一下人类审美发展史，就会发现迄今的人类正在走向“美学人”的新时代。在这种审美化过程中，无处不见人们对身体、灵魂和心智的精心设计。他们不仅在美容院和健身房里追求身体的审美完善，而且有越来越多的人通过各种体育形式以求得身体的健康和美丽。可以预见体育艺术、身体之美必将使得其他艺术形式锦上添花。

既然体育运动有如此灿烂的前景，今天的人类就需要借助体育美化身体，愉悦人生。要把对生命和身体的艺术升华与美化作为人类生存追求的最高目标。也即通过身体美和设计美的相互作用，既使得人类身体变得越来越美，也会通过身体美来带动设计美、装饰美、现实美和人世美，将美以各种美的形式和内容撒满人间。正如图 11 - 2 法国画家布格罗的著名油画《突袭》，画中的爱神少女既端庄秀丽、娇艳清纯，又落落大方、温文尔雅、雍容高贵；对小天使们充满了疼爱和关怀；一颗青春萌动的爱心十分乐意接受来自小天使们投射来的热情、好奇和喜爱。而一个个小爱神们则是那样的天真活泼、顽皮可爱。他们感谢爱神的到来，更喜爱她的纯洁、善良、娇美和肉体与灵魂的完美。

当然，上述的设计美。既指谓通过对身体美的模拟、模仿、类比、虚构和想象创作的艺术美和设计美，也包括通过对身体自身的美学设计和美学建构，使人这

图 11-2 布格罗的油画《突袭》:小丘比特的爱情之箭射中爱神少女的萌动之心

个审美主体集身体之自然美和人为设计的艺术美于一身,从而变得更加娇艳、健康和完美。比如每一个女性都希望有一对丰满而富有弹性的乳房,使之构成女性特有的流畅、圆润、优美的曲线美。为此,从古希腊艺术家雕刻的裸体女性到文艺复兴时期欧洲画家创作的美丽女神,都突出了她们的乳房美和曲线美。以至,现代女性在对自身乳房进一步加深认识的基础上,既懂得乳房美对于女性生命、女性身体美的重要性,也懂得如何去保护和维持乳房美的形态和健康,以"挺起胸膛做人",尽情展示女性的身体美和性别美,不仅将性别特征发展到一个至善至美的崇高层面,而且要使全人类的各个领域都充满人类之美和身体之美。

第12章

身体美学与技术发明

当康德出自对人的本质和本性的大彻大悟，提出“人是目的”的著名命题之后，的确表达了如下三重含义：一是，告诉人类不论干了多少辉煌的事业，也不论获得怎样的丰功伟绩，它都不应该仅是为了满足自身的外在利益或外在目的，而应该主要是为了实现人性的丰满，人格的完美，推动人类身心的成熟和人种的进化。二是，告诫人类“你的行动，要把你本己中的人和其他本己中的人，在任何时候都同样看作目的，永远不能只看作践行个人主义、利己主义或统治他人、占有他人的手段。”三是，训导人们“一个善良的意志决不掺杂丝毫情感好恶或趋利避害的因素。因此，任何把个人幸福原理作为意志的动机和目的，那是直接违反道德原理的，意志善良的首要条件是独立，不以外在因素为转移，坚守以塑造自身为目的。所以在康德看来，人的行为无论是对自己或是对他人，总应该把人当作第一位的目的。世界上的一切只对人才有价值，单纯的东西离开人就无所谓价值，因为人就其本性来说，是一个理性的存在，是具有绝对目的意义的存在。一切道德法则和义务要求之所以应该这样而不应该那样，不是基于其他任何目的，只是为了人本身，以人为“最高的绝对目的”。

既然人类的全部行为皆应以“人是目的”为中心，也即皆应以“人是目的”为出发点，在任何时候，人都绝不允许被作为实现目的的工具而随意摆布，相反一切人都必须成为被尊重的对象，只有如此才能够使人同动物最终区分开来，从而获得神圣地位，成为世界万事万物最后的归宿，那么在“以人自身为目的”的实践过程中，将身体美学上升到“人是目的”的高度，将身体美学与实践“人是目的”的伟大理念紧密结合起来就势在必行。这种结合性的实践之一，就是以身体美学为基本指导，发明创造人类得以生存和发展的技术。这种技术既有利于身体自身的美化，也有利于科学技术本身的身体化和审美化。

一、身体美需要技术发明

在传统的认识论中，我们通常只是把科学发现、理论创新和技术发明紧密地与人类的大脑思维或社会需要联系起来，较少注意它们与身体美学和身体认知的相关性。然而实际上，只要仔细分析人类全部技术的产生和发展，就不难看出，处处都显示出身体之美对技术发明的重要作用。因为美绝不是只意指身体的外在形式，而更多的是指谓由人的身体需要和满足后所产生的快感、美感和多样性的满足感。换句话说，迄今人类的一切技术发明实际上都是源自人之身体内在生命力的觉识、感知、欲求、本能、爱美之冲动、审美之激情以及主体性习惯等。比如，正是人之身体和身体之美在衣食住行等诸多方面的欲求和冲动，强烈地刺激并推动了人世间与人的身体直接相关的美的食品技术、制衣技术、交通技术、建筑技术、化妆技术、美容技术、整容技术、整形技术、医药技术，以及一切与人类的身体、心理和精神密切相关的工业技术、农林牧副渔等各行各业的技术及全部文化艺术。因为人的身体美、心灵美和精神美无不取决于迄今为止人类发明创造的各类科学技术、文化艺术、体育竞技，以及各种宗教仪式、宗教意识，甚至包括各种政治活动或政治革命。

比如服饰、装饰、装扮或制衣技术，这无疑是人类生存、生活最需要和最重要的技术与艺术。它不只是决定于人类的生存需要、生理需要，及他所处于其中的地理环境和生存环境的需要，伴随着人类的进化和审美能力日渐成熟，衣服、装饰和化妆品等物与技术也日渐成为人类的心理需要、审美需要、生活、社交与工作需要。正是这些需要推动了人类制衣和诸如此类的装饰技术的发明创造，也正是诸如此类的技术和艺术审美的发明创造和进化与发展，也反过来促进了人类在衣食住行等方面的与日俱增的欲望和欲求。

由于整个人类依据不同的部落、民族和国家几乎生活在地球上的各个区域，以至世界各国乃至各地区的居民都有自己的文化传统、风俗习惯、生活欲求及至个人爱好。如此一来，也就推动了整个人类最丰富多彩的服装样式、衣服质料，以及全部五花八门的生活用品、审美技术的发明创造，以至世界上各个国家、各个民族乃至各个地区都有本民族和本地区特殊的服饰装扮、美食爱好和生活习惯。比如，印度妇女的民族服装是“纱丽”。纱丽通常用一块长 6 米左右、宽 1.1 至 1.3 米的布料做成。纱丽的穿法是从腰部缠起，最后披盖在肩上或蒙在头上。纱丽一般分棉布、丝绸、纱和尼龙几种。这种服装显然与当地气候有关。印度的夏天气温可以高过 40℃，冬天也在 20℃以上，因此服装要求透气、清爽。虽然现在城市中的印度居民服装已经大部分西化，男的也穿衬衣、裤子，平常也多是西装革履，但是印度妇女仍以穿纱丽者为多。换句话说，印度各地区的民族都还保持着自己的民族特色。比如许多穆斯林男人仍然喜欢戴一顶波斯羔羊皮的土耳其帽；锡克族的妇女仍然是喜欢穿着遮到膝盖的长衫，或是一种叫做沙尔沃-麦卡兹的宽大、舒服而美丽的裙子。

不仅如此，印度人还特别喜欢佩戴各种各样的首饰。它们名目繁多、玲珑剔透、精致华丽、美艳迷人，如发饰、耳饰、额饰、鼻饰、项链、脑饰、腕镯、上腕饰、指环等，大多都为金、银或宝石制品。有些地方的人甚至把首饰看得重于衣装。根据传统的风俗，印度男子把首饰赠予女子被视为应尽的义务，女子把戴首饰视为生活的重要内容。其中，鼻饰多为金银制品，它是已婚女子的装饰标志。颈饰中的项链被当作避邪之物而在婚礼中由新郎给新娘带上，只要不离婚，妻子要将这根项链戴一辈子，印度农村至今仍有此俗。

印度人在服饰和妆扮上表现出的个性和特殊性，不仅证明整个人类身体审美的多样性以及艺术制作和技术发明上的丰富性，也证明“人之性别、性取向、民族、种族、肤色、政治经济、宗教信仰、文化传统、风俗习惯，及至地理环境等诸多方面都对人之衣食住行、艺术审美，乃至科学技术的发明创造产生决定性作用”。特别是构成人之身体的内在要素和需求，包括身体所固有的本能、欲望、情感、意志力和意向性等，总是时时处处在促动着人的荣誉感、崇高感、美感、快感，以及对权力、财富、声望和爱情的渴望感，如此一来，在人类的日常生活与社会实践中，也就自然而然地将身体拥有的所有兴趣、性欲、美感或快感转变到发明意向与创造幻想的希望上去，并由此推动了艺术和技术的不断进步与发展。因为包括美感和快感等一切感觉，“从肉体的刺激、痛苦和舒适、兴奋和平静到最复杂的情感、智力上的紧张或者对有意识的人类生命的一种稳定感受”，都将不可避免地被艺术家融入到自己的创作激情中，被科学家或技术人员运用到自己的发明创造中。

事实上，只要考察一下自古以来的各种技术和技艺，就会发现它们不仅都有利于培养、滋润和塑造人的身体美和心灵美，而且也在人类的各种生产实践、科学实验、技术发明和文化艺术创作中蕴含着丰富的美学思想。比如 20 世纪以来兴起的技术美学或设计美学就是研究人对现代技术和现代设计的审美关系的科学。它涉及人机工程、材料工程、环境科学、经济运转、社会市场和文化艺术等众多学科领域。其中特别是工业生产和身体审美需要之间的矛盾可以说是现代技术美学研究的核心，其使命就是探索现代技术的本质，用身体审美的规律创造新的技术形态，推动现代不断发展。它超越一般意义的实用理论，具有深刻的哲学思想和美学意义。换句话说，现代技术直接反映了一个时代的物质生活面貌，体现了一种新的审美观念；使现代技术成为以现代科学、文化为背景的技术与艺术两者的有机结合，属于物质生活、身体审美和文化艺术的综合性应用门类和协同性共建共生的结果。

当然现代技术的美学价值在于极大地满足身体的实用性与功能性的要求，高度体现造型美、材质美、装饰美、健康美、身心美、精神美、文明美和时代美，直接反映人们的生活、身体需求和审美情趣，成为人类的物质生活、身体美学与精神审美的载体，使得各类技术和设计成为按照一定的社会审美理想来改变社会生活、满足身体诉求和身体审美的有力工具；使得技术美学作为人对客观存在的一种审美认识，通过产品的功能和外形等品性，在审美的意义上掌握和制造产品。因此在现代生活中，技术美学是人对产品的审美关系的最高表现形式。其中，尤其是设计艺术是把自然美、社会美、形式美、艺术美和功能融为一体的有创意的一种活动，其审美直接诉诸感性的对象，又与形象思维不能分割。它通过生动的产品形象，带有强烈的感情色彩来揭示出事物的美学特征和本质，以求满足身体美的需要和诉求。因此现代的工程师们所面临的重要课题，是把现代高科技、工艺与艺术完美相结合，向社会提供价格合理、美观实用的批量产品，传播现代技术和设计的审美信息和求美意识。

在这一实践的过程中，现代的技术设计风格的形成，理所当然要受到民族传统的文化与艺术、时代与社会，以及外来文化与思潮的影响。其中，首先离不开传统文化与艺术的肥沃土壤。黑格尔说过，每种艺术作品都属于它的时代和它的民族。具有艺术美学价值的现代技术设计自然与艺术作品一样归属于它的时代和它的民族。如果失去独有的民族文化特色，它也就失去开启国际技术美学和设计之门的金钥匙，以至因不能实现人的身体之美而丧失市场。

也正基于此，在科学技术方面，至少自20世纪以来新开发和正在开发的电子技术、生物技术、空间技术，以及新材料和新能源的发现与发展，都将会通过对人体或人类自身的改造而极大地提高人类的生存质量、身体之美和文明进展。

特别是21世纪有望创造出的、利用脑神经线路原理与结构的生物电子计算机，以及与生物集成电路相结合发展起来的生物电子技术，将会更好地改造人类、创造人类和服务于人类的身体。今天正在兴起的基因重组技术、细胞融合技术、生物反应堆、克隆技术，以及遗传密码的解读等，将会广泛应用于医药工业、化学工业、食品工业和农业、畜牧业，应用于疑难病症的根治、人类质量的提高、遗传特征的改造，应用于延年益寿、器官移植、大脑嫁接和人类身体美的装饰和塑造。另外，新材料的发展，将会推动超电导合金和形状记忆合金的实用化变成普遍的现实；新能源的发现，也会给人类提供更多的物质和能量。至于飞速发展的空间技术，将会给后人类社会开发出更多和更新的生存空间、美学空间和审美对象。为此有人预言：新技术对21世纪的人类将产生革命性作用，其中利用"硅物质、电子、DNA、语言"等复合势力制造出的"超人"、"后人类"或有关人的"新形式"将会大大胜过迄今人们所理解的"上帝和人"。

这种"后人类"，除了遵循一般的自然规律、生物规律和社会规律外，还伴随着一种加速推动人类发展的技术过程。这种技术介入过程通常由三种不同方式组成：一是通过基因工程或无性繁殖；二是通过技术种植或人工种植；三是利用虚拟技术制造虚拟主体，改造现实主体，将虚拟世界和现实世界、虚拟人和现实人合二而一。不仅如此，今天美国微软公司康罗伊已经用它的不断改变的因数宇宙装满了一个信息极为丰富的头脑；诸如空气速度、海拔高度、进攻的空间方位、火力和目标等。拥有这种头脑的飞机，其武器投放信息往往是一个有关目标指定者、炸弹下落的路线、搜索的盘旋、射程和释放的暗示、武器的数量和计算等要素的连续的无意识的、冗长而枯燥的陈述。特别是在符号化、数字化、信息化，和主要是借助语言打造的虚拟主体、无性别主体的隐蔽状态中，现实中的实践者、行为者将不仅是"代号、代码、概念人或电子人"，而且在现实中将出现更多"强悍"的男人和"柔美"的女人。

届时，一切技术将集真善美于一身。在真善美的统一性中体现着艺术的和谐性和美的规律性；就像"数学是诗体的逻辑"一样，将技术变成艺术的一种形式，使技术成为自由的生命表现；使人们在技术审美中就像在游戏活动中一样享受着自由自在的生活乐趣；使"社会全体成员的劳动变成体力和智力的游戏"①，从此结束劳动异化带来的肉体痛苦和精神创伤。

① [俄]M. C. 卡冈：《美学和系统方法》，凌继尧译，中国文联出版公司1985年版，第40页。

二、技术是身体功能的延续

正是人之手臂长度的缺憾和欲延长与伸展的冲动，推动人类发明各种延伸手臂的长矛、大刀和棍棒。正是人之下肢长度和运动速度的有限和局限，才本能地推动人类去发明那能够弥补速度不足的弓箭、车轮和坐骑。当然也正是人类身体力量的不足，才促动人类去发明各种能够弥补力量欠缺的工具和器械，诸如犁、耙、锄、锨、锹、镐、锯、钩，以及各类杠杆、滑轮、起重机、机械手，无不是对人类肉体力量的提升和弥补。当然随着人类社会的发展，人类身体上的各种器官也都各自发挥其潜在的发明创造的功能和作用。人类因视力的要求发明了眼镜、放大镜、望远镜和显微镜。人类因听力的要求发明了助听器、收音机、电话、广播和各类视听器。为了克服身体的重力带来的行为不便，人类发明了拐杖、板凳和座椅。而时刻想摆脱重力实现飞行的身体，终于在 1912 年促动人类制造第一架飞机载人上天，从此开辟了惊天动地的航天事业。至于诸多乐器的发明制造，几乎都是对人类发自声带的各种声音的模仿和提升。类似小提琴代表女高音，大提琴代表女低音，小号代表男高音，巴松管代表男低音等等，都说明技术的发明创造离不开身体具备的各种性质、结构、功能和需求。

由此，自人类产生以来，仅在几十万年时间内，就凭借其智慧，以身体作为发明创造的蓝本和动因，经过长期的工具化、技术化、智能化、知识化和社会化等实践过程，使自身和整个地球都发生翻天覆地的变化。具体地说，人类为了生存，不仅发明了新事物、新战略，还加速度地创造了人自身，改变着人的进化路程，还把人类所具有的特殊智力和机能当作人类进化中的统治力量，使得人类在诸多方面都获得巨大成功：发明了畜牧业、农业、工场手工业、大工业；建造了乡村和城市；给日益增多的人口提供了衣食住行和生活用品；发明了医学拯救了无数岌岌可危的生命，延长了人的寿命；制造了发达的通讯和交通工具传播人类文明，推广先进文化，使世界上的许多落后部落迅速跟上文明步伐；制造了各种各样的机器增强和解放了人的体力和脑力；创作和构造了无数的艺术形式，丰富着人类的日常生活和精神娱乐；又创造了各种社会机构和组织，使得人类日益变得秩序和辉煌。为此，安德鲁・芬伯格指出："人类是什么和将会变成什么不仅取决于政治家的行为和政治运动，而且也取决于我们工具的形态。因此技术设计是一种充满政治后果的本体论决策。”①

然而，上述的全部技术作用都还没有能够真正改变人的自然属性和生物属性。人作为一个物种，还是一种纯粹的生物体。有史以来，人类进化基本上还是纯粹的自然人、生物人和社会人的进化。虽然自人类社会产生以来，在文化艺术、审美实践、科学技术等领域都取得长足进展，然而在精神形态、思想观念和哲学认识上，长期以来，至少在工具理性和现代性思维中，占据主导地位的二元论和本质主义，还将自然和技术、身体和心灵、精神和物质、美丑和善恶，以及生和死等范畴对立起来，分割开来，没有认识到两者之间的内在统一性。

直至上世纪70年代，进入以电子传媒、虚拟技术和电脑网络为特征的信息时代之后，一些具有后现代思维的学者才在哲学、科学和现实生活领域，开始倾向于利用量子生物学、DNA密码及意识破译、遗传工程、人工智能、纳米技术等高科技手段，以电子人、机器人、试管婴儿、克隆人、变性技术、整形艺术等尖端技术为契机，来弥合上述成对范畴的对立，来质问和挑战制造上述诸多存在分离的逻辑。指出：上述二元论的区分决不是自然造成的，而是通过一种形而上学和机械论的世界观建构起来的。当代的科学技术成就已经充分证明往日有关自然和技术之间的绝对差异只是一种陈词滥调。博大精深的高科技带来的社会发展的丰富内涵和无限远景，使得本质主义对自然和技术的区分不再可能得到支持，而且这种不可支持性成为20世纪涌现出来的一系列科学虚构和赛博虚构作品中的一种中心叙事。其中，至少有两种主题占据优势：一是技术正在革新、增补和替代人类原有的自然身体；二是技术也在日益远离或避开身和心、生与死相对立的二元论身体。换句话说，在那儿，技术，即便就其工具的外观而言，也不只是有助于改善人们的日常生活，而是要改变和替代人们的自然生活、身体形态、感性知觉和审美理念，比如基因工程、智力芯片、智慧遗传、器官移植、整形、假肢、变性、激进整容术、全面整容术、相异性的人工合成等，都是旨在将自然和技术、原生和再造融合为一，促动人类进化发生重大转折，使其进入一个新的“后人类”时期。

这些新人类再也不是纯粹的自然人，而是经过技术加工、电子化、信息化、虚拟化和克隆技术形成的一种“人工人”、“技术人”、“艺术人”或“审美化了的人”。他是一种将人造器官、人造物件、电子器件、人工技术和人的自然肉体依照某种

① [美]安德鲁·芬伯格：《技术批判理论》，韩连庆译，北京大学出版社2005年版，第1页。

人生观、生活观、价值观或审美观有机结合或重新再造的“人—物系统”或“人—机系统”。正是在这里，科学技术和文化艺术创造的物质财富和精神财富不仅极大地丰富了人的日常生活，而且还要改变和替代人的自然生活；使处于相互竞争中的自然人日益变成自然和技术的共同产品，即更具竞争力、生命力、更具智慧和能力，以及变得更加健康和美丽的“机械人”或“电子人”。也就是说，当代的哲学、艺术和高度发达的科学技术正在日益将肉体和物体、人体和机器、人脑和电脑、生命和技术、生物和文化相互结合，构成新的人体、新的肉身、新的灵魂，使人类再也不是原先那个纯粹的自然肉体，而是对自然、机器和肉体的双重超越和否定。

如图 12－1，为日本制造的仿真女性机器人。制造者将其取名为“妻子”。之所以如此命名，主要因为她与传统机器人有很大差别，她的拟人化程度很高，全身都选用硅胶材质，并且内部有发热体系，用手抚摸不会有冰凉的感觉，尤其是褪去那层硅胶后，你会发现她的内部结构非常完善，除了身段按照黄金比例打造外，各种硬件也是清晰可见，该有的功用她全都具有。具体地说，这种妻子机器人不仅有着极高颜值，还几乎能够完成女性伴侣的所有工作。比如她作为男性伴侣，可以与男性聊天，给予男性关照和温暖，陪男性玩一些情侣小游戏，帮助男性做一些秘书性的工作，直至作为一位称职的家庭保姆包揽几乎全部的家务劳动。当然她的最重要的职能还是在于能够成为性伴侣，她的有温度的皮肤，端庄的五官，娇美的身材和令人惊艳叫绝的容貌，除了不能为男性生孩子之外，不仅在性生活方面可以使男性的满意度达到 98%，关键是她可以使那些想建立家庭的男人节省许多金钱和时间去用于谈情说爱，祛除许多因婚姻家庭带来的烦恼和麻烦。比如他不需要为现实中的真人妻子送彩礼，买汽车，购房子，储黄金。这就是为什么“妻子”机器人一问世，就很快得到许多男人的青睐。

图 12－1　仿真女性机器人

当然，早些时候的“人造特工”、“人造美女”、“人造帅男”、“变性人”以及替换上各种人造器官或移植性器官的人都属于这类人，但是典型的后人类将主要指谓那些能够将机械、电子制品、电子软件、芯片和人体依照某种自我感兴趣的“新人理念”或艺术气质融为一体，以及利用生物技术、遗传工程、电子人技术和虚拟技术重新生产、再造、构建或组织的新人群、新人类，包括虚拟主体、虚拟社团、网络主体、网络社会，以及生活在虚拟现实、虚拟城市、虚拟环境中的一切真假实虚相合的人。关于这种新人类，在一些发达国家已经得到许多科学家、未来学家和科幻小说家的认同与支持。尤其是许多从事赛博虚构的作者十分感兴趣地探讨了未来“电子人”的相关问题。比如英国学者马多克斯(T. Maddox)就将这种由自然和技术共同缔造的人称之为“后达尔文的生命概念”或“后人类”。

在这里，人类的肉体不再是原先纯粹的自然肉体或生物肉体，它被镶嵌进许多高科技物质、高科技产品，诸如各种人造器官、人造血液、人造皮肤、人造肢体、人造基因；精神也不是原先纯粹的肉体精神或社会精神，而是镶嵌进许多后天的人造精神、人造大脑、人造大脑皮层、人造记忆、人造思维，比如后人类的眼睛可以同时是一架照相机、摄像机，后人类的耳朵可以同时是一台收录机，后人类的大脑可以同时是一部快速和大容量的记忆与储存装置。总之，后人类的人将成为一个用后现代的科学技术、文化艺术、哲学思维和审美理念全副武装的人，因此后人类也必然被镶嵌进许多与人工技术、人造物品相关联的要素和成分。此时此刻的人类不仅会更加普遍地珍爱、崇敬和敬畏身体，而且会更加普遍地珍爱自己的生活、心灵、精神以及与周围环境之间生死与共的亲密关系。这时，他们不仅会热衷于学习、研究和与他人分享身体美学，而且会普遍地把自己的身体培养得更加年轻、强壮和美丽。

三、技术是实现认知和身体美的手段

从技术的根本属性上看，技术就是指人类为了达到某种目的、实现某种欲求而发明创造的工具性的技艺、技巧、方式、途径和举措；是人类为利用和改造自然来满足自身生存和发展需要或实现诸多社会目的的操作性方法和手段。这种技艺和手段内在地包含身体生存和发展的目的和动机。因为技术从诞生之日起，就显现出推进人类物质文明、精神文明和身体之美的巨大作用和价值。具体而论，正是火的发明扩大了人类的生存空间和认识空间，也增强了和改进了人类的体质和智力，特别是促进了大脑的快速发育和向现代人的迅速进化，这就极大地改进了人类的体形和容貌，增进了人类身体的素质和体魄。正是农耕技术的发明，保障了人类的衣食住行和子孙后代的繁衍，加速了人类文明发展的进程。而蒸汽机、电动机以及电力的发明和使用，则不仅拉开了工业革命的序幕，也使人类的生产力获得成百倍的提高。

人类进入20世纪70年代之后，方兴未艾的信息技术既将人类带入信息社会、网络时代，也加速了经济全球化和知识化的进程，使得人类普遍正确认识：没有科学技术的飞速发展，就没有人类的今天和未来。眼下，尤其是高新技术的发明创造，不仅成为世界各国政治经济激烈竞争的核心要素，决定着国家的综合实力，成为经济发展的主要力和推动社会可持续发展的基础，成为国家安全的保障，成为各国抢占科技和军事竞争战略制高点的关键，而且给人类的生活观、价值观、身体观和审美观带来重大的冲击和转变。可以说正是从上世纪70年代人类进入信息社会和网络社会之后，人类开始更加普遍和更加全面地反思人生哲学、身体的历史、身体的审美以及与身体相关的人类的追求目标和终极关怀问题。

人工智能和虚拟技术的发明和使用，可以说对人类的认识和实践能力的提高发挥着非常重大和独特的作用。这种技术不仅会通过模拟和虚构生成或建构各种虚拟现实和虚拟环境，而且会通过电脑网络、多种传感设备模仿人的视觉、听觉、触觉、嗅觉和各种身体感觉，使用户沉浸在此种认为建构或虚构的环境中，并能与此环境直接进行自然交互，在三维空间中进行交往、交流、交谈、交心和交友，从而为人类认识自然和改造自然、认识社会和改造社会提供了一种全新的方法和手段，使人类的感官功能、观察能力、虚构能力、审美能力、鉴赏能力得到进一步延伸，使人类获得前所未有的新的经验方式，为获取经验知识和检验理论提供新的有效方法。换句话说，利用虚拟技术，可以"看到"以前看不见的东西，"听到"以前听不见的对象，"触到"以前接触不到的存在。尤其在微观研究领域，人们利用虚拟技术不仅能够看到原子的三维图像，而且能够在虚拟的量子微观世界中看到光电子具有鲜明的形象，既显示出波动性，又表现出粒子性。在利用超级计算机虚拟环境功能实现三维动态显示后，以前观察不到的物质化学反应的过程和细节便一目了然。此时，科学家既可以看到高分子聚合物反应过程中六七个变量的直观动态，使他们能够观察到化学反应中从来不可能观察到的东西，能够与虚拟技术构建的虚拟世界进行交流和交互作用，而且可以移动和触摸虚拟物体，可以在虚拟世界里随心所欲地漫游。其中最著名的案例就是：美国考古研究所的专家们利用虚拟技术再现了古都庞贝的风采。当参观者戴着头盔显示器后，就可以在古都庞贝“实地”参观游览。参观者可以按照自己的意愿走进大剧院、力士庙，欣赏圆形走廊、华丽的雕塑以及美妙的五彩壁画等，他们甚至还可以聆听剧院内圣经吟唱者悠扬的歌声和悦耳的笛声，陶醉在一种亦实亦虚、亦仙亦人的境地之中。

虚拟技术在拓展人类感官功能的同时，也使大脑的功能得到延伸，虚拟技术利用先进的计算机用户接口，以人机互动的认知方式弥补了计算机智能的不足，在电子程序与人的沟通过程中融入智能，实现人类大脑的真正外在化；建立和谐的人机关系，使人与计算机以更自然和更有效的方式进行信息交流。在这里，虚拟技术创造的世界构成了人类新的知识源，扩大了人类的认识范围，拓展了人类的探索领域。此外，虚拟技术还可以扩大或缩小时间的尺度，加速或延缓自然事件的发生发展过程。在虚拟世界里，可以在数秒钟之内观察地壳的演变历程，在几分钟内细细品味子弹穿破玻璃的瞬间过程，仔细观察细胞分裂时的细枝末节。

眼下虚拟技术正成为人类探索自然奥妙的强有力工具。可以预言，人作为认识主体的地位将进一步跃升，人与认识客体的关系将发生质的变化，人的创造潜能将得到更充分的发挥。因此，现在探究技术的本质必然要和探究人的本质联系起来。事实上，从马克思主义的人的本质观上看，技术都是人的本质中的应有之义。也正基于此，恩格斯在《劳动在从猿到人转变过程中的作用》一文中明确指出：“是劳动创造了人本身”，是工具的发明和使用表征了人的本质和本性。因此，可以说技术的发明和问世和人的形成与产生是同一个过程，也即两者是合二而一的过程。正是由于人掌握了技术，对自然界(对象世界)进行了改造，人才得以脱离动物界，人才得以使自然界变成“人化了的自然界”，才使人的类本质力量得到确证。人正是在实践活动中充分展示自己的主体地位才证明自己是类的存在物，而技术也恰好是最能表现人的自主性、能动性和创造性的一种智力性实践与活动。

因此不仅过去技术是推动历史前进的火车头，今后技术依然是推动人类文明进步的根本动力。在未来，新的科学技术将进一步证明：凡是人类能想到的，都能做到，鱼人、海底世界、白昼长照的日光，生物工厂，设计的人体，能恋爱和结婚的机器人，模拟环境，精简的家庭，群居村等，将应有尽有。今天在发达国家和许多发展中国家日益普及的办公电子化、生产电子化、教育电子化、金融电子化，都标志着一个崭新的数字化和电脑化时代已经到来；证明一场新的技术革命正在与日俱增地改变着人们的观念、理念、价值观、人生观、世界观；证明人和世界的关系正在日益受到数字化的控制；而且正是这一数字化概念，将引发出无数的疑团和反思；使人类更加坚信由人类智慧凝结而成的科学技术，比如眼下正方兴未艾的远程通信和地方网络将会构造出新的民主、新的社会化、新的同事关系和新的艺术审美形式。

与此同时，现代新技术对人脑的进一步解放还可以唤醒和激发出人类新的智力。特别是今天电子记忆仓库，省去了我们头脑的记忆作用，不仅会进一步强化我们的大脑的创造性、虚构能力和想象活动，而且会促使我们的整个神经系统发展出新的功能，包括脑功能的修复和移植，对于人类智力的改造作用将是不可估量的，其神奇性必将使人类进入一个新阶段。它不仅会将人的身体从体力劳动中解放出来，更重要的是通过人工智能的发展将人类从繁重的脑力劳动中解放出来。结果，人类的未来将有更多的精力、时间和财力用于身体的锻炼、养生、护理、美化，以及身心的净化、修养和锤炼。其中最重要的一点将是："我们通过艺术所知道的东西在我们的骨头、神经和肌肉中，它也被我们的意识所把握……，有机体所有的感觉和反应都参与了象征的发明和创造。"[①]这也就是说，正是艺术或者正是身体审美给人类的发明创造提供了动力，或者说帮助人类去理解、创造或改变我们所处的世界。

反过来，新技术和新发明也会促进民主政治、经济发展、物质享受、娱乐形式，而由此提升人的感知形式、审美层次、艺术理念和身心诉求，从而证明"技术远远走在使用它的人们之前"。技术不仅能够创生各种艺术形式、审美形式、娱乐形式、游戏形式、音乐形式、竞技形式和动画影视，而且能够用来记录身体、调节身体、经营身体和休养身体。

除此之外，新技术还有一个突出特点，就是它与人文科学、人文方法以及各种后现代思潮将融为一体。此时技术将失去它往日的纯朴性质，变得日益成熟，并受制于整体的文化背景和各种人文因素。比如哲学中的"经济思维原则"、艺术中的"极简主义"都将被新技术吸收。在这种新技术中，一切都从简单性出发，竭力去除烦琐和复杂，这既符合实用主义的效用性原则，符合朴实、简单的宇宙本性，也能够促进人的审美观、价值观和世界观发生变化。与经济思维和极简主义相伴随的有思维的创造性、丰富的想象力、自由的选择范围，以及灵活多样的变通形式。它通过突出事物的个性来表现世界的复杂性、多样性、对称性和有序

① [美]辛西娅·弗里兰：《西方艺术新论》，黄继谦译，译林出版社2013年版，第123页。

性。后现代技术将进一步表现现代科学揭示的客观规律所拥有的简单性、有用性、普遍性和精确性。认识和实践方法的简捷性只是为了更好地认识和改造千姿万态的自然界和人类社会。

所以,极简主义不是要现实的人们回到衣食无着的原始社会,只是想要人们摆脱现实中束缚人的自由、情感和实践的各种主观臆造物,各种烦琐哲学、关系网、疣赘物,轻装上阵,无忧无虑地工作与生活。美的本质并不在于复杂,而在于简单、简洁、秩序、规整与和谐;在于艺术描述和表达上最大限度地削减;在于从简单中追求极致和精美;在于以少求多,以简化繁,将复杂化为单一,以让人们产生最简单明了、鲜明清晰的艺术感受和天地一指万物一马、天人合一的审美视觉,进而体现宇宙划一的运行规律。届时,人的发明创造能力和直觉想象力也将会遵循一种极简主义的艺术原则和审美原则而得到大幅度提高。届时各种以突出人的身体美的人造物都会涌现于新世界,类似活动操场,组合家具式、快速型和临时性建筑,世界通用的语言机器,超级营养品,进入人体进行诊断和治疗的基因大夫,集中文理农工医等全部学科教学内容的知识电脑、无教授大学、人工智能机、智能机侦探、性别机器人、机器人美女等眼下还是不可思议的实用工具和审美对象,在新技术时代都将变成现实。

尤其值得注意的是:“文学家将在这个故事的关键性阶段介入,而且将执行另一种功能——将科学成就转变为一种新的生活观和宇宙观。”[①]至于艺术家的全部精力和时间都将无条件地服务于人的身体,和献身于身体美的创作与构造。只有到科学技术与艺术审美紧密结合的发展阶段,艺术、人体艺术和身体审美才能够真正超越“自然形体的约束,把人的形体当作一个积极、肯定的因素”;把精神沉浸到它所特有的内心生活里去,从而让人的肉体、容貌和整个身体之美真正获得肯定的意义。一如图 12-2,现代女性的装束、打扮是那样的简约、简洁、大方、得体,使得极简主义的“身体美”的突出特征就是色彩的典雅,线条的单一,装束的简单,造型的和谐;就是真正的自然主义和实体性精神;就是通过身体的本能和性爱所唤起的美感、激情和浪漫;就是美的原貌和美的形式的贴合与统一。当然也是对原始美的观念化的提升和超越。也只有到了这个时候,艺术或身体艺术才能够被“用来表达艺术家的内心生活、自然本性和不自觉的实体性的本

① Herbert Butterfield. *The Origins of Modern Science*. The Free Press, New York, p. 177.

质。”[①]目的就是使艺术家自己的心灵有所寄托，使自己的情愫有所发泄；使自己的艺术表现无约无束，真正具有一种自在自为和绝对自由的美学性质。并由此证明“灵魂和身体的统一决不是两个完全不同的实体的偶然结合，而是相反，身体必然来自作为身体的自为的本性”；必然是“各种价值、功能、科学技术、文化艺术赖以存在的那个实体”。[②] 正是这个自然化、人文化、艺术化和审美化的实体成为意识“体现自己真正是人”的唯一源泉，并最终培养出包括本能欲望、意志情感、精神意识、好奇心、求知欲、激情、创造力和想象力等诸多生命要素在内的属人的身体。

图 12－2　身体美与极简主义

① ［德］黑格尔：《美学》第 2 卷，朱光潜译，北京大学出版社 2017 年版，第 477 页。
② ［法］萨特：《存在与虚无》，陈宣良等译，生活・读书・新知三联书店 1987 年版，第 405 页。

第 13 章

身体美与绿色社会

由于一切生态都是自然生态、人文生态和社会生态的对立统一体，构成生态系统的各种要素无时无刻不在处于相互联系、相互作用的过程之中，因此表面上看，身体美与生态美似乎相距很远，然而只要深入分析，就会发现两者从来都是在持续地相互渗透和相互促动，因为一切自然生态、人文生态和社会生态归根结底都是属人的生态，都是人类认识和改造的生态，也都是为人及人的身体、心理、精神和审美所感受、体验和服务的生态。正因如此，至少自 19 世纪以来，就有许多学者从日常生活、大众文化、社会实践、文化传统、风俗习惯等方面深入到身体美、生存美的层面，来探索身体美和生态美以及绿色社会之间的紧密关系，正确认识到：身体美必须去能动地适应、呵护和维护生态美、环境美和绿色社会，才能够将身体美真正地融入环境，并逐渐地将绿色生态带来的环境美上升到美的高度，升华为美的理念。

一、女性美与环境美

在常识的意义上，人们并不会把女性美和生态美或绿色社会相连接，因为这两者表面上好像并没有必然关系，然而一经深入研究就会发现，不论是田园风光之中的女性美，还是美女眼中的田园风光都会令人心醉神迷、流连忘返。尤其是两者之间通过劳动的作用和连接，必将使得两者之美天造地设、合而为一，使其美上加美。正因如此，从古至今大量的小说、诗歌、绘画、音乐、戏剧和影视，都有这方面的题材和艺术作品。由此，才导致英国诗人威廉·莫里斯，作为 19 世纪的一位艺术家和社会主义者，对日常生活中的女性美、身体美、田园美和生态美给予许多精彩的论述，提出诸多精辟的观点和美好的设想。特别是他撰写的《乌有之乡》基于以往人类对于生态环境的严重破坏，充满着对人类美好未来的憧憬、向往和设想。其中，不只涉及自由、平等、博爱、人格尊严，以及对资本主义社会制度的批判和绿色社会主义制度的设计，更涉及人生观、审美观、生活观、身体美和环境维护、生态建设等重要问题。比如有关社会风貌和身体美服问题，他就论述了劳动者服装中的平等意识，激烈地批评了生活上的糜烂奢华，积极主张一种节俭朴实的生存主义和绿色生态。

为此，他在《乌有之乡》中明确主张：未来社会既不应该有体力和脑力劳动之分，也不应该有阶级划分。一切劳动者都应是集脑力和体力于一身，兼具健硕完美的体格和内在的知识、修养与雅趣。既然如此，劳动者的装束打扮也就应该是体力和脑力兼而有之，不应该有高高在上的统治阶级、剥削阶级或王公贵族的雍容华贵、华光溢彩，也不应该有下层民众丑陋肮脏的外观。正基于此种身体美学，19 世纪，健康俊美的迪克(Dick)装束一经出现，就率先打破了现实中劳动者的丑陋形象，使其结实强壮的身体穿上美观大方、精致合体的服装，“那衣服是用深蓝色的布料制成，朴素且质地良好”，既给人以个性，又形成一种美的形式和实质。“衣服使我们变成人，也把我们变成展示衣服的物体。”①衣服不仅显示和塑造了身体美，形成一种“人靠衣服，马靠鞍”的社会审美现象，也使得“衣服完全发展成为一种社会符号”。② 使衣着打扮成为一种审美趣味的表达和身体美及人文美的展示，而非阶级的标志。

就好像，我们在欣赏大自然美景的时候，适逢田园风光浓墨重彩的一幕：一群正在晒干草的年轻漂亮的姑娘，个个活泼美丽、光彩照人。尽管所穿的衣服料子大多都不是丝织品，而是装饰着华丽刺绣的薄毛料，但其鲜艳的色彩也使得“整个草地看上去就好像一个巨大的郁金香的花坛”。③ 此时此刻，看客自然也会感到赏心悦目、心旷神怡、情真意切、至美至乐。在这块充满欢声笑语的田地中，人们看不到肮脏、痛苦和疲惫不堪，而是充满着劳动的欢心快乐，一扫阴郁灰色的社会氛围和压力。此时，他们的衣服和身体一样美丽，就像小鹿或水獭的皮

---

① [英]托马斯·卡莱尔：《拼凑的裁缝》，马秋武、冯卉译，广西师范大学出版社 2004 年版，第 38 页。

② William Marshall, *The World of the Victorian Novel*. New York: A. S. Barnes, 1967. pp. 94 - 95.

③ [英]威廉·莫里斯：《乌有乡消息》，黄嘉德等译，商务印书馆 1981 年版，第 192 页。

一样天生地明亮美艳，甚至常常“让晴朗的天空和花儿感到羞惭”。①

人类或女性的这种对于美的追求和努力既符合美的自然法则，也是新的人类道德的表达。穿着舒适、漂亮的多样化衣服，而不是身着单调乏味、凄凄惨惨的破衣烂衫，这会使自己感到舒服、愉悦，也是日常生活美学和人文主义要求的一个方面。看看图 13－1 那位清纯靓丽的牧羊女孩，其白皙的皮肤，健康的体态，端庄的容貌，漂亮的面容，红润的脸蛋，迷人的眼睛，美丽的双唇，高挺的鼻梁，色彩协调、线条优美、自然得体的纱巾，朴实大方、搭配得当、简洁舒适的着装，平和恬淡的心态，劳动期间的悠闲，自我满足的神情，向远处凝视显露出的对美好生活的无限遐想，以及周围静谧的田园、绿色的背景、天人合一的景象，无不表现了一种美妙无比的田园光景，展现了人类社会未来发展演变的绿色前景。

图 13－1 布格罗的《年轻的牧羊女》

此外，人文主义也强调真正的生活必然包含个性、平等、博爱和自由，而且要不惜代价为之奋斗。因为“生活的多样性，像平等条件一样，是真正的共产主义的一个目标，只有这两者的结合才会产生真正的自由”。② 才会将不同的要素连接到强大的、具有创造性的整体中去；才会带来美的人文生态和自然生态。由此，也就产生诸如自然/文化生态女性主义、精神生态女性主义和社会主义生态女性主义等各种不同的生态女性主义，但基本目标都是旨在建立一个遵循女性主义和身体美学的生态系统；进而建立起健康女性和自然环境之间的和谐关系，并把争取男女平等的权利与维护生态、保护环境和建构和谐社会相联系。

这些生态女性主义认为应该把女性服装与女性的解放意识结合起来；如果

① [英]威廉·莫里斯：《乌有乡消息》，黄嘉德等译，商务印书馆 1981 年版，第 176 页。

② William Morris, Clive Wilmer(Ed.), *Looking Backward: a review of Looking Backward*, by Edward Bellamy, *News from Nowhere and Other Writings*, Penguin Classics, London, 1993, p. 358.

两者结合得适宜就会变得美丽舒适。她们支持美的原材料和简化的设计；主张“一切艺术都应该能够优雅地刺激感官的愉悦”。特别是那些常常装饰有巨大的太阳花、黄水仙花或其他刺绣的自由艺术形式、衣褶装饰等有机形式的唯美主义的服装，不仅其微妙的色彩具有泥土气息，其自然柔和的植物染料几乎拥有靛蓝、橙红色、灰绿色、赤褐色和琥珀黄等过半的色彩，关键是如此美不胜收的服装和色彩可以成功地树立起自由健康的新社会女性形象。由此，将确立起“服装之风格和身体之美与社会经济、工业生产、环境美化，以及妇女解放之间的重要关系”。

在莫里斯看来，许多有关乡村女性劳动场景表现的田园美就别具一格。比如她们“那被长外衣掩蔽起来的皮肤跟水蜡树的花一样白皙，而她们那露着健美的身体、俊俏的面容、舒展的身姿，在停下手中的活计、与河中逐渐远去的使船者挥手致意、打招呼时的亲切样子和稍许欣羡的形象”，更令人由衷地喜爱和赞美由她们所展现的劳动美、乡村美和田园美。为此，莫里斯相信在社会主义革命结束压迫和贫穷之后，必将会产生许多新事物、新自由。其中最基本的自由就是所有人都享有健康身体和美化身体的权利。事实上，今天人类迈出的最显著一步就是将美作为健康身体的一部分。因为“健康身体所感受的纯粹是一种生活的愉悦。他享受肢体运动，锻炼身体的力量；在阳光风雨中玩耍，满足人类肉体欲望的快乐。总之，那匀称笔直的双腿、强壮的骨骼、吸引人的面孔等身体之美都是我所宣扬的。”①当然这些也都应该是全部地球人普遍追求的，因此也必将是人类未来努力的方向。

对此，莫里斯还从穿衣的角度论述了美神维纳斯的形象与自然美和环境美之间的关系(图 13-2)。他说，维纳斯除了用绢纱蔽体之外，还一直抵抗不自然的奇装异服。认为服装可以掩盖人体的外观，但却不要夸张和破坏人体的曲线。身体可以被包裹，却不要像缝在麻袋里或像卡在盒子里，完全遮掩了人的身体美和女性美。“布料要设计得当，但不应是僵死的形式，而应是活生生的事物，具有无尽的运动美表现。如果这些失去了，日常生活中一半的愉悦眼球的乐趣都将失去。”②因此莫里斯的每一部作品都不乏维纳斯形象：她的头发呈浅黑色，健康

① William Morris, *How We Live and How We Might Liv"*, *Political Writings of William Morris*. Ed. A. L. Morton. New York: International Publishers, 1973, pp. 148 - 149.

② William Morris, *The Lesser Arts of Life*, May Morris, *The collected works of William Morris* , XXII, Longmans Green and company paternoster row London. New York Bombay Calcutta, 1910 - 15. p. 265.

又丰厚;她的眼睛大而明亮,棕色的眉毛宽而清晰;她的嘴唇鲜嫩红艳,脸颊红润又有光泽;她的眼睛清澈明亮,身材高挑,纤细得像条杨柳嫩枝,光洁的皮肤给人一种滑润通透之感。她穿着时尚,打扮得体。她的美丽形象遍及乌有之乡的每一个角落。"在她的脸上找不到一条由于忧虑造成的皱纹;她的皮肤同象牙一样光滑;她的脸蛋丰满滚圆;她的嘴唇像玫瑰花一样鲜红;她为了干活而裸露着的

图 13-2 布格罗 1892 年创作的油画《蜂拥》:画中站立的女神在和小天使们玩耍嬉戏,女神张开双臂,抬头眺望,妩媚温柔。而一群姿态各异、活泼可爱、各具动势的小天使则簇拥着爱神。其中一位小丘比特趴在地上紧拉女神的腿,上方的小爱神则正欲将爱情之箭射入爱神的头和胸膛。角落上一簇簇花朵点缀着整体,使整个画面显得清新秀丽。这说明布格罗的绘画总有着一种甜蜜、愉快的感觉和唯美的追求,尤其热衷于以神话题材和古典风格来表现裸体的女性形象和纯真童稚的身体之美。

美丽臂膀，从肩部到腕部都是强壮而结实”。[1]

为了践行莫里斯的身体之美，O'Farrell-Mackenzie 的女性普遍地习惯于早起，呼吸新鲜空气，洗冷水浴，食用粉状食物，从事划船、骑马、溜冰、草地网球、体操等空间领域的体育活动。为此，她们已经使自己的身材变得更加妖娆迷人，像许多的古希腊雕塑一样。甚至连卢浮宫中的维纳斯都显得臃肿逊色。此时，诸如名为《达尔文理论：因环境而改变》的漫画等艺术作品，也开始对女性的腰身体形产生兴趣。这类漫画故意将粗腰的女性表现得落魄、滑稽，从而与“教堂人群中吸引眼球”的时尚细腰女士形象作对比，并且希望人们能够通过最大化的美丽获得最大化的健康。既然如此，就只有自然的腰身才是真正理想的、优雅的和健康的女性美。否则人为的细身紧腰和勒紧的裙子既与划船或网球等一类女性运动不相适宜，也不符合人类身体发育和成长的生理规律，即于人的保健、卫生、舒适和美丽无益。如此的衣着服装不仅会破坏穿衣者的体形、身体器官及持久的身体魅力，而且由于“紧身衣扰乱了神经系统，使大脑底部发热，及至刺激起色情器官，煽动起道德败坏的感觉，同时致使穿着者懦弱，以至于更容易被引诱。所以从道德的角度讲，真正的淑女服装象征着纪律、体面、节俭、克制和完美，而不意味着昂贵、奢华、放纵和享受。

如此一来，威廉·莫里斯根据自己的唯美主义，不仅通过妇女服装的变革来支持人们使用天然的纺织品和染料，通过使服装设计服从身体轮廓的创造来践行他的“自然”线条的主张，而且通过他所发起的唯美主义运动将自然流动的服装与妇女解放联系起来，这一点在 1882 年支持保护古代建筑协会的讲座《生活的小艺术》中表现得很明显。因为莫里斯非常清楚，女性的服装跟社会发展、社会制度有很大的关系。比如“在紧身胸衣的时代，如果一个女人穿得简单朴实，那么她就会在街上受到嘲笑”。特别是在法国路易十五时期流行的“洛可可服装”样式：装饰繁复，面料奢华，剪裁精细，致使洛可可风格具有一种轻浮夸张造作的特点。女人宽大的撑裙上有华美的刺绣，胸饰和紧身胸衣向下呈现很尖的锐角，使腰身显得纤细。至于男士的着装也越来越充满脂粉气。直线条几乎从视野中消失，S 形、漩涡形，无所不在的花边，金、银和五彩缤纷的丝线刺绣，女子夸张的高发型以及男子的假发，所有这些都使莫里斯觉得人类的着装已经“走上可憎的魔法森林之路”。直到法国大革命，在人类的日常生活中才日益普及宽

---

[1] [英]威廉·莫里斯：《乌有乡消息》，黄嘉德等译，商务印书馆 1981 年版，第 23 页。

松、淳朴、简单、美丽的土布家常服装，展现人间的善良和美貌。从此，每个人都有可能通过自己的感觉告诉自己最适合穿什么，以及什么“是符合人性的、合理的和文明的，这将会既有助于大师级的商品制作者，也有助于日常的人们，也给予他们时间思考美丽的事物，因此得以将他们的生活提高到更高的水平。”[①]为此，莫里斯反对以衣服扭曲身体造型，主张展现自然流畅的线条，保持身体的自然曲线，一再认为好的服装可以很好地塑造身体的线条，而不会夸张身体的曲线，也不会毁坏身体的线条美。

因此对莫里斯而言，美好的服装和健康的身体，在个人和他人与自然生态之间象征着自由和谐。“现在组成人类的男女至少都是自由幸福的、生气勃勃的，往往身体也很健美，周围全是他们自己创造的美好东西，大自然跟人类接触以后变得更好，而不是变得更坏。”[②]比如在那经过净化和更有活力的英国，工厂变成花园，农田变成美的世界。人们学会与自然和谐相处。乌有乡中妇女的出现都是拿着花卉或者在她们的头发或身上佩戴着花卉。一群快乐的晒干草人群的衣着使草地看起来像“巨大的郁金香的花坛”。年轻的女子穿着漂亮的浅绿色衣服，以适应当时的季节和炎热的天气；村姑们穿着鲜亮的刺绣丝绸，以不“让明朗的天和花儿感到羞惭”。至于这个新社会的其他成员则用原始的感觉来表达他们“热爱人类所居住的这个地球的外壳和表面，正如情人对他所爱恋的女子的美好肉体所发生的那种爱一样”。[③]

在人类生活的生态环境中，生态美不仅是自然的，也是人为的，而且是与人类的行为实践和生存状态紧密相关的。为此，人类与自然和谐相处的愿望在莫里斯的乌托邦视野中十分关键。他相信“每一件由人的手工制作的物体都有一种形式，要么美丽要么丑陋。如果与自然协调，就是美丽的，并且有助于自然的发展；如果与自然不协调就是丑陋，妨碍自然的发展。”[④]如果艺术与自然结盟，就会唤起我们的审美意识和对生态美的关注，就会对那些已经退化了的自然环境进行补救，并由此构成新社会秩序的人类仁爱的主流。由此就会形成人类渴望的生态之美：在那里，花园、树木和小鸟环绕着美好的建筑，而在其周围的草坪上或树丛中，女性们露着手臂，光着脚，蓬松飘动的头发和朴素的长袍，翠绿色装

① William Morris, *The Lesser Arts of Life*, p. 266.

② [英]威廉·莫里斯:《乌有乡消息》，黄嘉德等译，商务印书馆 1981 年版，第 164 页。

③ [英]威廉·莫里斯:《乌有乡消息》，黄嘉德等译，商务印书馆 1981 年版，第 163 页。

④ William Morris, *The Lesser Art of Life*, p. 85.

饰的魅力，似乎都与像花园一样的背景和花边相融合，使人们看到“工作的人与他们走向的土地如何完全交融在一起”。[①] 在这里，少女在充满果树、天堂般美丽的地方，走在“既茂盛，又开满花”的草地上，少女的装饰就像乌有乡中的妇女，富有自然、美丽而简朴的魅力。她们的装扮几乎就像女王和女神。她们的头上戴着自己编织的花环，其中的野蔷薇绚丽而漂亮。此外她们还将各种盛开的花朵束在腰间，让花环垂下膝盖，用花簇束紧她外衣的下摆，用花朵在手臂上形成臂环，形成脚镯和凉鞋，并能使所有的花都长时间地保持新鲜和明亮。

由此莫里斯认为，艺术尊重自然将会使我们的家乡像树林一样美丽；使我们的街道像傍山一样怡人，所见之物都十分整齐清洁，井井有条，明朗轩敞，有如花园般的景致，到处长着果树，“让所有的人不但可以靠它来维持生活，而且也可以从中享受人生的乐趣。”[②]如此既可以抚慰自己的心灵，也会使自己的生活工作环境与自然和谐一致，变成田园牧歌式的人间天堂。在那里，凯姆斯哥特庄园会找到自己的精神归宿；社会主义新艺术会在乌有乡得到重生。在乌有乡中，劳动者舒适美丽的服装将会抬升日常生活美学的价值和意义。服装的多样化象征公民不再受到暴政或竞争的威胁。这些都表明生活的多样性与平等条件相结合才是真正的共产主义目标。对莫里斯而言，美好的服装和健康的身体，就象征着人和自然之间的自由和谐。因此，自然美或生态美永远都离不开生活于其中的人类美或人的身体美、服装美和心灵美。离开人的生态就会失去其作为审美对象的资格，也即成为无人欣赏的存在。

二、绿色革命的未来

毫无疑问，当代人类面临的最大危机就是生态危机，最大的矛盾就是人和自然的矛盾，最大的灾难就是在地球上面临第六次物种大灭绝的过程中，未来很可能最先灭绝的物种就是人本身。所以关心人类未来的命运，拯救绿色生态，当然是人类最急迫解决的问题。对此，历史上许多人类学家和生态学家早就给予关注，赋予心血。比如英国社会主义者莫里斯的早期思想就具有明显的唯美主义

---

① William Morris, *The Lesser Arts of Life*, p. 96.

② ［英］威廉·莫里斯：《乌有乡消息》，黄嘉德等译，商务印书馆1981年版，第238页。

和生态主义。在他看来，人的生活表演就是发现美、创造美和生产美，就是按照某种美学理念来改变世界。因此，莫里斯的美学总是与强烈的自然主义和生态主义融为一体，与美的关键概念相关联，形成一种始终如一的生态思想，也使得他一直为自己贴上“田园牧歌式的美学家”的标签。这种超凡的田园牧歌思想不仅形成一种绿色生态观，也构成一种绿色世界的理念。尤其是当他开始将其附着在英国装饰艺术的本性上时，竟然在英国“商业竞争”的衰败时期，使他的生态敏感性取得发展。

不仅如此，莫里斯还意识到：真正的美的存活不能只靠少数艺术家的辛苦劳作，而是要求广大民众的日常生活世界产生彻底改变。要正确认识：艺术不只是一种审美活动，更应是一种与愉悦、尊严、自由和物质享用相关的生活方式。正是对艺术的这种理解和界定，使得莫里斯不是将自己构想为极富浪漫景象的艺术家或诗人，而是更多地将自己设定为从事“小艺术”的手工艺人和普通劳动者。他专注的活动从诗歌和建筑转向图案设计和劳动场景与具体的生产活动。为此，他不断地写作关于手工艺人、农民和牧民劳动的重要性；认为艺术控制了我们休闲的家居环境，因此艺术家更应关注“干农活、割草、放羊、造房子、绘画、木工细活、铁匠工艺、陶艺、玻璃制造、编织和其他工艺”。由此，来美化我们的生活环境和自然生态。

在他看来，类似布格罗的油画《农妇》(图 13－3)描绘的日常生活及戏剧化场面才符合他所渴望的“小艺术”和“乌有之乡”的美学理念。因为只有通过这类艺术形式，才有可能真正塑造出不失尊严的普通民众形象，表现他们对社会现实的关注和内心的不安。如此一来，在莫里斯那里，田园风光的描绘、装饰艺术与高等艺术便是一样的艺术，人们创作的任何一件艺术品都是人类精神的表达，都旨在给人带来愉悦。因此“今天文明世界的重要任务就是使所有的人劳动快乐，就是推行优秀艺术。如果人们能够使用美观愉悦的艺术，他们就会从中享受闲暇”。如果“没有这些田园美、劳动美和装饰艺术，我们的生活将很无聊”。绿色劳动、田园风光和装饰艺术可以满足人们的日常生活，因此“为了给人们带来愉悦，它们必然要实用，这是装饰的重要职能”。[①] 此外，“如果艺术足够强大，能够帮助人类，她必须集中力量在劳动者劳动的地方，而不只是“在富人的房子里”。

① William Morris, *Works*, vol. 22, p. 5. 转载于 Mark Bevir, *The Making of British Socialism*, Princeton and Oxford: Princeton university press, 2011, p. 90。

图 13－3　布格罗为了通过《农妇》来展示 1871 年普法战争和巴黎公社带来的战乱及法国人高涨的爱国热情，创造一个动乱年代中法国人抵御外来入侵的形象，他选择了一位手持大镰刀收获庄稼的农妇：她昂然挺立，充满豪气，代表了法国人民的崇高和坚强。农妇的形象生动地表现了法国人民的爱国主义，以及这个民族绝不屈服于敌人的坚定决心，同时也给人一种赏心悦目的女性美。

莫里斯的这种日常生活艺术观在 20 世纪法国马克思主义理论家亨利·列斐伏尔(Henri Lefebvre)那里得到很好的表现。列斐伏尔有着“日常生活批判理论之父”之称，也是最早系统阐述空间概念的西方学者，是城市社会学的重要奠基人。他曾说，对日常生活的研究，促使他对建筑学、主体条件、街道、旅程、旅费、空间和社会年代、技术和工艺学、信息学等都发生强烈兴趣。他认为人类应该进行一场日常生活革命，彰显日常生活的本真和原始性，让日常生活回复到原生态，“变成一件艺术作品”。因为日常生活具有“生动的态度、诗意的气氛和内涵丰富的矛盾性”。分析日常生活可以在平凡中发掘出不平凡，因为日常生活是欲望与需要、严肃与轻浮、自然与文化、公共与私人之间的结合点和冲突点，也是各种社会活动与社会制度结构最深层次的连接；是一切文化现象的共同基础，也是导致总体性革命的策源地。正是那些发生异化的日常生活往往既包括着被压迫的因素也包括着解放的因素；既蕴含着否定因素，也蕴含着革命的可能性。日常生活虽被现代性掠夺过，但仍是总体性革命的基础，是社会变革的核心。这就决定在今天反对资本主义政治经济制度的宏观革命应该和日常生活领域的微观革命即日常生活批判相结合，把改造日常生活放在首位，把日常生活批判看作革命实践的中心，在日常生活领域进行反压抑的斗争，把无产阶级从日常生活中解放出来，把社会主义革命、对自然界的改造和绿色生态建设深入到日常生活中去。

我们要认识到：长期起来人们的生活毫无乐趣、绝大部分的城市居民生活如此不幸的根本原因就是：他们的工作机械而枯燥无味；他们的休息空洞无聊而疲倦；他们的过度操劳，以至于任何伪装有趣的事情都会吸引他们。而作为人只有在闲暇的情况下，自由自在地做自己喜欢的工作，那样才会快乐；那样生产出来的物品才是艺术品。如此建成的乌有乡的居民，人人都是艺术家，他们生活在没有竞争的、平和自由的社会中，而且生产出来的美丽艺术品是大家都喜欢和需要的物品。在乌有乡中，人们不必为生活而奔波，不必勉强做自己不愿意做的劣质物品。他们劳动的动力和最大的原因就是如老哈德蒙所说的"劳动的报酬就是生活"。[①] 人们在劳动中可以得到创造的快乐，就是最好的报酬。所以在莫里斯的语境中，即便是一只精致的烟斗也不是一个抽象的孤立体。它与图案设计等具体的艺术类型有相通之处。它是手工艺人创作性地制作、劳动愉悦、装饰、实用性等系列问题的凝结物。它是艺术审美与社会主义理论、艺术道德、理想虚拟物、对闲暇的渴求与具体艺术品的结合体。

这些思想实际上与马克思的"缩短劳动日，使人的自然本性得以解脱"的思想极为相近，比如马克思在《资本论》中就曾指出：人在劳动中不应再像以往那样受苦，但也不可能废除劳动，应代之以闲暇活动。这与本·阿格尔(Ben Agger)的"劳动闲暇一元论"十分相似。为此，一些生态学的马克思主义者也认为未来社会人的真正需要应该是创造性劳动；应该是通过挖掘日常生活中的自然、和谐、简朴与诚实的美学原则来提升社会的优秀艺术。简朴是人类浪漫地称赞自然的必然结果：人们应该自然地与合目的地生活。尤其是新社会的快乐应该像凤凰一样从朴素和诚实的道德中升起。真正的艺术家应该从手工艺人中分离出来。"智慧"艺术应该被画廊和收藏家边缘化。真正的艺术应该存在于那些功能性的家居物品中。因为"艺术的目的是，通过带给人们美和闲暇的趣味性，防止即便是休息的时候产生的疲惫，通过在工作中带给他们希望和大量的愉悦；或者简而言之就是使人们快乐地工作，使他们的休息富有成效，增进人的快乐。"[②]而

---

① [英]威廉·莫里斯：《乌有乡消息》，黄嘉德等译，商务印书馆 1981 年版，第 115 页。

② William Morris, *Works*, vol. 22, pp. 84. 转载于 Mark Bevir, *The Making of British Socialism*, Princeton and Oxford: Princeton university press, 2011, p. 96。

令人工作时感到幸福，休息时感到充实，这就是艺术的目的。

为此，人们不应该反对具有理性的人在不被机器奴役的情况下借助机器和科学技术来节省时间和劳力，以让人们享受更多的闲暇与休息。但绝对不能忘记“这是以人的身份平等为前提”的。只要机器的使用导致丧失艺术，那些完全遵循理性和自由的人，宁愿停止与机器打交道，通过把工作变得充满活力、令人感奋和快慰，而使以艺术消除劳动弊端的目的趋于实现。所以艺术的目的不是艺术本身，而是旨在解放人性。因此在现实的求美活动中，我们要扩展艺术界域，包括绘画、雕塑和建筑、所有家具用品的造型和色彩，以及耕地和牧场、城市和道路建设等类似事情的设计与管理。总之，要将艺术扩展到我们生活的一切领域。正确认识“愉快应该伴随每一件手工艺品的制作，构成愉快的基础是每一个健康的人在健康的生活中理解愉快的浓厚兴趣。对于我而言愉快主要由三部分组成，多样化、创造性的希望和源自于效用感的自尊，这些必然附带伴随有熟练运用身体力量的神秘的身体快乐。”①这是人类劳动神圣的安慰之物，是日常生活艰辛劳作的罗曼史。艺术不是单一的个体，而是一幢优秀的建筑，及其中所有的装饰物体，还有居住在里面的有思想、健康美丽的人。因此人们要“不辞劳苦地将他们的住所转变成适合于思想和身体都自由的人们居住”。②

这种抛弃任何浪费、浮华或傲慢标志的朴素生活引致品味的朴素，包括宫殿和村舍的朴素，也即“不要任何装饰：简单的白墙和木制的桌椅环境就是全部”的朴素，就是对甜美高尚事物的喜爱，就是我们所渴望的新鲜美好的艺术。这种艺术表面上看简单平凡，实际上是更加充满着生命、欢乐和希望。它会脱离20世纪之前的艺术的阴郁和混浊，将艺术，特别是装饰艺术和设计美学带进清新亮丽、美观大方、精巧谐调的审美境界。在那里，设计美学的艺术化和具身化没有沦落为商业行为。艺术的目的仅在于揭示包括形体美和生命美在内的各种形式的普世美或真理。为此，如果社会腐败，艺术家将无法保持美德，也无法创造出体现真理的艺术。因为在任何国家只能从高尚人士那里获得高尚的艺术，而两者都与自己的时代规律和环境法则密切相关。在工业主义外衣下的文明不可能产生民族艺术。典型美是宇宙普遍存在的美，是一个“审美”能力产生的过程，是完整性存在的显现。

---

① William Morris, Art Under Plutocracy, *Art and Society: Lectures and Essays by William Morris*, Boston: George's Hill, 1993.

② William Morris, “*Making The Best Of It*”, *The collected works of William Morris*, XXII, p. 86.

比如图 13－4 中辛勤劳作的妇女，她们穿着整齐、朴实，装束简单、实用。以淡灰色为基调的服饰，与黄绿色的田野、白红相间的村舍、摇动的树叶、成熟的庄稼、金黄色的麦穗、丰收的麦垛、粗糙的双手、红润的肤色浑然一体。她们弯腰曲背，十分专注地捡拾收割后遗留在田间的麦穗，既体现了她们的辛劳，也体现了她们对劳动果实的珍惜。她们的着装虽然没有宫廷贵妇或有钱富人的雍容华贵和奢侈华丽，却能够满足劳动的需要，适合于生命运动自身的目的，是女性身体美的自然展示。这既是大自然的赐予，也是通过她们的辛勤劳作创造的天地之美对大自然的回报。也正基于此，莫里斯除了在思想和行动上希望产生美好的事物外，他痛恨现代文明，因为它浪费机械力量，浪费地球资源，浪费生产力和物质财富，给大众带来悲惨生活，鄙视简单的快乐，毁掉劳动之唯一的安慰——艺术。艺术绝不限于华丽的外表或美的形式。相反，艺术的主要职责之一便是为劳工们展现充实而合理的真实生活理想；使更多的人能够通过日常生活观察美、感受美、发现美和创造美；能够把美好艺术体现的完美社会作为社会目标，让日常生活的细节，从节日仪式、诗歌吟诵到对话，从日常用品的美丽造型、人物外观到生活环境的场景和各类场域的设计，都塑造一种精确的真实感和“新精神秩序”，从而体现未来的社会“人民都能过着非常富足、安逸和甜美的生活”。

图 13－4　布格罗的油画《捡麦穗的村妇》

三、艺术经济学与公众趣味

既然美与日常生活中的简单、朴素、真实和实用紧密相关，因此日常生活中的实用性商品就需要具有审美趣味、创造性、高质量、经久耐用、经济便宜、艺术和技术含量高以及适于销售等重要特点，也即要具有审美经济学或艺术经济学的特点。然而现实社会中的人类并不是都具有追求简朴无华的品格。相反，更多的人是追求物质至上和奢华享受的品性。这就要求在现实生活中要有意识地培养公众的审美趣味和简单的生存主义。为此，类似莫里斯这类生态学家和追求审美的社会主义者的田园牧歌式的"乌有之乡"的构想就需要通过实践使其变为美的天空和大地。此时此刻在那里，"由院墙到房子之间的花园正洋溢着六月鲜花的芳香，盛开的玫瑰花争芳斗妍，散发出过分浓郁的香气，画眉正在纵声歌唱，鸽子正在屋脊上咕咕低鸣，在后面的榆树上的白嘴鸦正在细嫩的树叶间嘈杂地叫着，褐雨燕一边悲鸣，一边正在山墙的周围盘旋，而这就是精心管理的小花园具有的特点。"①当这些美丽的花园进入人们的眼帘时，总是禁不住一再感叹："啊！我多么爱大地、四季、气候和一切有关的东西，还有一切从地里生长出来的东西！"②这种凯姆斯哥特庄园与周围充满野趣的自然环境形成一体，好像它是从土壤里长出来的一样，并将自己最中意的设计和装饰置于其中，从而成为设计者之灵魂所在，体现了设计美和生态美的统一性。

这种将新社会的诞生与艺术的复兴相互联系、将艺术变成实现社会主义的有效途径和载体的思想，和将艺术视为人类解放的手段的论调，在今天的西方马克思主义者中颇有影响。比如卢卡奇在其政治学文论中就注意到艺术在社会变革中的作用。马尔库塞在相应的政治学文论中也明确提出艺术是人类解放的重要途径的承诺。在马尔库塞看来，所有的革命的终极目标都是为了个体的自由和幸福，而艺术的实现不仅代表这个目标，预示着未来的美好图景，而且是一种永恒的自由景象和追求目标。在人类的全面解放方面，艺术具有不可替代的作用。人的解放就是人的存在处境和生活环境的解放；就是在恶劣的社会环境中解放受压迫、被异化的身体、灵魂和欲望。因此，艺术革命和艺术解放的意义就

① ［英］威廉·莫里斯：《乌有乡消息》，黄嘉德等译，商务印书馆1981年版，第251—252页。

② ［英］威廉·莫里斯：《乌有乡消息》，黄嘉德等译，商务印书馆1981年版，第252页。

是艺术的普遍功能。它肩负着将人类从困难的人生中解放出来的任务，负载着理想，而与扼杀人的生命本能的现实相对立，成为革命的重要力量。特别是艺术作为人类解放的一种主要的生存形态所表达的“审美需求”，“当它们达到批判性地弱化经济的、政治的和文化的压力，并削弱那些在保护环境和唯利是图的商品化的生态学中有既得利益的权利集团时，就会转化为根本性质的变革。”①

由此导致眼下具有较大影响力的生态学的社会主义坚持主张：资本主义经济的实践给予人们一种目光短浅的利润承诺，以至高强度和大范围地破坏了生态环境，带来污染，资源耗竭，全球气候恶化，毁坏动植物群的漂亮完整体系，导致人类和自然的频繁渐长的对抗。而要想解决这种日趋激烈的矛盾和对抗，只有通过社会主义革命，才有可能缓和人类对环境的破坏，才有可能在人类和外部自然之间建立一种全新的和谐方式，使得被破坏了的自然生态能够繁荣和重生。用马尔库塞的话来说，“将自然从工业化和抑制工业化的破坏性侵害中解放出来，是人类解放的不可缺失的部分”。② 这当然是马尔库塞等美学家构想的社会主义，然而正是这种唯美主义的承诺，为未来社会主义的构想提出预警。在这种求美的实践中，艺术不会抛弃它自己的急切需要，也不会退出它自己的维度，它将始终保持着一种非操作性。在艺术中，政治的目标仅仅出现在美学形式的变形中。

继这种唯美主义的审美意识之后，20 世纪的美学家们热切地呼吁脱离资产阶级的“教条主义的道德世界”和资本主义的“生活利益”(living interests)，保持艺术的真理性。在强调与自然美的联系时，以及强调关注资本主义制度下遭到破坏的自然时，要迅速发展艺术广义的概念，将艺术形式变成人类政治解放的载体。因为艺术作为一种意识形态是人类整体人性、整体合类性的体现。伟大的艺术始终在呼唤人之为人的人性的复归，由此产生艺术对人类社会异化的批判。如此情势下获得新感性的人才是新人，新人才可能建立一个非压抑性的新社会。新人才可以使艺术创作变成一种社会生产力，才可以将审美之维作为一种自由社会的尺度。此时，人与人之间的关系才不再通过市场来体现，也不再以竞争和恐怖为基础，而是以一种易于接受现实的形式及特性的感性，作为人类建设新社

① [德]马尔库塞，《审美之维——马尔库塞美学论著集》，李小兵译，生活·读书·新知三联书店 1989 年版，第 110 页。

② Herbert Marcuse, 'Jerusalem Lectures,' in D. Kellner, ed, *Art and Liberation: Collected Papers of Herbert Marcuse, Volume Four*, New York: Routledge, 2007, p. 156.

会的目标，使艺术审美既有与人的生命本能的感性联系，又有打碎旧世界、建设新世界的创造能力。

除此之外，艺术所具有的幻想和想象作用在构建新的社会体制、自然生态和人文生态时也具有重要作用，致使艺术可以超越现实的本质，与人类生命本能相联系。特别是科学技术一旦不用于剥削的目的，成为造福于人类的艺术，审美的历史性公式将发生转变，其审美的显现将表现为把生活世界改塑为艺术品；其乌托邦式的目标将取决于解放人性的革命。

这种革命与绿色社会、生态中心主义和人类中心主义紧密相关，其分别对应的社会是生态自治主义社会和生态社会主义社会。生态自治主义所主张的简单生活、地方经济、自给自足的小规模社会，不仅都是旨在呵护自然和美化自然，而且为人类提供了一种更好的以人类的自由和公正的名义统治自然的方式。只有遵循这种方式才有可能减缓人对资源基础和生态系统的破坏。当然考虑到我们现在的生态危机和并发的对生态斗争的重视，在试图将人类的社会主义视域与生态重建相联系时，生态社会主义可能变得更加复杂，但这必将引起人们对社会主义自身定位的重新思考，启发人类利用自然来发展自然，利用生态来发展生态，把自然主义、唯美主义与生态自治主义相互结合起来，以地方自治为基础，超越民族国家，超越利己主义、个体的生态学和女权主义的生态理念，构建人与自然和谐共处的生态理想王国。主张展开一场反对时代冷漠的东征和圣战；践行生物区域主义，建立生物区自治区域，保证生态与社区的和谐，保护生态系统和强调多样性保护，相互合作，促进人类社区规划与文化建设；关注人类在自然进化中的位置及其衍生的人类在自然整体中的作用。

这种生态自治主义营造的绿色社会是非集中的分散社会。它主张以生态社会取代国家，提倡没有民族区分的世界大同主义。生态自治主义的实现路径是依靠示范性的生态社区和个人生活的改变，逐步超越传统的资本主义或传统的社会主义制度，实现全面解放，居民共同参与直接的民主社会。因为资本主义经济不可避免地导致生态毁灭。它也日益影响之前自由自在的乡村，在那里"风景的美也被充分利用和变得人工化"；开放的空间"在最卑躬屈膝的商业主义的侵袭下，逐年消失"。特别是商品经济，通过追求小刺激，煽动奇怪狂热的欲望，致使一种奇异的怪物诞生在富人空虚的生活中。

总而言之，在一些生态主义者看来，资本主义经济从根本上是反生态的，贪婪地消耗资源，生产"废物"，导致大部分的市中心都烟灰缭绕，受到污染，破坏了野生自然留给人类的非常重要的财宝。为了使空气纯净，河流清洁，需要煞费苦心才能将草地和耕地保持得像合理利用般的舒适；为了允许温和的市民自由散步，他们就不应该伤害花园或者麦田。不仅如此，甚至还应该在各处留出一些神圣的没有栅栏或者不耕种的荒地或者山丘，作为人类早期野蛮地与自然抗争的纪念，否则，会必然地破坏地球表面的美丽。因此只有减少商品生产的规模，降低奢侈品的消费和追求，减轻公众的劳动强度，变革人类繁重的劳动方式，才有可能逐渐改变地球表面的生态环境，让那里充满明媚的阳光，新鲜的空气，蓬勃生长的植物和活力四射的动物，并使人们日益变得愉快、自由、强壮和质朴。

随着愉悦劳动的盛行将会开始恢复审美感觉，这将不可避免地恢复对地球自然美的欣赏和崇敬。因此社会主义生活世界不仅开始了更具有生态持续性的实践，也促使了美学感受的发展，正如我们已经意识到的，那是一种对生态环境的敏感。确实，社会主义引起的不仅仅是将地球视为一种必须要崇拜或注视的深奥对象，而且是确实产生了一种修复地球和持续保护地球的道德劝诫效果。在这里，艺术的复活既意味着地球生态系统的复活，也意味着在愉快的劳动中，所有过去的奴役痕迹将会从地球表面消失。人们将不再受到焦虑和恐怖的极度驱赶，也会消除垃圾、污垢和肮脏带给地球的耻辱。此时，只要看看地球表面到处遍布的绿色画面，就会发现现实中人们所欣赏和希望的生活，必将是天地万物：山脉、草原、绿色的植物、鲜艳的花朵、茁壮成长的菜园、美丽的动物、活泼可爱的孩童、善良健美的母亲、精致的住宅以及明媚的阳光和色彩淡雅、虚无缥缈的云彩和谐共生、充满生命活力的自然生态。这种生态学的社会主义理想，虽然有些类似于绿色的乌托邦，但是生态自治主义和绿色社会主义主张：人们应追求和满足于过简单生活，乐于限制他们的欲望，一心一意地从事他们的闲暇工作，追求一个充满活力的完美世界。在那里天气总是晴朗，色彩永远明亮，人们总是拥有健康的美貌和愉快的生活。这不仅反映人们一直追求的是一种“田园牧歌式的”理想，也的确推进美和艺术进入人类的社会环境，使艺术真正地流行起来，使越来越多的人变成艺术家和设计家，在劳动中生产艺术，在休闲的时间里使用艺术，并将这种艺术观念从精英艺术层面扩展到日常生活空间(图 13－5)。在过去 20 年间，英国农村人口增长 13.7%。现在每年仍有 10 多万英国人回归农村。正如帕克斯曼所言，英国的灵魂在乡村：“英国人坚持认为他们不属于近在咫尺的城市，而属于相对远离自己的乡村，即便无法居住乡野，他们也照样做着田园美梦”。由此，也证明在人类的全面解放方面，艺术和美总是具有不可替代的作用。

图 13－5　英国的田园风光

第 14 章

解放美学和艺术革命

第二次世界大战后，人类社会，特别是西方资本主义社会发生巨大变化。社会物质财富剧增，科学技术突飞猛进，不论是生活在资本主义国家还是社会主义国家的人们都普遍地热衷于物欲的追求，陶醉于现代社会的物质繁荣，对现实批判和否定的意识已消失殆尽。劳动对人来说，尤其对人的身心来说依然只是一种苦役，仍然只是人们为了求生活命的手段。人的存在价值及人的解放随着现代化的逐步实现也似乎被遗忘。这些现象引起一批学者的关注。他们试图通过对资本主义社会现实和传统理论的解释、分析与批判，找到能证明工业化和现代化并不是人的真正解放、人的解放还得继续迈出艰难步履的理论构想。

比如德国马克思主义者霍克海默和阿多尔诺于 1947 年出版的重要著作《启蒙的辩证法》就集中地批判了资本主义社会制度和资产阶级的启蒙运动。在他们看来，现代社会对近代启蒙运动的进步意义，无非是进步阶级的意识形态，资产阶级革命的先声。其基本纲领是要唤醒世界，目标是使人类消除恐惧，根除灾难，成为主人，树立自主，获得自由。然而结果却令人大失所望。启蒙旨在用知识替代幻想，结果是使知识成为无上权威。其实，知识未必可靠。启蒙旨在反对神话，破除迷信，可自身却成为新的神话。在用人代替神，使人成为人的主宰之后，发现变成神的人比抽象化或无机化的神更可怕。正是这种被神化的人剥夺了更多人的权利。启蒙旨在用思想代替信仰，却使思想成为新的桎梏；旨在正确认识世界，控制自然，结果却歪曲了世界，破坏了自然。启蒙旨在增强人的认知和实践能力，结果却使越来越多的人变得软弱无能，丧失主体意识和主体意志。启蒙旨在反对极权，可自身却变成绝对主义和极权主义的温床，使平等、自由演变成为新的统治和奴役工具，滋生了希特勒一类法西斯主义和独裁主义。启蒙旨在操纵人民和驾驭万物，推动社会进步，结果却是在拉倒车，造成理性、精神、自然和社会的全面倒退。由于启蒙只是一种工具，致使今天这个被启蒙的世界却笼罩在一片因胜利而招致的灾难中。启蒙运动中盛行的“知识就是力量”的神圣口号，如今也变成多数人的“盲目轻信，满腹疑虑，草率作结，夸夸其谈，惧怕反驳，不思进取，漫不经心，咬文嚼字和一知半解”。诸如此类的情形不仅滋生大量的盲目实验、空洞理论、“不可动摇的普遍真理”和自以为是的金科玉律，也严重阻碍人类心灵与事物本性的和谐一致，使人类在认识和改造世界的过程中不断受到大自然报复；使“启蒙”具有彻头彻尾的“自我破坏性”。特别是在一个极权社会中，启蒙已变成包含着压制群众和社会再生产的方法与概念。为此，霍克海默等人从科学启蒙开始，对科学、技术工业、大众文化、异化、物化，以及政治经济制度等诸多方面都进行了深入的分析和批判。

继霍克海默之后，赫伯特·马尔库塞（Hebert　Marercause）便成为这一批判理论的重要代表。他是当代著名哲学家、美学家和一位责任感极强的人本主义者。他早年学习黑格尔哲学，后又从马克思的早期著作中，体悟到经济的解放并不等于文化艺术的解放，理性的自由并不等于感性的幸福等一系列切近当代资本主义现实的预见，继而师从存在主义大师海德格尔，深谙人的解放并非物质层面的解放，而是生存层面的解放。最后，他信奉弗洛伊德的心理分析理论，认为资本主义对人的心理—本能结构的深层压抑，使其非合理性成为合理性。而人类解放的根本标志和途径便是以艺术文化手段消除人的心理压抑。由此，他把审美艺术的功能推向极致，使其成为解放人的爱欲、恢复人的感性、促使人走向自由王国的极其重要的道路和拯救世界的最后力量，并使美学一跃成为哲学的引鹄和终结栖息地，成为历史之谜的最后解答。

一、爱欲和人性的解放

面对 20 世纪甚嚣尘上的物质至上主义，以及琳琅满目的商品海洋和疯狂的异化消费，人们逐渐陶醉于繁荣的物质文明世界，而没有意识到自身已被技术革命带来的高度发达的工业社会所吞噬。而马尔库塞在读了马克思的《1844 年经济学—哲学手稿》之后，他赞成马克思对异化的描绘和界定，指出在资本主义社会的异化状态下，工人处于极其悲惨的境地中：“劳动创造了美，但是使工人变成了畸形”。[①] 然而他又不完全同意马克思的所谓异化是资本主义私有财产的直接产物，其根源在于资本主义制度，只有推翻资本主义制度才可能从根本上消灭异化的见解。他认为异化的根源不只在于资本主义制度，也与人的本质有密切关系。为此，他在马克思的人类解放中融入弗洛伊德的本能理论，认为人的本质是爱欲，人的解放是爱欲的解放，是“感性自然”的解放。在这里，可以说意大利女子网球运动员佩内塔是爱欲解放的典型。佩内塔作为意大利的一位著名网球运动员，曾获得 11 次 WTA 赛事女子单打冠军，并率领意大利队在 2006 年联合会杯决赛中 3∶2 击败比利时队，夺得冠军。然而正是这个有几分姿色的佩内塔在私生活方面相当地开放。她亲口承认自己曾经在巡回赛期间跟多名男选手发生关系。其中当然不乏曾经跟她有过一段恋情的前世界第一卡洛斯-莫亚，虽然对方早已结婚生子，但佩内塔还是对他喜爱有加。最令人惊讶的是，在巡回赛期间，这对金童玉女竟常常住在一起，从不禁欲，佩内塔直言不讳自己很爱莫亚的身体，因为那往往能给她带来绝妙的感官刺激。她甚至透露，两人曾经在温布尔登的草地上和更衣室里都做过爱，并坦言：她爱死了这种偷偷摸摸的感觉，认为那种快感甚至超越在飞机上做爱的感受。

佩内塔的爱欲或性爱行为，当然只是人的爱欲的一种表现，然而正是在这种爱欲解放的意义上，马尔库塞将其看作是“社会主义的生物学基础”；认为社会主义革命的性质绝不是扩大现有政治经济范围内的满足，而是要同这类范围的满足决裂，进行质的变革，亦即改变这类需要和满足本身的性质。新的道德和美学的需要将成为基本的、生命的需要，因此人类解放的基础就是解放个人的感觉和爱欲，而后者又集中于美和艺术的本质之中。

1. 人性与爱：马尔库塞为什么会认为人的本质是爱欲呢？这得从他的思想基础说起。在马尔库塞看来，黑格尔和马克思都把劳动看作人的自我确证的本质。黑格尔认为“劳动是受到限制或节制的欲望，亦即延迟了的满足的消逝，换句话说，劳动陶冶事物”[②]，并且在陶冶事物的过程中，劳动者能够意识到它特有的否定性。而马克思在《1844 年经济学—哲学手稿》中，将人的本质归纳为“人的自由自觉的活动”，即劳动。马尔库塞接受了马克思的观点，但同时又认为人是感性的存在物，有着自己的情欲、忧伤和需求是人的整个存在的特征。“人作

---

① [德]马克思：《1844 年经济学—哲学手稿》，刘丕坤译，人民出版社 1979 年版，第 53 页。

② [德]黑格尔：《精神现象学》上卷，贺麟等译，商务印书馆 1983 年版，第 130 页。

为对象性、感性的存在物，是一个受动的存在物……情欲是人强烈追求自己的对象的本质理想。人通过自己的劳动，既在劳动成果中满足了自己对客观的情欲对象的追求，又把劳动成果作为人的现实，在现实中实现了他自身。”[①]但这时马尔库塞还没有把人的本质具体地归结为“爱欲”，直到《爱欲与文明》问世，才把弗洛伊德的性欲改造为爱欲，明确提出“爱欲本质论”。后来他又将其补充到马克思的人性理论中，把劳动看成是人最基本的爱欲活动。

马尔库塞认为马克思关于人的本质的理论缺乏一种心理学向度，而弗洛伊德的关于人的心理结构论恰好补充了马克思理论的不足。弗洛伊德把人类的心理结构分为“意识”与“无意识”；“意识”部分包括“自我”和“超我”；“无意识”部分包括“本我”。“无意识”的成分虽然是爱欲的原始欲求，但弗洛伊德并没有将人的本质定义为爱欲。而在马尔库塞看来，无意识的本我就是人的本质的体现。首先，“本我是最直接、最根本、最广泛的层次，这是无意识的领域，主要的本能的领域。本我不受任何构成有意识的社会个体的形式和原则的束缚，它既不受时间的影响，也不为矛盾所困扰。”[②]而人的自我和超我则受人的意识的支配，是现实原则的体现，不是人的真实意思的表达。其次，人的自我和超我同本我比较起来仍是极小的部分，而人的本我是一股极大的暗流，自我是外部环境影响下一部分器官的本我逐渐发展形成的，较之本我，自我过程仍是一个次要过程。因此，无意识在人的整个精神结构中才占据一个主体位置。人的本质活动就是无意识的满足的活动。无意识的主要内容就是生命本能与死亡本能，而爱欲又是生命本能的决定因素。而且只有生命本能才是人的本质的表征，因为人首先是一种生命存在才可能被谈及，“其中生命本能（爱欲）压倒了死亡本能，生命才能不断地反抗和推迟向死亡的堕落。”[③]因而人的本性就是与生命存在原则相一致的生命本能，就是作为生命本能的决定因素的爱欲。这是人的本质之所在。

值得注意的是，马尔库塞所讲的爱欲并不完全等同于性欲。在弗洛伊德的著作中，“性欲”是一个非常重要的概念，它有时指与人的生殖器官有关的对异性的肉欲追求，有时则指人的肌体追求快乐的普遍属性。在后一种意义上使用“性欲”一词时，弗洛伊德又将之替换为“爱欲”。而马尔库塞则拓宽了“爱欲”的活动范围，对“爱欲”和“性欲”加以明确区别。他指出，爱欲和性欲有着不同的诠释。

---

① [德]马尔库塞:《爱欲与文明》，黄勇等译，上海译文出版社 1987 年版，第 16 页。
② [德]马尔库塞:《爱欲与文明》，黄勇等译，上海译文出版社 1987 年版，第 17 页。
③ [德]马尔库塞:《爱欲与文明》，黄勇等译，上海译文出版社 1987 年版，第 14—15 页。

如果说，“性欲”是指对两性行为的追求，那么“爱欲”则是“性欲”在量和质上的提高。所谓“量上的提高”指的是：“爱欲”的器官从生殖器扩展到身体上的每个部位；“爱欲”的活动也从单纯的两性行为扩展到“人的所有活动”，“爱欲”的对象也大大超出异性的范围，凡是能引起快感的“异物”都可以成为其对象。马尔库塞理解的爱欲作为人的生命本能，不只是性欲，它还包括食欲、休息、休闲等其他一切人的机体追求快乐的欲望。这样爱欲的活动就涵盖了人类所有的活动范围。所谓“质上的提高”指的是，即使在两性行为中，也不是以生殖为目的，而是以自身的快感和享受为目的，也就是说，其行为活动的“最高内容是在肉体范围内获得欢乐”。（图 14－1）这种“寻欢作乐”的行为依照传统的禁欲或限欲的道德标准是既不合乎道德，也不合乎时宜。因为在这类旧道德者看来，人作为理性的动物，面对任何情欲的挑战都应该勒紧“理性的皮带”。然而，现实中，似乎从古至今不论是英雄豪杰还是富人权贵及至普通民众，在面对爱欲、情欲、美人或情人的诱发时，也都常常会让理智退避三舍，成为爱欲或性爱的奴隶。因为追求身体的快感和精神的愉悦既符合生命的自然韵律，也是人类爱欲和情感的最高追求和目的。

图 14－1　爱欲和美

马尔库塞认为，“爱欲”与“性欲”的这些原则决定了“解放爱欲”与“放纵性欲”有着不同的含义和结果。“放纵性欲”对个人来说只能获得局部的短暂的欢乐，而这种欢乐还得由痛苦做伴，人们常常为获得这种局部的短暂的欢乐而付出高昂的代价。并且，“放纵性欲”对社会来说意味着走向混乱，倘若让每个人都自由自在地毫无节制地追求性欲的满足，那么，不仅社会与个人，而且个人与个人之间都会陷入不可调和的冲突中。“解放爱欲”对社会和个人所带来的结果则完全两样。个人在“解放爱欲”过程中获得的是一种完全的持久的快感，“人的整个身体都是快乐的工具，人的所有活动都与快乐联系在一起”。社会在“解放爱欲”的过程中建立来的是一种新型的关系，它对爱欲的满足起着保证和促进的作用。

2. 审美：解放爱欲。如上所述，马尔库塞认为爱欲不仅仅是一种生物欲望，而且囊括了人类的一切活动，解放爱欲完全可以使个人获得一种全面、持久的轻松和快乐。他呼唤一种爱欲的彻底解放，他说：“在一个异化的世界上，爱欲的解放必将作为一种致命的破坏力量，作为对统治者压抑性现实的原则的彻底否定起作用。”①这种解放意味着人应当依照自己的生命本能，依照作乐的科学来生活，废除那种压抑性的劳动、文化和意识形态。

马尔库塞提出，自由社会必须建立在新的本能需要之上。当爱欲得到彻底解放的时候，人类也就进入了一个更高的、更为进化的阶段。马尔库塞展望了人类实现爱欲解放，消灭异化劳动的美好未来，同时也认识到阻碍这一前景得以实现的首要原因就是现存的社会制度。但是马尔库塞并没有把推翻社会制度作为人类解放的道路，而是把目光投向了具有相对独立性的文艺、美学活动。在马尔库塞看来，现存社会制度为了维护少数统治者的利益而对人们的爱欲进行了普遍的压抑，直接造成了人类痛苦、不自由的生活。但就是在这样的悲惨世界中，仍有一处美好的世外桃源是与人类的本性相符合的，这就是艺术。

马尔库塞说：“有一种工作能够获得高度的力比多满足，从事这种工作是令人愉快的。艺术是真正的工作，它似乎产生了一种非压抑性的本能，并且有一种非压抑性的目标。”②艺术的本质即人类的幻想活动具有非压抑性特点，它体现着人类的原始欲望，是一种甚至在发达的意识领域仍能在很大程度上摆脱现实原则束缚的心理活动。弗洛伊德说：“随着现实原则的引入，一种思维活动分离出来。它不受现实的检验，因而只从属于快乐原则。这就是幻想的活动。”③马尔库塞对此大加赞赏，他说，幻想在整个心理结构中具有举足轻重的地位。现实中，要完全摆脱现实原则和理性的统治，唯有人的两种心理机能，即幻想和想象才能使人超越现实，摆脱压抑。因为幻想与想象在意识领域内，不受现实的检

① [德]马尔库塞：《爱欲与文明》，黄勇等译，上海译文出版社1987年版，第55页。
② [德]马尔库塞：《爱欲与文明》，黄勇等译，上海译文出版社1987年版，第59页。
③ [德]马尔库塞：《爱欲与文明》，黄勇等译，上海译文出版社1987年版，第51页。

验，只属于快乐原则。它们不顾一切理性的作用保护了受理性压抑的、人和自然要求全面实现的欲望。

想象与幻想属于艺术和审美的特有领域，在想象和幻想的世界中，艺术呈现着与日常现实有本质区别的另一世界。作为虚构的世界，作为幻象，艺术包含比日常现实更多的真实。“当美不再表现为现实的幻象而是作为本身和现实的快慰而展现时，它将会开掘出一种崭新的内蕴。”[①]然而，日常现实却把社会制度和社会关系神秘化，把偶然当成必然，把异化当成人的自我实现方式。这一切只有在艺术的想象和虚构的世界中才被打破，艺术无情地揭去罩在现实关系上的一切面纱，并通过想象和幻想创造一个比现实本身更合理的另一世界，以此向既存的现实宣战。马尔库塞认为，美学领域本质上是非现实的。它与现实原则逆向而行。更为重要的是，审美活动提供着快感，“审美方面的基本经验是感性的、而不是概念的；审美知觉本质上是直觉，而不是观念。”[②]通过想象和幻想，艺术对现行理性原则提出了挑战：在表象感性秩序时，它使用了一种受到禁忌的逻辑，即与压抑逻辑相对的逻辑，这是“对现实原则的彻底否定，是对压抑的消除。于是，“当肉体完全成为一个对象，成为一个美的东西时，它就可能预示一种新的幸福。在美的肉体的艺术展示中，即在我们只能从马戏、杂耍的演出中看到的肉体所表现的轻松自如和灵巧舒展中，预示了一种人类从理想中释放出来而达到的快乐：一旦人成为真正的主体后，便成功地征服了物质。”[③]

由此可见，审美和艺术通过幻想和想象使人摆脱了压抑性的现实原则，从而超越了现实的物质世界，导致了它的解放功能。正如马尔库塞所说，在审美和艺术活动中，理论理性和实践理性的对象同世界的所有联系都被割断了，——它解放了对象。可见，正是通过对审美之维的选择，在现实原则支配下受压抑的人得到了解放，复归为自由的存在，达到了自然与自由的统一，从而实现了人的本能的非压抑性发展，即爱欲得到了解放。因而马尔库塞认为爱欲的解放也即走向审美之维的过程。这就是他为人的解放之路设计的审美革命。在这里，他强调艺术与人生的紧密联系，认为持久的审美倾覆，就是艺术之道。美与艺术之所以能够担当人的自由和解放的大任，是由于美和艺术自身具有对异化了现实的否定性和超越性，是由于在审美的天地中，现实中处于割裂状态的感性和理性可以

① ［德］马尔库塞，《审美之维》，李小兵译，生活·读书·新知三联书店1989年版，第44页。
② ［德］马尔库塞：《爱欲与文明》，黄勇等译，上海译文出版社1987年版，第42页。
③ ［德］马尔库塞：《审美之维》，李小兵译，生活·读书·新知三联书店1989年版，第28页。

得到弥合，人的自由感、人的完整性、人的肯定性，亦即人的幸福和快乐，能够得到想象性的实现。

二、审美和新感性

上述，马尔库塞对当代工业社会包括意识形态在内的各个方面进行了广泛深入的描述和批判。在批判过程中，他综合马克思的社会学和弗洛伊德的心理学，把马克思对资本主义社会的阶级和社会革命考察的思路，转化为对生存个体的分析，转向情感革命及其人的感性解放上来。认为“自由社会建立的前提，就在于与世界的习以为常的经验决裂，与被肢解的感性决裂。……鉴于发达的资本主义所实行的社会控制已达到空前的程度，即这种控制已深入到实存的本能层面和心理层面，所以，发展激进的，非顺从的感受性就具有非常重要的政治意义。同时，反抗和造反也必须于这个层面展开和进行。”[①]也就是说，只有将政治经济变革贯通于能体验事物和自身的生物学和心理学意义上的人类身上时，只有让这些变革摆脱残害人和压迫人的心理氛围时，才能够使政治经济的变革中断历史的循环。要与攻击性和剥削的连续体决裂，也就同时要与被这个世界定向的感性决裂。今天的反抗，就是要用一种新的方式去观察和感受事物。因此建立新感性已成为社会变革的首要前提；革命必须同时是一场感性的革命。

由此马尔库塞认为，马克思的无产阶级革命理论已经过时，一场新的革命已经来临。这场新革命不同于以往的暴力革命，这是一场本能革命或感觉革命。革命主体必须着手于人们行为心理基础和本能结构的改造。这种改造的根本途径就是拯救人的爱欲、想象、激情、灵性、直觉等感性之维。人类只有在感情和审美情趣上培养出与传统的感性完全相反的新感性，才能在理智上建立新的世界观。因为产生革命的需求必须源于个体本身的主体性，植根于个体的理智与激情、冲动与目标。“个体感官的解放是普遍解放的起点，甚至是基础。自由社会必须植根于崭新的本能需求之中。”[②]于是，马尔库塞提出“建立新感性”这个著名的口号。

① [德]马尔库塞:《审美之维》，李小兵译，生活·读书·新知三联书店 1989 年版，第 134 页。

② [德]马尔库塞:《审美之维》，李小兵译，生活·读书·新知三联书店 1989 年版，第 89 页。

1. 新感性释义：所谓新感性，就是能超越抑制性理性的界限，比如能够超越儒家礼教代表人物孔子所谓的"非礼勿视，非礼勿听，非礼勿言，非礼勿动"，以及"三从四德"等例行维旧感性设置的界限，形成和谐的感性和理性的新关系的感性。这种新感性与旧感性相对立。旧感性是受理性制约和压迫的感性；是丧失了自由的感性。新感性是在审美和艺术活动中造就的、彻底摆脱了旧感性的完全自由的感性，是人的原始本能得以解放的感性。它"表现着生命本能对攻击性和罪恶的超升，它将在社会的范围内，孕育出充满生命的需求，以消除不公正和苦难；它将构织'生活标准'向更高水平进化。"[1]因此新感性，首先是一种"活的"感性。新感性诞生于对整个现存体制的否定，旨在建立一个新社会，使自由与必然、艺术与现实达到历史的同一。新感性可以使现代人实现非压抑性的升华，重建感性秩序，走向自由境界。其次，新感性的逻辑结果是"自然的解放"，它可以作为一种对自由社会的量度。

所谓自然的解放包括：第一，解放人的自然，即人的本性（原初的冲动和感觉）。第二，解放外部的自然界，即人的实存环境。这种自然的解放，通过新感性对社会的重建，即重建人与人、人与物、人与自然之间的新型关系得以实现。只有新感性才能摈弃工具主义理性，摆脱攻击性的获取、竞争和防御性的占有框架，而通过"对自然的人的占有"发挥人的创造性和审美等能力。当然，新感性决不只是在群体和个人之中的一种心理现象，而是使社会变革成为个人需求的中介，是变革世界的政治实践和追求个人解放之间的调节者。新感性预示着不受历史限制的独立个体的出现。只有这些个体的联合，并组成具有新的主体性的历史主体，才能推动历史进程，产生新社会。因为产生革命变革的需求必须源于个体本身的主体性，植根于个体的理智与激情、冲动与目标，以及植根于个体感性知觉的普遍觉醒。眼下，只要稍微观察一下现代女性的着装打扮，就可以发现新时代的女性对于生活的理解和美的追求，已经大大超越传统女性和传统美学。她们的审美观，不论是发型的设计、服装的穿戴、布料的选择、颜色的搭配、对身体胖瘦的好恶、姿态动作的要求等都已经大大地倾向于自然大方、朴实简单、清新协调、对称和谐，犹如秋天的凉爽，桂花的飘香，更像行云流水般地通透流畅、光洁明亮。总体上，给人一种美感，舒服感，愉悦感，纯真感、性感和少女特有的生命力。

---

① [德]马尔库塞：《审美之维》，李小兵译，生活·读书·新知三联书店 1989 年版，第 106 页。

为了对感性有一个清晰的概念，马尔库塞从哲学上对感性与感官进行了概念的区别。他说，感性的本质是“接受性”，即一种由外界对象刺激后的认知。他考察了德语对感性的解释，在德语中，感性一词既可以表达本能的快乐（尤其是性方面），也可以表现认知的感观，即接受性和显现性（感觉）。而感官意指人的“低级”认知能力，以及“快感和不快的感受”，即感觉加上情感。感官的世界是一个历史的世界，而理性是对历史世界在概念上的把握和解释。

在此基础上，他又对感官和想象力作了区分。就想象力本身看，它依赖于提供经验材料，正是由感觉提供的经验材料，想象才可能把曾是构成感觉材料和感官的对象和关系加以转化，而创造出想象的自由王国。因而，想象的自由受制于感性的秩序，它不仅受制于感性的形式（空间和时间），而且还受制于感性的经验内容，该内容作为被超越的对象世界，仍然是超越过程的决定性因素。想象力无论设计出什么样的现实的美的形式，或崇高、快慰、恐惧的形式，它们都“衍生”于感觉经验。并且，想象力的自由除了受制于感性外，从有机体结构的另一极看，它还受制于人的理性，因为感性和理性是对立统一的关系。

马尔库塞之所以这么重视新感性，是因为他认为新感性的建立是人类获得解放的另一个有力的方式。他把本是作为心理学内容的新感性上升到政治因素。他认为，新感性，表现着生命本能对攻击性和罪恶的超升，它将在社会的范围内，孕育着充满生命的要求，以消除不公正和苦难；它将构织“生活标准”向更高水平的进化。新感性已成为一个政治因素。他认为，“新感性在彻底变革的反抗‘类型’中所起的作用，或许突出地体现出未来革命的新型历史型式。新感性并非仅仅是在群体和个体中的一种‘心理现象’，而是使社会变革成为个人需求的中介，是在‘改变世界’的政治实践与追求个人解放之间的调节者。”①他指出：“新感性已成为实践：新感性诞生于反对暴行和压迫的斗争，这场斗争，在根本上正奋力于一种崭新的生活方式和形式；它要否定整个现存体制，否定现存的道德和现存的文化；它认定了建立这样一个社会权利：在这个新社会中由于贫困和劳苦的废除，一个新的天地诞生了，感性、娱乐、安宁和美，在这个天地中成为生存的诸种形式，因而也成为社会本身的形式。”②

2. 审美艺术与重建新感性：新感性如何形成呢？马尔库塞认为最好的方式

① ［德］马尔库塞：《审美之维》，李小兵译，生活・读书・新知三联书店 1989 年版，第 130 页。
② ［德］马尔库塞：《审美之维》，李小兵译，生活・读书・新知三联书店 1989 年版，第 108 页。

莫过于艺术和审美。因为艺术和审美具有造就新感性的功能。艺术通过想象的变形来同现实对抗和决裂，在“改变了经验对象”的同时，也“改变了经验”，改变了主体的感性结构，即是说，艺术虽不能直接用来变革世界，但却有助于变革世界的男男女女们的意识、倾向和需要，因为艺术所创造的和强化的是一种与现实生活中的直接经验不同的人生经验。“艺术作品从其内在的逻辑结构中，产生出另一种理性、另一种感性，这些理性和感性公开对抗那些滋生在统治的社会制度中的理性和感性”，①从而产生出与传统感性完全不同的全新的感性。如现代的“反艺术”用“句法的破坏，词语和句子的分割、日常语言的爆炸性运用、没有乐谱的曲调、随意写成的奏鸣曲”等激进方式体现摧毁旧感性、造就新感性的力量。艺术向占支配地位的理性原则发起挑战；在展现感性的秩序时，它激发出被禁忌的逻辑，即与压抑的逻辑相对的满足的逻辑。并且，马尔库塞认为感性和理性的结合是艺术的显著特征。他说，对社会的根本改造，意味着把新的感性与新的理性结合起来。想象力也可以变成生产性的：只要让想象成为沟通以感性为一方、以理论理性和实践理性为另一方的终结。在人的潜能的这种和谐中，社会的重建找到了自己的向导。这种感性与理性的和谐统一，是艺术的显著特质。

而“美的东西，首先也是感性的。它诉之于感官，它是具有快感的东西，是尚未升华的冲动的对象。”②美的直接感性性质，可以提供直接的感性幸福。“在休谟看来，刺激快感的力量属于美的基本性质。快感不光是美的副产品，相反，是它构成了美的本质。”③审美不但能给人带来快感，而且通过审美的调和，可以加强感性以反对理性的专制，而且从根本上说，甚至是把感性从理性的压抑统治中解放出来。另外，审美所具有的想象力虽然是感性的并因而是被动的，但它是创造性的；在其自身的自由综合中，它建构“美”。在审美想象中，感性为客观的秩序，创造出普遍适用的原则。沟联感性和理性的想象力，当它成为实践的东西时，就是“生产性”的东西了，这意味着它在现实的建构中成为一股指导力量。

艺术和审美对新感性的造就，目的就是通过新感性重建一个新世界。因此在马尔库塞看来，新感性已经成为一种政治实践，人类获得解放必须由这种政治实践去完成。而建立新感性之所以是一种政治实践和人类解放的必由之路，原

① ［德］马尔库塞：《审美之维》，李小兵译，生活·读书·新知三联书店1989年版，第119页。
② ［德］马尔库塞：《审美之维》，李小兵译，生活·读书·新知三联书店1989年版，第123页。
③ ［英］D. 休谟：《人性论》，L. A. 塞彼——比格编，牛津1928年版，第301页。

因就在于新感性体现了一种新的价值观，它能按照这种新的价值观来规划和指导新世界的重建工程。因为“感性正奋力成为‘实践的’感性，即成为彻底重建新的生活方式的工具”。[①] 通过审美活动，全部人类关系不再为市场所调节，不再以竞争性的剥削或恐怖为基础，人们摆脱了不自由社会的抑制。因此审美活动就是自由的需要和机能赖以获得解放的活动领域，即造就新感性的领域。就是说，通过艺术和审美形成的新感性能产生一种“生产性”的东西来改造和重建社会，使“人类所拥有的非攻击性、爱欲的和感受的潜能，与自由的意识和谐共处，致力于自然与人类的和平共处。在为达此目的而对社会的重新建构中，整个现实都被赋予表现着新目标的形式。这种新形式的基本美学性质会使现实变成一件艺术品。”[②]换言之，艺术也相应地改变它在社会里的传统地位和功用，在文化和物质上成为一种生产力，而“作为生产力，艺术会是塑造事物的‘现象’和性质、塑造现实、塑造生活方式的整合因素。”[③]即社会生产力可能近似艺术的创造力，艺术世界的建设可能近似现实世界的重建，二者是统一的。因此新感性能变成一种改变、重建社会的现实(物质)生产力。这种艺术审美化的生产力能把现实改造为“艺术品”。这种艺术化的生产正是马尔库塞的审美乌托邦的理想国。在那里，“既是美学与现实分割状态的结束，也是商业与美、压迫与快乐之间的商业联合的终止。”在那里，社会的异化将被彻底扬弃。

不仅如此，马尔库塞还认为，建立审美之维需要一种新感性，这种新感性受制于只有审美想象力才能构织出的现实所拥有的方式和形式。也就是说，新感性为了不被控制的合理性整形或侵蚀，就应当以介于合理性潜能和新感性需求之间的想象力为指导。

那么什么样的艺术才能造就新感性呢？马尔库塞认为，与古典艺术的和谐、自足的审美形式相比，与资产阶级高级文化高雅的贵族气味相比，不同于传统的、具有否定力量的现代艺术才能摧毁一切过去的、陈腐的东西，以激进的方式造就新感性。因为现代艺术是一种颠倒的、直接的“反升华”艺术，它诉之于直接的感性体验，从而导致对心理的根本触动。现代艺术拒斥古典艺术与浪漫艺术对现实的升华与美化，拒斥传统的艺术形式，从而解放主体的心灵，经验于一个崭新的对象世界和新感受之中。这样，艺术将不再以幻想与现实调和，而将推动

---

① [德]马尔库塞：《审美之维》，李小兵译，生活·读书·新知三联书店1989年版，第119页。

② [德]马尔库塞：《审美之维》，李小兵译，生活·读书·新知三联书店1989年版，第114页。

③ [德]马尔库塞：《审美之维》，李小兵译，生活·读书·新知三联书店1989年版，第114页。

现实的变革。现代艺术不仅反传统地以一种新格局出现，而且还摧毁了旧感觉，造就了新感性。他说：当代艺术的诞生，意味着那种以一种风格代替另一种风格的传统已经行不通了。反客观性的、抽象的绘画和雕塑，意识流的文学和形式主义的文学，十二音阶的曲式、布鲁斯乐和爵士乐等艺术形式都一个接一个应运而生。比如19世纪黑奴在田间劳动的号子、呐喊、做祷告时的福音音乐等，尽管最初是用来抒发自己在繁重劳动和被奴隶主欺压过程中的苦闷，然而当黑人的律动和白人的和声相结合时，就产生现代的布鲁斯音乐，也即蓝调音乐。这种音乐不仅以新的感觉方式修正和强化了旧的感觉方式，而且还几乎摧毁了整个感觉的结构。具体地说布鲁斯音乐不仅对后来美国和西方流行音乐产生非常大的影响，诸如拉格泰姆、爵士乐、大乐队、节奏布鲁斯、摇滚乐、乡村音乐和普通的流行歌曲都源自布鲁斯音乐，甚至现代的古典音乐中也含有布鲁斯的因素。至于在诗歌里，布鲁斯这个词则常被用来描写忧郁情绪。

三、艺术的革命功能

如上所述，马尔库塞在高扬文化批判旗帜，以解决西方工业文明的社会问题为己任的过程中，他一直在寻求一种超越于现实的途径以作为改造现实的武器。在对黑格尔、康德、席勒、马克思等哲学家美学思想研究的基础上，他继承、批判、吸收了他们的思想，创造了独特的审美艺术功能观。这种艺术功能观以社会批判为理论基础，从审美之维与社会理性之维、艺术情景与历史情境的关系角度来确认艺术的功能值，并在这种关系中揭示艺术特质。马尔库塞认为艺术的审美之维是政治革命的最重要的一维，艺术审美是改造社会、消除异化、超越现实的心理—本能革命的最重要的途径。在突出艺术对现实改造的功能这个过程中，马尔库塞非常重视审美形式在实现艺术革命、政治的功能中的作用，把审美形式作为艺术功能实现的介体。正如他所说："形式是艺术本身的现实，是艺术自身。""美的不同涵义，似乎皆归诸于'形式'这个概念。"①"形式"概念在马尔库塞的美学思想中占据着本体论地位，但与马克思和西方传统的美学流派力图将艺术从现实中分离出来不同，他恰恰希望通过艺术那迥异于生活的审美形式来完

---

① [德]马尔库塞：《审美之维》，李小兵译，生活·读书·新知三联书店1989年版，第12页。

成对现实的否定和超越。

在70年代发表的《作为现实形式的艺术》中马尔库塞对审美的艺术功能作了系统的表述，出版于1979年的最后一部著作《审美之维》则着重论述了审美形式的含义与功能，以及审美形式与人的感性解放等关系，把审美形式作为审美革命的重要中介和途径。

1. 艺术形式的含义：马尔库塞的美学理论始终围绕"审美形式"这一核心概念。他对"审美形式"的定义尤其引人注目，他认为美学形式是艺术的本质。"所谓美学形式，就是指艺术之所以成为艺术的根本特质所在。"它是一个艺术本体论的范畴，是贯穿于艺术作品的独一无二的、具有永恒性和同一性的东西。它不仅是作为艺术品的外部形态的显性结构，而且包括艺术作品所容纳的一切内容及倾向，其实是一个内容与形式相统一的完整结构。他说："我谈及形式主义，是因为这个学派的特点是强调艺术中能够变换形式的东西，在于艺术感受是以其本身为目的；坚信形式就是内容。"①也就是把美学形式，也即审美形式看作是一个既定内容（现有的或历史的、个人的或社会的事实）转化为一个独立自足的整体（如一首诗、一篇剧作、一部小说等等）的结果。可见审美形式是一个有机的概念。在那里，形式与内容不再僵化对立，而是血肉相连、浑然一体；内容转化为形式，形式整合内容，二者在互动之间"生长"成文艺作品这个"独立自足的整体"。因此，不同于以往从内容出发的"形式—内容"二分法，马尔库塞认为在文艺作品这个辩证统一体中，其主导方面"不看它的内容（即社会条件的'正确'表现）"，因为内容只是有待转化的事实材料或主题思想；"也不看它的'纯'形式"，即传统意义上的抽象形式"，因为空洞的技巧会剥夺"艺术特有的具体性"。把握艺术问题的关键"要看内容是否已经变成了形式"，即"审美形式"这个永远生长运动的概念。

在审美的形式中，内容（质料）被组合、整形、调整，以致获得了一种条件，在这个条件下，"材料"或质料的那些直接的、未被把握住的力量，可以被把握住，被"秩序化"。"审美形式是感性形式，是由感性秩序构成的。"②形式是否定，它就是对无序、狂乱、苦难的把握。艺术的这个胜利，是由于它把内容交付于审美的秩序。而审美的秩序就其本身的要求看是自律的。审美形式使艺术成为自足的

---

① [德]马尔库塞：《审美之维》，李小兵译，生活·读书·新知三联书店1989年版，第121页。
② [德]马尔库塞：《审美之维》，李小兵译，生活·读书·新知三联书店1989年版，第55页。

图 14－2　布格罗 1882 年创作的油画《晚上的心情》：人体美的革命

一体。马尔库塞说，审美形式“指的是质（意义、节奏和对比）的总体，这些质使一部作品成为封闭的、有着自己的结构和秩序（一定风格）的整体”。[①] 通过审美形式，艺术作品建立了自己本身的界限和目的，它意味着艺术把各个组成成分按其自身的法则联系在一起，这些法则构成小说、奏鸣曲和绘画等诸多形式。因而，内容被形式所改造，就是作为艺术真理的美的显现。此时，美一旦在艺术作品中获得了形式，它就可能被持续重复地体验，被永恒化在艺术作品中。感受者在艺术的快感中也就总能重新创造出这种美感和快感。因此审美快感就产生于对审美对象的纯形式的知觉，而不计其内容和目的。这种把其纯形式表现出来的对象看作是“美”；艺术作品通过这种审美形式，让观众或读者产生美感，从而使人感受到幸福，这就是马尔库塞所谓的由审美形式带来的艺术革命论。比如图 14－2 法国油画大师布格罗创作的女性美。显而易见，这仅仅是一幅关于女性人体的油画，也即仅仅是一位少女身体的纯粹形式。它不存在任何有关这位少女的所谓客观真实的内容。如果说存在，其与身体形式相对应的内容也只存在于审美主体的观念形态或审美理念的指谓对象中，而不是存在于这幅画的油彩、颜色或抽象的线条当中，也即纯粹的感觉之中。

然而令人奇怪的是，它或她的确能够给人带来美感、快感、愉悦感、幸福感、无限多的想象，及至心猿意马般的激情与活力。追其原因，不仅在于形式是内容的反映，形式也常常代表着内容，以至同样能够对人的感官或审美主体产生强烈的刺激作用，还在于形式作为一种抽象的存在更能反映审美标准的普遍性、一般

① ［德］马尔库塞等：《反革命与造反》，《工业社会和新左派》，商务印书馆 1982 年版，第 146 页。

性、永恒性和完美性，以及审美形式本身的变化性、多样性和丰富性。比如画中少女身体呈现的黄金分割比例、体形显示的曲线美、光洁滑润的肤色和光感表现的性别美、容貌美、体态美、色彩美、协调美，都堪称完美无缺。此时此刻，不论是画家还是观者，都已经将形式和内容合二而一，融为一体。在这里，没有纯粹的形式，也没有纯粹的内容。抽象的形式反映抽象的内容，抽象的内容也完全可以借助抽象的形式予以呈现和暴露，从而高于一切具体和个别的审美对象。这就是绘画的魅力和艺术的魅力。这就是为什么艺术形式具有一种不可估量的社会价值和社会作用。

2. 艺术形式与社会革命：从“美学形式”这一逻辑起点出发，马尔库塞着重探讨的一个问题是如何理解艺术与革命之间的关系。他说：我们进行“这种探索的目的是要解决一个‘政治’问题，即把人从非人的生存状态中解放出来”。[①] 马尔库塞引用了席勒的观点：为了解决政治问题，“人们必须通过美学这条路，因为正是美导致自由。”[②]“人借助美的相助，才使自己置身于幸福之中。因为美包含着危及给定的生存形式的充满危险的破坏力。”他说：我们提出过一种条件下产生的可能性，在这种可能性中，美学将会成为一门社会的政治科学，并进而通过自身的实现，导致艺术的“终结”。美学不仅以其升华的文化即艺术的形式，还以其反升华的政治的、生存的形式，使其有可能成为一门“社会的政治科学”，即成为生产技术中的一个因素，成为物质和知识的需求借以发展的水准。艺术改变着科学技术，改变着现存体制。艺术的合理性，即艺术“构想”生存的能力，艺术界尚未实现的可能性的能力，都会被看作是确证着和推动着对世界的科技改造。艺术并非是现存体制的仆人，美化着它的行为和它的困难；艺术应当成为取消这些行为和苦难的记忆。审美需求有其自身的社会内容：这就是坚信作为心身统一的人类有机体，应当有一个完满的维度，该维度的建立，只能以反对那种其本身功能是否定和破坏人的身心完满的体制为前提，审美需求的激进的社会内涵，当其最初级的满足需要转化为一种更大规模集体行动时，就变得明显了。

于是，当人类的政治抗议一旦具有整体性质，它就会深入到这种在根本上是非政治的审美之维。而且该维度激发的政治抗议，无疑具有基本的、生理的成分：这就是人类的感性，它反抗压抑人的理性法号施令。同时，审美之维掀动了

① ［德］马尔库塞：《单向度的人》，刘继译，上海译文出版社 1989 年版，第 137 页。
② ［德］马尔库塞：《审美之维》，李小兵译，生活・读书・新知三联书店 1989 年版，第 58 页。

想象力的感性力量。到了这种压抑合理性变为开倒车的东西时，即到了这种压抑的合理性只表现为全力以赴地“束缚”解放时，就将产生一种坚信新道德和新理性是社会变革的前提和归宿的政治行动。他进一步指出，正是由于审美学科具有一种与理性秩序相对立的感性秩序，才把感性科学或美学，转化为艺术科学，把感性秩序转化为艺术秩序。同时使得审美哲学把非压抑的秩序看成是于人和自然中，自由地感应美和显现美的法则。在马尔库塞看来，审美法则是建立世界的普遍法则，是与感性相通的法则，也是建立感性的法则。恰如康德所言，正像人们能够建立知性的普遍法则一样，人们也能够建立感性的普遍法则。前者叫做美学，后者叫做逻辑。感性的原则和真理给美学提供内容。这种“审美功用被看作是指导整个人类实存的原则，而且只有当它成为普遍的，它才能做到这一点。”①通过审美艺术的介入，人类建立了一个感性、自由的世界。

不仅如此，马尔库塞还认为通过审美还原，艺术改造了让人压抑的自然，从而使人类获得解放和自由。他说，“艺术的技术合理性的特点，似乎表现在有审美的‘还原’中”。他引用黑格尔的一段话：“艺术能够把外在的现象为保存自身而必需的构造加以还原——还原到这样的界限：在此，外在的东西也许会成为精神和自由的显现。”②只要审美还原成功地将征服与解放结合起来，将征服引向解放，那么，审美还原就会出现在对自然的技术改造中。在此情形下，征服自然就减小了自然的盲目性和人加于自然的残忍。因此“自然的解放，就是重新恢复自然中促动生命的力量，就是重新恢复在那种徒劳于永无休止的竞争活动中不可能存在的感性的审美性能，正是这些审美性能揭示出自由的崭新性质。”③通过这种艺术改造虽然触犯了自然的对象，可是，这种被触犯的东西本身是压抑性的，因此审美的改造就是解放。

马尔库塞意识到，艺术作用于现实的途径不是直接的，而是间接的。“在艺术中，那种乍一看是远离变革实践的东西，应当被看作是未来只有解放实践的因素，看作是‘美的科学’，看作是‘赎还和完美的科学’。艺术不能改变世界，但是，它能够致力于变革男人和女人的意识和冲动，而这些男人和女人是能够改变世界的。”④马尔库塞认为，艺术间接作用的发挥就靠审美形式；而政治潜能就在于

① [德]马尔库塞：《审美之维》，李小兵译，生活·读书·新知三联书店1989年版，第58页。
② [德]黑格尔：《美学》第1卷，商务印书馆1985年版，第56页。
③ [德]马尔库塞：《审美之维》，李小兵译，生活·读书·新知三联书店1989年版，第132页。
④ [德]马尔库塞：《审美之维》，李小兵译，生活·读书·新知三联书店1989年版，第126页。

艺术本身，即在审美形式本身。“艺术正是借助形式，才超越了现存的现实，才成为在现存形式中，与现存现实作对的作品。这种超越的成分内在于艺术中，它处于艺术本身的维度上。”形式，是艺术感受的成果。该艺术感受打破了无意识，“虚假的”、“自发的”、无人过问的习以为常性。这种习以为常性作用于每一实践领域，包括政治实践，它表现为一种直接意识的自发性，但却是一种反对感性解放的社会操作的经验。当实际和可能之间的紧张被变成一种不可解决的冲突；在这一冲突中，多亏有作为“幸福的希望”的美，二者之间才得到调和。在作品形式下，具体环境被置于既定现实显示自己实际面目的另一种向度之下。虚构的作品叫出事实的名称，事实的王国因此便土崩瓦解；因为虚构之物推翻了日常经验并揭示了其残缺不全和虚假之处。但艺术只有作为否定力量才能拥有这种魔力。只有当形象是拒绝和驳斥已确立秩序的活生生的力量时，它才能讲述自己的语言。马尔库塞认为，现实和可能的东西之间的紧张，被转化为一种不可能解决的冲突，在这之中，调解要借助于作为形式的作品：这种形式就是作为“幸福的承诺”的美。

马尔库塞认为在现存的社会关系中，艺术的审美形式从一开始，“就坚守着自己的根本性——自律。这个自律与俄国革命及其掀起的革命运动的关系，一直是紧张的、对立的。艺术由于艺术家对形式的执著，而与这种革命的实践保持着异在关系。”[①]在艺术自律的王国中，艺术既抗拒着这些现存的关系，同时又超越它们。因此，艺术就要破除那些占支配地位的意识形式和日常经验。正是艺术的形式使僵固的东西毁灭，盲人的眼睛复明，不可忍受的东西称为可以忍受和可以理解的东西。这实际上，暗示出艺术内在的两难处境：它要起诉现实存在，但在审美形式中又“取消了”这个起诉，并赎还了苦难、罪恶。这种“赎还的”、和解的力量，似乎内在于艺术之中。艺术借助于它才成为艺术；借助于它才获得那出自形式的力量。就具体的艺术形式而言，马尔库塞认为，当代艺术的诞生，并不只是对旧东西的改头换面，或只是旧瓶新酒式的感受方式，而毋宁说，这些艺术形式是取消了感受的结构本身，以便腾出新空间。另外，幻象的艺术追问被人制约着的世界的物质特性。艺术必须打碎这种物化，并成为对“绘画或造型的知识评判”，这种艺术才能够适应“与我们有别的那类新人”。

马尔库塞特别强调艺术形式中语言的作用。马尔库塞认为，语言的革命是

① [德]马尔库塞：《审美之维》，李小兵译，生活·读书·新知三联书店 1989 年版，第 120 页。

形式作用于革命的基础，只有变革语言才能使人摆脱当今社会的压制和束缚。马尔库塞进一步指出，新感性对世界的改造和重建需要一种新的语言来进行。“构想和引导这种重建工作的新感性和新意识，需要一种崭新的语言来界定和传导新的‘价值’(语言在这里是广义的，它包括语调、意象、姿态、音色)。人们曾说，一场革命在何种程度上出现性质上不同的社会条件和关系，可以用它是否创造出一种不同的语言来标识，就是说，与控制人的锁链决裂，必须同时与控制人的语汇决裂。”①他认为要彻底否定现存体制，传达新意识，越来越依赖于一种属于自己的新语言，这种新语言就是有计划地把原义颠倒过来，改变语言的日常意义，例如嬉皮士的亚文化和黑色斗士们的语言就是如此。他们的语言“出现了一场全面的语言学反抗，它冲破语词被运用和被界定的意识形态的语境，进而把这些语词放入另一个对立的语境中，也就是说，放入对现存语境的否定中”；而且，当所有的交往都被“当面性的社会”垄断和确定后，对现存体制的革命否弃，和新意识的交往，必定更加依赖于它们自身的语言了。

“今天，与现存体制的语言天地决裂，将会更加彻底，这就是说，在抗议的最激进的领域，它将表现为在方法论上对意义上的颠倒。在为达到此目的而对社会的重新建构中，整个现实都会被赋予表现着新目标的形式，这种新形式的基本的美学性质，会使现实变成一件艺术作品。”②例如，他提到“诗歌语言对否定有着不可逃避的义务。诗歌语言谈及的是这个世界上的事物，即在人和自然中可见、可触、可听和不可见、不可触、不可听的事物。由于诗歌语言是借助一种能够表现未露面的手段来创造和发展的，它是一种认知语言，是一种推翻已得到的确认的事物的认知语言。在诗歌的认知作用中，诗歌执行着伟大的思想任务：为“未露面的事物”命名，就是破坏事物的现存的名称；进而言之，就是一种不同的事物秩序对既定事物秩序的渗入，亦即是“一个世界的开端”。“要表达这另一种秩序，即存在于世界之内的超越性因素，诗歌语言有赖于普通语言中的超越性因素。”③他认为，随着兰波、达达派和超现实主义的出现，文学拒斥那种贯穿整个文化史并把艺术语言和普通语言拴在一起的话语结构。现代诗歌“摧毁了语言的关心，并把话语带回到语词的水平”。这种语词反对统一的、合理的句子规则。它打破意义的既定结构，同时由于其本身逐渐成为一个“独立客体”而指谓一种

① [德]马尔库塞：《审美之维》，李小兵译，生活·读书·新知三联书店 1989 年版，第 115 页。
② [德]马尔库塞：《审美之维》，李小兵译，生活·读书·新知三联书店 1989 年版，第 113 页。
③ [德]马尔库塞：《单向度的人》，刘继译，上海译文出版社 2006 年版，第 563 页。

难以忍受、自我摧残的领域——即一种不连续系统。通过对这种传统语言作彻底否定的新语言形式，马尔库塞认为新感性建立了，从而建立了一个解放的、自由的新世界。

四、审美乌托邦的构建

马尔库塞认为由艺术形式带来的艺术革命的完成将使人的爱欲得到彻底解放，感性得以回归，艺术能通过人类的各种想象力和可能性的“幻想”，建立一个使世界的秩序变成“美的秩序”的审美王国。在这种王国中，审美功能将成为支配整个人类生存的原则，人们都将“按照美的规律生存”。这样，马尔库塞就遁入纯粹美学，幻想一种人类浪漫的解放，即试图通过审美艺术来构建一个乌托邦式的审美王国。

1. 审美王国的建立：在《审美之维》中，马尔库塞着重论述了审美王国的构建，指出，哲学史上，审美王国意指这样的王国：“这个王国在自由的现实中保留着感官的真理与和谐性，保留着人的‘低级’和‘高级’的能力——无论是感性的还是理智的，无论是快感还是理性的。”①而这种现实的重构，要借助于一种快乐的科学，即一种摆脱了为毁灭和剥削服务的科学技术，进而让这些科学技术自由地为想象力的解放密切服务。这种快乐的科学就是美学。“审美是人的感官存留的王国，它通过判断力调解着理论理性和实践理性之间的能力。判断力促使自然王国向自由王国的‘过渡’，并将低级的能力和高级的能力联系起来……”“当与快感结合时，判断是审美的；而运用到领域时，便是艺术。”美学恢复了人的感官，而且美学它改造了现实世界，使压抑人的物质世界不复存在。他说：“美学，作为一个自由社会的可能形式，显露于这样的发展阶段；在这个阶段，征服贫乏的知识和物质源泉已经具备；从前那种进步的压抑变成退步的压迫；垄断美学价值（以及美学真理）并使它与现实分离的高级文化已经崩溃并消融于反升华的低级和破坏性形式。”②而对世界的合理改造，也就会导致一个人的审美感性塑造的现实，即审美王国的形成。而审美王国则是这样的世界：“在真正意义上包

① ［德］马尔库塞：《审美之维》，李小兵译，生活·读书·新知三联书店 1989 年版，第 49 页。
② ［德］马尔库塞：《审美之维》，李小兵译，生活·读书·新知三联书店 1989 年版，第 109 页。

容和结合人的潜能、欲望，进而让这些潜能和欲望表现为自然的客观决定论的一个部分，也就是说，让由自然表现出来的因果性和与自由表现出来的因果性美学的根基在其感性中。”①因此在这样的世界里：人将会自由地运用（游戏）他的能力和潜能，运用自然的潜能；而且也只有“运用”游戏，人才是自由的。他的世界因而就显示出来了，而这个世界的秩序就是美的秩序。由审美秩序建立的王国是一个能让人的潜能、欲望得到彻底实现的王国，是一个人的感性得以建立的王国，是一个真正的人类自由的世界。

审美王国的建立并没有结束，更为重要的是，马尔库塞把视角重新投向了现实，把艺术的功能与意识形态的改变联系起来，从而完成了在他看来的人类解放由幻想走向现实的完美之路。他认为：审美王国是一个新型的社会主义社会，它与给人们带来自由的社会主义社会具有一致性，美学能够给人带来幸福。由审美秩序建立的“新型社会主义社会是一个人的本能欲望、精神自主力、创造才能得到完全解放的社会，一个由爱欲占统治地位、消除任何压抑的、能满足人的‘感官的、伦理的和合理的需要’的社会。”②在这个社会中，劳动分工和商品生产将成为历史陈迹，消灭的不仅是物质匮乏还有精神匮乏，技术控制和奴役别人的人统统遭遇放逐，而异化和压抑则成为只存在于历史辞典中的字眼，幸福生活也不再以环境污染为代价，道德和美学的需要真正成为人的基本需要。这是一个千年至福的王国，是一个人间天堂。

2. 乌托邦之梦：马尔库塞建立的审美王国是由人幻想的艺术建立的，因此必然具有浓厚的乌托邦色彩。只是乌托邦在马尔库塞眼中是一个好词。对此，马尔库塞早在1959年发表的《卡尔·波普尔与历史法则问题》一文中就指出，“工业文明已经到达这样一个阶段，以前大多数被称为乌托邦的东西都能在这种文明提供的可能性和潜力中实现。”这表明，马尔库塞定义的乌托邦已经不是一个抽象的逻辑概念，而是一个历史概念。他的这一认识得益于前辈曼海姆的“时间乌托邦”。在1967年作的题为《乌托邦的终结》的讲演中，马尔库塞明确指出，乌托邦是一个历史概念，指的是那些被认为不能实现的计划。而我们今天有能力把世界变成地狱，也有能力把世界变成天堂。由此可以看出，在马尔库塞那里，乌托邦不等于空想。所谓的乌托邦，一俟时机成熟、条件具备，它自然就会由

---

① ［德］马尔库塞：《审美之维》，李小兵译，生活·读书·新知三联书店1989年版，第109页。
② ［德］马尔库塞：《审美之维》，李小兵译，生活·读书·新知三联书店1989年版，第128页。

想象变为真实。对他来说,“乌托邦并非一个贬义词,而是对人的解放、自由的全新构想,是人的观念变革的先导。它虽然在科学和技术的意义上不可接受,但作为人的意识的可能性却永远存在,成为人性解放的一种鼓舞。而艺术—审美之维上所展示的正是鼓励人们变革现实的乌托邦。”①

因此,在马尔库塞看来,所谓的“审美乌托邦”并不是一种不能实现的救世主义,既然乌托邦是一种可以实现的愿望,那么“审美乌托邦”就不再是虚无飘渺的,是同样可以实现的,只不过,“审美乌托邦”的实现比起“乌托邦”而言更具有可操作性。只要人以一种或是乐观向上、或是深沉低婉的艺术想象来主导自己的思维方式,并在这种艺术思维的指导下追求一种全面自由幸福的生活,那么,这就是一种值得提倡的“审美乌托邦”。这种审美乌托邦可以存在于每一个人的心灵深处,只要人类愿意享用它,人类就能够拥有它;只要用艺术来主宰人类的精神世界,就没有过不去的火焰山,没有抛弃不掉的“单向度”的生活。马尔库塞说过,艺术的意义“不是对给定东西的美化,而是建构出全然不同和对立的现实。审美憧憬是革命的组成部分,它是马克思的憧憬:‘动物仍按需求建构(塑造)自己,而人能够按照美的规律塑形’。”②真正的审美乌托邦不是《乌托邦》中的“乌托邦”岛国,不是《太阳城》中的“太阳城”,也不是《桃花源记》中的桃花源,而是莫尔用艺术的想象勾画“乌托邦岛国”的过程,是陶渊明勾勒“桃花源”的创作经过。这才是马尔库塞真正的“审美乌托邦”——一种艺术的乌托邦主义,用美的艺术唤醒沉睡的灵魂,通过苏醒灵魂拯救异化的世界。

雨果说过:没有艺术,人类生活便会黯然失色。从史前的原始艺术,到现代的种种艺术新潮,几千年灿烂的艺术史,无疑是人类漫长历程的“想象的博物馆”。在艺术发展的历史长河中,艺术所迈过的每一个足迹,都曾引起无数哲人智者的沉思冥想。艺术是人类存在的诗意栖居之地,是我们生命的家园。席勒曾这样庄严宣告:啊,人类!只有你才有艺术!

审美,是人类永恒的精神家园。美学的历史虽然短暂,审美的渊源却亘古长流。审美的历史是打开了的人类追求和反思的历史,是生命在艰难的跋涉中实现和升华的历史,是人不断摆脱片面性,走向全面发展,走向自由和解放的自身超越的历史。审美即自由,决非某个人的突发奇想或故为惊人之语,而是历代哲

① [德]马尔库塞:《审美之维》,李小兵译,生活·读书·新知三联书店 1989 年版,第 14 页。
② [德]马克思、恩格斯:《马克思恩格斯全集》第 42 卷,人民出版社 1979 年版,第 68 页。

学家、美学家在对人与世界的关系、对人类命运的深沉思索中相似的‘惊人’发现。”在中西方走向现代文明的进程中，审美主义已成为不同文化背景下人们所共同信奉的一条摆脱感性与理性分裂的救赎之路。伴随着“现代性”负面效应的加剧，审美主义的救赎承诺已为许多承受“现代性”苦痛的人们尤其是知识者们所钟情、偏爱，成为一种世界性的思想文化背景。即使是在最艰难的时代，审美乌托邦也一直潜藏在人们的心底。它通过艺术、通过审美来洗涤人们心头上的众多苦恼与病痛，唤醒人们沉睡的灵性，召唤人们为了自由的幸福而坚强地奋斗。通过艺术创造和艺术欣赏等审美观照体验，人们在审美的王国中获得了健全人性的力量，找到了与残酷生活斗争的信心和决心，抚慰了自己残缺的心灵。经过了艺术、审美的疗慰，人们就有可能放下沉重的心理包袱，轻装上阵，精神焕发、充满生气地投入到新生活的建设中。

马尔库塞的解放美学不是仅仅关注艺术问题，而是指一种生命的哲学，一种以审美活动取代一切生命活动的价值取向。如果说传统的功利主义美学是以艺术与审美的社会内容为其功利主义的基础，马尔库塞则第一次把艺术审美的政治潜能与解放功能指向具有生物学价值的爱欲本能。在他看来，革命的能量最终来源于人的爱欲本能，爱欲本能自身正是艺术——审美之政治潜能与解放功能的生物学基础，爱欲本能在艺术审美中的升华与审美实现，正是艺术——审美之革命功能的具体体现。马尔库塞这样公然地将艺术——审美的革命功能与人的爱欲本能联系起来，将他的美学理论与社会批判结合起来，既有些惊世骇俗，更多的是卓尔不群，从而为自己赢得了美学史上的独特品性和地位。这再次有力地表明了马尔库塞美学思想的人本主义立场，即他决不是从纯粹逻辑推理的角度来抽象地谈论艺术与审美，一如他的先驱黑格尔、康德那样，而是从人的解放着眼，从“此在”的在世生存出发，从个体自身的深层心理本能结构中考察，在艺术与审美中透析出文化学、政治学、社会学的内蕴，因而他对艺术的政治潜能、艺术与革命的关系、艺术的革命功能与解放效应运思甚深，对发达资本主义社会中人的拯救倾注了常人难以企及的热情与关怀，予人的启迪是既新颖又多样。

第 15 章

从女性身体看女性智慧

在几千年的男权社会，人们最关注的是女性的身体，几乎完全把女性身体当作纯粹的审美对象，而女性智慧几乎从来都被忽视或被轻蔑。这不仅有中国的孔夫子"唯女子和小人难养也"的偏见；更有德国哲学家叔本华在《论女人》一书中对女性充满的歧视。他说，即便"智慧最卓越的女人对音乐、诗歌和美术也没有任何真实的感受"。因此，"她们不只是在美术方面从未设法创造任何一项真正伟大的、独创性的成就"；就是"在任何其他领域也从未给世界提供过具有永久价值的作品。"[①]也正基于古今中外的这诸多传统才使得今天的男权主义者更加坚信："只要看一看人类创造的文化史、哲学史、科技史和文学艺术史，就可以清楚地判断：女性的智慧是何等的微不足道"。然而男权主义的话语霸权并不是总能一统天下的。至少从 19 世纪末兴起的女权主义就全方位地为女性的权利和地位进行了辩护和斗争。及至 1985 年，一群纽约的女艺术家甚至组织起来抗议艺术世界中的性别歧视。特别是其中的"游击队女孩"竟然在 1989 年制作了一个题为《女人怎样得到最大限度的展示》的平面广告，其上运用颜色鲜艳的文字提出质疑，"女人必须要裸着身才能进入大都会博物馆吗？"否则为什么"大都会博物馆的现代艺术作品中 85％为女性的裸体，相比之下，博物馆这部分的女性艺术家只占 5％？"[②]与此同时，有关《女性智慧》、《女性心理》、《女性特质》、《智慧女人》、《通过身体思考》等论著也接踵而至。那么究竟应该怎样看待女性智慧呢？为什么自古以来"天才、智慧"等形容人类智力的词汇只与男人有关，而与女

---

① ［美］威尔·杜兰特：《哲学的故事》，金发燊等译，生活·读书·新知三联书店 1997 年版，第 125 页。
② ［美］辛西娅·弗里兰：《西方艺术新论》，黄继谦译，译林出版社 2013 年版，第 92 页。

性无缘呢？是否男人真的比女人更聪明，女人或者只适合于当作审美对象、男性的玩偶、生孩子的工具，或者只适于永远待在厨房里？女性的身体、特别是女性的身体之美是否真的与女性智慧之间没有任何直接关系？为此，本章想立足女性身体，来论证女性不仅是敏感、知性、勤奋、有才华、美丽和充满魅力的，也是聪明智慧、充满爱心、拥有独立人格和自我辨识能力及行为能力的，以使得人们普遍地认识到：人类有怎样的身体结构、身体之美就有怎样的身体功能和身体智慧。

一、女性身体与智慧的内在关系

现代，许多人都持有一种传统看法：在思维形式和思维功能上，男女有别。一般说来，男人的左脑发达，主要拥有语言、概念、数字、分析、逻辑推理等功能。女人则是右脑发达，主要拥有音乐、绘画、空间几何、想象、直觉、综合等功能。然而现代的科学研究却证明：无论是达·芬奇、牛顿，还是爱因斯坦或霍金，几乎都拥有超强发达的右脑和超群的想象力与洞察力。这说明左脑发达的男人并不比右脑发达的女人更聪明。大脑的两半球只是在思维功能上有所差别，并不能说主要从事逻辑思维的左脑比主要从事形象思维和创新思维的右脑更智慧。相反，整个科技术史、艺术创新史都证明大量的科学发现和艺术创新主要应归功于右脑而不是左脑。既然如此，为什么人类文明史上，伟大的哲学家、科学家、发明家和艺术家几乎都是男性而非女性呢？究其原因正如伊莲·摩根所言：一是在男权社会，男人的力气大，且占统治地位，自然也就“智慧无穷”。二是长期的社会分工，使得女性的活动空间主要限于封闭的厨房和幼儿园，而男人则可以自由地放飞自己的想象和实践。三是养家糊口对男人形成的生存压力和滋生的无穷欲求迫使男人“对生活进行聪明的筹划”。四是社会环境和文化传统决定，“许多大艺术家都有同样是艺术家的父亲，他们支持和鼓励儿子在艺术方面的兴趣，而如此对待女儿的父亲则少得多。”①社会环境和性别分工对女性在家庭生活中的角色的严格期待就势必使得广大女性只能将艺术当作一种业余爱好，而对于哲学、数学和科学等高智力、高思维的学科，更是只有少数女性参与或涉猎。

如果去除上述造成男女在发明创造能力上的巨大差异的社会原因，那么男

① ［美］辛西娅·弗里兰：《西方艺术新论》，黄继谦译，译林出版社 2013 年版，第 94 页。

女在天分或智商层面不仅难分伯仲，且各有千秋。根本原因就是女人拥有能够决定自身特殊智慧的不同于男人的身体结构和身体功能。具体地说，正是在女性身体所表现出的类似“倾斜的姿势、柔和的动作、扭曲的身躯、睁大的眼睛、微蹙的眉毛、翕动的嘴唇、羞答的面容、低垂的肩膀、圆润的肩头、光滑的手臂、丰满的乳房、上提的臀部、纤细的大腿、舒展的四肢、优美的舞姿和动人的歌喉”中，既显现了女性赋有的无穷魅力的容貌、性感和柔美，也渗透着女性的文明、高雅、细腻、智慧和进化上对男性的优越。也正是通过这些身体行为、身体认知和身体之美体现了女性智慧的特色：反应灵敏，情感丰富，思维敏捷，认知缜密，有很强的肢体语言、模仿能力，以及一种简洁明了的直觉思维。而且总的来说，身体作为人之整体的符号，作为性格等内在观念得以清晰表现的存在，既是女人的全部，也是人类试图揭示和追求的最深邃的真理。因为女性的身体本身就构成真理，真理就是女性的身体。真理像女性身体一样神秘；女性身体也像真理一样让男人充满好奇和试图揭示其全部奥秘的动力，就像辛西娅・弗里兰在《西方艺术新论》中所言：女性的神秘表现常常像是一条变色龙，“不断地变换着她的化妆、发型、姿态和面部表情，以将真正的女性隐藏起来，让人难以辨认”。

图 15－1　阿道夫・威廉・布格罗的油画《浴女》：布格罗集女性人体美于这一幅画中，罗丹曾这样赞美：“人体，尤其是心灵的镜子，最大的美就在于此，我们在人体中崇仰的不仅是如此美丽的外表，而是那使人体透明发亮的内在的光芒。”布格罗以古典主义的美学观念，运用古典艺术技巧，精致地描绘了理想的美人，她们虽被称为美神或仙女，然而都是人间普遍存在的女人。

当然，也正像法国画家布格罗在一系列油画中表现的女性。他画风唯美，擅长创造美好、理想化的境界。在他的画作里，女性形象非常的善良机智、优雅恬美，有天使、女神、仙女、牧羊女、农村姑娘、母与子和浴女等人物。其环境多为田园风光，乡间丛林，宁逸静瑟。（图 15－1）他对农民生活与劳动场景的赞美，也总是给人带来阳光般的情调。尤其是那些充满浓厚的乡村风味和田园情调的作品，在树林、田野或牧场的背景上，穿着白色的衬衫，单色的罩衣，带着花格子图案的方形披巾，赤着脚的农村姑娘，就好像神话中的公主。那些穿着意大利地方服饰，像天使般的妇女和小孩，以及年轻的牧羊女所表现出的温馨妩媚和一丝淡淡的哀愁与情调，都表现了女性美、身体美、容貌美、劳动美、高尚美和智慧美。

正因如此，男人总像在追寻真理一样地追寻着女性身体，且总是在这一追寻过程中揭开了许多奥秘，满足了许多好奇，激发了无数的幻想。及至在布鲁克斯看来，在人类的日常生活和大量社会实践中，“恋爱、快乐、反复无常，这也许就是认识‘真理’的欲望唯一的结果。”[①]因为“了解大量女人，不断移情别恋，这种观念与一种持续不断的、无法满足的对知识的寻求有关。这个传统在‘放荡’(libertin or libertinage)一词中形成了情欲的语意和认识论的语意之集合。它在十七世纪既是指自由思想，也是指自由生活”。[②] 所以“视觉、知识、真理以及女性身体”等总是始终缠绕着我们的文化主流、生存状态和创新实践。

在这里，女性身体既是认知和观看的主体，也是认知和观看的对象。它内在包含的认知和“观看的本能或冲动(Schautrieb)与追逐知识的本能或冲动(Wisstrieb)密切相关。在观看中的情欲投入，从一开始就不可避免地跟认识中的情欲投入捆在一起”。为此，在弗洛伊德看来，认知的动力源自孩子对于两性之间的生理结构差异的感知，而且主要源自对女性身体的奥秘产生的好奇心和求知欲。正是这种好奇心使得男人们普遍地“把女性身体变成可以撬起整个地球的杠杆。而其中性的巨大力量更在于其结构的隐密性以及与女性身体相关联的所有想象。使得我们只能这样理解，有关女性的整个叙述动力都是从她的性抽取、放射出来的。”由此，使得现实中的全部商业、工业、大众文化、时尚、广告、衣服和饰物、遮蔽物和装饰品，似乎都是在围绕着女人的身体，当然也都是源自女人的身体。

正是女性身体产生了一个丰富多彩的知识世界和一个令人眼花缭乱与心醉神迷的现实世界，使得现实中，那些有关女性的琳琅满目的珠宝服饰，以及那些展示出丰满的胸脯、硕大的臀部和纤细腰身的女性身体，都被无穷无尽地反映在镜子里，橱窗里、影视里、舞台上和无处不在的地方。从而证明我们面前的世界既是由女性身体构成的世界，也是依据女性身体建构和创新的世界。女性身体

① [美]彼德·布鲁克斯:《身体活》，朱生坚译，新星出版社 2005 年版，第 117 页。
② [美]彼德·布鲁克斯:《身体活》，朱生坚译，新星出版社 2005 年版，第 118 页。

不断制造的欲望、需要和一切文化艺术，正在日益变成社会化和性欲化的对象。与此同时，现代文化也在日益使得女性身体变成一种新的膜拜，并使其带着一种超越于美之上的神圣。这些言说女人性欲化身体的东西既是出售给女人自身的东西，也是出自女性身体的自恋。因为女性身体就是这样一种隐藏着缺乏和差异的存在。它是人类史上一切有关叙述、认知、渴望、想象和追求的根源，由此也书写了人类史上的全部故事。它不仅证明女性身体是最有力、最神秘的叙述发动机，也证明只有女人的身体才真正在为自身的存在和作用说话。“对女性的身体来说，生活就是歌唱与恋爱。”[①]生活就是对身体的爱惜、保养与享受。当然，女性的生活也包括奉献自身来繁衍后代，在繁衍中来肯定自身，在养育子孙后代中来展现自身的伟大智慧和母爱。这在中国古代有“孟母教子”的故事；在今天的美国有蒙娜丽莎将自己生养的 10 个孩子全都培养成“神童”的经典。这 10 个孩子没有上过一天中小学，从小都是在家接受母亲蒙娜丽莎的教育，然而其中年长的 6 个孩子都在 12 岁前入读大学，并都一一成才，而现在岁数还小的 4 个孩子也都聪明过人。为此，日前，蒙娜丽莎还写了一本《12 岁前上大学》的新书，披露其教子之道。

正因如此，女性智慧的重要特色就是经常运用广阔开放的感官和丰富旺盛的智力来获得令人惊异的发现。另外，由于女性天生喜欢随心所欲，所以在思维形式上，也更喜欢发散思维和多元思维。她们往往不囿于成见，敢向一切陈旧事物挑战，不仅具有非凡的勇气，且极富想象力，经常进行灵活、大胆的选择和冷静、沉着的决断。比如慈善工作者德蕾莎修女、科学家居里夫人等对于人类的贡献，都体现了女性智慧的这一特点。特别是“二次大战”中献身于各个国家的“女特工”或“女间谍”们，她们的智慧与能力、勇敢与坚韧、无私无畏的牺牲精神、不屈不挠的战斗意志、无限忠贞的风骨、艰苦卓绝的品性，以及将美貌与才华融为一体的人格，可谓是将女性智慧发展到了极致。

至于中国，更是不乏集美貌、智慧和才艺于一身的女性事例。比如中国史上具有传奇色彩的 12 名妓，虽说是为生存所迫沦为风尘女子，然而她们更是名垂千古的书画家或诗人才女。她们无一例外都是天生丽质，才华横溢，能歌善舞，技压群芳，出类拔萃，不仅为女性中的佼佼者，就是在中国的艺术史上，其琴棋书画也都放射着美丽的光芒。正如后人对自幼就聪慧好学的江南才女柳如是的赞

---

① ［美］彼德·布鲁克斯：《身体活》，朱生坚译，新星出版社 2005 年版，第 197 页。

美:“肤似凝脂眉似柳,诗书礼乐冠江南。一朝多得青溪魁,轻姿漫步秦淮岸”。至于聪明灵秀、神姿艳发、窈窕婵娟、为秦淮旧院第一佳人,被称为“针神曲圣”的董小宛,她为支撑家计,殚精竭虑,积劳成疾,最后因贫病而亡,人们更是给予许多的称颂和美誉。在12名妓中,美名最为远扬者当是李香君,她不仅是孙尚任《桃花扇》中名副其实的主角,更是现实中书画诗词之女魁,只要看看她的《雨景山水》和《迎春图》,就不难发现,中国的女性是如何自然地将美貌、才艺、智慧、骨气和善良集于一身的。至于清代才女顾横波不仅天生丽质,庄妍靓雅,风度超群,更是通晓文史,工于诗词,能诗善画,才貌双全,有“南曲第一”之称,显示中国女性在才智上一点也不弱于男性。

在中国现代史上,最为优秀的女性之一当数画家潘玉良。她在不平凡的一生中,留给世人2000多件艺术品。在美国、英国、意大利、比利时、卢森堡等国举办过个人画展,还曾获得法国金像奖、比利时金质奖章和银盾奖、意大利罗马国际艺术金盾奖等20多个奖项。上世纪60年代,法国的卢浮宫收藏了她的油画作品,使其成为中国第一个进入卢浮宫的画家。由此,使得她在艺术成就上,绝不亚于被中国人誉为伟大画家的齐白石、徐悲鸿、张大千等艺术家,并因她在艺术史上的传奇,人们给予她“一代画魂”的美誉。

也正是由于现实中女性智慧的伟大,所以在中国有女娲补天的故事,是女娲的智慧创造了整个世界。在西方,有智慧女神雅典娜的神话(图15-2)。雅典娜作为希腊奥林匹斯的智慧与战争女神,体态婀娜,披坚执锐,光彩照人,仪态万方。她的智慧胜过众神;她作为智慧与知识的化身,为人类创造了全部智慧。她手持神枪金盾,全身武器披挂,她的勇气、力量和献身精神超过奥林波斯的一切神灵。她既是雅典城的守护神,也是维护人类和平的强者,同时是人类所拥有的工艺、艺术和手工操作技术的赞助人、发明者和践行者。当然神话终归是神话。然而事实证明,女性的聪明才智一点也不弱于男性。如果不是那样,就既不会有聪明的男性问世,也不会有人类整体的进化与文明。因为这不只是从遗传学的角度上讲,女性在物质、精神、遗传基因和后天教育等方面都大大地优越于男性;就是从社会实践的角度上讲,女性的智慧也不逊色于男性。因为在现实生活中,男性的行为实践更多地是依赖理性、概念、理念、观念、理论和传统,而女性的行为则更多地是依赖源于自己的身体和在生活中获得的直接性知觉、情感、感悟和体验。换句话说,女性更多地是用身体思考和判断,用身体诱惑和吸引,用身体显现和表达,而不是主要用大脑去思考和推理,尤其是没有男人的那种“老谋深算、苦思冥想、绞尽脑汁和挖空心思”。当然女人的思考也不乏周密和细致，但她们更多地是在日常生活中，通过生理、心理和身体的动作来获得某种认知和指挥自己的言行。

图 15－2　智神和战神雅典娜

就像达·芬奇的绘画《蒙娜丽莎》表现的女性形象和肢体语言那样，画中女性坐姿优雅，微笑神秘，容貌美丽，情感丰富，内心深邃，表情奥妙，神韵含蓄，隐含的智慧深不可测，此画可谓是淋漓尽致地刻画了女性的美貌、妩媚、沉稳、幽深、善良、高贵、纯洁和智慧的完美融合与统一。以致 500 多年来，几乎人人都喜爱这幅画，无止境地探讨画中蒙娜丽莎那难以觉察、转瞬即逝然而亘古不变的微笑；那洞察一切而又包容一切的眼神；那端庄沉稳的姿态，高贵朴素的装束，以及《蒙娜丽莎》无懈可击的完美构图。人们惊叹：唯有具备上帝般智慧的列奥纳多·达·芬奇，才能将美丽、智慧和永恒极致搭配、合为一体，使笔下的蒙娜丽莎带给人们无限美好的享受，也给人们无限愉悦的遐想。人们既愿意栖身于她的庇荫，吸取滋润的营养；又渴望破解她的美貌和深邃，以证实人的善良、美貌和聪慧之间的内在关系，以考证人的身体结构、生理特征与心理结构和思维形式之间的互动作用。当然迄今为止，《蒙娜丽莎》依然是一个探讨不完的话题。尽管当今世上有研究《蒙娜丽莎》的专著数百部，还有近百名学者仍然将此画作为终身课题。但时间的流逝并没有使争议的问题得到解决，相反证明女性身体本身就是一个拥有无限智慧的迷局。这恰如德国哲学家尼采所言，“身体才是真正的大智慧”；身体才是一切认识、文化艺术的起点和全部价值、审美和道德的标准；才是获得知识、成就事业、完善人性、实现至美至乐的人生和推进人类发展的基础与条件；才是用各种符号，包括眼神、表情、神态、形态、姿态、动作、感应、反映、声音、语气、心情、憎恶、远离、亲善、贴近等各种身体要素和生命表征，书写和表达的一架最精致巧妙，及至无所不能的“智能机”。身体既是感觉、经验、真理、美德、至善和审美等各种认知与智慧的真正主体，也是积累和储存人类智慧的信息库与知识库。正是包括大脑在内的各种组织器官、生命要素、身体欲望、行为实践、感性知觉、兴趣爱好、认识冲动、好奇心、求知欲、潜意识、冒险和尝试、非逻辑思维，以及锲而不舍的自由意志，一起构成人的认知、发明、创造和社会实践能力的源泉。

二、女性身体对女性智慧的作用

有人通过大量的观察研究证明，正是女性细腻的皮肤、平稳的心跳、和缓的新陈代谢功能、谐和的体质、混合均匀的血液、会说话的眼神、多动多疑、敏感的心理、强烈的欲望、快速反应的本能，比例恰当的身体结构、协调和恰的身体功能，以及魅力四射、诱人心魄、动人心弦的“身体场、知觉场”决定大多数女性都拥有炽热丰富的情感、温和沉静的性格、成熟的心理，使其具备一种反应非常机智、灵活和敏感的智慧。也正是这种敏感加上女性特有的极强的记忆力和形象思维，使得女性通常较男性更富有联想能力。这正像玛丽·沃斯通克拉夫特在《女权辩》中所言：“我们无法控制这些稍纵即逝的联想，因为一旦思绪由于任意的驰骋或者深刻的反思而张扬起来，在某种程度上，头脑中那些未经处理过的东西将自作安排。诚然，当我们把各种思想组合在一起，发挥想象力，甚至是狂热的幻想来尽情描绘的时候，理智也许会阻止我们越出图画的范围；但是精神和个性将给它添色加彩。……这些美好的难以驾驭的精神似乎就是天才的本性。她那鹰一般的眼睛闪烁着锐利的光芒。在最大程度上将惊讶、欣喜、训导的思想全部组合在一起，制造出幸福的能量。”①

不仅如此，相对于男性，女性身体的矮小、骨骼的脆弱、力量的微薄，也决定她们不可能像男人那样勇猛刚强、大胆粗鲁，因此女人一般说来为人处世比较谨小慎微、认真细心，由此培养起性格敏感、情感细腻、心理复杂、行为羞涩、个性自我、妒忌欲强、思虑过多，及至无病呻吟等特质。对此，法国文学巨匠福楼拜在《包法利夫人》一书中，集中描绘了爱玛死后有关其身体与智慧、情感和行为之间的紧密关系。他说，“她的眼睛曾经贪恋人世间的一切奢华；她的鼻孔曾经渴望温暖的和风、爱情的气息；她的嘴曾经撒过谎，曾经发出得意的呻吟和快乐的叫喊；然后是手，曾经在温暖的触摸中寻欢作乐；最后双脚，当她奔向欲望的满足时，它们曾经如此矫捷。”②女性智慧的这些特色在古往今来的宫廷争宠、政治斗争、男欢女爱、家庭关系、社会交际和商业交往中都体现得淋漓尽致。

比如法国文学家小仲马（Alexandre Dumas）于 19 世纪创作的《茶花女》，描绘的就是一位美丽聪明的女性。（图 15－3）《茶花女》的主角是玛格丽特·戈蒂埃。她虽然因生活所迫沦落风尘，却利用她的美貌和智慧向玩弄她的阔佬们进行了报复，弄得他们一个个倾家荡产。然而在出卖肉体和美色的过程中，当她碰上真心爱她、关心她的贵族青年阿芒时，她却动了真情。她宁愿洗尽铅华抛开唾手可得的奢华生活，与财产不多的阿芒去乡间过隐居生活。可是她作为妓女的身份不仅给阿芒的家族带来耻辱，而且危及了阿芒妹妹的婚姻。最后，在阿芒父母的恳求下，茶花女强忍内心的剧痛离开了阿芒，并且在阿芒的误解与报复中怀着对阿芒的深爱死去。这是一个感人至深的爱情故事。在阿芒的父亲像吻女儿一样吻茶花女的前额时，他感激的老泪洗清了她所有的罪孽，可歌可泣的牺牲精神使她变得崇高如一位圣女。

至于女性特有的身体器官的灵活性，以及柔软的肢体、婀娜多姿的身躯、妩媚的面容，不仅决定她们能歌善舞，而且决定他们心灵手巧，具有惟妙惟肖的表演能力和形象思维能力。比如正是女性赋有的弹性和灵活的声带，使其具有比男性清脆悦耳、振动频率高出许多倍的声高和音调。正是她们的灵活的舌头和

① ［英］玛丽·沃斯通克拉夫特：《女权辩》，谭洁等译，广东经济出版社 2005 年版，第 114—115 页。
② ［美］彼德·布鲁克斯：《身体活》，朱生坚译，新星出版社 2005 年版，第 113 页。

图 15－3 《茶花女》中的主角玛格丽特·戈蒂埃既美丽聪明又忠贞善良、勇敢坚强。虽然因生存所迫沦落风尘，但依旧保持着一颗纯洁、高尚的爱心。她充满热情和饱含希望地去追求真正的爱情生活，而当这种希望破灭之后，又甘愿自我牺牲去成全他人；将身体美、心灵美、性爱美和道德美融于一身。

薄薄的嘴唇，使其比男性具有更流利的语言表达能力，即使得许多女性都比男性更加能说会道。也更是女性赋有的弹性和柔软的大脑皮层，使女性学习语言比男性更早和更快。大量的临床试验也表明，"从孩提时代起，小女孩就在语言技能方面表现优异；男孩子在青春期在空间技巧方面要领先于女孩。女孩子话说得早，而且很快就能流利地说出句子。她们看书也早；也有大量的学前词汇，也许有比男孩子更好的记忆力。到了青少年时代，男孩子在解决几何和三维问题方面更加熟练。在任何年龄层次，男孩子结巴的人数都比女孩子多。"①也正因女性在语言表达上的优势，使得女性更擅长交流与合群；也使得历史上对于女性语言能力、语言权利的压制成为人类史上最具悲剧性的事件。岂不知，莎士比亚笔下的"细声柔语"实际上是女性语言和智慧的最卓越的特点。

在语言方面，除了女性的说话表达能力具有优势之外，在书写上，女性也有突出特点。如果说男性主要是用大脑书写，女性则主要是用身体书写。男性书写主要关注的是普遍、一般和整体，也即主要是关注社会、政治和经济，所以男性

① [美]苏珊·布朗米勒：《女性特质》，徐飚等译，江苏人民出版社 2006 年版，第 94 页。

的书写主要是写书,而女性则主要关注的是个别、具体和自我,也即主要关注的是自我的情感、情趣、隐秘和身体,所以女性的书写主要是写信。而且女性的书写从未离开过自己的亲身经历和感受。可以说,"妇女的写作是从内在的女性气质的秘密之井中喷涌而出的。"因此女性的书写中更多地体现了个人的性格、品质、情感、趣味,以及亲历世界中的一些沉稳、柔美、脆弱和更具人性化的部分。这正像安妮·莱克勒克在其《情书》中所言:"我们作为妇女,必须坚持不懈地根据自己处于爱恋中的身体来进行写作。"[①]必须将自己的情书从密室中取出,使之进入公众视域。只有如此,那些源自爱情的真实文学和科学,才是从身体中总结出的哲学。

当然,这些特点也是女性比男性更具艺术天赋的主要原因。现在许多人都承认几乎各个民族的女性都更喜欢利用身体、舞蹈、歌喉和各种古老的仪式、传统来表达她们的认知、习俗和世界。在那里,她们几乎完全处于一种自然人状态。即如卢森堡所言:"不管我到哪里,只要我活着,天空、云彩和生命的美就会与我同在。"[②]也正因如此,一向关注具体和实在的女性,总是乐于把周围的一切:阳光、蓝天、白云、湖光山色等都赋予极其生动的情感,使其成为她的外化生命。所以女性通常都生性善良,服从本能的愉悦。而这种本能总是对的,因为它还没有堕落到理性和观念中。在她们的行为过程中,"每个人所呼吸的空气,几乎总是伴随着挑逗姿势的歌曲、舞蹈。每一样东西每时每刻都在让人想起爱的甜蜜。每一样东西都大声呼唤着,让人去享受它",[③]以至到处都是女性身体固有的自由意志的自然展示。

直到今天,女性也比男性更加喜欢和与日俱增地投身于以人物为原型、以身体为摹本的文学艺术、绘画雕像、电影电视、照相摄影、皮影戏,以及各种戏剧舞剧,包括主要以声情并茂、多姿多彩的身体表现为特征的芭蕾舞剧、现代舞剧、哑剧、话剧和名目繁多的戏剧等。与形象美相对应,表现各种情感的音乐艺术,特别是那些表现高亢低婉、忧伤悲苦、抑郁孤独、激动兴奋的旋律曲调,其客观来源也大多都是来自女性身体的知觉和心理感受。也正因如此,女性较男性,总是更倾情于艺术。特别是对一些经典的艺术作品,她们不只是入迷,而且能够熟悉其中的许多出色细节。由此,在她们的面前通常都会显现出一个浩瀚无边的艺术

① [美]简·盖洛普:《通过身体思考》,杨利馨译,江苏人民出版社 2005 年版,第 259 页。
② [德]罗莎·卢森堡:《狱中书简》,田时纲译,花城出版社 2007 年版,第 13 页。
③ [美]彼德·布鲁克斯:《身体活》,朱生坚译,新星出版社 2005 年版,第 202 页。

海洋和灿烂辉煌、美艳无比的世界。但美又毕竟高于情感，否则就可能只是本能的狂笑、哀号和呻吟，所以人类要想获得美，还需要摆脱意志，全身心地进入直观，在一般美感之上形成壮美和优美。这当然也需要具有更强的理性思维能力进行更高层次的发明和创作。

当然女性的身体，在人类进化史上，也常常会因为长期成为男性欣赏、审美和选择的对象，发生许多后天变化，致使许多女性为了迎合男性的好恶，被迫去整容、整形、束腰、隆鼻、染发、戴假发、锯颧骨、拉眼皮、去肋骨等，不仅损害了自己的身体，而且由于不顾一切地追求外表的完美和虚荣，从而成为对女性身体的正常发育和女性思想自由的束缚。直到 19 世纪，女性主义者才逐渐觉醒，激烈地鞭挞不合理、不公正、不平等的社会现实，竭力呼吁女性从男性的统治中，从男性创造的文化传统中解放出来。女人要像男人一样享有一切权利，尤其要从纯粹的审美对象和男人的玩偶中解脱出来。女性的这种觉醒，既是对自己的身体的结构、功能、价值、美丽、聪明才智和本性的全面认识，也是对历史上母系社会的黄金时代的回忆和对美好未来的寄托与向往，既表达了女性的强大生命力和不可战胜的自由意志，也同时表明女性主要是想拥有一种清闲安逸的生活情趣，追求一种自然简朴的快乐生活。

尤其是当代一些女性主义者从女性身体的基本立场出发，将身体作为女性主义关注的核心。在对女性主义和男性身体哲学的比照中，拆解传统西方哲学的身心二元论和父权社会的性别二分法，探究思考身体的新路径。其中，一是讨论了当代女性主义正在激烈争论的性别差异问题，反对以"同一"的逻辑看待女性，必须在二元框架之外重写性别差异；将活生生的身体与性别结合起来以厘清性别差异的困惑，发展关注他者的性别差异伦理。二是，在承认二元之外性别差异的基础上，深入审视女性身体的异化问题，指出：在父权制的权力机制下，女性身体遭受物化、工具化和奴役化的命运，使得女性身体远离它的情境性存在；女性身体运用自由的方式和女性肉身化的主动实践受到阻碍，女性身体成为既无法超越意识形态和权力的束缚又不完全等同于男性欲望和知识再现的窘迫身体。女性窘迫的身体现状一方面体现了身体异化，另一方面也积聚着女性身体解放的能量。女性身体的解放就是要实现自我与他人之间自由、开放的肉身化交流，将传统女性主义的解放政治和后现代女性主义的生活政治相结合，运用女性主体的概念进行身体解放的实践，最终将边缘化的认知和存在方式带到身体认知的中心位置。在"整体主义"和"相对主义"之外构建一个"多元、冲突、边界模糊和非本质”的新主体，以便借助高科技，在赛博空间和物理空间的广泛领域寻求真正的身体解放。

在上述女性主义熏陶下，电影《美女与野兽》集中地表达了女人的美丽、善良和智慧。在这里，美丽的贝儿原本与父亲住在一个宁静的小村庄。一次，父亲不小心闯进野兽领地，被囚禁在野兽城堡。为了救出父亲，勇敢的贝儿只身犯险，答应与野兽同居古堡以换回父亲。野兽的城堡华丽且充满奇幻色彩，其中住着风度翩翩的烛台先生和亲切和蔼的茶壶妈妈，还有可爱的小茶壶宝宝。然而贝儿生活并不愉快，一心想着她的父亲。贝儿终于找到逃走机会，可是却遇到凶狠的狼群。危难关头，野兽及时出现，解救了贝儿，自己却受了伤。贝儿心存感激，细心照顾野兽。相处过程中，二者互相了解，野兽也被感化，慢慢变得温和，学会怜爱，朝夕相处，日生情愫。最终野兽成为贝尔英勇的守护骑士和温文尔雅的白马王子。由此，既展现了女性的温柔善良、聪明睿智，也证明女性的美丽和智慧能够征服一切邪恶与野蛮。从而验证了叔本华的一句话：“智慧常常是幸福之源，而愚蠢则常常是灾祸之根”。

三、女性心理与女性直觉

基于女性身体形成的女性心理，与女性特有的智慧也具有很大的关联性。现代心理学的许多成果都证明：快速的心理判断、热切的心理期待、绵薄的身体支撑往往会形成一种创造性的直觉思维。而女性在认识和行为上对于具体事物、日常生活和自我经历、自我感受、自身经验的重视，决定她们在思维的方式方法上，经常表现出一种经济、简洁，甚至是相当准确的特征。这个特征也就使得女性在思维方面的很多重大问题上，较之男性，其判断力更细致，洞察力更敏锐，由此表现出的智商和能力也就更高、更强，而不是像一些男性主义所言，这种能力“都是由于某些不可测知、不可捉摸的能够进行正确预测的能力——某种半神秘的、超感觉的、模糊的本能”，[①]相反，完全是因为她们拥有更高超的智慧和判断。

---

① [美]H. L. 门肯、盖尔·汉密尔顿：《女性的智慧》，郭洪涛等译，中国人民大学出版社2009年版，第31页。

具体地说，面对许多错综复杂的现象和场景，与男性相比，女人一眼就能看到大多数男人即使用探照灯和望远镜都不能看到的东西。当男人还在纠缠那些表面问题时，她们就已一把抓住了问题的本质。她们是超现实主义者。因为在任何可能的意识中，认识对象或一般事物“都不可能绝对无条件普遍地或必然地作为真实内在的东西被给予”。[①] 当然也不能完全否定感性材料的实存性。但由于这些材料总是属于主体的各种意识，致使它们决不可能成为对象本身。更何况主体意识的目的和方向也不在材料的实存上，而主要在于通过某种意向性的表达和协同性认识达到主体间的交流和行动。只是在这一过程中，只有通过这些中介性材料，意识才能指向外部事物。至于主体意识如何完成这一外化过程，其中既有叔本华所谓的直觉作用，也有胡塞尔所谓的意向性作用。比如通常所谓的“红色”，其实只是事物具有的一种超越性质。至于主体意识为什么最后会把“红色”加在某一红色物体上，那显然是通过一种内在的心理结构和认知结构将类似“红色”印象和与之相应的意向相结合的产物。关于结合的主要机制就是通常人们所谓的具有高度综合与概括能力的直觉。正是这种直觉，在女性那里较之男性具有更大优势。因为女性在对具体、生动的事物形成印象、形象、知觉、记忆，以及在意识的内在结构中获取生命和认知的具体形式方面，都比男性强。正因如此，女性往往能够通过某种奇妙地超越逻辑的思维，以一种顽强的韧性，透过各个阶段和各种不断变化的形式，一下子洞穿真理。特别是与一些成熟的女性相比，少有男人会拥有像她们那样沉着、冷静的智慧，那样明智的判断力，以及丝毫不受表面现象影响的能力。

尽管对于直觉的创新价值，现实中给予充分肯定的基本上都是一些男性哲学家或科学家。比如爱因斯坦就曾坦言：我相信直觉、灵感和想象力比知识更重要，因为想象力概括着世界上的一切，推动着知识的进步。与逻辑相比，直觉不仅能教人思路敏捷、观察透彻、富有洞察力，还能教会人高瞻远瞩。因此一切概念、公理、定律和理论的提出都离不开人的直觉观察和思维。然而在汉密尔顿等人看来，那主要还是因为在男人的智囊袋中装有太多女人的智慧。“在男人的世界里，他们是成功的，精力充沛，身体强壮。但在智慧上，他们都是空心弹。”[②]因为如果他们是真正智慧的，就不可能在类似战争、政治争斗、商品交易和股票市

---

① [法]让-保罗·萨特：《想象》，杜小真译，上海译文出版社 2008 年版，第 107 页。

② [美]H. L. 门肯、盖尔·汉密尔顿：《女性的智慧》，郭洪涛等译，中国人民大学出版社 2009 年版，第 23 页。

场等粗俗的事务中获得成功。数千年来男性从事的许多事情都是他们的内在野性和智商低下的证明。

而女性经常在诸多领域显示她们的突出才华。比如法籍波兰科学家、"居里学院"创始人居里夫人，虽出身贫寒，却自小就聪明伶俐、勤奋好学。15 岁以金奖从中学毕业，1893 年以第一名成绩毕业于大学物理系，1897 年，她选定放射性物质作为研究方向，从此把她带进科学世界，并最终完成近代科学史上最重要的发现——放射性元素镭，并奠定了现代放射化学的基础，为人类做出伟大贡献。1903 年被授予皇家学会最高荣誉戴维奖章，同年又被授予诺贝尔物理学奖。1911 年她又荣获诺贝尔化学奖。居里夫人一生不为名利，却获得 10 项奖金，16 种奖章，107 个荣誉头衔，而所有这些都体现了居里夫人的超人智慧和卓越才华。

哈夫洛克・埃利斯，通过对人类史上，类似苏格拉底、牛顿、爱因斯坦等天才人物的智商研究，发现几乎所有一流男人都不能够掌握类似打领带、玩纸牌、记账簿或搞党派斗争等小技能。"简言之，他们在能够表现普通男人最高成就的领域显得迟钝、无能。在这些领域中，他们很容易被智商实际远比他们低的男人超过。"①而造成这种现象的深层原因就是这些天才男人往往都具有某种明显女性的东西。换句话说，这些一流男人具有的往往是一流、二流或三流女人普遍拥有的大智慧，而非男人普遍拥有的小技能。至于男人通常在各行各业都会取得突出成就，这是因为具有大智慧的女性不屑于从事这些雕虫小技。或者说"是因为她们对重大现实问题感到忧心忡忡，对低劣、华而不实的品质感到不耐烦，无法胜任那些人们在更高类群的男人身上能够找到的机械、僵化的老一套和空洞的技巧"，②而绝非因为女性缺乏大智慧。相反，"凡是需要智慧和独立思考的事情，她往往会做得很好"。比如艺术上最有才华、最有创意和魄力的演员总多是女性。正因如此，如果一个普通男人的工作只需要一个普通女工所需要的一半精力及应变能力，那么这个男人就会经常处于挨饿边缘。这是因为女人的智慧常常会在工作中实现"事倍功半"的结果和效应。

另外，由于女性在形成知觉、印象、形象和意象方面较男性更具优势，所以女性在认知上也具有十分丰富的想象力。这正像汉斯・利希特在《古希腊人的性

① ［美］H. L. 门肯、盖尔・汉密尔顿：《女性的智慧》，郭洪涛等译，中国人民大学出版社 2009 年版，第 25 页。
② ［美］H. L. 门肯、盖尔・汉密尔顿：《女性的智慧》，郭洪涛等译，中国人民大学出版社 2009 年版，第 27 页。

与情》中所描绘的：在运动场、竞技场和训练场上，在显贵的舞会上，那些赤身裸体的少女或舞女们正是借助自己丰富的想象力、表现力和最灵妙的动作，为人们提供了如此多的机会去欣赏最美、最不加掩盖的形体，以及因为竞争而强化的美感。由此才使得希腊艺术家的想象力被极大地提升。

女性尽管较之男性拥有更强的想象力和直觉能力，但是女性在认知和思维中同样较之男性更拥有一种实用主义的思维特质。这主要是因为，女人那娇柔优雅和迷人柔弱的身体，以及由此形成的沉稳、大方的性格往往在行为上决定她们具备以静制动和以不变应万变的特性。这种特性当然也就决定女性较男性的思维和行动往往更遵从现实，更讲究实际。这不只是一种处世态度、生活态度、实践精神，更表明了女性特有的智慧和思维上的认识论与方法论。

所以女性在哲学上，几乎无一例外地都是唯物论者。当然她们也特别地反对假大空；坚持观念贴近生活，讲求实干，讨厌虚无缥缈的思辨；主张哲学应该对指导人们的行为有用。也正因为女性对哲学一直持有否定态度，所以历史上，真正的女哲学家几乎是凤毛麟角。为此，女性是经常颠覆理论对实践的指导作用。比如国际共产主义运动史上杰出的女性理论家卢森堡，就十分讨厌第二国际的空头理论家。在批判具有教条主义倾向的党内元老伯恩斯坦和考茨基的过程中，其富有原则性的思想总是显得特别活跃和鲜明。她坚持认为：人类的认识决不存在一种绝对正确的理论和方法。任何实践都是随机变化的和多种多样的。哪里有绝对权威，哪里就必然会产生僵化和专横，窒息积极的创新精神。人世间，只有正义、自由、真理和无私的献身，才是值得追求的。女性不仅喜欢柔美，也具有一种伟大的智慧和人格。她们仁爱温和、亲切热情、善解人意、乐于助人，有着普遍的人道主义。也正基于此，才使得女权主义者西蒙·德·波伏娃得出结论："身体是我们对世界的把握，是我们计划的草案。"①作为人类，女性不仅始终都处在塑造自我的过程中，也始终在通过自己的行为"赋予我们的生命以意义"，从而真正在实现着人类的自我超越性和自由性。

尤其是进入20世纪之后，伴随女权主义的甚嚣尘上，女权主义者不仅在寻求女性的政治解放，更旨在获得女性身体的解放。那么究竟如何解放女性的身体呢？在波伏娃看来，"女人不是生就的，而宁可说是逐渐形成的"，②也就是说，

① [美]托莉·莫娃：《何为女性》，王林妮译，华东师范大学出版社2012年版，第50页。
② [法]波伏娃：《第二性》，作者序，陶铁柱译，中国书籍出版社1998年版，第309页。

男女之间除了生物学上的性别差异之外，现实中拥有的诸多性能特征、知识修养、生存能力、经济状态、政治地位等，可以说都是男权社会、男人们利用手中的权力和力量强加给女性的，也即男性社会化的结果。其实，女性作为一种生命形式，在各个方面都应该与男性平等。男女之别是合乎生物进化的内在目的和自然需要的，两者没有高低贵贱之分。更不能把女性的身体只当作男性奴役的工具。男女间应当互相欣赏、互相吸引、互相结合、互相关爱。男人和女人是一个对立统一体，彼此既有差异又不能分离。至于男人的强大，因为他负有保护女性的责任，而女人的柔弱，因为她天生就需要男性的保护，而不是男性的统治。既然如此，女性作为审美对象就应当更多地依据自己的美貌、善良、勤劳、柔顺和聪明来取悦男性。男性也应该以自己的强大和智勇双全来吸引女性。然而不论是男性还是女性对于性爱、性选择或性行为都拥有绝对的自主权。

特别是社会主义的女权主义必须批判资本主义父权制社会中利用女性的生育能力来保证劳动力商品持续不断的做法，以及利用女性繁重而无薪的家务劳动来保证家庭稳定的现象；使得几千年来"妇女在家庭中的母职角色和地位以及由此产生的母爱品质与行动成为资本主义再生产的重要组成部分"。[①] 正是这种对母性的物化、工具化和奴化使女性禁锢于母性身份的枷锁之中，阻碍了她们身体的自由发展和展示。因此我们必须解构母性神话，解放女性身体。让女性能够自由地拥有、保护、修养、提升和美化自己的身体。她有权利将美艳光洁的身体置于光天化日之下自由地展示自己的身体。当然一切人的身体都是社会历史的产物，但毋庸置疑任何身体都首先是生物的，继而才是社会的和历史的。所以，任何女性也都不可能离开一定的历史时代随心所欲的展示或使用自己的身体。她应该将身体恰到好处地置于一定的伦理道德和法律规定中。但无论什么时代，都应该积极地让身体美日益符合人性和生命本能。

图15－4 《罗马假日》主角奥黛丽·赫本扮演的安妮公主

法国威廉·怀勒导演的《罗马假日》中浪漫、高雅、圣洁、精巧的安妮公主（图15－4），她

① 秦美珠：《女性主义的马克思主义》序，重庆出版社2008年版，第5页。

厌烦皇家生活，在罗马访问途中巧妙逃出王宫后，却邂逅了一位年轻英俊的美国记者乔。当好心的乔发现安妮的公主身份，并知道有关公主的任何消息都能给他带来巨额财富时，便串通摄影记者尔宾陪同公主在罗马游玩一天并偷拍许多有关公主的精彩镜头，准备作特别报道。可是短暂的相处却使他们擦出爱情火花，坠入爱河。于是，乔为保护公主形象，忍痛抛弃功成名就之良机，将照片送给公主做永恒留念。安妮公主不甘受皇室古板礼仪的摆布，但经罗马一日假期后，反而体验到自己对国家和民族的责任，于是忍痛抛弃爱情返回大使馆，并果断地表达了自己的想法。年轻的乔虽然深深的爱着公主，但还是不得不把汽车开到大使馆门前，两人都知道这一别将意味着什么。长长的吻别和那寂静的夜晚绵长的思念，使这段优美的爱情旋律由瞬间化作永恒，从而在岁月的沙滩上留下一份美丽与纯真。

影片中，安妮公主高雅圣洁的形象：洁白的长裙、清丽的面容、迷人的微笑、优雅的仪态、冰雪聪明、高贵清纯、天真烂漫的模样、坚强的意志力、无法比拟的美，无疑是淑女中的典范。就连接待罗马贵族时那纯正的英语也能倾倒意大利的王宫贵族。尤其是当公主在街上一人游玩时，进入花店，倾倒了花店老板；进入理发店，理发匠为她的美丽失魂落魄。这一切无不鲜明地衬托出公主那超凡脱俗的女性美。更值得一提的是，当汽车开到竞技场门口，公主就要为自己的国家而忍痛抛弃爱情的时候，泪眼迷离的公主回头与乔告别的那一瞬间，娇美的表情、晶莹的泪花给观众留下回味无穷的一幕，使得人们永远记住那百年难遇的瑰宝；让人深深感受到公主纯洁的内心和对渴望冲出樊笼在蓝天上自由翱翔的向往。

这部影片实质上描绘的是公主和记者对彼此的身心美的相互欣赏和对自由生活的渴望。在对待性爱或朦胧爱的追求上，公主开始是顽皮和无约无束地享受自由；记者则是渐渐地被身边聪慧、善良、纯洁、美艳的公主所感染和吸引。其实在他那里，与公主游玩罗马最初仅是他那名利熏心的职业谋划的一部分。当公主回到官邸，翌日便举办记者见面会时，尽管他最后一次看到美丽的公主和第一次在街头碰见的女孩一样，然而此刻华贵的白裙将公主牢牢包裹，迫使高高在上的公主痛苦地安上伪装，但她明亮的眸子里射出的依恋光芒和闪过的一丝忧郁，不仅通过空气沉重地刺痛了乔的爱心，而且细心的观众也会发现在公主长长的笑靥里，包含着从见到情人的喜悦到离别后的痛苦，以及“神奇”的笑容里带有的矜持。这种矜持既不允许公主流露欣喜，也不容许她表露哀伤。但在台下的男人眼里，这矜持的微笑也是对自己不能使心上人自由的责备，致使男主角只能无望地凝视公主无可奈何地离去。而他此时则是深刻地体验到比疲于奔命寻找新闻更珍贵的便是对女性的爱和自由。因为日常生活中，正是那些类似安妮公主所拥有的身体美、灵魂美和智慧美的完美统一才深深地打动了男人们。

第 16 章

从神话看身体美的对象化

毫无疑问，几乎所有古代神话故事中的诸神，不仅都是现实世界中各类人等对象化的结果，而且主要是现实世界中各种靓男俊女身体、心灵和精神的美化与升华。这里只要看看自古希腊以来，人类对古希腊诸神的美化和艺术化，就可以得出结论：古希腊的神话故事不仅反映早在那个时期人类就拥有比较成熟的审美主体、审美能力，以及将现实，尤其是人的身体转化为或抽象为或对象化为无比美丽的天神的能力，包括辨识美丑善恶、是非真假、正义邪恶，以及自由与压制的能力，而且也证明人类早在那样一个古老时期就拥有了一种相对高级的认知能力和思维形式，包括运用直觉、灵感、顿悟、想象、猜测、假设和虚构等思维形式进行认识的能力。可以说，许多国家的现代性认识和文学艺术形式，都可以说是源于那个国家早期拥有的神话或传说。比如现代人比较一致的看法是：作为迄今世界上影响最深远的古希腊神话，不仅为古希腊和古罗马的文学艺术的繁荣创造了条件，也对世界范围内的哲学、宗教、科学和教育的发展起到极大的推动作用。所谓神话，无非是人在“人神”相通的基础上，形成的一种关于人类自身的想象和认知。具体地说即是，一切神性都是人类自身的形态、性情、观念、思想、情感、智慧、能力和力量的移植、同化、扩展和演绎。凡是神界拥有的，人间几乎都拥有。那么人类究竟是怎样实现这种有关神性或神祖的“身体化和人性化”的认知过程的呢？这就是，一切神话故事无非都是人类这个认知和实践主体借助其特有的想象力和虚构力将自身对象化、身体化、概念化和理论化的结果；都生动而美丽地体现了主体和对象、身体和精神，以及自然和神性的统一，即如列维·斯特劳斯所言：古代人的神话思维和现代人的抽象思维并无本质区别。只是后者主要借助概念和逻辑，前者主要借助身体和经验。比如神话中的悲剧不仅总是与“跛足、淌血的脚、受伤的脚、软绵绵的脚”密切相关，也总是依赖一定的感知方式和心理体验，并以一种独特方式对其做出解释和判断，因此神话世界更像是社会现实中“一个关于各种活动、人物、冲突力量的世界”。[①] 也即更是一些神话构造者对自身或他人所经历的各种苦难、悲剧、灾祸或美好事物的反映和描绘。即如黑格尔在论述美的本质时所言，“产生真实的东西本身就必须真实，不能只是显现或幻相。科学也是这样，它也应该按照显示的真实情况和理解现实的真实方式，去研究心灵的真实旨趣。”[②]毫无疑问，古希腊的神话传说、悲剧故事、艺术审美和宗教形式等都是美的生命的真实显现。

一、神话中身体认知和审美的对象化作用

几乎毫无疑问，一切动物，特别是高级动物，认识或选择它的异类、同类、子女、配偶，以及作出其他生存行为都是从自己的身体出发，并以其作为识别和行动的根据而做出判断和从事行动的。比如一只角马要想在千军万马中找到自己失散的幼子，必须依靠它赋予幼子的自己身体的气味；它要想逃生必须全力奔跑，而要想拥有和延续自己的子嗣就必须勇敢地争斗，尽其所能地展示自己的勇敢、强大和魅力；就像一只狮子要想知道它的领地的大小必须依靠其身体发出的尿液的气味，要想填饱肚子必须尽心竭力追捕猎物，要想捍卫自己的家庭和子女、保持自身的雄风和威信，必须时时刻刻提高警惕、来回巡视及至与竞争者作殊死的战斗一样。

人类固然比其他动物高级，但就认识、利用、改造、创造与生产物质世界和精神世界的起点而言，也必须从自己的那包括四肢和全部感官与思维器官的整个身体出发，并以其作为识别、利用和改变他物的根据。因为人类的认识和实践以身体作为行动和认知的逻辑起点，向外辐射，在将自身对象化的同时将他物对象化，这是主体认知的内在要求；是谋生之身体的合目的性的自然行为；是认知冲动的必然表现。比如人类蒙昧阶段形成的万物有灵论，及随后出现的各种神话传说，都充分说明人类认识的最初阶段就是从其身体的形态、特征及通过身体获

① [德]卡西尔：《人论》，甘阳译，上海译文出版社1985年版，第98页。
② [德]黑格尔：《美学》第1卷，朱光潜译，商务印书馆1986年版，第7页。

得的感觉、知觉、感受、体验、包括美感和快感作为认知、想象和虚构的出发点的；都是由此及彼或由己推彼进行的推理和判断作用，或都是直接运用大胆的想象、猜测和虚构方法进行艺术创作和从事有关天文地理与生命自身的认知活动与认知过程的。

正基于此，使得古代人塑造的各种神灵几乎无一不具有人的形体相貌、行为特征和人格品性，而且几乎都以自然人或生物人的赤裸裸的身体形态来表现万神的身体特征。可以说神话故事中的各路神仙在形象、体格、体态、情感、心绪、思维、表现和神性上都与现实中的人类个体毫无二致。他们就是现实人的仿照、模拟、延伸和神化。他们作为超人与现实人的区别，只是力量更大，智慧更高，能力更强，行为更奇特，实践效果更迅速高效。那些神话创作者通过其身体感知和大脑思维，使得美神、爱神和智慧之神等各类天神无一不体现了现实人类中的那些美貌、情爱、智慧或罪恶。也许正是基于古希腊神话中所构造的美神阿芙洛狄忒那美若天仙、艳若桃花、光洁如玉般的身体之美，那深沉柔和的双目，温暖祥和的双眉，那如瀑布般撒在她优美的颈项及白皙的肩背上的长发，以及她那纤巧的手指，玫瑰般白嫩的双足都为她的美增添了迷人的高贵和典雅，才使得后来的尼采由衷感叹："世界上只有人的身体才最美。"并使得卡西尔做出如下判断：全部神话都是人的生命冲动、求生本能、好奇心、求知欲、想象力，以及"整体交感"的结果；甚至可以说是"生命的本能创造了神话创作的本能"。[①] 没有古代人的这种将自身的身体审美化和对象化的认知与实践行为，就没有现代人在一切文学艺术、影视传媒领域和社会现实领域对人类身体的狂热与爱恋。

比如古代人立足"真善美"三位一体的自由意志，通过自己的身体和才华所塑造的智慧女神雅典娜更是一位体态婀娜、披坚执锐的女神。她作为宙斯的女儿和战神不仅光彩照人、仪态万方，且充满知识和胆量。她作为最聪明的女神同时拥有父亲的体力和母亲的智慧，是智慧和力量的完美结合；是天王宙斯思想和意志的执行者。她虽然是一位窈窕淑女，其重要性却不亚于宙斯。"她是一位可怕的、呼啸呐喊的将军；她是一位渴望喧嚷和战争厮杀的不可战胜的女王。"然而基于她的柔美身体和超人智慧，她和战神阿瑞斯对战争却有完全不同的态度。阿瑞斯代表的是战争残酷的一面，广大民众惊恐溃逃，生灵涂炭，而雅典娜则主张的是正义战争、守护性战争与战争中的理性。她抵御侵略，且主要是凭借智谋

---

① [德]卡西尔：《人论》，甘阳译，上海译文出版社 1985 年版，第 131 页。

和力量来取得胜利。不仅如此，由于雅典娜既美丽又智慧，所以她还是融审美和智慧为一体的艺术之神。她双手灵巧，发明乐器，建造船舰，保护农业与园艺；向人类传授纺织、绘画、雕刻、陶艺、畜牧等诸多技艺。她既是一位司职法律与秩序的女神，也是一位降妖捉魔的英雄。为此，在古希腊的各城邦，她都备受崇拜。尤其在以其名字命名的雅典，她就是现实智慧女性的化身。

图 16-1 中，描绘的有关天王宙斯与赫拉（朱诺）在伊达山上举行盛大婚礼的场景，场景中不论是美惠三女的美丽娇艳的肉体，还是美丽庄重、身穿华美衣袍、头戴花冠、坐在黄金宝座的赫拉，以及象征吉利的小天使，都可谓是人间现实中婚礼前侍女为新娘梳妆打扮的喜庆情节的真实性反映。事实上，从每位女神的行为举止、面部表情、灵魂表现、彼此间的亲切交流，以及屋内摆设上，也可以

图 16-1　《宙斯妻赫拉和美惠三女神》。画作者是意大利艺术家 Andrea Appiani，属法国新古典主义画派，精于壁画艺术和雍容华贵的皇宫人物肖像，尤以法国皇帝拿破仑的画像为最。画幅中间的赫拉身为宙斯的妻子，还是古希腊神话中司长婚姻和生育的女神。她相貌端庄迷人，气质优雅高贵，拥有威严和权力。尽管宙斯经常在外拈花惹草，风流成性，赫拉仍是不离不弃；不论在怎样的场合，都尽显女王的气场和气派。至于美惠三女神作为妩媚、优雅和美丽的化身，更是洋溢着圣洁、幸福和欢乐，象征着大自然赐予人间的美貌和一切美好的东西。她们姐妹三人从出生开始便形影不离，无论走到哪里都会给人带来一片美丽欢快的气息。在这里，容貌清秀、身心纯真而又尽享生命欢愉的三位女神，当然也就使得画面充满了温馨、祥和与诗意，体现了文艺复兴时期人文主义中积极永恒的身体观、审美观和人生观。

看出，这种场面并不在天上，它就在人间。女神赫拉就是现实世界中的人妻。婚后，她不仅与宙斯平起平坐，且与宙斯共同掌管奥林匹斯山，使得人人有事做。她本人不但掌管人间的婚恋生育，连风云雷电也要听从她的调遣。由此，完全将天上人间统一起来，对天神的美化实质上就是对人间女性拥有的自然美和身体美的真实表达。

有关“天地创设”的神话，更是反映了古代神话主要是出自人类身体的对象化作用。因为面对眼前这个无所不包、无所不有、硕大无比的宇宙，处于低级阶段的人的想象力和创造力，只能以人的身体作为认知逻辑的起点，向外延伸和演绎。此时，类似奥丁等一类造物主们想象：在混沌的宇宙中有一位靠饱食“牛乳”长大的巨人伊米尔，只要能把这位巨人伊米尔杀死，就可以利用他的庞大身体作为制造宇宙万物的材料。于是他们在杀死伊米尔之后，便把他的巨大身躯肢解开来，利用他的肉体制造了大地；利用他的血液制造了海洋湖泊；利用他的骨骼做成丘陵山脉；利用他的牙齿和零碎的颚骨做成岩崖巨石；又将他的头发和胡须变成树木和野草。“大地造成之后，众神又把伊米尔的脑壳抛在上面，形成天空；把他的脑浆撒到天空上面，形成云彩。为了不让云彩掉下来，众神派了四个侏儒分别到东南西北四个角落，用他们的肩膀抗住天空的四角。这四个扛着天空的侏儒，他们的名字就分别为东、南、西和北。”①在创造了大地和天空之后，奥丁等三位神祖又从南方的火焰国中采来许多火种，将其抛撒到天上。这些火种就停留在天空，形成满天的繁星，照亮了整个大地。

在整个宇宙初具规模之后，神祖们就开始思考创造一种完美的生物，得以居住在富饶肥沃的大地，以看护和管理万物。此时，他们还是从人的身体出发，利用海滩上飘来的两段木头，梣木和榆木，雕刻成两个栩栩如生的人形。奥丁等诸神把人形握在手中，赐给他们生命、呼吸、灵魂、体温以及五官和知觉。这样，人类就诞生了。其中，智慧巨人密密尔，有一个美丽而皮肤黝黑的女儿变成黑夜，而这个女儿与掌管光线的精灵黎明相爱生下的儿子叫做白天。在巨人国里的另一位巨人生有一儿一女，英俊美丽、光彩夺目，分别叫做太阳和月亮。它们不仅给人类带来光明和热量，也带来凭借光和热生成繁茂的植物和动物。至此，神祖创造世界的任务就得以全部完成，而且都是从人的肉体、身躯、形态和精灵出发，构造了整个宇宙和世界，既形成了“想入非非和不可思议”的神话传说，也揭示了

① 周成华主编：《西方神话传说》，中州古籍出版社 2011 年版，第 528 页。

人类认识世界的途径和方法。神话故事的虚构，将天地人合为一体，将灵与肉融合为一。

总的来说，人类最早认识世界基本上都是从自身的身体，包括身体的结构、功能、形状、特征，以及与身体相对应的人的灵魂、性格和属性出发，将自身神性化和对象化，以至于认识到万物有灵、万物有神。人世间拥有什么，宇宙间就拥有什么。人世间拥有美丑善恶、是非真假、公理正义、战争屠杀、邪恶罪过，在神的世界里，也同样拥有。

比如在西方绘画中古希腊众神之所以都是裸体或半裸体，一是源自古希腊人由温暖湿润的气候形成的生活习惯决定古希腊人穿着朴实简单。如此一来，日常生活中古希腊人不仅不以裸体为耻，且形成对裸体、丰腴完美的人体的崇敬和热爱。并由此形成一种自然主义的伦理观、道德观和美学观，认为万物混沌之时，最原始的性就是生命力的最重要表现。在这种观念下，裸体更能表达人的欢乐、狂乱、痛苦和激情。二是古希腊城邦林立对峙，战争频发，因缺乏先进武器，战胜敌人很大程度上取决于强壮的身体。为了守卫城池，城邦男子从小就开始锻炼身体，使得身强力壮、骨骼结实的形体之美和英雄形象成为古希腊人的普遍追求。三是奥林匹克运动会也成为展示健美体型和坚强意志的盛会。肌肉发达的运动员裸体运动时，展露出健美的曲线、力量和美，赢得了狂热观众的喝彩与青睐。胜利者形象被艺术家定格为唯美，并成为永恒。裸体美也在古希腊备受追捧，成为风尚。四是古希腊的海洋文明，造就了希腊人勇于探索、自由民主、民风开放、追求平等的民族性格。为此，古希腊人最早开始探索人本身，提倡尊重人和重视人，由此普罗塔哥拉还提出“人是万物尺度”的思想。人不仅是世界和社会的中心；人体更是世界上最匀称和谐、庄重优美的审美对象。五是古希腊人对于生而为人的自豪，对人自身的生殖崇拜，对人的生命力的推崇，而裸体则象征着缔造生命和无穷尽地繁衍后代。因而古希腊人对裸体怀着最虔诚的敬畏之心。这样，在古希腊人所信奉的众神中，包括主神宙斯，以及爱神、美神、智神、战神、酒神、海神、命运之神、复仇之神、山川河流之神、日月风雷之神等都被演绎为一群相貌俊美、体魄健壮、肌肉丰满、线条流畅、姿态优雅的神灵。他们个个性格鲜明、爱憎分明，像普通人一样，有喜怒哀乐，正义英勇，当然也有贪婪虚伪、报复妒忌。但在肉体上无不体现着自然、和谐与天真之美。

因此在古代人的眼里，世界就是他们从自己身上看到、经验到和想象到的世界。世界的复杂性、神秘性和层次性就是源自人类自身的复杂性、神秘性和层次性。他们从"自己的身体出发"不仅孕育了整个神话世界,创造了人类社会的全部宗教信仰,也在对象化和自由想象的基础上,开创了古代的宇宙论和自然哲学,为其后哲学和科学的形成与发展,打下认识论和方法论的思维基础。换句话说,他们从身体出发进行的有关光暗的发生、天地起源、动植物的形成、人类的诞生、生灵的哀怨,以及拥有思想、情感和生产能力的"新人类"的出现等现实性的描绘和想象,既反映了宇宙演变、生物进化和人类发展的顺序和规律,也对于后来人类对天体的起源、生命的起源、人类的起源、认知的发生、新大陆的发现、植物栽培、动物驯养、对自然灾害的抗拒等方面的深入探索和研究都起到了很大的启发作用。

二、神话虚构中身体对象化的认知机理

追踪人类身体对象化的认知机理,归根结底还是决定于人类特有的身体结构,及身体结构决定的人类特有的生理功能、心理功能和认知功能。换句话说,正是人的身体的整体结构决定人类特有的感官、大脑及其感觉和思维能力。正像现实世界中,碳原子的结构决定金刚石的形态和硬度、鸟的身体结构决定其飞行能力、狮子的身体结构决定其强悍本性一样,也正是"作为能够直立行走的、无毛的两足动物",才使得人类在认知功能上有别于其他一切物种;才使得人类在面对"苹果"这一对象时,能够利用其特有的"高瞻远瞩"的头颅和大脑"将鼻子嗅到的香气、舌头尝到的味道、眼睛看到的形象、手掌触摸到的形状和硬度"等感觉自动地组合在一起产生一种总体性的知觉。而知觉一经形成,"感觉就进而变成知识了"。[①] 也正是基于身体结构与感觉功能和认知功能之间的这种紧密关系,当代美国学者戴奇沃迪通过大量的科学实验提出"身心合一论"。指出,身体是一本活生生的心灵自传。人的身体与思维、个性、品质、情感、生存能量、感觉知觉和自我意识之间天生就合而为一。由此,他发现了一种"身体阅读法",指出,人的认识,特别是"一个人的个性不仅可以从他的行为模式看出端倪,也能由观察身体形状及动作等生理层面的状况而勾画出来"。[②] 那么,最早的人类究竟是

① [美]威尔·杜兰特:《哲学的故事》,金发燊等译,生活·读书·新知三联书店 1999 年版,第 21 页。
② [美]肯·戴奇沃迪:《身心合一》,邱温译,当代中国出版社 2010 年版,第 7 页。

如何将自己的身体、身体的形态、结构、功能、感觉、知觉、情感和思想对象化、神性化、神像化和普遍化，从而实现人类对周围世界的初步认识的呢？

追索其认知的内在机制，还是要归功于人类先天拥有的好奇心、求知欲、想象力，以及将自身自由地外化为外部世界或外部事物的身体之力和思维能力。这种将身体向外部自由扩展的认知行为、求生活动，实质上反映了出自身体内部的各种欲望总是自发地在追逐着欲望对象，并由此推动着行为、叙述、表达和想象力的向前发展。比如说，正是人世间普遍存在的男欢女爱在不断地被确立为一个个生动活泼和感人至深的神话形象。在这里，不只是许多希腊神话故事和许多"美"的作品与化身都是源自人类身体情欲的冲动和赤裸裸的暴露；类似《妇女乐园》、《维纳斯》、《浴女》和《泉》等无数的绘画雕塑都是人的身体、爱欲和性的公开展示，也说明正是人类之生机勃勃的生命、活力、美丽、激情和未来，成为艺术家"自觉创造和自我创造的性对象"。[①] 特别是隐藏在女性深处的性，之所以在人类历史上能够演变成一支可以撬起整个地球的强大杠杆，就在于性或性欲总是拥有无穷的强力和魅力，刺激和推动着人类不断产生那些令人兴奋和激动不已的感觉、知觉、想象、认知与行为。

这种类似于喷薄欲出的太阳冉冉兴起的肉欲和性，不仅构成一切差异的巨大力量，而且特别表明"女人的性是最有力的、神秘的叙述发动机"。[②] 证明性是实用性的和操作性的。它创造社会结构，形成亲属关系，推动着人类的文明和认知。正是它在很大程度上产生了人类文化中的各种社会关系、家庭关系和性别关系。"性交易也意味着用身体来提供更强大的后裔。"人的身体是认知的来源，也是达到自然状态的要件和对象。它的坦荡荡的裸露既可以给人以美好的享受，也可以从中升华出性感、纯真和美善的艺术作品和审美观念。（图16-2）

在那里，人的身体、形体、肤色和欲望饱含着情愫，萦绕着爱恋。人们不需要用思想来赋予它以深邃的魅力，也不需要视觉以外的情趣，只需要将人的身体打上标记或变成符号，便可将其带进指意领域，使人的身体变成一个叙述性的能指。此时，我们看到的不只是身体上的一个标记，而且是身体自身这个标记——语言所具有的一种创造一个身体的能量，而这个身体反过来又要求质问我们用于身体分类、控制身体的语言。比如，芭蕾舞从一开始就集中于女性身体的公开

---

① [美]彼得·布鲁克斯：《身体活》，朱生坚译，新星出版社2005年版，第157页。
② [美]彼得·布鲁克斯：《身体活》，朱生坚译，新星出版社2005年版，第192页。

图 16-2 法国画家热拉尔 1798 年创作的《普赛克第一次接受爱神之吻》：普赛克是人间公主，美貌绝伦，引起美神维纳斯嫉妒，派儿子丘比特去伤害她，丘比特奉母命去见普赛克，一见钟情，深深爱上了她。画中描绘的是两人初见时的第一次吻。这是一个富有浪漫主义情趣的题材。而热拉尔则着重于表现两个纯洁无暇、情窦初开的少男少女靓丽完美的人体，并没有刻画出富有个性的相貌与精神气质。它注重艺术形式，造型规范。在艺术表现手法上，极端严谨的素描、装饰性的色彩、流畅的线条和均衡和谐的构图等是他着意要表现的一切。

表演和展示；使她们与男性观众形成一种情欲交易关系。此时，她已经不是一个跳舞的女人，而是变成一种隐喻和身体性的思考。“它是结合了视觉呈现和思想的最完美的象征。在这个时刻，思维活动彻底融入了给人以美感的具体表现，以至于思想不再是脱离形象的领域，而是变成通过它的具体表现而直接得以理解的东西。”①

由此说明，整个人类文明从很多方面来说都是“人类自我表演”的结果，而进行表演的主体主要就是作为不可化约的整体而得到赞美的身体及情欲。20世纪70年代进入网络和影视图像的时代之后，福柯将其称为“视觉迷狂”的时代。在这个时代，人们通过语言的身体、视觉的身体、符号的身体、抽象的身体、表现性和情欲的身体，产生欲望经济和欲望话语，使欲望变成一种认识和观念、一种已经进入欲望体系的身体的精神活动。此时，不只是“欲望推动着身体的智能，身体也通过他者而变得有感觉、有自我意识”。快感和知识成为身体在与欲望的关系中进行定位的产物；痛苦、虐待狂和法律的强迫执行也是如此。当然不存在单纯的、无中介、无对象和无问题的欲望，比如从一个女孩看见一个男孩的那一刻起，该女孩就在她未来的情人身上产生某种欲望，而作为一种循环体系，她的欲望也创造了她、她的身体、情感、性情、气质和人格，促使她长大成人。在这里，欲望不仅没有任何罪恶，且会产生一种令人惊讶的智能，形成一种知性—情欲传统。正是基于对欲望和认知之间紧密关系的认识，使得德勒兹等人认识到：源自身体欲望的功能就是生产、驱动与创造。欲望生产就是一种持续的创造流和强烈的情感流，并以多元和弥散的方式体现出来。

这些弥散的欲望，包括权欲、财欲、物欲、色欲、性欲和妒忌之欲促动人类这架欲望机产生和执行多种综合性的认知能力。其中“关联性综合”能力主要与人的身体本能和冲动相关，指向人体的各个部位或不同器官为满足其欲望而发生联系的自然状态。它赋予所及客体以价值或情欲。在这种综合中，身体在欲望的驱使下，总是将人的美貌和善良与智慧相联系，将人的丑陋和罪恶与愚蠢相关联，并在生理和爱欲上疏通了身体内部的能量流动。也正是身体及欲望之间的互动作用促动后来发生复杂的生理、心理和认知过程。此时，欲望没有确定的对象，它是由无意识以各种类型的“综合”引发的情感和力比多能量的持续生产。这种连接性综合是块茎式的，而不是按照预先规定的路线发生的，从而呈现出一种无意识欲望的动力学机制。这是欲望固有的积极作用，也是身体认知及各类神话产生的真正动因。

至于与人的身体快感、记忆及重复相关的“愉悦性综合”能力，主要指人的某些欲望得到满足后，欲望生产有可能进入一个享受和回忆期。此时，人的身体会

① [美]彼得·布鲁克斯：《身体活》，朱生坚译，新星出版社2005年版，第312页。

以某种方式记住曾经有过的快乐经历。此时，身体不仅会有重复这种快乐经历的冲动，而且会以不同方式去体验快乐和实现欲望。这就是说，人不会以某种特殊的一成不变的方式来满足其欲望。无器官身体的记录使得人能在过去的基础上发现、创造和产生新东西。欲望驱力的轨迹也可以在上面生成多元性与差异性，使欲望生产对新的可能性采取开放姿态，让其尽情发挥和外溢，以激发和形成各种新的行为和方式，使人可以一种主动的姿态对任何状况都做出积极反应。人类神话、艺术史和文学上的许多神话故事和文艺作品的创造，都是这种愉悦性综合认知的产物。

与前两种综合认知能力相关的是一种“联合性综合”能力，它主要是指某种主体或主体性的形成。它是前两种综合相冲突的结果。人在这种冲突中确认了特殊的欲望生产的完成。它产生了流动、开放和不确定的游牧主体。在这种综合中，人的认知是生产性欲望之流的一种多元联系和开放性语境生成的结晶。正像德勒兹所言：“主体诞生于以上三种综合系列中的每一种状态，并在随后的每个决定了主体的特定状态中重生，这种特定状态就是消费—完成所有使主体诞生和重生的那些状态。”①尽管人作为主体是由文化等多因素决定，但实际上世界却等待着从事观察、尝试和创新的游牧主体去体验。世界是由人类根据自己的文化和欲望去建构的一个主体性世界。主体也在多元变化和不断分衍中展示自己积极主动的创造力。特别是同时处于自然状态和自为状态的身体和欲望，不仅创造了现实世界，包括人的自然环境和社会环境，产生了个体和自然界与社会的真正的、深刻的联系，也创造和塑造出丰富多彩的人类个体和群体，包括那些被升华了的五花八门的神祖和化身。因此，“人应该让欲望自由地流动，顺从人自身这种本原的自发力量，从而使人真正摆脱异化状态”。②

三、从身体认知的对象化到概念的形成

神话的产生无疑意味着人类智力的能动性和创造性，证明生命就是积极的生活和渴望永恒的顽强生存。今天统治人类文明和人类文化的符号，包括人类

① Gilles Deleuze, Nietzsche and Philosophy. translated by Hugh Tomlinson, London: The Athlone Press, 1983. p. 20.

② 冯俊等:《后现代主义哲学讲演录》，陈喜贵等译，商务印书馆 2003 年版，第 525 页。

创造的全部物质和精神财富留下的印迹、图画、图像、言语、文字、音律、记号、数字、线条、符码、代码等主要由思维、概念、声音和颜色所表达的各种具体的音符、字符或某种抽象的替代物等，究其产生的原因：一切被赋予人的认知和实践意义的符号无非都是源自人的身体。是人的身体的外露、延伸和想象；是人以身体为出发点亲知、感知、同化和演绎的结果。因为一切认知，包括抽象符号的形成和全部符号化过程总是源自人的身体的组织、器官、姿势、形态、行为、活动、知觉和经验；总是人的身体的直观、体悟、觉识和认知。比如人类语言的产生，除了决定于其特有的发音器官之外，就主要是由于那些正在生成的人，在相互紧密结合和相互协作的劳动过程中，达到彼此间不得不说些什么的时候，“需要也就造成了自己的器官：猿类不发达的喉头，由于音调的抑扬顿挫的不断加多，缓慢地然而肯定无疑地得到改造，而口部的器官也逐步学会发出一个接一个的清晰的音节。”①此时，语言便从劳动中产生出来。

与之相似，也正是源自身体的各种感觉决定了以身体为基准、标尺和核心的认识及相关概念符号的形成。比如正是人的身体的“直立、平衡、疏远、接近、紧密、踏实和正常生存”的感觉，决定与之相关的概念、观念、意识、形象和符号。正是人的身体获得的“美感、舒适感、快乐感、幸福感、惊艳感、奇妙感，或是源自身体经历和产生的痛苦、惊吓、恐惧、疑虑、郁闷等”心理情绪和体验，才形成人类语言中占据重要地位的“感叹词、语气词、形容词”等语词符号。就人的符号化过程与感觉之间的紧密关系而言，是人的视觉决定了和人的身体相关的距离、形状、体积和各种颜色的认知符号；是人的听觉决定了和人的各种声音相关的音调、频率、优美和刺耳的觉识和符号；是人的嗅觉决定了以人的体味为基准的各种气味的好坏优劣。而所有的感官及感觉，包括一切神话传说、艺术虚构、雕塑绘画、音乐舞蹈、游戏活动，以及全部心理活动不仅都源自身体，且正是身体在考量全部的感官和感觉。

进一步说，正是身体的存在及各种感官的经验性和直接性作用，才使得人之认识和相关符号的创造与使用总是以身体为圆心在进行对周围事物的认识和表明。比如正是从身体的整体性感觉出发，人们认为自己头顶蓝天，脚踏大地，上有天神，下有阎王。身体的前后左右是地理方位，而它本身则被时空紧紧包围。也正是这种位置感决定人类心目中的符号形象是：人类栖居的地方是宇宙的中

① ［德］马克思、恩格斯：《马克思恩格斯选集》第4卷，人民出版社1995年版，第376页。

心。由此导致古希腊的托勒密创立了“地心说”，而亚里士多德则建构了一种透明的天球层模型，当然也形成了中国古代人的“天圆地方”概念。近代以来，由于生物进化论的胜利，确立了人类在宇宙中的至上地位，从此又形成人类乃自然界之首的形象。

再比如人类对事物的质、量、度、空间、时间，以及类似动静、软硬、大小、宽窄、高低、疏密、轻重、美丑、光暗等物质属性的认识，也几乎全都是以身体及其感受作参照物进行表达、描述与解释的。所以人之身体既是感知的主体，也是人类拥有知识的具体机制的源头。因为身体无需反思，便可用一种直接和实际的方式把控它们。为此，威廉・詹姆斯认为身体作为经验哲学的核心，是情感风暴的中心、心理坐标的起源、经验压力的所在地，是视觉、行动、利益和审美的中心。一切都围绕身体运转，都从身体的角度感知。反过来，感知到的世界也都把身体作为中心；作为一个实验性和意向性的中心，一个“神秘晦涩的、生成性的、界定方位的不存在之地”。[①] 只要我们需要它，停止对它的概念分析和理性概括，它就会奇妙地引导我们。就像一个婴儿不仅能够用自己的身体感知事物，引领自身的行为，而且在他的非概念化“心目”中同样存在一个可以带来“愉悦、微笑或痛苦”的世界。

在这个被感知的世界里，由于“身体能使我保持与世界的关系，不需要我在主题方面回想起我现在把握的物体或在我的身体和世界对我的接近之间的大小关系。只要我不是特意地思考世界，我对我的身体的意识就能直接说明在我周围的某种景象，我对我的手指的意识就能直接说明物体的某种纤维状的或粒状的特征”。[②] 总之，时时处处，自我都是以身体感觉作为认知和实践宇宙万物之基础和前提；都是通过身体去感知、比较、参照和反思认知对象。在这种主客关系中，是人的身体决定周围世界；也是根据人的身体去辨认周围世界。我们通常所谓的“高瞻远瞩”、“耳听八方”等，都反映了身体在认识世界中的功能和作用；证明“人在无知中总会本能地把自己当作权衡世间一切事物的标尺，把自己变成整个世界”。[③] 反过来，世界也变成一个巨大的身体象征，使身体作为一种沟通态和参照系成为破解世界的密钥。

① [法]吉尔・德勒兹:《德勒兹论福柯》译序，杨凯麟译，江苏教育出版社 2006 年版，第 24 页。

② [法]吉尔・德勒兹:《弗兰西斯・培根:感觉的逻辑》，董强译，广西师范大学出版社 2007 年版，第 109 页。

③ [法]德拉克洛瓦:《德拉克洛瓦论美术和美术家》，平野译，河北教育出版社 2002 年版，第 16 页。

这种通过身体之感觉、体验、测量，进行比较、类比、模拟、模仿和想象，以及由内向外、由此及彼、由己外推的认知过程，就叫做认知上的身体化和符号化。这个认知过程恰如克尔凯郭尔所言“真理无非是‘他自己的显现’，此外还有‘他自己的发现’”。① 只是在这个过程中，人的思维作为身体的灵魂，由于常常无约无束地远离身体及感觉，尽情地发挥其主观能动性，及至超越身体而自作主张地去拓展和发挥，以致经常制造诸多非现实的神话传说。

也正是基于这种身体认知论和感觉符号论，当代后现代主义者德勒兹通过对绘画等符号化艺术的解读揭示：人类从事的符号艺术的创造并非只来自于精神的凝思或理性的逻辑，而主要是决定于人的内在情感和身体感觉。正是身体感觉的具体性、生动性、变化性和多样性表现、体现和实践了艺术形式的多样性和内容的丰富性。正是身体感受和身体经验以及身体整体的生成运动和存在状态构成各类绘画艺术的对象和形象；也正是发生在身体感觉层次上的具体的活生生的体验与行动变成人的艺术创造的潜能，构成各种艺术发现、技艺发明和理论创新的力量。特别是发生在身体感觉层次上的各类经历与行动，作为各种感觉间的联系和综合总是偾张着一股永恒的生机和创造力。因此要想培养或发挥人的绘画创造潜能，并不非得有超凡的理性思维和渊博的学识不可，关键是要学会感受、感悟、捕捉、接受或诱发身体感觉的火花和心灵迸发的激情，并能够凭借其创造天赋和高超的表现手法使其得以凝聚、整合与升华；在转瞬即逝的身体感觉中“捕捉到对象叩击我们的眼睛和感官的方式”。

总之，人的认知和全部符号都是源自人的那能够行动、思维、说话和不断创生的身体；是产生于身体活动所获得的感觉、知觉和悟性；是作为认知和实践主体的身体对认知对象、作用对象、审美对象发出的认知意向以及由此获得的总体上的知觉、顿悟、灵感和想象力的结果；是人的身体拥有的兴趣、志向、目的、动机、体能和智能共同作用于认知活动的结果，绝不是单纯的大脑活动。尤其是技艺、技巧、技能以及其中包含的智慧及其符号化、形式化、公式化和数学化过程，都主要是通过身体实践和身体思维而获得的。要想认识和把握其内在的规律和机制，只有通过身体的行为与实践，方能变成现实和获得成功。

当然神话乍看上去只是一团混沌，一大堆不定形的语无伦次的观念，然而只要深入反思就会发现，整个神话就是一个深不可测的知识海洋。它无边无际、苍

① [德]卡尔·洛维特，《从黑格尔到尼采》，甘阳等译，生活·读书·新知三联书店2006年版，第402页。

苍茫茫，超越时空；既展示了一个永恒连续的整体世界，也显示了整个人类的卓越智慧。虽然全部神话都带有虚构和幻想的性质，但也同时围绕身体这个中心，把所有天地万物都聚拢串联起来，绘制出一幅幅沁人心脾和美妙绝伦的神话作品。因此一切神话又都不是纯粹的虚构，"每个神话人物的实质都可以从其名称中获知。名和实之间存在着必然的内在联系；名称不仅指称其对象，且就是其对象的实质；实在之物的潜能即寓于其名称之中——这种观念原是'神话制作意识'。"①

正基于此，列维·斯特劳斯(C. Lévi-Strauss)认为，原始人的神话思维和现代人的抽象思维并无本质区别。只是后者主要借助概念和逻辑，前者主要借助身体、感觉和经验。比如，凡是神话中的悲剧和灾难总是与"跛足、淌血的脚、受伤的脚、软绵绵的脚"密切相关。因此神话思维与科学思维都在寻求实在世界。只是神话使用的手段主要是虚构、猜测或幻想。但若就其展示的概念结构和感性结构而言，它也属于科学探究的方式和方法，说明它并不是一大团无组织的混乱观念，而是也依赖于一定的感知方式和心理体验，并以一种独特的方式对其做出判断和解释。因此神话的世界更像是"一个关于各种活动、人物、冲突力量的世界"，②也即更像是一个现实的、亲临其境的世界，而非一个纯粹虚构的或无中生有的世界。这也正如尼采所言：如果神话创作者或艺术家的人生观、审美观不再能够影响人类的日常生活，如果他们的创作、制作、简化和调整不再能够让生活更简单、更有秩序和更好地生存，那么艺术的内在价值就将消失，而且将不再被人们认为有价值。因此任何一位艺术家都要懂得，"美就在我不得不以全部意志欲求的地方，在我欲爱欲死，从而使形象不仅仅是形象的地方。"③这种情况就像《圣歌》中对造物主的赞美："他让青草为牛而生长，让药草服务于人类；那样，他可以从大地中生产出果实"，养育着地球上的所有圣灵。所以，不论是古代的神话故事或是其后人类所创造的全部艺术，都必然是源自现实生活，并服务于现实生活，否则它就会变成虚弱、贫穷和丧失内部力量及主动性的艺术，也即不为人类所需要和欣赏的丑陋的艺术。

对此，只要看看图 16 - 3《阿波罗与帕纳苏斯山的女神缪斯》中的那些美丽动人，形态优美、面容秀气、表情各异，个个和颜悦色、气质高贵、行为高雅，人人

① [德]恩斯特·卡西尔：《语言与神话》，于晓译，生活·读书·新知三联书店 1988 年版，第 31 页。
② [德]卡西尔：《人论》，甘阳译，上海译文出版社 1985 年版，第 98 页。
③ [英]卢多维奇：《尼采艺术论》，李关富译，新星出版社 2010 年版，第 87 页。

身材精致匀称、身着绢纱、动作轻盈、临风飘逸、光彩照人，这些神话人物和出于作者的神奇想象构绘的诸多活泼可爱的小天使，以及那些由裸露着的丰艳的身体给人的视觉之美和诱人之色，和诸多谈情说爱的生活形象所呈现的人间极乐场面，从中就可以知道，人世间所渴望的无非就是有如天堂一般幸福、祥和与快乐的生活。在那里，人们不仅仅是在七情六欲的刺激下追求人的体态美、容貌美、肌肤美、青春美、身体的健康、旺盛的生命力，以及裸体的清纯和圣洁，承担着生儿育女的神圣职责，也在去除禁欲主义和神秘主义的基础上，追求个性鲜明的人格美、男女之间的契合美、天人合一的自然美和生态美，力求天宫和人世间的文明、友善与和谐。整幅画面既反映了作者强烈的求美意识、成熟的审美理念、精湛的艺术修养、丰富的想象能力，也反映了作者对人世间性别美、身体美、心灵美的记忆、向往、渴望和设想。那里的女人代表着美丽，男人代表着健康，幼儿代表着蒸蒸日上的未来，而白云蓝天和草木岩石则表征着整个世界，丝毫没有狭隘、肉欲主义和享乐主义的轻浮，使得创造“艺术的目标完全在于创造人和自然”。①

图16-3 *Apollo and the Muses* (*Parnassus*)，是法国画家尼古拉斯·普桑(Nicolas Poussin, 1594—1665)的作品，取材于古希腊的神话和宗教故事。该幅画作构思恢宏庞大，人神天地和谐统一，极富哲理；画面精雕细琢，构图精致完美；人物造型高贵典雅、靓丽俊美；个个形象惟妙惟肖、栩栩如生；既富有雕塑感，又具有庄重静穆和崇高自然、落落大方的艺术特征。反映作者冷峻中含有深情、沉稳中含有热辣的思考本性。

① [美]理查德·舒斯特曼：《身体意识与身体美学》，程相占译，商务印书馆2011年版，第74页。

这就是人们所想往的美好的人类社会；这就是人类所追求的黄金时代。然而不论是怎样的时代，身体都永远是艺术、哲学和伦理道德的核心，生育都永远是生命的本能，性爱都永远是全部友爱的基础，而高尚纯洁的女性之美、晶莹剔透的身体之美、相亲相爱的性爱之美则永远都是建构全部人类文明的基本要素和主要动力。这幅画不仅反映了人类的自我关怀、自我欣赏、自我陶醉、自我认识和自我生产的自在性和自为性，也证明艺术家们总是想在精神上通过灵魂努力从身体的激情和感官中美化自己和解放自己，表达和讴歌那代表世界之美的身体之美、女性之美和性别之美能够给人类带来的真正的愉悦、和谐与希望。从而确立“以自己的身体为审美主体和审美对象的思想”，并进一步把人的身体和身体美看作艺术和审美的绝对本质，以及将形成的美学观念看作普遍的形式和客观存在的审美对象的真实反映。

参 考 书 目

中文

[德]T. W. 阿多诺:《克尔凯郭尔:审美对象的建构》,李理译,人民出版社 2008 年版。
[德]莫蒂默·艾德勒等编:《西方思想宝库》,吉林人民出版社 1988 年版。
[意]奥古斯丁:《上帝之城》,王晓朝译,人民出版社 2006 年版。
[英]詹姆士·邦廷:《达尔文》,王守义等译,黑龙江人民出版社 1980 年版。
[希腊]柏拉图:《文艺对话集》,朱光潜译,人民文学出版社 1980 年版。
[法]波伏娃:《第二性》,作者序,陶铁柱译,中国书籍出版社 1998 年版。
[英]道格拉斯·伯纳姆:《导读尼采"悲剧的诞生"》,丁岩译,重庆大学出版社 2016 年版。
[美]苏珊·布朗米勒:《女性特质》,徐飚等译,江苏人民出版社 2006 年版。
[美]彼德·布鲁克斯:《身体活》,朱生坚译,新星出版社 2005 年版。
陈学明等编:《让日常生活成为艺术品》,云南人民出版社 1998 年版。
陈之荣:《像赫本一样优雅》,中国纺织出版社 2015 年版。
[英]查尔斯·达尔文:《物种起源》,苗德岁译,译林出版社 2016 年版。
[美]肯·戴奇沃迪:《身心合一》,邱温译,当代中国出版社 2010 年版。
[法]丹纳:《艺术哲学》,傅雷译,安徽文艺出版社 1991 年版。
[澳]J. 丹纳赫等:《理解福柯》,刘瑾译,百花文艺出版社 2002 年版。
[法]德拉克洛瓦:《德拉克洛瓦论美术和美术家》,平野译,河北教育出版社 2002 年版。
[法]吉尔·德勒兹:《弗兰西斯·培根:感觉的逻辑》,董强译,广西师范大学出版社 2007 年版。
[法]吉尔·德勒兹:《什么是哲学?》,张祖建译,湖南文艺出版社 2007 年版。
[法]吉尔·德勒兹:《德勒兹论福柯》译序,杨凯麟译,江苏教育出版社 2006 年版。
[英]狄金森:《希腊的生活观》,彭基相译,华东师范大学出版社 2006 年版。
[德]米盖尔·杜夫海纳:《美学与哲学》,孙非译,中国社会科学出版社 1985 年版。
[美]威尔·杜兰特:《哲学的故事》,金发燊等译,生活·读书·新知三联书店 1997 年版。
[美]杜威:《哲学的改造》,许崇清译,商务印书馆 1989 年版。
[德]恩格斯:《自然辩证法》,人民出版社 1971 年版。
[美]亨德里克·威廉·房龙:《艺术的故事》,洪亮译,陕西人民出版社 2011 年版。
[美]安德鲁·芬伯格:《技术批判理论》,韩连庆等译,北京大学出版社 2005 年版。
冯俊等:《后现代主义哲学讲演录》,陈喜贵等译,商务印书馆 2003 年版。
[法]艾黎·福尔:《世界艺术史》,张泽干等译,长江文艺出版社 1995 年版。

[法]福柯:《性经验史》,佘碧平译,上海人民出版社 2002 年版。
[法]福柯:《疯癫与文明》,刘北成等译,生活·读书·新知三联书店 2003 年版。
[法]福柯:《权力的眼睛》,严锋译,上海人民出版社 1997 年版。
[法]米歇尔·福柯:《规训与处罚》,刘北成、杨远婴译,生活·读书·新知三联书店 2003 年版。
[美]辛西娅·弗里兰:《西方艺术新论》,黄继谦译,译林出版社 2013 年版。
[奥]弗洛伊德:《论美》,邵迎生等译,金城出版社 2010 年版。
[德]莫里茨·盖格尔:《艺术的意味》,艾彦译,译林出版社 2012 年版。
[美]简·盖洛普:《通过身体思考》,杨利馨译,江苏人民出版社 2005 年版。
[法]高宣扬:《福柯的生存美学》,台北五南图书出版公司 2004 年版。
[法]高宣扬:《法兰西思想评论》,同济大学出版社 2009 年版。
[意]葛兰西:《实践哲学》,徐崇温译,重庆出版社 1993 年版。
[美]H. L. 门肯、盖尔·汉密尔顿:《女性的智慧》,郭洪涛译,中国人民大学出版社 2009 年版。
[德]海德格尔:《尼采》,孙周兴译,商务印书馆 2010 年版。
[德]海德格尔:《林中路》,孙周兴译,上海译文出版社 2004 年版。
[德]黑格尔:《美学》第 1 卷,朱光潜译,商务印书馆 2017 年版。
[德]黑格尔:《美学》第 2 卷,北京大学出版社 2017 年版。
[德]黑格尔:《美学》第 3 卷,商务印书馆 1986 年版。
[德]黑格尔:《精神现象学》上卷,贺麟译,商务印书馆 1983 年版。
[俄]M. C. 卡岗:《美学和系统方法》,凌继尧译,中国文联出版公司 1985 年版。
[英]托马斯·卡莱尔:《拼凑的裁缝》,马秋武、冯卉译,广西师范大学出版社 2004 年版。
[美]H. 卡伦:《艺术与自由》,张超金译,工人出版社 1989 年版。
[德]恩斯特·卡西尔:《人论》,甘阳译,上海译文出版社 1985 年版。
[德]恩斯特·卡西尔:《语言与神话》,于晓译,生活·读书·新知三联书店 1988 年版。
[德]康德:《康德美学文集》,李秋零译,中国人民大学出版社 2016 年版。
[德]康德:《康德三大批判合集》下卷,邓晓芒译,人民出版社 2009 年版。
[德]康德:《判断力批判》上卷,宗白华译,商务印书馆 1964 年版。
[德]康德:《判断力的批判》上册,宗白华译,商务印书馆 1996 年版。
[意]克罗齐:《美学的历史》,王天清译,商务印书馆 2015 年版。
[意]贝尼季托·克罗齐:《美学的历史》,王天清译,中国社会科学出版社 1984 年版。
孔子:《论语》,辽宁民族出版社 1996 年版。
[法]雅克·库尔第纳:《身体的历史》,孙圣英等译,华东师范大学出版社 2014 年版。
[加]约翰·莱斯利:《世界的尽头》,刘魁译,江苏人民出版社 2001 年版。
[美]苏珊·朗格:《情感与形式》,刘大基等译,中国社会科学出版社 1986 年版。
李秋零主编:《康德全集》第 5 卷,中国人民大学出版社 2010 年版。
[俄]列宁:《列宁全集》第 38 卷,人民出版社 1959 年版。
龙汉宸主编:《庄子》,北京燕山出版社 1995 年版。
[英]卢多维奇:《尼采艺术论》,李关富译,新星出版社 2010 年版。
[德]罗莎·卢森堡:《狱中书简》,田时纲译,花城出版社 2007 年版。
鲁迅:《鲁迅全集》第 4 卷,人民文学出版社 1981 年版。
[美]理查德·罗蒂:《哲学和自然之镜》,李幼蒸译,生活·读书·新知三联书店 1987 年版。

[德]卡尔·洛维特:《从黑格尔到尼采》,甘阳等译,生活·读书·新知三联书店2006年版。
[德]马克思:《摩尔根〈古代社会〉一书摘要》,人民出版社1965年版。
[德]马克思:《1844年经济学—哲学手稿》,刘丕坤译,人民出版社1979年版。
[德]马克思、恩格斯:《马克思恩格斯全集》第42卷,人民出版社1979年版。
[德]马克思、恩格斯:《马克思恩格斯选集》第4卷,人民出版社1995年版。
[德]马克思、恩格斯:《马克思恩格斯选集》第4卷,人民出版社1995年版。
[德]马尔库塞:《爱欲与文明》,黄勇译,上海译文出版社1987年版。
[德]马尔库塞:《反革命与造反》,《工业社会和新左派》,任立译,商务印书馆1982年版。
[德]马尔库塞:《单向度的人》,刘继译,上海译文出版社1989年版。
[德]马尔库塞,《单向度的人——发达工业社会意识形态研究》,刘继译,上海译文出版社2006年版。
[德]马尔库塞,《审美之维——马尔库塞美学论文集》,李小兵译,生活·读书·新知三联书店1989年版。
[美]列纳德·蒙洛迪诺:《潜意识》,赵崧惠译,中国青年出版社2013年版。
[美]詹姆斯·米勒:《福柯的生死爱欲》,高毅译,上海人民出版社2003年版。
[美]凯特·米利特:《性政治》,宋文伟译,江苏人民出版社2000年版。
[美]摩尔根:《古代社会》,商务印书馆1971年版。
[英]威廉·莫里斯:《乌有乡消息》,黄嘉德等译,商务印书馆1981年版。
[美]托莉·莫娃:《何为女性》,王林妮译,华东师范大学出版社2012年版。
[德]尼采:《偶像的黄昏》,李超杰译,商务印书馆2009年版。
[德]尼采:《悲剧的诞生——尼采美学文选》,周国平译,上海人民出版社2009年版。
[德]尼采:《悲剧的诞生》,孙周兴译,商务印书馆2012年版。
[德]尼采:《悲剧的诞生——尼采美学文选》,周国平译,生活·读书·新知三联书店1986年版。
[德]尼采:《权力意志》,孙周兴译,商务印书馆1991年版。
[德]尼采:《生命的意志》,孙志军选编,长江文艺出版社2009年版。
[德]尼采:《天才与灵魂》,高适编译,华中科技大学出版社2012年版。
[美]N.帕帕斯:《柏拉图与"理想国"》,朱清华译,广西师范大学出版社2007年版。
[法]梅洛-庞蒂:《知觉现象学》,姜志辉译,商务印书馆2001年版。
[法]梅洛-庞蒂:《行为的结构》,杨大椿等译,商务印书馆2005年版。
[法]梅洛-庞蒂:《符号》,姜志辉译,商务印书馆2003年版。
齐志家:《时尚与身体美学》,人民出版社2015年版。
秦美珠:《女性主义的马克思主义》序,重庆出版社2008年版。
[美]乔治·瑞泽尔:《后现代社会理论》,谢立中译,华夏出版社2003年版。
[法]让-保罗·萨特:《想象》,杜小真译,上海译文出版社2008年版。
[法]萨特:《辩证理性批判》,林骧华等,安徽文艺出版社1998年版。
[法]萨特:《存在主义是一种人道主义》,周煦良等译,上海译文出版社1988年版。
[法]萨特:《存在与虚无》,陈宣良等译,生活·读书·新知三联书店1987年版。
[美]理查德·桑内特:《肉体与石头》,黄煜文译,上海译文出版社2006年版。
[德]叔本华:《爱与生的苦恼》,陈晓南译,哈尔滨出版社2015年版。
[德]叔本华:《作为意志和表象的世界》,石冲白译,商务印书馆1982年版。

[德]叔本华:《意志决定命运》,韦启昌译,长江文艺出版社 2014 年版。
[美]理查德·舒斯特曼:《身体意识与身体美学》,程相占译,商务印书馆 2011 年版。
[美]舒斯特曼:《哲学实践》,彭锋译,北京大学出版社 2002 年版。
[美]舒斯特曼:《身体美学与乌托邦式身体》,刘检译,《世界哲学》2011 年第 5 期。
[美]查伦·斯普瑞特奈克:《真实之复兴》,张妮妮译,中央编译出版社 2001 年版。
[苏]苏霍金:《艺术与科学》,王仲宣等译,生活·读书·新知三联书店 1986 年版。
[美]梅·所罗门:《马克思主义与艺术》,杜章智等译,文化艺术出版社 1989 年版。
汪民安等主编:《后现代性的哲学话语》,浙江人民出版社 2000 年版。
[德]沃尔夫冈·韦尔施:《重构美学》,陆扬等译,上海译文出版社 2006 年版。
[法]乔治·维嘉埃罗:《身体的历史》第 1 卷,张并等译,华东师范大学出版社 2014 年版。
[奥]维特根斯坦:《逻辑哲学论》,韩林合译,商务印书馆 1964 年版。
[英]玛丽·沃斯通克拉夫特:《女权辩》,谭洁等译,广东经济出版社 2005 年版。
[英]克里斯·希林:《身体与社会理论》,李康译,北京大学出版社 2010 年版。
[德]格奥尔格·西美尔:《叔本华与尼采》,朱雁冰译,上海人民出版社 2011 年版。
[美]劳伦斯·夏皮罗:《具身认知》,华夏出版社 2014 年版。
邢庆华:《设计美学》,东南大学出版社 2011 年版。
[英]休谟:《人性论》,关文运译,商务印书馆 1983 年版。
[希腊]亚里士多德:《亚里士多德全集》第 7 卷,颜一译,中国人民大学出版社 1997 年版。
[希腊]亚里士多德:《亚里士多德全集》第 2 卷,徐开来译,中国人民大学出版社 1997 年版。
[希腊]亚里士多德:《亚里士多德全集》第 9 卷,颜一等译,中国人民大学出版社 1997 年版。
[法]以马内利:《活着,为了什么?》,华宇译,深圳报业集团出版社 2008 年版。
[丹]丹·扎哈维:《主体性和自身性》,蔡文菁译,上海译文出版社,2008 年版。
张贤根:《20 世纪的西方美学》,武汉大学出版社 2009 年版。
中国社会科学院文学研究所:《现代文艺理论译丛》上、中、下册,知识产权出版社 2010 年版。
周成华主编:《西方神话传说》,中州古籍出版社 2011 年版。
朱立元主编:《西方美学史》,高等教育出版社 2015 年版。
庄子:《庄子》,燕山出版社 1995 年版。

英文

Herbert Butterfield. *The Origins of Modern Science*, The Free Press, New York.
Gilles Deleuze, *Nietzsche and Philosophy*. Translated by Hugh Tomlinson, London: The Athlone Press, 1983.
J. Habermas. *The Philosophical Discourses of Modernity*. Cambridge: MIT Press, 1987.
George Lakoff & Mark Johnson, *Philosophy in the Flesh*. New York: Basic Books, 1999.
Herbert Marcuse, 'Jerusalem Lectures', in D. Kellner, ed, *Art and Liberation: Collected Papers of Herbert Marcuse, Volume Four*, New York: Routledge, 2007.
William Marshall, *The World of the Victorian Novel*. New York: A. S. Barnes, 1967.
William Morris, Clive Wilmer(Ed.), *Looking Backward: a review of Looking Backward*, by Edward Bellamy, *News from Nowhere and Other Writings*, Penguin Classics, London, 1993.
William Morris, *The Lesser Arts of Life*, May Morris, *The collected works of William*

Morris, XXII, Longmans Green and company paternoster row London. New York Bombay Calcutta, 1910 - 15.

William Morris, "How We Live and How We Might Live", *Political Writings of William Morris*. Ed. A. L. Morton . New York: International Publishers, 1973.

W. Morris, *The Earthly Paradise*. London: Longmans, Green, and Co. (original work published 1868 - 70/1902).

William Morris, *Works*, vol. 22, Mark Bevir, *The Making of British Socialism*, Princeton and Oxford: Princeton university press, 2011.

William Morris, Art Under Plutocracy, *Art and Society: Lectures and Essays by William Morris*, Boston: George's Hill ,1993.

William Morris, "Making The Best Of It", *The collected works of William Morris*, XXII.

Merleau-Ponty. Signs. Trans. Richard C. McCleary, Northwestern University Press, 1964.

Robert Wicks, *Kant on Beautifying the Human Body*, British Journal of Aesthetics, Vol. 39, No. 2, April 1999.

Rachel Zuckert. *Kant on Beauty and Biology* (Cambridge, Cambridge University Press, 2007).

人名索引

[古希腊神话]阿波罗	Apollo
[德]T. W. 阿多尔诺	Adorno，Theodor W.
[希腊神话]阿尔特弥斯	Artemis
[希腊神话]阿芙洛狄忒	Aphrodite
[加]本・阿格尔	Agger，Ben
[意]阿奎那	Aquinas，Thomas
[美]阿姆斯特朗	Armstrong，Neil Alden
[德]莫蒂默・艾德勒	Adler，M. J.
[美]爱迪生	Edison，Thomas Alva
[英]哈夫洛克・埃利斯	Ellis，Havelook
[德]爱因斯坦	Einstein ，Albert
[印]艾西瓦娅	Aishwarya Rai
[法]安格尔	Ingres，Jean Auguste Dominique
[意]奥古斯丁	Augustinus，Saint Aurelius
[英]赫伯特・巴特菲尔德	Butterfield，Herbert
[德]巴赫	Bach，Ohann Sebastian
[法]亨利・ 柏格森	Bergson，Henri
[英]詹姆士・邦廷	Bunting，James
[英]拜伦	Byron，George Gordon
[美]爱德华・贝拉米	Bellamy，Edward
[希腊]毕达哥拉斯	Pythagoras
[德]贝多芬	Beethoven，Ludwig van
[英]贝克汉姆	Beckham，David

[美]比尔·盖茨	Gates，Bill
[西]毕加索	Picasso，Pablo
[法]保罗·博德里	Baudrillard，Paul
[意]桑德罗·波提切利	Botticelli，Sandro
[法]西蒙·波伏瓦	Beauvoir，Simone De
[希腊]柏拉图	Plato
[荷]彼得·勃鲁盖尔	Bruegel，Pieter
[希腊神话]波塞冬	Poseidon
[德]约瑟夫·博伊于斯	Beuys，Joseph
[法]威廉·阿道夫·布格罗	Bouguereau，William-Adolphe
[美]苏珊·布朗米勒	Brownmiller，Susan
[意]布拉慢特	Bramante，Donato
[美]彼德·布鲁克斯	Brooks，Peter
[法]弗朗索瓦·布歇	Boucher，Francois
[俄]柴可夫斯基	Tchaikovsky
[英]查尔斯·达尔文	Darwin，Charles
[印]妮哈·达尔维	Dalvi，Neha
[法]雅克·路易·大卫	David，Jacques-Louis
[意]达·芬奇	da Vinci，Leonardo
[南]特里萨	Blessed Teresa of Calcutta
[美]肯·戴奇沃迪	Dychtwald，Ken
[意]但丁·阿利格耶里	Alighieri，Dante
[法]丹纳	Hippolyte Adolphe Taine
[澳]J. 丹纳赫	Danaher,J.
[美]阿瑟·丹托	Danto,A. C.
[英]约翰·道尔顿	Dalton,John
[法]欧仁·德拉克罗瓦	Delacroix，Eugène
[法]吉尔·德勒兹	Deleuze，Gilles
[英]赫伯特·詹姆斯·德雷珀	Draper，Herbert James
[法]雅克·德里达	Derrida ,Jacques
[希腊神话]狄奥尼索斯	Dionysos

[法]狄德罗	Diderot, Denis
[德]威尔海姆·狄尔泰	Dilthey, Wilheim
[英]艾米莉·狄金森	Dickinson, Emily
[法]笛卡尔	Descartes, Rene'
[法]米盖尔·杜夫海纳	Dufrenne, Mikel
[美]威尔·杜兰特	Durant, Will
[意]杜乔	Duccio
[法]马塞尔·杜桑	Duchamp, Marcel
[法]杜莎夫人	Madame Tussaud
[希腊神话]俄狄浦斯	Oidipous
[美]杜威	Dewey, John
[德]恩格斯	Engels, Friedrich
[英]迈克尔·法拉第	Faraday, Michael
[法]文森特·威廉·梵·高	van Gogh, Vincent Willem
[美]亨德里克·威廉·房龙	Van Loon, Hendrik Willem
[奥]赖纳·费尔德巴赫尔	Feldbacher, Rainer
[美]安德鲁·芬伯格	Feenberg, Andrew
[法]艾黎·福尔	Faure, Elie
[意]弗尔纳里	Fernery, Carmine
[法]伏尔泰	Voltaire, Fancois-Marie Arouet
[法]米歇尔·福柯	Foucault, Michel
[法]范·弗拉森	van Fraassen, Bas C.
[美]辛西娅·弗里兰	Freeland, Cynthia
[奥]弗洛伊德	Freud, S.
[法]居斯塔夫·福楼拜	Flaubert, Gustave
[德]莫里茨·盖格尔	Geiger, Mmoritz
[美]简·盖洛普	Gallop, Jane
[德]约翰·沃尔夫冈·冯·歌德	Goethe, Johann Wolfgang von
[英]葛黛瓦	Godiva
[法]玛格丽特·戈蒂埃	Gautier, Marguerite
[意]葛兰西	Gramsci, Andonio

[美]克莱门特·格林伯格	Greenberg, Clement
[德]哈贝马斯	Habermas, Jugen
[美]H. L. 门肯	Mencken, Henry Louis
[美]盖尔·汉密尔顿	Hamilton, Gail
[德]海德格尔	Heidegger, Martin
[奥]弗朗茨·约瑟夫·海顿	Haydn, Franz Joseph
[美]海明威	Hemingway, Ernest Miller
[德]海因里希·海涅	Heine, Heinrich
[比]奥黛丽·赫本	Hepburn, Audrey
[新]赫伯	Herbph
[希腊神话]赫拉	Hera
[丹]伊娃·赫斯	Hesse,Eva
[英]赫胥黎	Huxley, Thomas Henry
[德]黑格尔	Hegel, Georg Wilhelm Friedrich
[德]乔治·弗里德里希·亨德尔	Handel, George Friedrich
[俄]霍尔金娜	Хоркина, Светлана Васильевна
[德]麦克斯·霍克海默	Horkheimer, Max
[丹]克尔凯郭尔	Kierkegaard, Soren Aabye
[波]玛丽亚·居里	Curie, Marie Skłodowska-
[法]亚历山大·卡巴内尔	Cabanel, Alexandre
[俄]M. C. 卡冈	Kagan, M. C.
[英]托马斯·卡莱尔	Carlyle, Thomas
[美]H. 卡伦	Kallen,H. M.
[法]雅克·卡诺	Carnot, Yako
[德]恩斯特·卡西尔	Cassirer, Ernst
[德]康德	Kant, Immanuel
[法]皮埃尔-奥古斯特·考特	Cot, Pierre Auguste
[英]约翰·柯里尔	Collier, John
[德]约翰·克里斯托夫	Johann Christophe
[意]贝尼季托·克罗齐	Croce, Benedetto
[法]让-雅克·库尔第纳	Courtine, Jean-Jacques

[意]拉斐尔	Raffaello，Sanzio
[美]乔治·莱考夫	Lakoff，George
[美]约翰·莱斯利	Leslie,John
[美]吉姆·莱文	Levin，Kim
[奥]赖希	Reich，W.
[法]弗朗索瓦·利奥塔	Lyotard，Jean Francois
[匈]李斯特	Liszt,Franz
[法]列斐伏尔	Lefebvre，Henri
[俄]列宁	Lenin，Vladimir Ilyich Ulyanov
[西]彼得·保罗·鲁本斯	Rubens，Peter Paul
[法]卢梭	Rousseau，Jean-Jacques
[英]卢多维奇	Ludovic
[法]奥古斯特·罗丹	Rodin，Auguste
[法]罗曼·罗兰	Rolland，Romain
[德]罗莎·卢森堡	Luxembourg，L.
[德]罗蕾莱	Lorelei
[美]理查德德·罗蒂	Rorty，Richard
[德]卡尔·洛维特	Löwith，Karl
[法]马布里	Marbury
[德]卡尔·马克思	Marx，Karl
[德]马尔库塞	Marcuse，Herbert
[美]马斯洛	. Maslow,BrahamH
[俄]谢尔盖.马什尼科夫	Marshennikov. S·
[美]威廉·马歇尔	Marshall，William
[美]列纳德·蒙洛迪诺	Mlodinow，Leonard
[法]蒙田	Montaigne，Michel Eyquem de
[意]米开朗基罗·博那罗蒂	Buonarroti，Michelangelo
[美]詹姆斯·米勒	Miller，James
[美]凯特·米利特	Millett，Kate
[法]雨果·摩尔	Merle，Hugues
[英]罗杰·摩尔	Moore，Roger George

[美] 托马斯·亨特·摩尔根	Morgan, Thomas Hunt
[英]威廉·莫里斯	Morris, William
[美]托莉·莫娃	Moi, Toril
[奥]沃尔夫冈·阿玛多伊斯·莫扎特	Mozart, Wolfgang Amadeus
[德]尼采	Nietzsche, Friedrich Wilhelm
[英]牛顿	Newton, Isaac
[美]N. 帕帕斯	Pappas, Nickolas
[法]布莱士·帕斯卡	Pascal, Blaise
[法]梅洛·庞蒂	Merleau-Ponty, Maurice
[意]佩内塔	Pennetta, Flavia
[罗马神话]普赛克	Psyche
[俄]普希金	Pushkin
[俄]契诃夫	Chekhov, Anton
[美]马克·强森	Johnson, Mark
[美]史蒂夫·乔布斯	Jobs, Steve
[意]乔托	Giotto di Bondone
[古神话]丘比特	Cupid
[法]弗朗索瓦·热拉尔	Gérard,Franois
[美]乔治·瑞泽尔	Ritzer, George
[希腊]卢卡斯·萨马拉斯	Samaras, Lucas
[法]让-保罗·萨特	Sartre, Jear Paul
[美]理查德德·桑内特	Sennet, Richard
[西]塞万提斯	Miguel de Cervantes Saavedra
[美]乔治·桑塔亚纳	Santayana, George
[俄]玛利亚·莎拉波娃	Sharapova, Maria
[英]威廉·莎士比亚	Shakespeare, William
[奥]约翰·施特劳斯	Strauß, Johann
[德]叔本华	Schopenhauer, Authur
[德]弗朗茨·舒伯特	Schubert, Franz
[美]理查德德·舒斯特曼	Shusterman, Richard
[古神话]斯芬克斯	Sphinx

[美]查伦·斯普瑞特奈克	Spratnak,C
[法]列维·斯特劳斯	Levi-Strauss, Claude
[希腊]苏格拉底	Socrates
[苏]苏霍金	Сухотин, А.
[美]苏珊·朗格	Langer, Susanne K.
[美]梅·所罗门	Salomon, Mayer
[希腊]梭伦	Solon
[美]特朗普	Trump, Donald John
[意]维伽略·提香	Tiziano, Vecell
[俄]列夫·托尔斯泰	Tolstoy, Lev
[德]理查德·瓦格纳	Wagne, Wilhelm Richard
[美]威廉·韦格曼	Wegman, William
[德]沃尔夫冈·韦尔施	Welsch, Wolfgang
[法]乔治·维嘉埃罗	Vigarello, Georges
[英]罗伯特·威克斯	Wicks, Robert
[希腊神话]维纳斯	Venus
[奥]维特根斯坦	Wittgenstein, Ludnwig
[德]弗朗斯·克萨维尔·温特哈尔特	Winterhalter,Franz Xaver
[英]玛丽·沃斯通克拉夫特	Wollstonecraft,Mary
[英]沃特豪斯	Waterhouse, John William
[德]弗里德里希·冯·席勒	Schiller, Friedrich von
[英]克里斯·希林	Shilling, Chris
[美]盖尔·希伊	Sheehy, Gail
[英]夏夫兹博里	Shaftesbury,
[俄]肖洛霍夫	Шолохов, Михаил А
[德]谢林	Schelling, Friedrich Wilhelm Joseph
[英]大卫·休谟	Hume, David
[希腊神话]阿西娜	Athena
[希腊]亚里士多德	Aristotle
[巴勒斯坦]耶稣	Jesus
[希腊]伊克梯诺	Ictinus

[法]以马内利修女	Soeur Emmanuelle
[俄]伊辛巴耶娃	Isinbayeva, Yelena
[法]维克多・雨果	Hugo, Victor
[德]阿道夫・约旦	Jourdan, Adolphe
[丹]丹・扎哈维	Zahavi, Dan
[希腊神话]宙斯	Zeus
[美]瑞秋・祖柯尔特	Zuckert, Rachel

后　记

《身体美学》，早在30多年前，在我研究和讲授现代西方哲学，尤其在讲授叔本华和尼采的唯意志论哲学和身体哲学期间，就已经涉猎。那时候我不仅欣赏叔本华的所谓“美就是生命欲望自身的展现，就是狮子的利爪和孔雀的展翅，就是身体的炫耀和性爱选择”的美学观，而且认为尼采凭借来自身体的知觉和体验，把审美主体和审美对象直接指向人的身体，认为“人之身体乃美之最”的论断更是高明和有创见。至于其后的克尔凯郭尔等人认为人世间最美、最幸福的存在，就“是一个16岁少女的青春年华”；认为美的本质就是“审美主体和审美对象相统一的身体”，就更令我折服。这不只因为世界之美的确是人的感受和赋予，还因为感受美和创造美的我就是“我的身体”，而且其中“最优秀的公众性的身体，乃是世界的尺度”。因为身体作为审美主体能够感受和接收最多的审美形象；作为审美对象能够发射最多的审美形式和信息。固然在现实生活的审美实践中，人们可以使低于人的客体变得楚楚动人和赏心悦目，但并非在客观上它真的就是如何的艳丽秀美，而全在于审美主体对它的发现、觉识、描绘、想象和创造。一句话，一切客观美归根结蒂都是属人之美和身体之美。就像音乐旋律犹若“身体的着陆”，演员登场有如睡眠的身体“醒来的一动”。正是人的身体构成美的全部。所以，美既非主观美，也非客观美，而是身体美。美既不存在于真实存在的事物当中，也不是一种纯粹抽象的空洞形式。它作为物质世界和人类精神及人类知觉的统一体，是人的灵魂和肉体产生出来的一支真正丰满而又大放异彩的奇葩。

为此，我不仅从上世纪90年代起就开始研究美学，并先后发表了有关“美的本质”、“身体即美”和“美即身体”等方面的论文，同时也出版了一部美学著作《艺术与真理》。自此，我便确立了这样一种美学理念，即美既非康德的“主观判断”，也非黑格尔的“理念感性化”，或是唯物论者的客观美或自然美，而是作为审美主体的身体产生的快感和美感；是作为审美对象的身体固有的性感和魅力；是指人的容貌、肤色、形体、姿态、情感、语言、行为、心灵、性及性爱所拥有和展示的一切身体之美。当然更是身体美的延伸、扩展、外化、建构和创造。所以，美就是指谓那包括人的审美意识、审美能力在内的整体性的身体，没有作为审美主体而觉识和践行审美对象的人的身体就没有美和美的对象。外部世界即使有美，也需要人的身体去感知、体验、认识、描绘、雕凿、说出和表达，否则世界上既不会有美的感觉和概念，也不会有美的事物和实践。为此主张：审美领域，一切都要从“身体一元论”的审美观出发，以健全和健康的身体为准绳，重新审视美、界定美、欣赏美和评判美，正确认识：身体才真正是全部美的源泉和本质。人类中当然充满着丑陋和罪恶，但惩罚的不应是人的身体，而应是那数千年来凌驾于身体之上的精神和滋生无尽欲望的“理智”。

也正基于上述的身体美学及大量材料的积累和多种多样的审美理念的积淀，我和张禹博士于 3 年前开始构思《身体美学》的写作大纲，后分别着手撰写本作。第 13 章“身体美和绿色社会”的部分内容主要参考了我的博士后研究生麦静虹的博士论文中的些许内容，在此特别表示感谢。在完成初稿之后，我又在南方科技大学开设了《身体美学》选修课。在此边教学，边修改，边提升，最终定稿完书。本著，虽然两位作者都做出很大努力，由于美学概念的深不可测和美学思想的日益多元化，自然还有许多方面需要商榷和完善，诚希读者不吝指教。最后，我还必须衷心地感谢张大伟先生为编辑本书付出的细致入微的劳动。

张之沧

图书在版编目(CIP)数据

身体美学/张之沧,张岗著.—上海:上海三联书店,2023.2
ISBN 978-7-5426-7735-8

Ⅰ.①身… Ⅱ.①张…②张… Ⅲ.①人体美-研究
Ⅳ.①B834.3

中国版本图书馆 CIP 数据核字(2022)第 107717 号

身体美学

著　　者 / 张之沧　张　岗

责任编辑 / 张大伟
装帧设计 / 杨　姿
监　　制 / 姚　军
责任校对 / 朱　强

出版发行 / 上海三联书店
(200030)中国上海市漕溪北路 331 号 A 座 6 楼
邮　　箱 / sdxsanlian@sina.com
邮购电话 / 021-22895540
印　　刷 / 上海惠敦印务科技有限公司

版　　次 / 2023 年 2 月第 1 版
印　　次 / 2023 年 2 月第 1 次印刷
开　　本 / 710 mm×1000 mm　1/16
字　　数 / 410 千字
印　　张 / 23.5
书　　号 / ISBN 978-7-5426-7735-8/B·777
定　　价 / 88.00 元

敬启读者,如发现本书有印装质量问题,请与印刷厂联系 021-63779028